生态优质烟叶生产技术模式研究
——以云烟品牌·重庆基地为例

叶协锋　主编

科学出版社
北　京

内容简介

本书以云烟品牌·重庆基地为例，系统阐述了生态优质烟叶生产技术体系，综合考虑了烟区生态大环境和烟田生态小环境，对烟区生态环境进行了分析、评价，并对开展的土壤微生态健康保育技术、高效营养施肥技术及降低烟草重金属镉（Cd）含量技术进行了归纳和总结，还初步探索了绿色植保技术，进而形成了集产地环境条件、农药使用准则、肥料使用准则、烟用有机肥腐熟发酵技术规程、绿肥改良植烟土壤技术规程、生产管理规范和烟叶质量要求于一身的生态优质烟叶生产技术规程。

本书可供从事植物营养学和烟草学研究的科研人员和研究生参阅，也可为烟草商业和工业企业的业务管理部门提供决策参考。

图书在版编目（CIP）数据

生态优质烟叶生产技术模式研究：以云烟品牌·重庆基地为例/叶协锋主编. —北京：科学出版社, 2017. 9

ISBN 978-7-03-053181-0

Ⅰ. ①生… Ⅱ. ①叶… Ⅲ. ①烟叶–栽培技术–研究 Ⅳ. ①S572

中国版本图书馆 CIP 数据核字(2017)第 128186 号

责任编辑：王 静 / 责任校对：彭 涛
责任印制：张 伟 / 封面设计：刘新新

科学出版社 出版
北京东黄城根北街 16 号
邮政编码: 100717
http://www.sciencep.com

北京教图印刷有限公司 印刷

科学出版社发行 各地新华书店经销

*

2017 年 9 月第 一 版 开本：B5 (720×1000)
2017 年 9 月第一次印刷 印张：20 1/2
字数：410 000

定价：150.00 元

《生态优质烟叶生产技术模式研究——以云烟品牌·重庆基地为例》编委会

主　编：叶协锋（河南农业大学）

副主编：王　勇（重庆市烟草公司）

刘　浩［红云红河烟草（集团）有限责任公司］

薛延丰（江苏省农业科学院）

参　编：程昌新［红云红河烟草（集团）有限责任公司］

胡战军［红云红河烟草（集团）有限责任公司］

陈　健（江苏省农业科学院）

李　正（重庆市烟草公司巫溪分公司）

张晓帆（河南农业大学）

于晓娜（河南农业大学）

李志鹏（河南农业大学）

郑　好（河南农业大学）

周涵君（河南农业大学）

宗胜杰（河南农业大学）

凌天孝（河南农业大学）

管赛赛（河南农业大学）

付仲毅（河南农业大学）

王　永（郑州市经济技术开发区管委会）

马　浩（重庆市烟草公司）

李　伟［红云红河烟草（集团）有限责任公司］

王英元（国家烟草质量监督检验中心）

陈　文（重庆市烟草公司）

李常军（重庆市烟草公司）

张玉丰（云南中烟工业有限责任公司技术中心）

郭保银（重庆市烟草公司）

序

优良的生态环境条件能生长出优质的农产品，这早已是人们的共识。当前，农业生态环境日益恶化，给人们生产、生活、生存带来的困惑也确实是一个不争的事实。怎么来解决这些困惑，怎么来恢复已经被破坏的生态环境，是全社会都在重视的一个问题。

众所周知，工业化社会是人类社会发展的必然阶段，而工业化发展又不可避免地对环境造成破坏，带来污染，特别是对农业生态环境的破坏与污染更加严重。农产品的“瓜不甜、菜不香”成为常见现象。而且，农产品还带有大量的农药残留和重金属残留。另外，由于大量无序使用化肥、农药和薄膜，土壤理化结构发生了很大变化，造成土壤板结、透气性差，保肥持水能力低下，农产品产量低、病虫害严重。同时，为了增产和防治病虫害，农民又只好加大农药、化肥用量，甚至使用生长激素，从而形成了“产量低、病虫害严重—加大农药、化肥用量—造成土壤营养不均衡、结构恶化—造成作物营养不良、产量低、抗性差”的恶性循环的栽培管理模式，令人担忧。

烟草是特种经济作物，它的种植环境被污染与破坏后，其主要产品——烟叶的安全性会更加引起人们的关注。因此，改良土壤、养育土壤，以及建立水土保持、营养高效、生态环保的栽培模式是非常必要的。

建立生态环境良好的烟草种植基地是我20多年前就呼吁的农业生产技术体系的建立之基。对此，也曾提出了“不施化肥，少施化肥；不施农药，少施农药”的生产技术措施，尽管当时这与全国农业种植的要求差距较大。农业部于2015年提出“到2020年化肥和农药使用量零增长”，虽然晚了些，但让我们看到了希望和方向。我认为，烟草这种特种经济作物可以先行达到此目标。这是因为，烟草是与消费者健康有关的一种作物，而且在烟草专卖体制下有一定的经济基础，这对中式卷烟的发展也是有利的。叶协锋等一批年轻的科技工作者，识大体、抓关键，从环境生态这个农作物生长的基础入手，先行一步，为中式卷烟提供品质优良的原料，进行生态环境与优质烟叶生产技术的探索和理论研究，值得赞赏和鼓励。他们不但为烟叶生产，而且也为我国农业生产做出了一定努力。相信他们的研究成果一定会在烟叶生产中开花结果，为中式卷烟的原料生产做出贡献。

2017年1月3日

前　　言

农业生态环境日益恶化，农产品安全问题突出，这已成为我国农业发展实现战略性转移的重要瓶颈。目前，我国工业“三废”及城市生活污染物排放居高不下，农业生产中农药、化肥等化学品的大量投入是导致农业生态环境日益恶化、农产品质量下降的主要原因。

2015 年，农业部颁布《到 2020 年化肥使用量零增长行动方案》和《到 2020 年农药使用量零增长行动方案》（以下合称“两个行动”）。“两个行动”分别提出目标：到 2020 年，化肥利用率达到 40%以上，比 2013 年提高 7 个百分点，力争实现农作物化肥使用量零增长；主要农作物农药利用率达到 40%以上，比 2013 年提高 5 个百分点，力争实现农药使用量零增长。

2016 年 4 月 27 日，中国社会科学院农村发展研究所、社会科学文献出版社在北京联合发布《农村绿皮书：中国农村经济形势分析与预测（2015～2016）》。该农村绿皮书称，最近 10 年，中国化肥施用量增长 25.80%；最近 9 年，中国农药使用量增长 23.43%。国际公认的化肥施用安全上限是 225kg/hm^2，与此相比，中国平均化肥施用强度是此标准的 1.61 倍。 最近 10 年，中国化肥施用量呈现出明显的增加态势，从 2005 年的 4766.22 万 t 增加到 2014 年的 5995.94 万 t，增加了 1229.72 万 t，增长了 25.80%。同期，中国农作物播种总面积只增长了 6.40%，粮食作物播种面积只增长了 8.10%，而粮食产量增加了 25.41%。全国化肥施用强度从 2005 年的 306.53kg/hm^2，增加到 2014 年的 362.41kg/hm^2，增加了 55.88kg/hm^2，增长了 18.23%。数据显示，最近 9 年，中国农药使用量也表现出明显的增加态势，从 2005 年的 145.99 万 t，增加到 2013 年的 180.19 万 t，增加了 34.20 万 t，增长了 23.43%。

2010 年，中国环境保护部、国家统计局和农业部联合发布了《第一次全国污染源普查公报》。该公报指出，农业生产中主要污染物流失（排放）情况如下。种植业总氮流失量 159.78 万 t（其中，地表径流流失量 32.01 万 t，地下淋溶流失量 20.74 万 t，基础流失量 107.03 万 t），总磷流失量 10.87 万 t；重点流域种植业主要水污染物流失量：总氮 71.04 万 t，总磷 3.69 万 t。

据报道，我国农药污染的农田面积达 0.09 亿 hm^2，重金属污染面积超过 0.2 亿 hm^2；粮食、蔬菜、水产品及畜产品受农药、重金属、硝酸盐类等污染的数量也急剧增加，全国每年因农业污染造成的直接经济损失已逾 160 亿元。同样，烟草行业烟叶生产也面临着相同的问题，严重制约了烟叶质量的提高和安全性的保障，也直接影响到了烟草行业“原料保障上水平”战略的实施。

李春俭等（2007）指出，我国过量施肥现象极其普遍，养分利用效率明显降低；而大幅度提高作物产量和养分利用效率是我国农业可持续发展的关键。氮肥过量施用是导致农田土壤酸化的最主要原因（Guo et al.，2010）。因此，如何提高农田养分利用效率，缓解农田土壤酸化是亟须解决的科学问题。

提高氮肥增产效果和利用率、减少农田氮素损失及其对环境的压力，既是一个全球性研究课题，又是我国农业可持续发展的严峻挑战。施肥是增产和保障粮食安全必不可少的措施，而化肥生产造成的资源和环境压力及化肥损失造成的环境风险，使得粮食、资源和环境的矛盾极其尖锐。

近年来，围绕连作及土壤培肥改良，国内外学者进行了深入研究，保护性耕作、施用农家肥、翻压绿肥、秸秆还田等消除连作障碍和改良土壤等方法都得到了广泛的认可。普遍认为，随着化肥施用量的增加，通过添加有机物料，能够明显提升土壤微生物活性，提高土壤酶活性。土壤微生物在解除土壤自毒作用、减轻连作危害、提升养分综合利用率、减少环境污染、保护土壤生态化学循环平衡等方面发挥着重要的作用。然而，当前这一领域的研究多集中在有机物料对土壤理化指标和微生物指标的影响上，宏观层面研究较多，而真正从土壤微生态健康、高效养分供应和作物养分高效吸收机制开展的研究较少。

随着烟草种植年限的增加，病虫害发生的种类及面积相继增多，各个地区当年流行或发生病虫害的严重程度也不一致，这和当地的自然环境、气候条件、种植习惯都有很大的关系。烟草病虫害对烟叶生产的影响和破坏力是很大的，不仅影响了烟叶的产量和品质，还直接影响到烟农的经济收入，从而影响到烟叶的种植、面积的稳定及工业原料的稳定性。如何有效控制烟草病虫害成为当前烟叶生产的一大重要任务。目前，烟草的主要病虫害有以下几类：①病毒病害，如普通花叶病；②真菌病害，如黑胫病、根黑腐病、炭疽病、赤星病、白粉病；③细菌病害，如野火病、角斑病、青枯病；④主要虫害，如烟蚜、烟青虫。虽然人们已从筛选抗性品种、加强栽培措施等方面进行了病虫害综合防治，但目前对烟草病虫害的防治主要还是依靠化学杀菌（虫）剂。而化学杀菌（虫）剂的长期使用不但会产生农药残留，而且随着化学农药的逐年使用病虫害的抗药性也在逐渐增强，同时化学杀菌（虫）剂的长期使用会对人类健康和环境造成负面影响。有鉴于此，开发研制且使用高效、环境友好型生物农药和植物源农药就成为农业科学研究的一个热点。

在面临着上述诸多关于化肥和农药过量使用问题的同时，生态农业应时而生。生态农业就是按照生态学原理来规划、组织和进行农业生产的，是有效传统有机农业和成功现代无机农业相结合建立起来的一种新型农业生产模式，是能量流动、物质循环不断扩大的良性循环农业。生态农业通过农业与环境和谐、生态与经济平衡，进行农业清洁化生产，发展无公害、无污染的安全农产品，实现农业安全与人类健康的终极目标。传统农业由于生产力水平低下，难以承载大量增殖的人口，因而对生态环境造成破坏；无机农业由于化肥、农药的过度使用、残留及农产品废弃物对环境和农产品的污染，已成为我国农业可持续发展的重要障碍。现代生态农业是遏制生态环境恶化和资源退化的有效途径。因此，生态农业是农业可持续发展的理想模式，是 21 世纪我国现代农业的发展方向。

烟叶生产是农业生产的范畴，具备农业生产的基本属性，但又具有其独特性。用生态农业的定义来解释生态烟叶，其基本含义就是：遵循可持续发展原则，参照国家有关标准和要求，充分利用自然生态优势条件，优化烟区生态布局，将生态农业发展战略和发展理念应用于烟叶生产，在控制外源污染，优化肥、药使用技术，提高资源利用效率，以及构建土壤保育技术体系和保护生态环境的基础上，所生产的具有地方特色的优质烟叶。生态烟叶产区应打造“安全、高效、特色、优质”的烟叶生产基地，促进生态优质烟叶生产与生态环境保护协调发展。“安全”是指所产烟叶的重金属含量和农药残留均较低，符合国家和烟草行业有关要求。“高效”是指烟叶生产中所用物资的高效利用，包括肥、水、药的高利用率和肥、药对生态环境的低污染。“特色”是指有一定的规模优势，在品质或风格方面具有鲜明地域特色的，能彰显生态特色和品种特色的优质烟叶产品。“优质”是指烟叶品质符合通常的质量要求，与相应卷烟品牌的适配性较高。

早在 2004 年，时任国家烟草专卖局科教司司长王彦亭就提出了“生态科技是烟草行业发展的必由之路，发展生态科技，实现烟叶生产中科技进步与环境保护的共同发展”的思路。红塔烟草（集团）有限责任公司率先在云南省凤窝村建立了玉溪庄园并进行有机烟叶开发；玉溪市烟草公司也开展了“基于玉溪卷烟品牌原料需求的绿色生态优质烟叶研究与开发”项目。2012 年“国际优质烟叶开发”高级专家学术交流年会上，美国北卡罗来纳州立大学、美国弗吉尼亚大学、津巴布韦烟草研究院、英美烟草公司和云南烟草农业科学研究院的 15 位专家共同倡导“国际优质烟叶开发应坚持和追求绿色生态、清洁生产、完美成熟的新思路”。

有鉴于此，河南农业大学烟草学院联合红云红河烟草（集团）有限责任公司（以下简称“红云红河集团”）、重庆市烟草公司，邀请江苏省农业科学院，选择云烟品牌·重庆彭水桑柘基地单元和云烟品牌·重庆石柱南宾基地单元，于 2014～2016 年共同开展“云烟品牌导向型生态优质烟叶生产技术模式构建研究与推广”项目。项目的开展立足于服务红云红河烟草（集团）有限责任公司卷烟配方需求，综合考虑大生态和小生态，通过烟区生态条件的选择，开展土壤微生态健康保育技术研究、高效营养施肥技术研究和降低烟草重金属镉（Cd）含量技术，初步探索绿色植保技术研究，在空气优良、土壤条件好的烟区，建立集土壤保育、水土保持、保护性耕作、营养高效、绿色高效植保技术等于一身的生态优质烟叶生产技术模式，达到节肥增效、土壤健康、烟叶生态的目的，实现烟叶生产可持续发展与烟区生态环境良好发展的相互协调，进而为工业企业提供生态优质原料，进一步密切工商战略关系，实现“原料保障上水平”。本书即是对该项目主要研究成果凝练而成的。

彭水苗族土家族自治县（简称彭水县）位于重庆市东南部，处武陵山区，居乌江下游。地处北纬 28°57′～29°51′、东经 107°48′～108°36′，森林覆盖率 40.40%。彭水县属中亚热带湿润季风气候区，气候立体差异大，气候温和，雨量充沛，光照偏少；多年平均气温 17.50℃，常年平均降水量 1104.20mm，年均蒸发量 950.40mm，无霜期 312 天。

石柱土家族自治县（简称石柱县）位于长江上游地区、重庆东部长江南岸，地处东经 107°59′～108°34′、北纬 29°39′～30°33′，森林覆盖率 52.80%，分为中山、低山、丘陵 3 个地貌大区。石柱县属中亚热带湿润季风区，气候温和，雨水充沛，四季分明，具有春早、夏长、秋短、冬迟特点；日照少，气候垂直差异大，灾害性天气频繁；年平均温度 16.50℃，极端高温 40.20℃，极端低温–4.70℃。

项目研究及本书撰写分工：红云红河烟草（集团）有限责任公司刘浩、程昌新、胡战军、李伟和云南中烟工业有限责任公司技术中心张玉丰主要负责对基地单元烟叶质量评价及配方作用研究，并参与撰写了第一章第二节。重庆市烟草公司王勇、马浩、陈文、李常军和郭保银主要负责对基地单元有关烟用物资的采集、协调开展试验及示范等工作，并参与撰写了第三章。重庆市烟草公司巫溪分公司李正、郑州市经济技术开发区管委会王永和国家烟草质量监督检验中心王英元参与了种植绿肥翻压还田部分的工作，并参与撰写了第五章第二节。江苏省农业科学院薛延丰和陈健主要负责植物源有机提取物对烟草部分病害防治的机制研究，与河南农业大学共同开展了植物源有机提取物对烟草 Cd 胁迫机制的研究工作，撰写了第十一章，并参与撰写了第九章第二节和第三节。笔者统筹本书的撰写和审稿，参与撰写了上述有关章节，并撰写了其他章节。9 名硕士研究生参与主体课题研究，并参与撰写了相关章节：2014 级硕士研究生李志鹏参与撰写第四章第一节、于晓娜参与撰写第七章第一节、宗胜杰参与撰写第七章第三节、管赛赛参与撰写第八章第一节，2015 级硕士研究生张晓帆参与撰写第十章第一节、付仲毅参与撰写第二章第一节、郑好参与撰写第八章第二节、周涵君参与撰写第九章第一节、凌天孝参与撰写第九章第二节。

书中“种植绿肥翻压还田研究”的相关内容是笔者于 2005～2009 年在重庆武隆、彭水、石柱、酉阳等产区进行的相关研究和示范的总结，该研究由重庆市烟草公司“烟田可持续利用技术及耕作制度研究（2006～2008）”和“重庆山地特色烟叶生产技术体系研究（2008～2010）”项目（该项目于 2009 年获准立项为国家烟草专卖局面上项目，并获得2012年国家烟草专卖局科技进步三等奖）资助开展。绿肥翻压还田改良植烟土壤作为一项成熟技术措施融入生态优质烟叶生产技术体系。

书中《绿肥改良植烟土壤技术规程》是笔者主持的国家烟草专卖局“绿肥改良植烟土壤技术规程（2011～2012）”的项目研究报告，并于2012年通过全国烟草标准化技术委员会农业分技术委员会审定。

感谢红云红河烟草（集团）有限责任公司和重庆市烟草公司对本研究的开展及本书的出版所给予的资助，感谢重庆市烟草公司彭水分公司和重庆市烟草公司石柱分公司为项目开展所提供的大力帮助。

项目研究地点与贵州、湖北、湖南等烟叶主产区相邻，均属武陵山区，希望对这些产区的烟草科研和烟叶生产有借鉴和参考价值，也希望对其他产区生态优质烟叶生产有所帮助。鉴于编者水平有限，借此机会抛砖引玉。书中不足之处在所难免，恳请读者批评指正。

叶协锋
河南郑州
2016年10月20日

目　　录

第一章　云烟品牌·重庆基地单元烟叶质量评价及配方作用 ……1
第一节　烟叶外观质量、物理特性及化学成分分析 ……1
第二节　烟叶感官质量评价与配方作用 ……9
第二章　云烟品牌·重庆基地单元生态环境评价 ……15
第一节　大气环境及灌溉水评价 ……15
第二节　云烟品牌·重庆基地单元植烟土壤质量评价 ……23
第三章　云烟品牌·重庆基地单元烟用物资重金属含量分析 ……30
第四章　农家肥对植烟土壤改良及烟叶品质的影响研究 ……35
第一节　农家肥堆沤过程中养分变化 ……35
第二节　腐熟农家肥田间养分矿化研究 ……43
第三节　施用农家肥对植烟土壤改良效果研究 ……51
第四节　施用农家肥对烤后烟叶品质的影响 ……62
第五章　种植绿肥翻压还田技术研究 ……68
第一节　绿肥翻压还田后碳氮矿化规律研究 ……69
第二节　翻压绿肥对植烟土壤理化性状及烤后烟叶品质的影响 ……72
第三节　翻压绿肥对植烟土壤微生物生物量及酶活性的影响 ……78
第四节　绿肥对植烟土壤酶活性及土壤肥力的影响 ……85
第五节　绿肥与化肥配施对植烟土壤微生物生物量及供氮能力的影响 ……92
第六节　连年翻压绿肥对植烟土壤微生物生物量、酶活性及烤后烟叶品质的影响 ……101
第六章　烟田提高肥效技术研究 ……109
第一节　基肥与追肥比例对烤烟生长发育和品质的影响 ……109
第二节　黄腐酸对植烟土壤改良及烟叶品质的影响研究 ……116
第三节　不同农艺措施对烟株根系生长发育的影响 ……123
第七章　生物炭理化特性研究及其田间应用 ……128
第一节　不同热解温度下烟秆生物炭理化特性分析 ……128
第二节　不同热解温度下花生壳生物炭理化特性分析 ……140
第三节　施用生物炭对酸性植烟土壤改良及烤后烟叶感官质量的影响 ……151

第八章　烟田保护性耕作技术研究……166
第一节　保护性耕作对坡耕地烟田水土流失的影响——顺坡起垄……166
第二节　保护性耕作对坡耕地烟田水土流失的影响——横坡起垄……175
第三节　保护性耕作对烤烟生长发育及烟叶品质的影响……182
第四节　地膜覆盖替代技术研究……193
第九章　降低烟草重金属镉含量机制及技术初探……204
第一节　生物炭对酸性土壤烤烟镉累积分配及转运富集特征的影响……204
第二节　麝香草酚通过调节谷胱甘肽水平和活性氧平衡诱导烟草幼苗抗镉胁迫机理研究……212
第三节　肉桂醛通过减少内源硫化氢含量诱导烟草幼苗抗镉胁迫机制研究……223
第十章　复合盐碱处理对烤烟品种发芽特性的影响……234
第一节　复合盐处理下不同烤烟品种发芽特性及耐盐性评价……235
第二节　复合盐碱处理下烤烟品种发芽特性及耐盐性评价……242
第十一章　植物源提取物对烟草部分病害的防治机制初探……250
第一节　丁香酚激活烟草免疫抗烟草花叶病毒病研究……250
第二节　丁香酚诱导烟草免疫的基因表达谱研究……259
第三节　肉桂醛对立枯病的抑菌机制……265
参考文献……270
附录　生态优质烟叶生产技术规程……282

第一章　云烟品牌·重庆基地单元烟叶质量评价及配方作用

烟叶原料是卷烟工业的基础，其质量优劣直接影响到卷烟产品的品质（秦松，2006）。朱尊权（2000）认为烟叶的质量定义应是“适合卷烟需要的物理性质和化学性质”。随着“吸烟与健康”问题的提出，对烟叶质量的评价又增加了安全性（致癌物质含量、农药残留、重金属含量等），并将其作为限制性评价指标，各项质量指标的平衡协调程度决定了烟叶的工业使用价值。在我国烤烟生产的不同历史时期，对烟叶“质量”有不同的认识。20 世纪 80 年代以前，强调以“黄、鲜、净”为主。而早在 20 世纪 70 年代国际上就有学者提出，烟叶质量应从烟叶外观质量、物理特性、化学成分、感官质量等 4 个方面进行综合评定，并提出了烟草品质综合指数（tobacco quality index，TQI）的概念。近年来，随着对国际型优质烟叶质量标准的深入认识，则强调生产颜色橘黄、成熟度好、结构疏松的烟叶，愈加重视烟叶在工业上的“可用性”。总之，优质烟叶应具有完美的外观特征、较佳的物理特性、协调的化学成分、优良的内在质量和相对较高的安全性等综合标准（王瑞新，2003）。

第一节　烟叶外观质量、物理特性及化学成分分析

为掌握云烟品牌·重庆基地单元（彭水桑柘基地单元、石柱南宾基地单元）烟叶的质量状况，持续改进生产栽培技术、提高烟叶质量，改善烟叶配伍性，提升重庆原料基地烟叶的使用价值，2014 年，红云红河集团从调拨的重庆基地烟叶原料中大批量随机抽样，开展了烟叶外观质量评价和物理特性测定；2015 年，河南农业大学根据海拔、主栽品种和种烟规模，选择有代表性的取样点，其中：彭水桑柘基地单元 19 个取样点（桑柘镇 12 个、鹿青乡 5 个、诸佛乡 2 个），石柱南宾基地单元 20 个取样点（大歇乡 2 个、鱼池镇 2 个、临溪镇 2 个、龙沙镇 2 个、六塘乡 5 个、冷水镇 3 个、沙子镇 4 个）。采用定农户、定叶位、定等级取样法，选取当地烤烟主栽品种的 B2F、C3F、X2F[①]三个等级样品，每个样品取样量为 3.0kg，进行了化学成分分析，并组织开展单料烟感官质量评价。整理后的检测、

① 指代烟叶等级，一般书写方法是部位+品质+颜色。首个字母指代部位，B、C 和 X 分别代表上部叶、中部叶及下部叶；阿拉伯数字表示品质，2、3 分别代表二级、三级；字母 F 代表橘黄色组。例如，B2F 表示上部橘黄二级的烟叶。

评价结果如下。

一、烟叶外观质量评价

烟叶外观质量即烟叶外在的特性特征，是指人们借助感官通过眼看手摸能够直接感触和识别并做出判断的外部质量特征（于建军，2009），其作为烟叶流通过程中质量检验的主要依据，在一定程度上反映了烟叶的化学成分、物理特性和内在质量，并且具有直观、便于检测的特点。红云红河集团根据国家烤烟分级标准（GB 2635—1992）对彭水桑柘基地单元、石柱南宾基地单元烟叶的外观质量（成熟度、颜色、叶片结构、身份、色度、油分）6 个指标逐项评分并综合评价，描述如下。

上部烟叶：全部为橘黄色烟叶，成熟度较好，色度浓～强，油分较足，身份适中～偏厚，组织结构疏松～稍密，等级纯度好，无混部位、混等级及混杂物现象。

中部烟叶：多数为橘黄色烟叶，极少量为柠檬色烟叶，成熟度好，色度强～中，油分较足～尚足，身份适中，叶片结构疏松，等级纯度好，无混部位、混等级及混杂物现象。

下部烟叶：大部分为橘黄色，少部分为柠檬色烟叶，成熟度尚好，色度较强～弱，油分有～尚足，身份适中～稍薄，叶片结构疏松，等级纯度好，无混部位、混等级及混杂物现象。

总体来看，两个基地单元烟叶的外观质量较好，但油分、色度等指标尚有改进的余地。

二、烟叶物理特性评价

烟叶的物理特性是反映烟叶品质与加工性能的重要参数，它不但与烟叶的类型、品种和等级相关，而且与卷烟配方设计、烟叶加工和贮存工艺有着极其密切的关系（周冀衡等，1996），主要包括填充性、单位面积质量、含梗率、吸湿性、燃烧性及抗破碎能力等。这些因素直接影响着烟叶品质、卷烟制造过程和产品风格、成本及其他经济指标（尹启生等，2003；薛超群等，2008）。

2014 年，红云红河集团对重庆基地单元烟叶物理特性（叶长、叶宽、单叶重、叶质重、含梗率、填充值、平衡含水率及烟叶拉力）等进行了测定，其中，填充值使用 YDZ430 型烟丝填充值测定仪（郑州嘉德机电科技有限公司）检测，烟叶拉力使用 ZKW-3 拉力测定仪（四川长江造纸仪器有限责任公司）测定，其他指标检测方法参照吉书文和腾兆波（1997）的《烟草物理检测》。描述性统计结果见表 1-1。

表 1-1　烟叶物理特性统计

指标	样本数	范围	平均值	变异系数/%
叶长	127	44.66～75.88cm	56.24cm	12.66
叶宽	127	15.87～34.76cm	22.65cm	19.51
单叶重	113	5.69～18.04g	10.69g	23.08
叶质重	113	52.44～118.97g/m^2	86.09g/m^2	17.57
含梗率	113	21.91%～39.44%	30.64%	7.99
填充值	104	2.53～4.48cm^3/g	3.76cm^3/g	10.71
平衡含水率	106	10.24%～15.57%	12.78%	8.21
烟叶拉力	109	1.36～2.88N	2.02N	13.62

烤后叶片长度约 60cm，宽度≥24cm 是优质烟叶的良好特征（刘国顺，2003a）。由表 1-1 可知，抽样烟叶的叶长范围为 44.66～75.88cm，叶长平均值为 56.24cm，叶宽范围为 15.87～34.76cm，叶宽平均值为 22.65cm，即烤后烟叶的叶长和叶宽需要进一步改进。

我国烟叶单叶重下部叶为 6～8g，中部叶为 7～11g，上部叶为 9～12g，平均单叶重为 7～10g 为宜，抽检样品的单叶重为 5.69～18.04g，平均值达到 10.69g，相对偏高，变异系数在物理特性指标中最高，达到 23.08%。而刘国顺（2003a）认为：上部叶的单叶重较高时，烟碱含量高，烟气劲头过大，刺激性较强，会在一定程度上降低烟叶配方可用性；叶质重，即单位叶面积质量，国外优质烟叶的下部叶为 60～70g/m^2，中部叶为 70～80g/m^2，上部叶为 80～90g/m^2，平均值为 70～80g/m^2，表 1-1 显示叶质重为 52.44～118.97g/m^2，平均值为 86.09g/m^2，处于上部叶叶质重的适宜范围内，即烟叶整体叶质重偏高。决定单位叶面积重的因素主要是骨架物质和内含物，此次取样烟叶的单叶重和单位叶面积质量均值大多高于国外烟叶，这一现象可能与产区未能有效控制施肥水平、打顶后土壤养分过高、干物质积累较多有关（刘国顺，2003a）。

烤烟含梗率是指主脉重量占单叶重的比率，与烟叶出丝率密切相关，其受遗传基因控制，同时也受栽培技术和生态环境的影响。国内烟叶下部叶含梗率一般处于 32%～35%，中部叶为 30%～33%，上部叶为 27%～30%。从表 1-1 看到，烟叶含梗率分布于 21.91%～39.44%，平均为 30.64%，且变异系数较小，说明抽样烟叶含梗率基本符合优质烟叶要求。

烟叶填充力是指单位质量的烟丝在标准压力下经过一定时间所占有的体积，用“填充值”这个概念来表示。其大小不仅关系到卷烟工业企业的单箱耗丝量，直接反映到卷烟成本，还影响卷烟吸阻、抽吸口数，从而影响卷烟焦油含量（胡荣海，2007；贺万华等，2007）。刘新民等（2012）认为烟丝填充值处于 2.5～3.5cm^3/g 较好，当填充值大于 3.5cm^3/g 时，会对烟气香气质、香气量、杂气、刺激性、余味等产生一些不利的影响。本次取样烟叶的填充值为 2.53～4.48cm^3/g，平均为

3.76cm^3/g，稍高于适宜值。

烟叶平衡含水率影响烟叶的香气质、香气量、杂气、余味、柔和性、成团性，与细胞内可溶性糖、果胶、淀粉和蛋白质等亲水性化合物的含量及细胞间隙和疏松度均有关系。一般认为初烤烟平衡含水率以 13%～15%为宜，水分过低容易造碎，过高容易导致霉变，造成烟叶保管、贮存损失。此次抽样烟叶平衡含水率平均值为 12.78%，分布于 10.24%～15.57%，且较为集中，除少部分含水率较低外，基本处于适宜范围内。

拉力在一定程度上反映了烟叶的发育状况和成熟程度，质量较好的烟叶承受外力越强，柔性越好，工业造碎少，可用性较高，其适宜范围为 1.1～2.2N，当拉力控制在此范围内时，烟碱、还原糖、总糖含量及氮碱比（总氮含量/烟碱含量）也将相应处于较适宜范围之内（刘丽等，2007）。表 1-1 显示，烟叶拉力平均值为 2.02N，变异系数为 13.62%，分布于 1.36～2.88N，即此批次烟叶拉力及韧性较好，抗破碎能力较佳，除部分烟叶拉力值偏高外，其余的烟叶拉力适宜。

三、烟叶常规化学成分及协调性统计分析

烟叶中各种化学成分的含量反映了烟叶的质量状态，是决定评吸质量和烟气特性等质量特性的内在因素（闫克玉等，2001）。烟叶中总糖、还原糖、总氮、烟碱、钾、氯等化学成分因对烟叶质量有重要影响而成为烟草行业日常的检测指标（杜文等，2007），一般称作“烟叶常规化学成分”。

烟叶内含的糖类主要包括葡萄糖、果糖、淀粉和纤维素等，一定范围内烟叶质量随糖的增加而提高，但含量过多会形成酸的吃味（武丽等，2008）。还原糖是可溶性糖，可消除蛋白质燃烧产生的不良气味，对烟叶质量起到平衡作用，一般要求 16%～20%为宜，总糖适宜含量为 18%～22%。糖含量过高或过低都会使叶片化学成分失衡，而还原糖占总糖的 90%以上时，烟叶的成熟度好，比例越低成熟度越差（刘国顺，2003a）。总氮含量过高，则烟气中碱性物质偏多，虽然抽吸满足感强，但刺激性较大，余味较苦辣；总氮含量偏低则不能中和糖类化合物燃烧后产生的酸性物质，且烟气淡而无味，不能给消费者带来一定的生理满足。一般来说，优质烤烟中的总氮含量以 1.5%～3.5%较为适宜，以 2.5%为最好。烟碱是烟叶的核心化学成分，烟香和生理强度均因有了烟碱才有所体现。不同部位中，下部叶适宜烟碱含量以 1.5%～2.0%、中部叶以 2.0%～2.8%、上部叶以 2.5%～3.5%为宜（鲁黎明等，2012）。氮碱比关系到卷烟的劲头和吃味，通常认为 1 左右为宜，小于 0.5～0.6 即为烟碱过高。而糖碱比是指还原糖含量与烟碱含量的比值，在一定程度上反映了烟气酸碱性的平衡协调关系，在 8～12 较好。氯是一种抑制燃烧的元素，氯含量过高，则容易造成烟叶的熄火，优质烤烟要求氯含量应在 1.0%以

下；钾是一种能够促进燃烧的元素，钾含量高，烟叶的燃烧性好，同时对烟叶的水分含量、弹性、持燃性和贮存会产生有利影响（Karaivazoglou et al.，2005），优质烤烟中的钾含量应在2.0%以上。钾氯比与烟叶燃烧性紧密相关，其比值小于1时，烟叶不熄火，比值大于4时燃烧性好。调制后的烟叶（不经任何化学处理）用石油醚提取即可获得石油醚提取物，这些物质可使烟味醇和、协调和增加烟香，其含量的差异是造成各产区烟叶香气质量不同的原因之一，是评定烟叶中致香物质的一项重要指标。一般来说，优质烤烟中的石油醚提取物含量应处于6%～8%。

根据2015年河南农业大学在彭水桑柘基地单元、石柱南宾基地单元的取样结果，统计分析如下。

（一）彭水桑柘基地单元烤后烟叶化学成分及协调性统计分析

彭水桑柘基地单元烤后烟叶的常规化学成分分析结果如表1-2所示。上、中、下部位的总糖含量平均值分别为27.47%、31.02%和31.20%，3个部位的总糖含量均偏高，虽然中下部位的烟叶总糖含量在18.31%～40.96%，但两者的偏度系数均为负值，即整体数据向左偏移，只有少部分烟叶总糖含量偏高，大多数分布于平均值附近；各部位还原糖含量分别处于15.95%～33.94%、15.33%～35.55%和19.79%～35.55%，且平均值都高于适宜范围，即还原糖含量整体偏高；上部叶总氮含量均在适宜范围且平均含量较为适宜，中、下部叶的总氮含量较为接近，平均值分别为1.74%和1.56%，虽然平均值符合优质烟要求，但数据分布相对离散，存在部分烟叶的总氮偏高或偏低；上部叶烟碱平均值为3.86%，最大值高达4.85%，中部叶在1.44%～4.71%，但整体处于平均值（2.55%）相对偏右的区域，下部叶与中部叶相似，即大部分烟叶存在烟碱较优质烟要求偏高的现象，以上部叶最为明显；不同部位烟叶的氯含量均小于1%；钾含量各部位间分布略有不同，上部叶钾含量均小于2%，中部叶分布在1.34%～2.61%，平均值为1.82%，下部叶处于1.63%～2.61%，平均值为2.09%，烟叶钾含量大多低于2%的适宜范围，只有部分满足优质烟要求；石油醚提取物含量各部位平均值为6.28%、6.16%和5.78%，除下部叶偏低外，中、上部位的石油醚提取物含量的平均值都处于适宜范围内，但各部位均存在部分烟叶石油醚提取物含量偏低的现象。

由表1-3的协调性统计分析可知，彭水桑柘基地单元各部位的烟叶两糖比（还原糖含量/总糖含量）平均值分别为0.85、0.80和0.87，均低于优质烟要求的0.9，即烟叶的两糖比整体偏低；上部叶的糖碱比分布于4.39～8.59，平均值为6.13，且偏度系数较小，即上部叶糖碱比大多处于适宜范围外，部分烟叶糖碱比较低，中部叶糖碱比较为适宜，下部叶糖碱比较高，最大值达到31.36；各部位氮碱比平均分别为0.58、0.69和0.86，均低于1，存在烟碱稍高的现象；钾氯比平均值均远远高于4，说明烟叶燃烧性良好。

表 1-2 彭水桑柘基地单元烟叶常规化学成分分析

等级	统计项目	烟碱	K^+	Cl^-	总糖	还原糖	总氮	石油醚提取物
B2F	最小值/%	3.06	1.37	0.12	22.67	15.95	1.72	5.34
	最大值/%	4.85	1.86	0.40	35.60	33.94	3.15	7.28
	平均值/%	3.86	1.58	0.21	27.47	23.45	2.21	6.28
	标准差/%	0.46	0.13	0.08	3.77	4.76	0.42	0.60
	偏度系数	0.19	0.84	1.66	0.91	0.78	0.96	0.33
	峰度系数	−0.11	0.69	2.59	0.10	0.26	0.34	−1.04
C3F	最小值/%	1.44	1.34	0.05	18.31	15.33	1.38	5.22
	最大值/%	4.71	2.61	0.34	38.55	35.55	3.99	7.84
	平均值/%	2.55	1.82	0.13	31.02	30.00	1.74	6.16
	标准差/%	0.67	0.30	0.07	6.79	3.49	0.55	0.71
	偏度系数	1.54	0.65	1.85	−2.03	4.44	4.07	0.80
	峰度系数	4.92	0.87	4.49	6.02	4.80	17.53	0.24
X2F	最小值/%	1.13	1.63	0.07	18.31	19.79	1.15	4.94
	最大值/%	4.71	2.61	0.41	40.96	35.55	3.99	7.01
	平均值/%	1.86	2.09	0.15	31.20	30.27	1.56	5.78
	标准差/%	0.75	0.29	0.08	7.30	6.94	0.59	0.54
	偏度系数	3.15	0.42	1.97	−1.56	4.44	4.09	0.38
	峰度系数	11.95	−0.50	4.34	4.08	9.82	17.66	0.03

表 1-3 彭水桑柘基地单元烟叶协调性统计分析

等级	统计项目	两糖比	糖碱比	氮碱比	钾氯比
B2F	最小值	0.57	4.39	0.45	3.80
	最大值	0.98	8.59	0.89	13.40
	平均值	0.85	6.13	0.58	8.23
	标准差	0.12	1.29	0.13	2.43
	偏度系数	−1.25	0.20	1.72	0.39
	峰度系数	0.90	−1.18	2.03	0.65
C3F	最小值	0.62	6.72	0.50	6.01
	最大值	0.99	19.10	1.22	33.07
	平均值	0.80	10.92	0.69	16.51
	标准差	0.13	3.43	0.16	7.44
	偏度系数	0.15	1.21	2.21	0.85
	峰度系数	−1.62	0.85	6.73	0.40
X2F	最小值	0.59	10.53	0.60	4.92
	最大值	0.99	31.36	1.18	32.58
	平均值	0.87	17.12	0.86	17.67
	标准差	0.10	5.23	0.16	8.57
	偏度系数	−1.25	1.24	0.55	0.52
	峰度系数	2.29	1.78	0.14	−0.67

通过对彭水桑柘基地单元烟叶样品的化学成分分析可知，烟叶总糖、还原糖和烟碱含量整体偏高，总氮含量较为适宜，钾含量及石油醚提取物含量略低；氯含量均满足生产要求，燃烧性良好；两糖比整体略低，上部叶糖碱比偏低、下部叶糖碱比偏高，各部位氮碱比偏低。

（二）石柱南宾基地单元烤后烟叶化学成分及协调性统计分析

石柱南宾基地单元烤后烟叶化学成分如表 1-4 所示。由此可知，上、中、下三个部位叶的总糖平均含量分别为 31.69%、35.96%和 33.63%，样本最小值为 25.76%，烟叶总糖含量表现出整体偏高的趋势；还原糖含量与总糖相似，最小值都高达 21.96%，各部位的平均含量均大于适宜值，整体高于适宜范围；上部叶总氮含量均在适宜范围且平均含量较为适宜，中、下部叶的总氮含量平均为 1.61%和 1.58%，虽然平均值符合优质烟要求，但存在部分烟叶总氮偏低的现象；上部叶烟碱平均为 2.87%，最小值为 1.84%，除部分值偏小外均在适宜范围内，中部叶在 1.38%～2.42%，整体处于平均值（1.94%）相对偏左的区域，下部叶的烟碱分布相对离散，部分烟碱偏离适宜范围。各部位氯含量均远远低于 1%；中、上部叶钾含量平均为 1.72%和 1.83%，都小于 2%，下部叶钾含量在 1.68%～3.08%，虽然平均值处于适宜范围，但存在部分烟叶钾含量偏低；石油醚提取物各部位平均含量为 6.78%、6.48%和 6.28%，上部叶部分偏低，部分偏高，中、下部叶部分偏低，但数据相对集中，即大部分烟叶的石油醚提取物含量都处于适宜范围内。

表 1-4　石柱南宾基地单元烟叶常规化学成分分析

等级	统计项目	烟碱	钾	氯	总糖	还原糖	总氮	石油醚提取物
B2F	最小值/%	1.84	1.41	0.05	25.76	21.96	1.69	5.57
	最大值/%	3.47	2.27	0.21	39.25	35.54	2.64	8.55
	平均值/%	2.87	1.72	0.15	31.69	27.68	2.08	6.78
	标准差/%	0.40	0.24	0.05	4.25	3.53	0.25	0.89
	偏度系数	−0.79	0.77	−0.39	0.62	0.72	0.23	0.41
	峰度系数	1.06	−0.20	−0.51	−0.97	−0.22	−0.02	−0.69
C3F	最小值/%	1.38	1.43	0.03	30.60	28.19	1.31	5.67
	最大值/%	2.42	2.60	0.14	41.70	38.47	1.90	7.32
	平均值/%	1.94	1.83	0.08	35.96	30.65	1.61	6.48
	标准差/%	0.25	0.30	0.03	2.71	2.33	0.13	0.47
	偏度系数	−0.76	1.26	0.77	0.23	2.25	−0.20	−0.09
	峰度系数	0.87	1.33	−0.35	−0.03	6.41	0.99	−0.84
X2F	最小值/%	0.92	1.68	0.02	26.67	26.14	1.35	5.46
	最大值/%	2.86	3.08	0.25	40.52	36.64	2.41	7.33
	平均值/%	1.41	2.35	0.08	33.63	30.23	1.58	6.28
	标准差/%	0.43	0.34	0.06	3.63	2.65	0.26	0.57
	偏度系数	2.28	0.00	1.65	0.02	0.59	2.02	0.25
	峰度系数	6.41	0.71	2.78	−0.38	0.16	4.49	−1.03

表 1-5 为石柱南宾基地单元的烟叶协调性统计分析，其烟叶两糖比较彭水桑柘基地单元稍高，但依旧整体略低；上部叶糖碱比分布在 7.45～17.31，多数满足优质烟 8～12 的要求，中、下部叶糖碱比整体偏高，下部叶的最大值更是达到 38.18；各部位氮碱比平均为 0.73、0.84 和 1.17，基本在 1 左右，较彭水表现好；钾氯比均远远高于 4，烟叶燃烧性良好。

表 1-5 石柱南宾基地单元烟叶协调性统计分析

等级	统计项目	两糖比	糖碱比	氮碱比	钾氯比
B2F	最小值	0.81	7.45	0.56	8.25
	最大值	0.93	17.31	0.92	35.66
	平均值	0.88	9.91	0.73	13.13
	标准差	0.04	2.44	0.10	6.49
	偏度系数	–0.28	1.59	0.24	2.64
	峰度系数	–1.01	3.35	–0.89	7.56
C3F	最小值	0.79	12.27	0.63	12.35
	最大值	0.95	22.79	1.07	60.00
	平均值	0.85	16.07	0.84	28.34
	标准差	0.05	2.56	0.11	13.24
	偏度系数	0.56	1.12	0.10	1.06
	峰度系数	–0.82	1.36	0.09	0.40
X2F	最小值	0.78	9.49	0.81	9.87
	最大值	0.99	38.18	1.60	147.44
	平均值	0.90	23.08	1.17	51.52
	标准差	0.06	6.37	0.23	34.86
	偏度系数	–0.20	0.48	0.33	1.04
	峰度系数	–0.63	1.76	–0.99	1.37

整体来看，石柱南宾基地单元的烟叶两糖含量丰富，整体偏高，上部叶总氮含量均在适宜范围且平均含量较为适宜，而部分中、下部叶总氮略低，中、上部叶烟碱及钾含量较优质烟要求偏低，大部分烟叶的石油醚提取物含量都处于适宜范围内，烟叶燃烧性良好，氮碱比基本满足要求，但存在与彭水烟叶类似的问题，两糖比整体略低，且中、下部叶的糖碱比偏高。

（三）小结

综合彭水桑柘和石柱南宾两个基地单元的烟叶常规化学成分分析，两个基地单元的烟叶燃烧性良好，但钾含量普遍偏低，总糖和还原糖含量普遍偏高，部分化学成分存在一定差异。彭水桑柘基地单元的烟叶烟碱含量普遍偏高，而石柱中、上部位的烟叶烟碱含量较优质烟要求偏低，这可能是由两地的土壤状况及气候环境的不同造成的。此外，两者都存在中、下部位的糖碱比偏高，两糖比整体偏低的问题。刘国顺（2003a）指出现阶段国产烟叶均存在两糖比偏低的问题，主要原因是叶片在田间生长的成熟度和烘烤成熟度不够。至于烟叶总糖和还原糖含量偏高的问题，我国目前的中式卷烟的特点是吃味较为醇和、细腻，烟气略偏酸性，这就要求烟叶中的总糖和还原糖含量较高（唐远驹，2004），但是需要警惕的是烟叶中糖含量过高特别是非还原糖含量过高时会导致燃烧后焦油含量增加，降低烟叶的安全性，致使卷烟降焦减害的工作难度加大。

第二节　烟叶感官质量评价与配方作用

卷烟配方设计是卷烟产品的核心技术，配方模块设计是分组加工和模块化打叶复烤的基础，也是扩大烟叶原料使用范围、为大品牌卷烟产品提供大批量稳定原料支撑的重要手段（王建民等，2008）。如果一个模块中的烟叶两两间的配伍性均较好，则其感官质量有可能接近甚至超过模块中感官质量最好的烟叶，也就达到了扩大烟叶原料使用范围和烟叶原料低质高用的目的。因此，对烟叶原料两两间的配伍性进行研究，是合理设计配方模块的基础。传统的卷烟叶组配方设计往往以感官评价来指导配方调整（王以慧，2011）。感官质量即内在质量，主要是通过评吸，靠人的口腔、舌、喉、鼻等感官鉴别烟叶的香气、吸味、生理强度、刺激性等内在品质特点（于建军，2009），通常要求评吸人员有丰富的评吸经验，需要长时间的培训和实践经验的积累，但评吸员的健康及精神状况也对评吸结果有较大影响，故需要将烟叶原料外观特性、物理特性、化学特性及感官特性等结合来指导卷烟叶组配方调配，以发挥其在配方设计中的指导作用，丰富卷烟配方调配的手段。

一、烤后烟叶感官质量评价

烟叶感官质量评价由红云红河集团、重庆市烟草公司、河南中烟工业有限责任公司、湖北中烟工业有限责任公司的评吸专家按照郑州烟草研究院《烟叶质量风格特色感官评价方法（试用稿）》进行感官评吸（邓小华等，2013）。烟叶质量风格特色感官评价采用 0～5 等距标度评分法（表 1-6），标度值=（香气质+香气量+透发性+细腻程度+柔和程度+圆润感+余味）−刺激性−干燥感−10，标度值越大，品质越好。感官质量评价指标主要包括风格特征中的烟气浓度、劲头及品质特征，其中，品质特征指标包括香气特性、烟气特性和口感特性三部分。烟气特性包括细腻程度、柔和程度和圆润感；口感特性包括刺激性、干燥感和余味；香气特性包括香气质、香气量、透发性和杂气，其中，杂气又包括青杂气、生青气、枯焦气、木质气、土腥气、松脂气、花粉气、药草气、金属气等 9 种。杂气由 4 位及以上的评吸员做出判断，即为有效标度值，其他指标为所有评吸员的标度结果，均为有效标度值。

表 1-6 感官质量评价指标及评分标度

评价指标			标度值		
			0～1	2～3	4～5
风格特征	烟气浓度		小～较小	中等～稍大	较大～大
	劲头		小～较小	中等～稍大	较大～大
品质特征	香气特性	香气质	差～较差	稍好～尚好	较好～好
		香气量	少～微有	稍有～尚足	较充足～充足
		透发性	沉闷～较沉闷	稍透发～尚透发	较透发～透发
		杂气	无～微有	稍有～有	较重～重
	烟气特性	细腻程度	粗糙～较粗糙	稍细腻～尚细腻	较细腻～细腻
		柔和程度	生硬～较生硬	稍柔和～尚柔和	较柔和～柔和
		圆润感	毛糙～较毛糙	稍圆润～尚圆润	较圆润～圆润
	口感特性	刺激性	无～微有	稍有～有	较大～大
		干燥感	无～弱	稍有～有	较强～强
		余味	不净不舒适～欠净欠舒适	稍净稍舒适～尚净尚舒适	较净较舒适～纯净舒适

（一）彭水桑柘基地单元烤后烟叶感官质量评价

彭水桑柘基地单元的烤后烟叶主要取自桑柘镇、鹿青乡及诸佛乡，其中，桑柘镇栽培品种为云烟 87，鹿青乡栽培品种为云烟 97，诸佛乡是 K326。根据品种及部位分别记录其感官质量评价结果，各项指标将有效标度值相加，取其算术平均值录入，具体见表 1-7、表 1-8。

表 1-7 彭水桑柘基地单元 B2F 感官质量评价

评价指标				云烟 87	云烟 97	K326
风格特征	烟气浓度			3.65	3.51	4.00
	劲头			3.20	3.40	3.33
品质特征	香气特性	香气质		2.99	3.00	3.00
		香气量		3.13	3.10	3.43
		透发性		2.76	2.70	3.05
		杂气	青杂气	1.29	1.50	1.75
			生青气	1.21	1.17	1.25
			枯焦气	1.40	1.55	1.00
			木质气	1.29	1.05	1.50
			土腥气			
			松脂气			
			花粉气			
			药草气			
			金属气			
	烟气特性	细腻程度		2.93	2.78	3.00
		柔和程度		2.96	2.88	2.88
		圆润感		2.61	2.51	2.75
	口感特性	刺激性		2.89	3.17	2.63
		干燥感		2.79	2.83	2.63
		余味		2.32	2.28	2.13
标度值				4.02	3.25	4.98

表 1-8　彭水桑柘基地单元 C3F 感官质量评价

评价指标				云烟 87	云烟 97	K326
风格特征	烟气浓度			3.10	3.25	3.55
风格特征	劲头			2.93	3.10	2.98
品质特征	香气特性	香气质		3.25	2.91	3.13
品质特征	香气特性	香气量		2.91	3.00	2.98
品质特征	香气特性	透发性		2.68	2.77	2.59
品质特征	香气特性	杂气	青杂气	1.26	1.22	1.25
品质特征	香气特性	杂气	生青气	1.28	1.37	1.25
品质特征	香气特性	杂气	枯焦气	1.50	2.00	
品质特征	香气特性	杂气	木质气	1.20	1.10	1.00
品质特征	香气特性	杂气	土腥气	1.00		
品质特征	香气特性	杂气	松脂气			
品质特征	香气特性	杂气	花粉气			
品质特征	香气特性	杂气	药草气			
品质特征	香气特性	杂气	金属气			
品质特征	烟气特性	细腻程度		3.19	3.02	3.13
品质特征	烟气特性	柔和程度		3.12	2.96	3.03
品质特征	烟气特性	圆润感		2.78	2.48	2.88
品质特征	口感特性	刺激性		2.64	2.71	2.88
品质特征	口感特性	干燥感		2.57	2.58	2.71
品质特征	口感特性	余味		2.43	2.38	2.25
标度值				5.16	4.23	4.38

由表 1-7 可知，彭水桑柘基地单元的上部叶烟气浓度和劲头稍大～较大，其中烟气浓度 K326 最大，云烟 87 次之，云烟 97 劲头最大；香气质稍好～尚好，各品种间差异较小；香气量尚足～较充足，K326 相对较多；透发性稍透发～尚透发，K326 的透发性相对较好；各品种均微有青杂气、生青气、枯焦气和木质气，云烟 87 和云烟 97 的枯焦气较为突出，而 K326 的青杂气和木质气均较为明显；烟气稍细腻～尚细腻，稍柔和～尚柔和，稍圆润～尚圆润；口感稍有刺激性和干燥感，其中云烟 97 的刺激性较强；余味稍净稍舒适～尚净尚舒适。整体来看，上部叶烟气浓度较大，劲头稍大，香气质尚好，香气量尚足，透发性尚好，微有青杂气、生青气、枯焦气和木质气，烟气尚柔和、细腻和圆润，口感稍有刺激性和干燥感，余味稍净稍舒适。K326 整体表现最佳，云烟 87 次之，云烟 97 稍弱。

由表 1-8 可知，彭水桑柘基地单元的中部叶烟气浓度和劲头稍大～较大，其中烟气浓度 K326 最大，云烟 87 最低，云烟 97 劲头最大；香气质尚好～较好，云烟 87 香气质最佳；香气量稍有～尚足，各品种间差异较小；透发性稍透发～尚透发，云烟 97 的透发性较好；各品种均微有青杂气、生青气和木质气，此外，云烟 97 的枯焦气较为突出，云烟 87 还带有一定土腥气；烟气尚细腻～较细腻，尚柔和～较柔和，稍圆润～尚圆润；口感稍有刺激性和干燥感，余味稍净稍舒适～尚净尚舒适。整体来看，中部叶烟气浓度和劲头稍大，香气质尚好，香气量尚足，透发性尚好，微有青杂气、生青气、枯焦气和木质气，烟气尚细腻、柔和圆润，口感有一定刺激性和干燥感，余味稍净稍舒适。云烟 87 表现较好，K326 次之，云烟 97 较弱。

（二）石柱南宾基地单元烤后烟叶感官质量评价

石柱南宾基地单元的烤后烟主要取自大歇乡、鱼池镇、临溪镇、龙沙镇、六塘乡、冷水镇及沙子镇，其中，大歇乡、六塘乡、冷水镇及沙子镇的栽培品种为云烟 87，其余乡镇种植品种是 K326。各项指标取有效标度值相加，将其算术平均值录入，具体见表 1-9、表 1-10。

表 1-9　石柱南宾基地单元 B2F 感官质量评价

评价指标				云烟 87	K326
风格特征	烟气浓度			3.71	3.79
	劲头			3.17	3.25
品质特征	香气特性	香气质		3.04	3.04
		香气量		3.11	3.17
		透发性		2.58	2.71
		杂气	青杂气	1.24	1.25
			生青气	1.26	1.58
			枯焦气	1.44	1.18
			木质气	1.13	1.00
			土腥气	1.00	
			松脂气		
			花粉气		
			药草气		
			金属气		
	烟气特性	细腻程度		2.83	2.92
		柔和程度		2.99	2.79
		圆润感		2.51	2.50
	口感特性	刺激性		3.12	2.96
		干燥感		2.91	2.71
		余味		2.29	2.54
标度值				3.32	4.00

表 1-10　石柱南宾基地单元 C3F 感官质量评价

<table>
<tr><th colspan="4">评价指标</th><th>云烟 87</th><th>K326</th></tr>
<tr><td rowspan="2">风格特征</td><td colspan="3">烟气浓度</td><td>3.33</td><td>3.21</td></tr>
<tr><td colspan="3">劲头</td><td>2.96</td><td>2.92</td></tr>
<tr><td rowspan="18">品质特征</td><td rowspan="12">香气特性</td><td colspan="2">香气质</td><td>3.26</td><td>3.29</td></tr>
<tr><td colspan="2">香气量</td><td>3.25</td><td>2.96</td></tr>
<tr><td colspan="2">透发性</td><td>2.68</td><td>2.86</td></tr>
<tr><td rowspan="9">杂气</td><td>青杂气</td><td>1.46</td><td>1.14</td></tr>
<tr><td>生青气</td><td>1.58</td><td>1.45</td></tr>
<tr><td>枯焦气</td><td>1.19</td><td>1.25</td></tr>
<tr><td>木质气</td><td>1.18</td><td>1.13</td></tr>
<tr><td>土腥气</td><td>1.00</td><td></td></tr>
<tr><td>松脂气</td><td></td><td></td></tr>
<tr><td>花粉气</td><td></td><td></td></tr>
<tr><td>药草气</td><td></td><td></td></tr>
<tr><td>金属气</td><td></td><td>3.00</td></tr>
<tr><td rowspan="3">烟气特性</td><td colspan="2">细腻程度</td><td>3.09</td><td>3.21</td></tr>
<tr><td colspan="2">柔和程度</td><td>3.13</td><td>3.04</td></tr>
<tr><td colspan="2">圆润感</td><td>2.51</td><td>2.61</td></tr>
<tr><td rowspan="3">口感特性</td><td colspan="2">刺激性</td><td>2.90</td><td>2.96</td></tr>
<tr><td colspan="2">干燥感</td><td>2.71</td><td>2.75</td></tr>
<tr><td colspan="2">余味</td><td>2.73</td><td>2.83</td></tr>
<tr><td colspan="4">标度值</td><td>5.03</td><td>5.10</td></tr>
</table>

由表 1-9 可知，石柱南宾基地单元的上部叶烟气浓度稍大～较大，劲头稍大～较大，两个品种较为接近；香气质均尚好；云烟 87 和 K326 香气量均尚足；两个品种稍透发～尚透发；均微有青杂气、生青气、枯焦气和木质气，K326 生青气较为突出，云烟 87 还带有土腥气；烟气稍细腻～尚细腻，稍柔和～尚柔和，稍圆润～尚圆润；有刺激性，稍干燥，其中云烟 87 刺激性较强；余味稍净稍舒适～尚净尚舒适。整体来看，上部叶烟气浓度较大，劲头稍大，香气质尚好，香气量尚足，尚透发，微有青杂气、生青气、枯焦气和木质气，尚细腻，尚柔和，稍圆润，有刺激性和干燥感，稍净稍舒适。K326 上部叶表现较云烟 87 好。

由表 1-10 可以看到，石柱南宾基地单元的中部叶烟气浓度和劲头均稍大，云烟 87 较 K326 大；香气质尚好～较好，两个品种差异不大，云烟 87 和 K326 香气量均尚足；透发性稍透发～尚透发，K326 透发性相对较好；各品种均微有青杂气、生青气、枯焦气和木质气，K326 和云烟 87 生青气均较重，云烟 87 还带有一定土腥气；烟气尚细腻～较细腻，尚柔和～较柔和，稍圆润～尚圆润；口感稍有刺激性和干燥感，余味稍净稍舒适～尚净尚舒适。整体来看，中部叶烟气浓度和劲头稍大，香气质尚好，香气量尚足，透发性尚好，微有青杂气、生青气、枯焦气和木质气，烟气尚细腻、柔和圆润，口感有一定刺激性和干燥感，余味稍净稍舒适。K326 表现较好，云烟 87 相对较弱。

（三）小结

整体来看，重庆彭水桑柘基地单元和石柱南宾基地单元的上部叶烟气浓度较大，劲头稍大，香气质尚好，香气量尚足，透发性尚好，微有青杂气、生青气、枯焦气和木质气，烟气尚柔和、细腻和圆润，口感有刺激性和干燥感，余味稍净稍舒适；中部叶烟气浓度和劲头稍大，香气质尚好，香气量尚足，透发性尚好，微有青杂气、生青气、枯焦气和木质气，烟气尚细腻、柔和圆润。云烟 87、K326 在不同地区表现不同，但整体表现良好，云烟 97 稍弱。两个基地单元的烟叶整体内在质量较好，但存在部分烟叶香气质地略微粗糙、烟气略有刺激性、杂气稍有的现象。因此，需进一步采取土壤改良措施，优化大田栽培管理技术，提高烟叶采收成熟度，进而优化烟叶化学成分，改善烟叶香气质地。

二、重庆烟叶在红云红河集团品牌中的功能定位

烟叶的配伍性是两个烟叶组分配合后形成的感官质量潜力的表现（毛多斌等，2001）。通过不同产地烟叶相互组配，可以达到中和烟叶不良气息、改善烟叶吸食指标的目的。烟叶受气候条件、种植地域、种植管理、调制加工等因素的影响而形成质量不同、批次不同的原料（戴冕，2000），这些原料正是烟草加工企业进行配方设计和工业生产的基础。

红云红河集团通过对重庆烟叶多年的配方使用后认为，重庆烟叶具有较强的亲和力，烟叶安全性好，适合云烟品牌的配方需求，由于调拨量的限制主要作为次主料烟叶应用于云烟品牌（红云红河集团对主料烟叶定义为质量好且调拨量在 100 万担[①]左右的烟叶）。由于两个基地单元烟叶具有香气量较足、浓度较高、吃味较饱满的特点，在云烟品牌中主要具有丰富烟香的功能，随着降焦减害工作的不断推进，重庆烟叶的质量优势将更加凸显。

重庆烟叶主要用于云烟（精品系列和小熊猫系列）产品的生产。其中，小熊猫系列主要应用于中部橘黄色组的上等烟叶；精品系列主要应用于中部、上部橘黄色组的中、上等烟叶，仅有少量下部烟叶应用于其他品牌系列。从使用等级来看，C2F、C3F 及 B1F 主要应用于小熊猫系列，起到丰富烟香的作用；C3F、C4F、B1F 及 B2F 等级主要应用于精品系列，起到增加烟气饱满度和圆润度的作用。

目前，经过工商双方共同努力，重庆烟叶与云烟品牌的适配率已达 70%左右，并且随着工艺水平、生产技术和烟叶质量的进一步提高而上升。

---

① 1 担=50kg。

第二章　云烟品牌·重庆基地单元生态环境评价

中国是烟草大国，烟叶和卷烟的产量均居世界首位，烟草行业经济效益在我国的经济发展中占有举足轻重的地位。随着社会经济发展，中国卷烟产品将逐步向“低危害、高品质”方向发展，对烟叶品质提出了“绿色、生态、优质、安全”的更高要求。烟草品质的优劣受区域气候条件、大气环境质量、土壤质量及灌溉水质量等生态环境因素影响较大。生态环境中的 SO_2、NO_x 等不仅直接伤害农作物，影响光合作用，破坏叶绿素，还会被植物吸收积累，而大气、土壤及化肥、农药中的重金属可通过被植物吸收或干湿沉降等途径进入土壤、地表灌溉水环境，进而被烟草吸收。人体在抽吸卷烟过程中，重金属会以气溶胶或金属氧化物的形式通过主流烟气进入人体，对人体健康造成危害。

因此，生态环境质量是影响烟草品质优劣的重要因素之一，评价烟草主要种植区生态环境质量对于生态烟叶的生产具有重要作用。本章通过对重庆市彭水县桑柘基地单元和石柱县南宾基地单元的大气、灌溉水和植烟土壤进行质量评价，以期为生态烟叶的生产提供科学依据。

第一节　大气环境及灌溉水评价

2014～2016 年，对大气中二氧化硫（SO_2）、二氧化氮（NO_2）、总悬浮颗粒物（TSP）等指标进行监测，同时收集了 3 年烤烟生育期的空气质量数据，参照 GB 3095—2012《环境空气质量标准》（表 2-1）对其进行了评价。

表 2-1　环境空气污染物基本项目质量浓度限值

序号	污染物项目	平均时间	质量浓度限值/（mg/m^3）	
			一级	二级
1	二氧化硫（SO_2）	日平均	0.05	0.15
2	二氧化氮（NO_2）	日平均	0.08	0.08
3	一氧化碳（CO）	日平均	0.004	0.004
4	臭氧（O_3）	日平均	0.10	0.16
5	可吸入颗粒物（PM_{10}）（粒径≤10μm）	日平均	0.05	0.15
6	总悬浮颗粒物（TSP）	日平均	0.12	0.30

在重庆市彭水县和石柱县共布置 4 个水质监测点，所有水样均为瞬时采样。

参照 GB 5084—2005《农田灌溉水质标准》和 NY/T 391—2013《绿色食品　产地环境标准》进行灌溉水质量的评价，农田灌溉水水质基本控制项目标准值如表 2-2 所示。

表 2-2　农田灌溉水水质基本控制项目标准值

项目	标准值	备注
pH	5.5～8.5	NY/T 391—2013
总汞/（mg/L）	≤0.001	同上
总镉/（mg/L）	≤0.005	同上
总砷/（mg/L）	≤0.05	同上
总铅/（mg/L）	≤0.1	同上
六价铬/（mg/L）	≤0.1	同上
全盐量/（mg/L）	≤1000	GB 5084—2005
氯化物/（mg/L）	≤250	同上

一、彭水桑柘基地单元大气环境质量及灌溉水评价

（一）彭水桑柘基地单元大气 SO_2 评价

由图 2-1 可知，2014 年 5～8 月[①]大气 SO_2 质量浓度在 0.006～0.022mg/m^3，平均值 0.012mg/m^3；由表 2-3 可知，2015 年 5～10 月大气 SO_2 在 0.008～0.019mg/m^3，平均值 0.013mg/m^3；由图 2-2 可知，2016 年 5～8 月大气 SO_2 在 0.003～0.026mg/m^3，平均值 0.009mg/m^3。参照 GB 3095—2012 中大气 SO_2 质量浓度限值一级标准（0.050mg/m^3），结果表明 2014～2016 年彭水桑柘基地单元在烟草生育期内的大气 SO_2 质量浓度均优于一级标准。

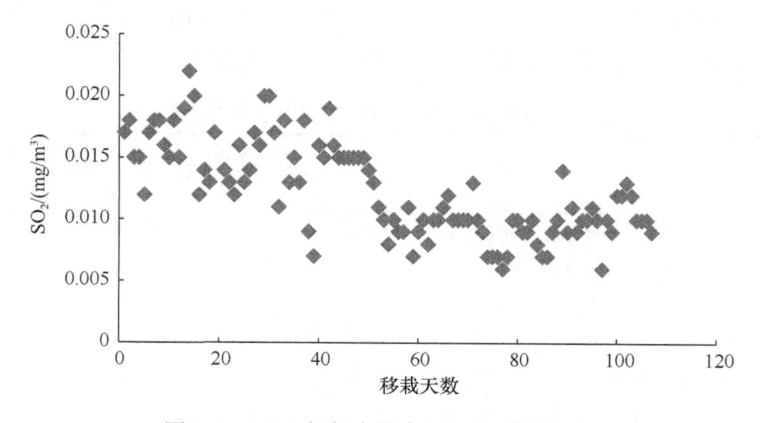

图 2-1　2014 年彭水县大气 SO_2 质量浓度

① 重庆地区一般在每年的 5 月 10 日左右移栽烟苗。

表 2-3　2015 年彭水县大气 SO_2 质量浓度　　（单位：mg/m^3）

月份	5 月	6 月	7 月	8 月	9 月	10 月
SO_2	0.018	0.012	0.010	0.008	0.012	0.019

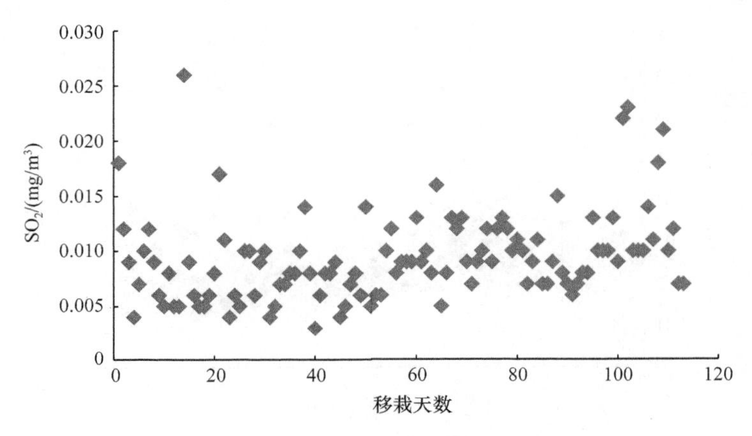

图 2-2　2016 年彭水县大气 SO_2 质量浓度

（二）彭水桑柘基地单元大气 NO_2 评价

由图 2-3 可知，2014 年 5～8 月大气 NO_2 质量浓度在 0.004～0.038mg/m^3，平均值 0.019mg/m^3；由表 2-4 可知，2015 年 5～10 月大气 NO_2 在 0.023～0.038mg/m^3，平均值 0.028mg/m^3；由图 2-4 可知，2016 年 5～8 月大气 NO_2 在 0.009～0.068mg/m^3，平均值 0.036mg/m^3。参照 GB 3095—2012 中大气 NO_2 质量浓度限值一级标准（0.080mg/m^3），表明 2014～2016 年彭水桑柘基地单元在烟草全生育期内的大气 NO_2 质量浓度优于一级标准。

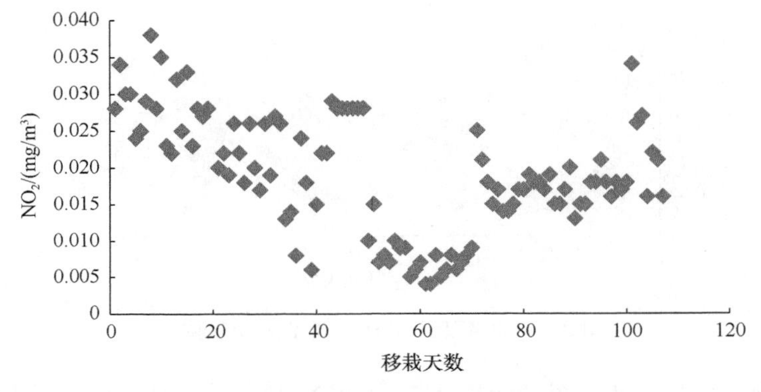

图 2-3　2014 年彭水县大气 NO_2 质量浓度

表 2-4 2015 年彭水县大气 NO_2 质量浓度 （单位：mg/m^3）

月份	5 月	6 月	7 月	8 月	9 月	10 月
NO_2	0.023	0.027	0.023	0.025	0.032	0.038

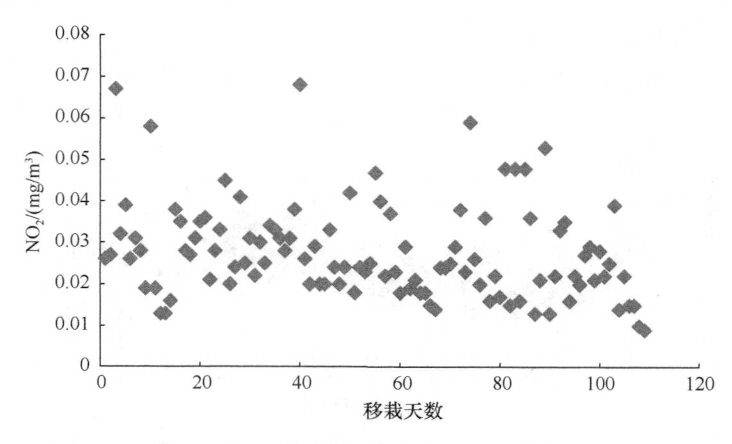

图 2-4 2016 年彭水县大气 NO_2 质量浓度

（三）彭水桑柘基地单元大气颗粒物评价

由图 2-5 可知，2014 年 5～8 月大气 TSP 质量浓度在 0.011～0.148mg/m^3，平均值 0.049mg/m^3，参照 GB 3095—2012 中 TSP 质量浓度限值一级标准和二级标准（分别为 0.120mg/m^3 和 0.300mg/m^3），表明 2014 年彭水桑柘基地单元在烟草全生育期内绝大多数天数的大气 TSP 优于一级标准，部分天数优于二级标准。

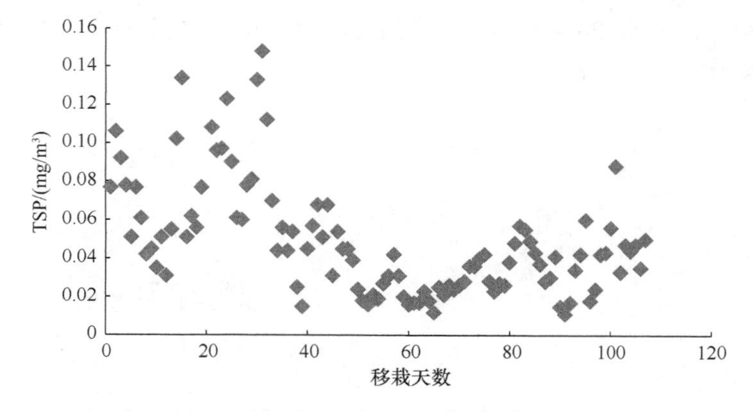

图 2-5 2014 年彭水县大气 TSP 质量浓度

由表 2-5 可知，2015 年 5～10 月大气 PM_{10} 质量浓度在 0.036～0.068mg/m^3，平均值 0.050mg/m^3。参照 GB 3095—2012 中大气 PM_{10} 质量浓度限值一级标准和

二级标准（分别为 0.050mg/m^3 和 0.150mg/m^3），表明 2015 年彭水桑柘基地单元在烟草全生育期内的大气 PM_{10} 均优于二级标准。

表 2-5　2015 年彭水县大气 PM_{10} 质量浓度　（单位：mg/m^3）

月份	5 月	6 月	7 月	8 月	9 月	10 月
可吸入颗粒物（PM_{10}）	0.056	0.036	0.041	0.043	0.056	0.068

由图 2-6 可知，2016 年 5～8 月大气 PM_{10} 质量浓度在 0.019～0.124mg/m^3，平均值 0.051mg/m^3。参照 GB 3095—2012 中大气 PM_{10} 质量浓度限值一级标准和二级标准（分别为 0.050mg/m^3 和 0.150mg/m^3），表明 2016 年彭水桑柘基地单元在烟草全生育期内的大气 PM_{10} 均优于二级标准。

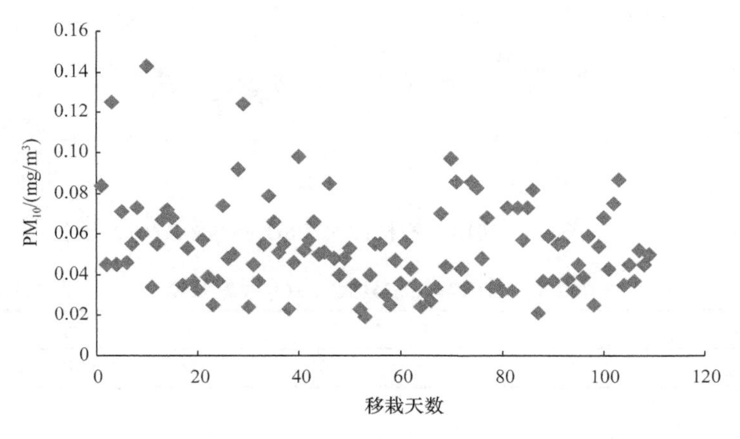

图 2-6　2016 年彭水县大气 PM_{10} 质量浓度

（四）彭水桑柘基地单元灌溉水评价

由表 2-6 可知，参考 NY/T 391—2013，彭水桑柘基地单元取样点的灌溉水中 Cr^{6+}、总铅、总镉、总砷含量符合标准，参考 GB 5084—2005，该地区灌溉水中全盐量、氯化物含量符合标准。

表 2-6　彭水县桑柘基地单元灌溉水主要指标含量　（单位：mg/L）

地点	全盐量	氯化物	硫酸盐	总镉	Cr^{6+}	总铅	总砷
彭水县桑柘镇	64	1.1	220	<0.05	<0.03	<0.1	<0.01

二、石柱南宾基地单元大气环境质量及灌溉水评价

（一）石柱南宾基地单元大气 SO_2 评价

由图 2-7 可知，2014 年 5～8 月大气 SO_2 质量浓度在 0.001～0.048mg/m^3，平

均值 0.016mg/m³；由表 2-7 可知，2015 年 5～10 月大气 SO_2 质量浓度在 0.010～0.013mg/m³，平均值 0.011mg/m³；由图 2-8 可知，2016 年 5～8 月大气 SO_2 质量浓度在 0.003～0.024mg/m³，平均值 0.010mg/m³。参照 GB 3095—2012 中 SO_2 质量浓度限值一级标准（0.050mg/m³），表明 2014～2016 年石柱南宾基地单元在烟草全生育期内的大气 SO_2 质量浓度均优于一级标准。

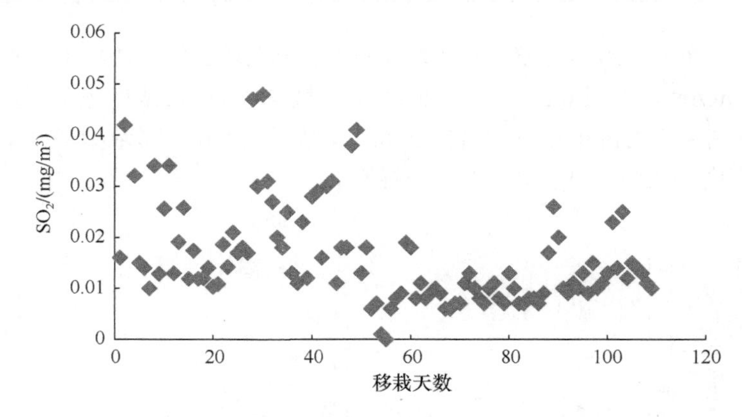

图 2-7　2014 年石柱县大气 SO_2 质量浓度

表 2-7　2015 年石柱县大气 SO_2 质量浓度　（单位：mg/m³）

月份	5 月	6 月	7 月	8 月	9 月	10 月
SO_2	0.011	0.013	0.011	0.011	0.010	0.010

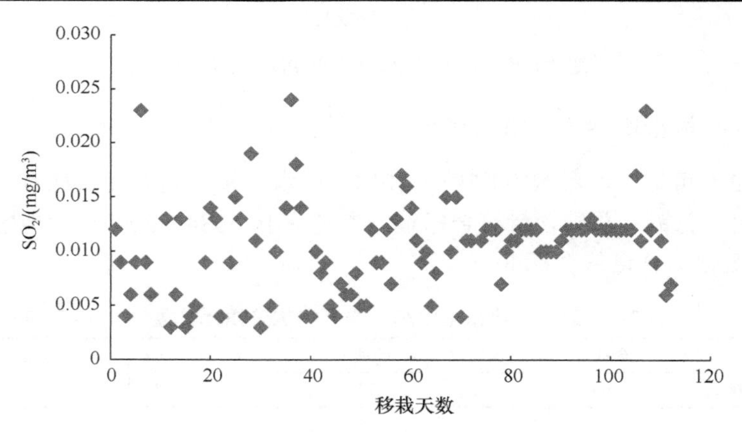

图 2-8　2016 年石柱县大气 SO_2 质量浓度

（二）石柱南宾基地单元大气 NO_2 评价

由图 2-9 可知，2014 年 5～8 月大气 NO_2 质量浓度在 0.001～0.038mg/m³，平均值 0.017mg/m³；由表 2-8 可知，2015 年 5～10 月大气 NO_2 质量浓度在 0.010～

0.014mg/m^3，平均值 0.011mg/m^3；由图 2-10 可知，2016 年 5～8 月大气 NO_2 质量浓度在 0.011～0.064mg/m^3，平均值 0.028mg/m^3。参照 GB 3095—2012 中 NO_2 质量浓度限值一级标准（0.080mg/m^3），表明 2014～2016 年石柱南宾基地单元在烟草全生育期内的大气 NO_2 质量浓度优于一级标准。

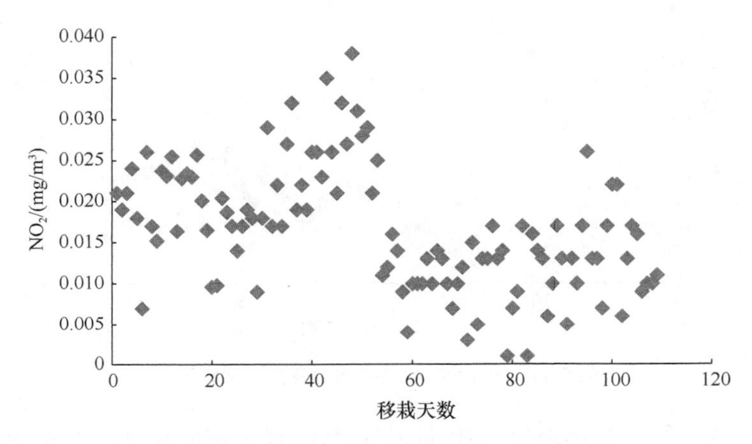

图 2-9　2014 年石柱县大气 NO_2 质量浓度

表 2-8　2015 年石柱县大气 NO_2 质量浓度　　（单位：mg/m^3）

月份	5 月	6 月	7 月	8 月	9 月	10 月
NO_2	0.014	0.010	0.010	0.010	0.010	0.013

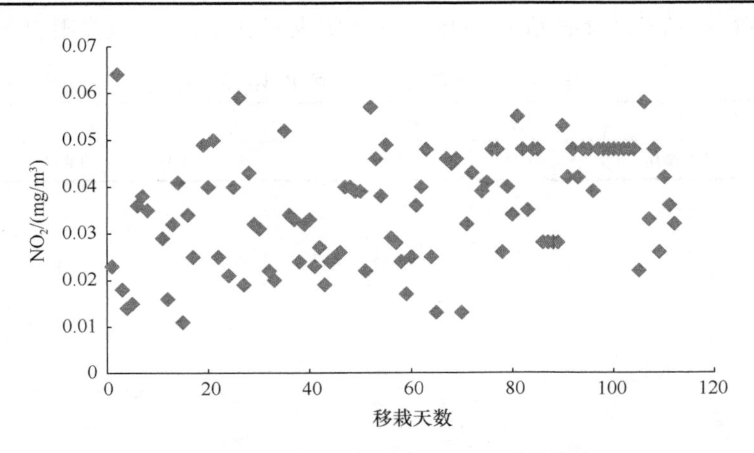

图 2-10　2016 年石柱县大气 NO_2 质量浓度

（三）石柱南宾基地单元大气可吸入颗粒物评价

由图 2-11 可知，2014 年 5～8 月大气 PM_{10} 质量浓度在 0.007～0.101mg/m^3，平均值 0.039mg/m^3。参照 GB 3095—2012 中大气 PM_{10} 质量浓度限值一级标准和二级标准

（分别为 0.050mg/m³ 和 0.150mg/m³），表明 2014 年石柱南宾基地单元在烟草全生育期内的大气 PM_{10} 质量浓度多数天数优于一级标准，部分天数优于二级标准。

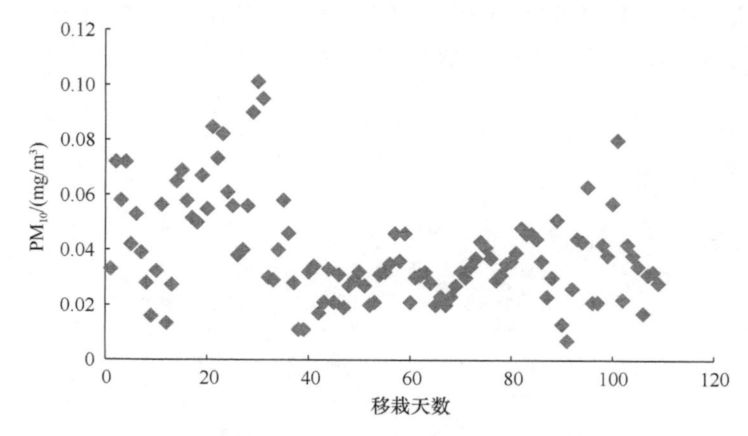

图 2-11 2014 年石柱县大气 PM_{10} 质量浓度

由表 2-9 可知，2015 年 5～10 月大气 PM_{10} 质量浓度在 0.030～0.049mg/m³，平均值 0.037mg/m³。参照 GB 3095—2012 中大气 PM_{10} 质量浓度限值一级标准和二级标准（分别为 0.050mg/m³ 和 0.150mg/m³），表明 2015 年石柱南宾基地单元在烟草全生育期内的大气 PM_{10} 质量浓度均优于一级标准。

由图 2-12 可知，2016 年 5～8 月中大气 PM_{10} 质量浓度在 0.013～0.143mg/m³，平均值 0.060mg/m³。参照 GB 3095—2012 中大气 PM_{10} 质量浓度限值一级标准和

表 2-9 2015 年石柱县大气 PM_{10} 质量浓度 （单位：mg/m³）

月份	5 月	6 月	7 月	8 月	9 月	10 月
可吸入颗粒物（PM_{10}）	0.042	0.030	0.033	0.033	0.037	0.049

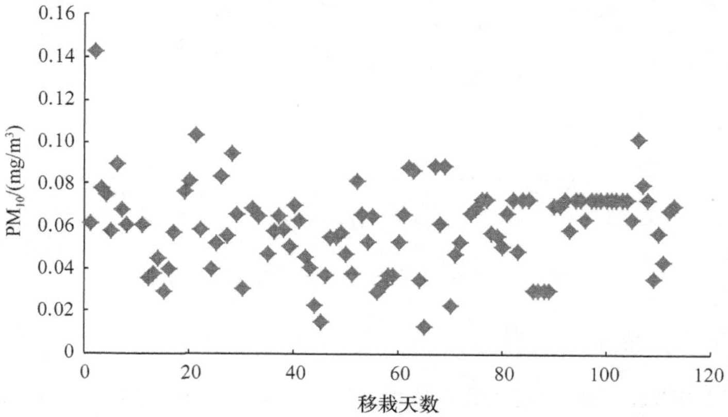

图 2-12 2016 年石柱县大气 PM_{10} 质量浓度

二级标准（分别为 0.050mg/m^3 和 0.150mg/m^3），表明 2016 年石柱南宾基地单元在烟草全生育期内的大气 PM_{10} 质量浓度均优于二级标准。

（四）石柱南宾基地单元灌溉水的评价

由表 2-10 可知，参考 NY/T 391—2013，三处取样点的灌溉水中总镉、Cr^{6+}、总铅、总砷含量符合标准。参考 GB 5084—2005，该地区灌溉水中全盐量、氯化物含量符合标准。

表 2-10　石柱南宾基地单元灌溉水主要指标含量　（单位：mg/L）

地点	全盐量	氯化物	硫酸盐	总镉	Cr^{6+}	总铅	总砷
南宾六塘乡	82	75	375	<0.05	<0.03	<0.1	<0.005
南宾冷水镇	136	120	420	<0.05	<0.03	<0.1	<0.005
南宾沙子镇	109	50	180	<0.05	<0.03	<0.1	<0.005

三、小结

参照 GB 3095—2012，分析了 2014～2016 年彭水桑柘基地单元烟草全生育期内大气环境 SO_2、NO_2、可吸入颗粒物（PM_{10}）、总悬浮颗粒物（TSP）的日平均浓度变化，其中，SO_2 和 NO_2 的日平均浓度优于一级标准，PM_{10} 和 TSP 的日平均浓度优于二级标准。整体来看，大气环境各个指标均在适宜范围内，空气质量良好；灌溉水中 Cr^{6+}、总铅、总镉、总砷含量，以及全盐量、氯化物含量符合有关国家标准。

2014～2016 年石柱南宾基地单元在烟草全生育期内的大气 SO_2 和 NO_2 含量均优于一级标准，2015 年可吸入颗粒物（PM_{10}）质量浓度优于一级标准，2014 年和 2016 年可吸入颗粒物（PM_{10}）浓度优于二级标准。整体来看，大气环境各个指标均在适宜范围，空气质量良好；灌溉水中 Cr^{6+}、总铅、总镉、总砷含量，以及全盐量、氯化物含量符合有关标准。

第二节　云烟品牌·重庆基地单元植烟土壤质量评价

彭水桑柘基地单元 3 个植烟乡镇选取 19 个样点（桑柘镇 12 个、鹿青乡 5 个、诸佛乡 2 个），石柱南宾单元 7 个乡镇选取 20 个样点（大歇乡 2 个、鱼池镇 2 个、临溪镇 2 个、龙沙镇 2 个、六塘乡 5 个、冷水镇 3 个、沙子镇 4 个）。取样点与第一章烟叶化学质量评价中的取样点一致。

一、常规土壤肥力评价

（一）彭水桑柘基地单元土壤养分状况分析

土壤酸碱度是影响土壤养分形态和有效性的主要因素之一，植烟土壤适宜pH为5.5～7.0。从表2-11可知，彭水桑柘基地单元土壤pH在4.73～7.86，平均值为6.39。有21%的土壤样品pH在4.5～5.5，pH在5.5～7.0的样品占53%，有26%的样品pH在7以上。大部分植烟土壤酸碱度适宜，今后施肥过程中应针对不同地块施用不同类型肥料，逐步调节土壤酸碱度至适宜水平。

表2-11 彭水桑柘基地单元土壤养分状况

指标	最小值	最大值	平均值	标准差	偏度系数	峰度系数
pH	4.73	7.86	6.39	0.97	–0.13	–1.00
有机质/（g/kg）	24.59	49.45	37.88	7.82	–0.17	–0.99
碱解氮/（mg/kg）	64.40	304.68	119.45	69.00	1.65	1.85
速效磷/（mg/kg）	6.42	33.39	16.34	9.29	0.69	–0.89
速效钾/（mg/kg）	130.65	591.77	355.39	106.10	0.35	0.86
Cl^-/（mg/kg）	3.98	15.50	7.03	2.81	1.77	3.94

植烟土壤有机质含量过高或过低对烟叶质量都有不利影响，普遍认为南方植烟土壤适宜的有机质含量为15～30g/kg；彭水桑柘基地单元土壤有机质含量在24.59～49.45g/kg，平均值为37.88g/kg。有机质含量全部都在15g/kg以上，有5%的样品有机质含量在15～25g/kg，属于中等水平；近32%的样品有机质含量在25～35g/kg；有63%的样品有机质含量在35g/kg以上，土壤有机质含量丰富。桑柘基地单元植烟土壤有机质含量普遍较高，应继续坚持用地养地相结合，同时要稳施氮肥。

碱解氮为土壤有效氮的一个常用指标。从表2-11中可以看出，彭水桑柘基地单元碱解氮含量在64.40～304.68mg/kg，平均值为119.45mg/kg。其中，有5%的样品碱解氮含量小于65mg/kg，这有利于施肥时对氮素进行调控；63%的土壤样品碱解氮含量处于65～100mg/kg，土壤碱解氮含量适宜；有近32%的土壤样品碱解氮含量大于100mg/kg，应控施氮肥。

植烟土壤适宜的速效磷含量为10～20mg/kg。彭水桑柘基地单元土壤速效磷含量在6.42～33.39mg/kg，平均值为16.34mg/kg。其中，有近37%的样品速效磷含量低于10mg/kg，属于缺乏水平，在施肥时应加大磷肥用量；有26%的样品速效磷含量高于20mg/kg，在施肥时可适当减少施磷量或隔年施用磷肥；有37%的样品速效磷含量在10～20mg/kg，属于较适宜范围，可稳施磷肥。

适宜烟草生长的土壤速效钾含量为 150～220mg/kg。彭水桑柘基地单元土壤速效钾含量为 130.65～591.77mg/kg，平均值为 355.39mg/kg。有 42%的样品速效钾含量在 350mg/kg 以上，属于速效钾含量很丰富；有 53%的样品速效钾含量在 220～350mg/kg，属于速效钾含量中等水平；有 5%的样品速效钾含量在 80～150mg/kg，在缺乏范围内。说明基地单元内烟田土壤速效钾含量属于中等偏上水平。钾对烟叶的品质影响很大，钾含量低已成为我国烟叶品质的限制因素之一。烟叶钾含量高时烟叶香气足、燃烧性强，有利于提高烟叶品质和安全性。

烟草被视为忌氯作物，过量吸收 Cl^-会严重影响烟叶质量，但 Cl^-又是烤烟生长的必需营养元素之一，缺乏该元素时，烟株的生长发育也会受到影响。彭水桑柘基地单元土壤水溶性 Cl^-含量在 3.98～15.50mg/kg，平均值为 7.03mg/kg。有 89%的土壤样品水溶性 Cl^-含量低于 10mg/kg，处于水溶性 Cl^-含量较低范围，应根据烤后烟叶中 Cl^-含量水平确定是否需要补充氯肥；只有 11%的土壤样品水溶性 Cl^-含量在 10～30mg/kg，属于中等水平。

（二）石柱南宾基地单元土壤养分状况分析

石柱南宾基地单元土壤 pH 在 4.71～7.70，平均值为 6.05（表 2-12）。有 35%的样品 pH 在 4.5～5.5，pH 在 5.5～7.0 的样品占 45%，有 20%的样品 pH 在 7.0 以上。大部分植烟土壤酸碱度适宜，针对偏酸和偏碱土壤可以增施有机肥逐步调节土壤酸碱度至适宜水平。

表 2-12　石柱南宾基地单元土壤养分状况

指标	最小值	最大值	平均值	标准差	偏度系数	峰度系数
pH	4.71	7.70	6.05	0.91	0.08	–1.05
有机质/（g/kg）	5.20	40.00	27.00	0.84	–0.58	1.14
碱解氮/（mg/kg）	51.20	225.71	112.89	45.98	1.14	1.26
速效磷/（mg/kg）	4.27	30.61	15.34	8.29	0.50	–0.96
速效钾/（mg/kg）	122.76	392.74	253.09	91.91	0.06	–1.30
Cl^-/（mg/kg）	3.99	7.09	5.26	1.00	0.53	–0.90

土壤有机质含量在 5.20～40.00g/kg，平均值为 27.00g/kg。95%的样品有机质含量在 15g/kg 以上，有 30%的样品有机质含量在 15～25g/kg，属于中等水平；有 45%的土壤样品有机质含量在 25～35g/kg；另有 20%的样品有机质含量在 35g/kg 以上，土壤有机质含量很丰富。

土壤碱解氮含量在 51.20～225.71mg/kg，平均值为 112.89mg/kg。其中，有 15%的土壤样品碱解氮含量小于 65mg/kg，有利于施肥时对氮素进行调控；30%的土壤样品碱解氮含量处于 65～100mg/kg，土壤碱解氮含量适宜；55%的样品碱解氮含量大于 100mg/kg，应控施氮肥。

土壤速效磷含量在 4.27～30.61mg/kg，平均值为 15.34mg/kg。其中，有近 40%的样品速效磷含量低于 10mg/kg，属于缺乏水平，在施肥时应加大磷肥用量；有 35%的样品速效磷含量高于 20mg/kg，在施肥时可适当减少施磷量或隔年施用磷肥；有 25%的样品速效磷含量在 10～20mg/kg，属于较适宜范围，可稳施磷肥。

土壤速效钾含量为 122.76～392.74mg/kg，平均值为 253.09mg/kg。有 85%的土壤样品速效钾含量在 350mg/kg 以上，速效钾含量很丰富；15%的土壤样品速效钾含量在 80～150mg/kg，属于缺乏范围。

土壤水溶性 Cl^-含量在 3.99～7.09mg/kg，平均值为 5.26mg/kg。所有土壤样品土壤水溶性 Cl^-含量都在 10mg/kg 以下，说明土壤 Cl^-含量普遍处于低水平，应根据烤后烟叶中 Cl^-含量水平确定是否需要补充氯肥。

二、土壤全碳、全氮、全硫评价

（一）彭水桑柘基地单元土壤全碳、全氮、全硫含量分析

碳、氮、硫都是植物生长的必需元素。土壤全碳、全氮含量的高低可以反映出土壤有机质含量的高低。我国耕地氮平均含量为 0.13%。由表 2-13 可以看出，桑柘基地单元土壤氮含量在 0.14%～0.28%，平均含量为 0.21%，在我国氮平均含量以上。桑柘基地单元土壤碳含量在 1.30%～3.57%，平均含量为 2.24%。土壤中的硫主要以硫化物、硫酸盐和有机硫形态存在。就多数土壤而言，有机态硫可占其含硫总量的 95%以上。桑柘基地单元的土壤全硫含量在 0.02%～0.19%。

表 2-13 彭水桑柘基地单元土壤全碳、全氮、全硫含量分析

指标	最小值	最大值	平均值	标准差	偏度系数	峰度系数
全氮/%	0.14	0.28	0.21	0.04	–0.01	–0.49
全碳/%	1.30	3.57	2.24	0.59	0.51	0.12
全硫/%	0.02	0.19	0.06	0.04	2.17	5.81
C/N	7.42	14.55	10.73	1.86	0.44	–0.23

植物生长所需要的氮素需以无机的形式才能被吸收。土壤中的微生物经过矿化作用，将有机氮转化为无机态供作物吸收。C/N 大的有机物分解矿化较困难或速度很慢，原因是当微生物分解有机物时，同化 5 份碳时约需要同化 1 份氮来构成它自身细胞体，因为微生物自身的 C/N 大约是 5。而在同化（吸收利用）1 份碳时需要消耗 4 份有机碳来取得能量，所以微生物吸收利用 1 份氮时需要消耗利用 25 份有机碳。换言之，微生物对有机质分解的适宜 C/N 约为 25。如果 C/N 过大，微生物的分解作用就慢，而且要消耗土壤中的有效态氮素。从表 2-3 可以看

出，桑柘基地单元土壤 C/N 在 7.42～14.55，平均值为 10.73，尚需进一步提高。

（二）石柱南宾基地单元土壤样品全碳、全氮、全硫含量分析

由表 2-14 可以看出，南宾基地单元土壤全氮含量在 0.11%～0.25%，平均含量为 0.19%，除鱼池镇和六塘乡 2 个取样点外，其余土壤全氮含量均在我国氮素平均含量以上。南宾基地单元土壤全碳含量在 0.83%～2.90%，平均值为 1.80%，处于较高水平；土壤全硫含量在 0.01%～0.64%；土壤 C/N 在 7.26～11.94，平均值为 9.53，尚需进一步提高。

表 2-14　重庆市石柱县南宾基地单元土壤全碳、全氮、全硫含量分析

指标	最小值	最大值	平均值	标准差	偏度系数	峰度系数
全氮/%	0.11	0.25	0.19	0.04	–0.93	1.23
全碳/%	0.83	2.90	1.80	0.54	0.25	–0.22
全硫/%	0.01	0.64	0.09	0.16	2.90	8.96
C/N	7.26	11.94	9.53	1.17	–2.31	8.53

三、土壤重金属含量分析

根据 NY/T 391—2013《绿色食品　产地环境质量标准》和 GB 15618—1995《土壤环境质量标准》整理而成的土壤重金属元素的限值，如表 2-15 所示。

表 2-15　不同 pH 背景下土壤重金属元素的限值　（单位：mg/kg）

pH	<6.5	6.5～7.5	>7.5	备注
镉≤	0.3	0.3	0.4	NY/T 391—2013《绿色食品　产地环境质量标准》
	0.3	0.3	0.6	GB 15618—1995《土壤环境质量标准》
汞≤	0.25	0.3	0.35	NY/T 391—2013《绿色食品　产地环境质量标准》
	0.3	0.5	1.0	GB 15618—1995《土壤环境质量标准》
砷≤	25	20	20	NY/T 391—2013《绿色食品　产地环境质量标准》
	40	30	25	GB 15618—1995《土壤环境质量标准》
铅≤	50	50	50	NY/T 391—2013《绿色食品　产地环境质量标准》
	250	300	350	GB 15618—1995《土壤环境质量标准》
铬≤	120	120	120	NY/T 391—2013《绿色食品　产地环境质量标准》
	150	200	250	GB 15618—1995《土壤环境质量标准》
铜≤	50	60	60	NY/T 391—2013《绿色食品　产地环境质量标准》
	50	100	100	GB 15618—1995《土壤环境质量标准》

（一）彭水桑柘基地单元土壤重金属分析

根据上述评价标准，由表 2-16 可知，彭水桑柘土壤采样点的汞、砷、铅、铜

含量都符合 NY/T 391—2013 和 GB 15618—1995 的要求。其中，一个样点的铬含量达到 146.35mg/kg，高于 NY/T 391—2013 限制值；有 4 个取样点的镉含量为 0.52mg/kg、0.37mg/kg、0.67mg/kg 和 0.49mg/kg，高于 NY/T 391—2013 和 GB 15618—1995 中土壤镉含量限制值。从整体来看，彭水桑柘基地单元植烟区域土壤重金属含量普遍较低，土壤环境基本符合 NY/T 391—2013 和 GB 15618—1995 的要求，只有个别地块土壤重金属含量稍高，应该针对不同重金属指标选择适宜措施降低其含量。

表 2-16 彭水桑柘基地单元土壤样品重金属含量

指标	最小值	最大值	平均值	标准差	变异系数
pH	4.73	7.86	6.39	0.97	15.18%
镉/（mg/kg）	0.15	0.67	0.27	0.15	55.56%
铅/（mg/kg）	1.73	7.38	3.63	1.72	47.38%
铬/（mg/kg）	14.00	146.35	59.94	31.30	52.22%
汞/（mg/kg）	0.11	0.25	0.28	0.15	53.57%
砷/（mg/kg）	11.06	18.79	14.87	1.69	11.37%
铜/（mg/kg）	0.24	3.07	1.08	0.72	66.37%

（二）石柱南宾基地单元土壤重金属分析

由表 2-17 可知，石柱南宾 20 个土壤采样点的铜、铅、铬含量都符合 NY/T 391—2013 和 GB 15618—1995 的要求。有 6 个样品镉含量高于 NY/T 391—2013 和 GB 15618—1995 的要求；5 个样品汞含量高于 NY/T 391—2013 的要求，且其中 4 个样品汞含量高于 GB 15618—1995 的要求；1 个样品砷含量高于 NY/T 391—2013 的要求但符合 GB 15618—1995 的要求。

表 2-17 石柱南宾基地单元土壤样品重金属含量

指标	最小值	最大值	平均值	标准差	变异系数
pH	4.71	7.70	6.05	0.91	15.04%
镉/（mg/kg）	0.11	0.98	0.31	0.22	70.97%
铅/（mg/kg）	1.00	16.38	4.37	3.41	78.03%
铬/（mg/kg）	16.35	96.94	50.24	25.37	50.50%
汞/（mg/kg）	0.05	1.04	0.28	0.27	96.43%
砷/（mg/kg）	0.51	24.45	10.21	6.64	65.03%
铜/（mg/kg）	0.08	2.42	1.12	0.68	60.71%

四、小结

彭水桑柘基地单元植烟土壤 pH 整体呈弱酸性，部分土壤 pH 偏低；有机质和速效钾含量丰富，碱解氮含量处于中等偏上水平，速效磷含量较适宜，37%田块速效磷含量较低，土壤水溶性 Cl^-含量普遍处于低水平。土壤 C/N 在 7.42～14.55，平均值为 10.73，尚需进一步提高。彭水桑柘基地单元土壤采样点的汞、砷、铅、铜含量均符合标准，除个别地块存在镉、铬含量较高外，基本符合 NY/T 391—2013 和 GB 15618—1995。

石柱南宾基地单元植烟土壤 pH 呈弱酸性，部分土壤 pH 偏低；有机质和速效钾含量较丰富，碱解氮含量整体略高，速效磷含量相对略低，水溶性 Cl^-含量普遍处于低水平，土壤全碳、全氮含量均处于中等偏上水平，土壤 C/N 在 7.26～11.94，尚需进一步提高。石柱县南宾基地单元植烟土壤的铜、铅、铬含量均符合有关标准，除部分地块存在镉、汞含量较高外，基本符合 NY/T 391—2013 和 GB 15618—1995。重金属含量较高的烟田已调整烟草种植计划。

第三章　云烟品牌·重庆基地单元烟用物资重金属含量分析

重金属具有在土壤中迁移性较差、降解性低、半衰期长、残留性高、不能被微生物分解、易被植物吸收和在生物体内富集，且沿食物链传递性的特点，因此重金属污染比有机物污染危害更严重（王美和李书田，2014；孔文杰，2011）。烟草属于易于吸收和富集重金属的植物。当烟叶中含有过量重金属时，在抽吸过程中，重金属就会以气溶胶或金属氧化物的形式通过主流烟气进入人体，对人体造成潜在危害。烟草重金属问题不仅成为学者研究的热点，还越来越为烟草企业与政府部门所关注，从源头控制烟草重金属已成为行业共识。本章对云烟品牌·重庆基地单元烟叶生产中所用化肥、农家肥、地膜等重金属含量进行检测分析，以便于从生产源头降低重金属危害，杜绝外来污染。

目前，国内对复合肥料中重金属含量要求主要依据 2009 年颁布的 GB/T 23349—2009《肥料中砷、镉、铅、铬、汞生态指标》，具体内容如表 3-1 所示。商品有机肥料中重金属含量要求主要依据 2012 年颁布的 NY 525—2012《有机肥料》，具体内容如表 3-2 所示。合作社堆沤农家肥采用 GB 8172—87《城镇垃圾农用控制标准》，具体内容如表 3-3 所示。

表 3-1　肥料中砷、镉、铅、铬、汞生态指标（GB/T 23349—2009）

项目	标准/（mg/kg）
铅及其化合物的质量分数	≤200
镉及其化合物的质量分数	≤10
铬及其化合物的质量分数	≤500
砷及其化合物的质量分数	≤50
汞及其化合物的质量分数	≤5

表 3-2　有机肥料中重金属的限量指标（以烘干基计）（NY 525—2012）

项目	限量指标/（mg/kg）
总砷（As）	≤15
总铅（Pb）	≤2
总镉（Cd）	≤3

注：本有机肥重金属限量标准使用于以禽畜粪便、动植物残体和以动植物产品为原料加工的下脚料为原料，并经发酵腐熟后支撑的有机肥料，本指标不适用绿肥、农家肥和其他由农民自积自造的有机粪肥

表 3-3　城镇垃圾农用控制标准（GB 8172—87）

项目	标准限值
总砷（As）/（mg/kg）	≤30
总铅（Pb）/（mg/kg）	≤100
总镉（Cd）/（mg/kg）	≤3
有机质/%	≥10
总氮/%	≥0.5
总磷/%	≥0.3
总钾/%	≥1.0
pH	6.5～8.5
含水率/%	25～35

注：该标准适用于供农田施用的各种腐熟的城镇生活垃圾和城镇垃圾堆肥工厂产品

一、烟用商品肥料重金属含量

从表 3-4 可以看出，抽检肥料中复合肥重金属含量高于提苗肥，有机肥重金属含量最低（有一个有机肥样品的砷含量稍高）。在检测的肥料中，2014 年所使用的复合肥铅含量相对较高，其中 3 种复合肥铅含量分别达到 21.70mg/kg、21.42mg/kg 和 34.90mg/kg。2015 年所使用复合肥铅含量稍有下降，其中有两个复合肥重金属铅含量相对稍高，分别达到 16.18mg/kg、18.26mg/kg，但所采集化肥样品铅含量均符合 GB/T 23349—2009，并远低于标准限定值。产区所使用商品有机肥铅含量在 1.35～6.47mg/kg，其中 2014 年和 2015 年各有一款商品有机肥铅含量超标（NY 525—2012），分别达到 3.33mg/kg 和 6.47mg/kg。2014 年有一款复合肥镉含量达到 29.70mg/kg，远超标准范围，其余商品肥料镉含量处在标准范围内。不同复合肥砷含量差别较大，分布在 1.99～23.83mg/kg，但均在标准要求范围内。提苗肥中砷含量差别较小，分布在 0.57～3.33mg/kg，均符合标准要求。2015 年所用商品有机肥中有一厂商的产品砷含量达到 20.86mg/kg，远超标准值，而其他商品有机肥砷含量处在标准要求范围内。烟草公司在选择肥料生产厂商时不仅要重视其产品肥效，同时还应该重视产品重金属含量，从生产源头降低重金属危害。

二、合作社堆沤农家肥分析

（一）合作社堆沤农家肥重金属含量

从表 3-5 可以看出，农家肥铅含量在 0.63～21.06mg/kg，平均值为 6.25mg/kg。由农家肥重金属参考标准限值（GB 8172—87）可知，所有合作社堆沤农家肥中

表 3-4 烟用商品肥料重金属含量 （单位：mg/kg）

肥料类别	铅	镉	砷
复合肥 1（2014）	21.70	29.70	8.31
复合肥 2（2014）	21.42	1.76	4.62
复合肥 3（2014）	8.90	1.44	2.35
复合肥 4（2014）	34.90	2.07	5.12
复合肥 5	9.59	1.73	23.83
复合肥 6	16.18	1.99	1.99
复合肥 7	18.26	3.08	11.86
提苗肥 1（2014）	12.36	2.21	3.33
提苗肥 2	8.15	1.92	1.80
提苗肥 3	11.34	2.28	0.57
有机肥 1（2014）	3.33	0.38	0.08
有机肥 2	1.61	0.70	0.15
有机肥 3	6.47	1.20	20.86
有机肥 4	1.35	0.48	0.18

注：复合肥生产厂商有湖北香青化肥有限公司、云南云叶化肥股份有限公司、四川米高化肥有限公司、湖南金叶众望科技股份有限公司、贵州赤天化集团有限责任公司；提苗肥生产厂商有四川米高化肥有限公司、青海堰湖元通钾肥有限公司；有机肥生产厂商有重庆市渝烟有机类肥料有限公司、重庆沃土生物科技有限公司、成都华宏生态农业科技有限公司。文中烟用商品肥样品采自 2014 年、2015 年整地前，表中标注时间的样品为 2014 年当年使用的商品肥，未标注时间的样品为 2015 年所使用商品肥，下同

表 3-5 合作社堆沤农家肥重金属含量 （单位：mg/kg）

肥料类别	铅	镉	砷
农家肥 1（2014）	4.06	0.41	0.06
农家肥 2（2014）	4.72	0.76	0.11
农家肥 3	1.78	0.67	0.47
农家肥 4	5.08	0.95	1.62
农家肥 5	0.63	0.63	0.85
农家肥 6	3.53	0.66	1.78
农家肥 7	4.56	1.27	1.04
农家肥 8	2.63	1.04	0.83
农家肥 9	21.06	3.58	0.71
农家肥 10	3.47	0.77	0.77
农家肥 11	17.26	1.57	1.15
最小值	0.63	0.41	0.06
最大值	21.06	3.58	1.78
平均值	6.25	1.12	0.85
标准差	6.57	0.88	0.54

注：文中所采农家肥样品包含重庆两产区所有合作社堆沤样品，下同

铅含量均在要求范围内，其中有两处合作社堆沤的农家肥铅含量相对稍高，分别达到 21.06mg/kg 和 17.26mg/kg。农家肥镉含量在 0.41～3.58mg/kg，除一家合作社农家肥镉含量达到 3.58mg/kg 超出要求范围外，其他农家肥镉含量均较低。产区农家肥砷含量在 0.06～1.78mg/kg，分布较集中，且含量较低，均符合要求。农家肥在堆沤时，需注意原材料和堆沤场地的选择，严控原材料的重金属含量。

（二）合作社堆沤农家肥常规指标分析

表 3-6 所分析农家肥均为 2015 年大田整地前采集。从表中可知，除一处合作社堆沤农家肥略微偏酸外，其他合作社所堆沤农家肥均呈碱性，其中有两处 pH 超出标准要求，分别达到 9.06 和 8.80。不同合作社堆沤农家肥含水率差别较大，分布在 23.54%～52.07%，平均值为 36.22%，其中，有 4 处农家肥含水率较高，在农家肥堆沤后期需要适当翻堆，调节发酵堆含水率。农家肥有机质含量在 22.16%～44.14%，平均值为 32.77%，均符合标准要求，但有个别合作社堆沤农家肥有机质含量相对较低，建议调整有机物料配比或控制堆沤时间。农家肥总氮含量分布较集中，处在 1.43%～2.17%，平均值为 1.90%；农家肥磷含量在 0.62%～3.07%，平均值为 1.82%，分布相对集中；农家肥中钾含量在 2.77%～8.50%，平均值为 4.90%。不同合作社堆沤农家肥养分含量均满足标准要求，但含量差距稍大，建议堆沤时在选材、配料、堆沤方式和堆沤时间上进行统一，以便在大田施用时可以统一规范化施肥。

表 3-6 合作社堆沤农家肥肥力分析

处理	pH	含水率/%	有机质/%	氮/%	磷/%	钾/%
农家肥 1	7.81	47.13	36.41	1.54	1.52	3.79
农家肥 2	7.85	41.74	41.26	2.10	0.62	5.27
农家肥 3	6.54	46.45	44.14	2.17	1.83	2.77
农家肥 4	8.45	52.07	22.76	1.99	2.32	8.50
农家肥 5	9.06	25.05	36.46	2.01	1.99	5.22
农家肥 6	8.80	28.49	30.36	1.43	1.51	4.55
农家肥 7	7.12	23.54	27.87	2.03	3.07	4.32
农家肥 8	7.32	33.22	33.47	1.78	1.50	4.91
农家肥 9	7.97	28.33	22.16	2.01	2.02	4.78
最小值	6.54	23.54	22.16	1.43	0.62	2.77
最大值	9.06	52.07	44.14	2.17	3.07	8.50
平均值	7.88	36.22	32.77	1.90	1.82	4.90
标准差	0.81	10.74	7.68	0.26	0.67	1.56

注：农家肥 1～农家肥 6 样品采自重庆彭水，农家肥 7～农家肥 9 样品采自重庆石柱

三、地膜重金属含量分析

目前，尚未出台地膜重金属含量标准。采用灰分法测定烟区 2014 年、2015 年所采用的 4 家公司生产的地膜。由表 3-7 可知，5 种地膜重金属含量较为接近。其中，常规地膜中铅含量在 2.68～2.96mg/kg，可降解地膜铅含量在 2.51～3.31mg/kg。常规地膜中镉含量在 0.21～0.42mg/kg，可降解地膜镉含量在 0.24～0.45mg/kg。5 种地膜中砷含量都较低，均低于 0.01mg/kg。

表 3-7　地膜重金属含量分析　　（单位：mg/kg）

地膜	铅	镉	砷
常规地膜 1（2014）	2.96	0.42	<0.01
常规地膜 2	2.68	0.21	<0.01
常规地膜 3	2.94	0.26	<0.01
可降解地膜 1（2014）	3.31	0.45	<0.01
可降解地膜 2	2.51	0.24	<0.01

注：采集地膜样品由安徽华驰塑业有限公司、重庆业之峰科技有限公司、常州百利基生物材料科技有限公司、达州金地塑料有限公司生产

四、小结

烟用物资质量对烟叶生产有至关重要的影响。所检测的大部分烟用商品肥料重金属含量符合相关标准要求，但有个别复合肥镉含量超标，部分商品有机肥铅和砷超标。合作社堆沤农家肥中有一处镉含量超标，有两处铅含量虽满足标准要求，但含量相对较高，生产时需远离重金属污染区及避免使用污染动物粪便，或进行异地选材、异地堆沤。产区农家肥养分均满足标准要求，但存在不同合作社堆沤农家肥养分差别大、个别农家肥 pH 超标、部分农家肥含水量较高的问题，建议堆沤时在选材、配料、堆沤方式和堆沤时间上进行统一，以便在大田施用时可以统一规范化施肥。目前，地膜重金属含量标准还未出台，所检测地膜样品重金属含量相对较低，待相关标准出台后进一步判定。

第四章　农家肥对植烟土壤改良及烟叶品质的影响研究

烤烟是需肥量较大的作物，为满足烤烟生长需求，农民在烟叶生产过程中往往大量、过量施用化肥。长期大量施用化肥导致烟田土壤板结、有机质含量下降、土壤养分失衡、土壤酸化、盐渍化等一系列土壤退化问题。土壤退化已经开始制约我国烟叶生产的可持续发展。针对农田土壤，我国农业部提出了“一控两减三基本”的原则，国家烟草专卖局也将土壤保育列为烟草行业“十三五”重大专项之一，凸显行业对烟田土壤修复的重视。

有机肥是指主要来源于植物和（或）动物，经过发酵腐熟的含碳有机物料，如饼肥已广泛用于烟叶生产，并对烟叶品质提升起到良好作用，但其成本高、施用量小，对烟田土壤改良效果甚微。农家肥是指就地取材，主要由植物和（或）动物残体、排泄物等富含有机物料制作而成的肥料（NY/T 394—2013），其使用成本低廉，且营养均衡、养分全面，还能活化土壤中的潜在养分，提高土壤微生物多样性和土壤生物活性，改善土壤理化性质，提高土壤肥力。本章研究主体为基地单元合作社就地取材堆沤的农家肥，并从农家肥堆沤过程中养分变化、农家肥在田间养分矿化规律、农家肥田间培肥效果及农家肥对烟叶品质的影响 4 个方面进行研究，以期为烟田土壤保育、农家肥的规范生产和施用提供参考。

第一节　农家肥堆沤过程中养分变化

重庆地区玉米种植量大，奶牛、肉牛和生猪养殖普遍，具有自制农家肥的条件。同时，玉米秸秆、牛粪纤维含量高，对提高土壤通透性、改善耕性等非常有利，而猪粪营养高、C/N 低，与玉米秸秆和牛粪混合发酵有利于提高堆肥发酵速度和农家肥肥效。目前，重庆烟区已经开始大范围推广农家肥的示范应用，但常出现堆沤发酵不彻底、不均匀、产品质量不一等问题，严重影响了农家肥在烟叶生产中的应用效果。施用未腐熟的农家肥会导致烟叶生长不良、病害高发等，进而影响烟农的经济效益。所以，研究农家肥的发酵过程具有突出的现实意义。本节研究农家肥在堆沤发酵过程中的养分变化，为农家肥堆沤腐熟提供技术参考。

农家肥堆沤试验于 2015 年在重庆市彭水县进行。供试材料为玉米秸秆、牛粪、猪粪，发酵菌剂为成都华隆生物科技公司生产的黄金宝贝肥料发酵剂。将玉米秸秆粉碎成 3～5cm 段状，按照玉米秸秆：猪粪：牛粪：石灰=50：25：20：5 的比例混合均匀，发酵物初始 C/N 为 22.03。将发酵剂 5kg 加入 300kg 水中混匀后，浇淋于发酵堆并调节发酵堆含水率在 50%～60%。采用条垛式好氧高温堆肥方式发酵，物料堆底部宽为 1.5～2m，高度为 1m，长度为 10m。试验设置 3 次重复，堆沤 7 天后开始翻堆。待发酵堆体无明显臭味、无白色菌毛、秸秆变成易碎的黑褐色后即表明发酵完成。

一、农家肥腐熟过程中发酵堆温度的变化

农家肥发酵过程中微生物分解有机物进行代谢，同时释放出热量，堆体温度发生改变，微生物的种群结构与代谢活力也随之发生相应的改变。因此，温度可以作为堆肥系统微生物活性和有机质降解速度的反映，是堆肥过程的核心参数。发酵堆中心温度呈现出“M”形变化趋势（图 4-1）。堆肥开始时温度为 5℃，5 天左右上升至 59.0℃。在堆沤的第 10～16 天，由于翻堆导致发酵堆温度下降为 41.6～47.3℃。堆温在堆沤第 17～22 天维持在 48.0～53.7℃。发酵至第 26 天时堆温下降至 30.5℃。此后，发酵堆温度一直缓慢下降。堆温从发酵开始第 3 天即达到 50.0℃以上，且持续了 8 天后又持续了 4 天，符合卫生学标准。

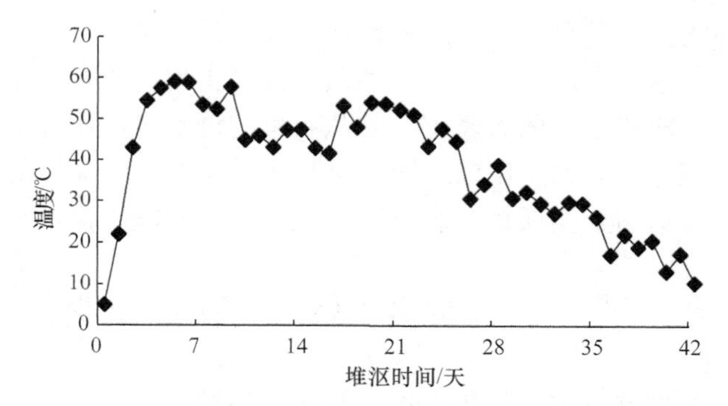

图 4-1　农家肥堆沤过程中发酵堆中心温度变化

二、农家肥堆沤过程有机质和总氮含量的变化

（一）农家肥堆沤过程中有机质含量的变化

农家肥发酵腐熟过程中，微生物分解和转化原料中可降解的有机物并产生 CO_2、H_2O 和热量，微生物对有机物的降解是堆肥中碳元素损失的主要原因。堆体有机质含量呈现持续下降的趋势（图 4-2）。在堆沤 0～14 天时，有机质含量下降速度较快，降幅达到 27.75%；经过 20 天发酵后，堆体有机质含量下降逐渐趋缓。发酵第 42 天时，堆体的有机质含量下降至 352.20g/kg。

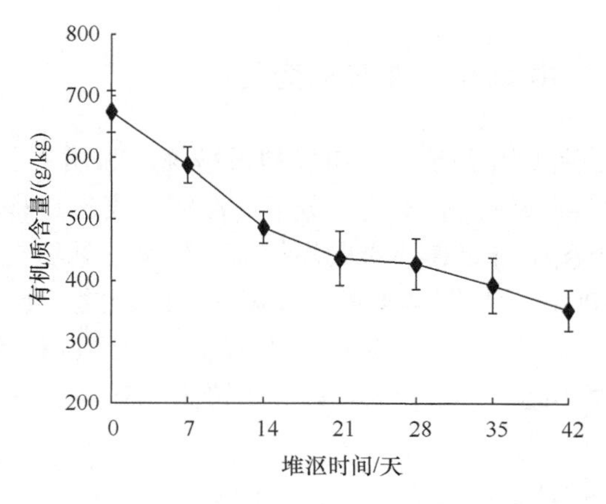

图 4-2　农家肥堆沤过程中有机质含量变化

所测农家肥养分含量为干基计，下同

（二）农家肥堆沤过程中总氮含量的变化

农家肥在堆沤过程中氮素和有机质的变化趋势不同。堆沤前期氮素含量有少量下降（图 4-3），之后随着堆肥物料中有机物质的分解，氮素含量逐渐上升。堆沤 7 天时，发酵堆中氮素的含量处在相对较低的水平，为 15.12g/kg。堆沤 14 天时，发酵堆总氮含量上升至 17.12g/kg，至第 21 天时发酵堆的氮素含量达到最高水平，之后氮素含量变化较小。发酵至第 42 天时，农家肥中氮素含量为 21.24g/kg。值得说明的是，在堆沤过程中，堆体中氮素总量降低速率比碳素稍慢，故总氮含量在堆沤后期略有升高。

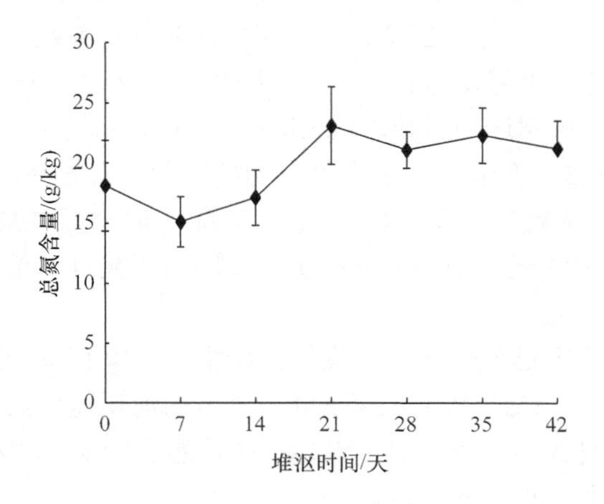

图 4-3　农家肥堆沤过程中总氮含量变化

三、农家肥堆沤过程中 C/N 和 *T* 值的变化

发酵过程中，适宜 C/N 是决定有机物料发酵速度和质量的重要因素。C/N 过高，微生物的生长受到限制，有机物料分解速度慢，发酵过程长；C/N 过低，有机物分解速度快，温度上升迅速，堆肥周期短，但易导致氮元素大量流失而降低肥效（黄国锋等，2003）。从图 4-4 可以发现，发酵堆的 C/N 变化趋势与有机质含量变化趋势类似，堆沤 7 天后，发酵堆 C/N 逐渐呈下降趋势。发酵至第 35 天时，C/N 为 11.55；发酵至第 42 天时，C/N 下降为 9.86。

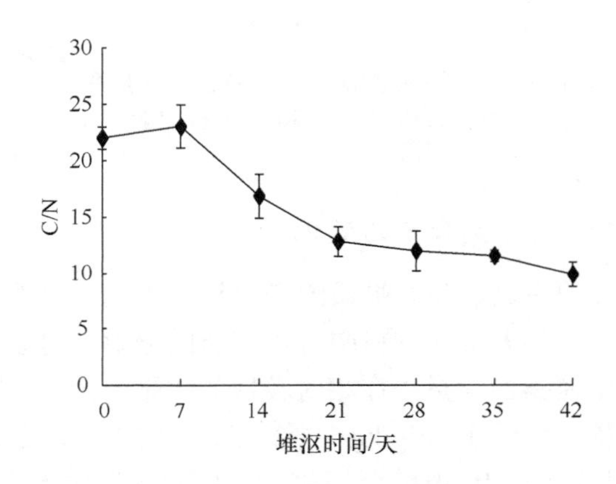

图 4-4 农家肥堆沤过程中有机物料 C/N 变化

C/N 是最常用于评价堆肥腐熟度的参数，理论上腐熟的堆肥 C/N 约为 10，但有些堆肥原料 C/N 较低，此时 C/N 就不宜直接作为判定参数（Hirai et al.，1983）。Morel 等（1985）建议采用 *T* 值[*T*=（终点 C/N）/（初始 C/N）]来评价腐熟度，认为 *T* 值小于 0.6 时堆肥达到腐熟，Vuorinen 和 Saharinen（1997）认为腐熟的堆肥 *T* 值应在 0.49～0.59。发酵堆 *T* 值在堆沤初始阶段略有升高，堆沤 7 天时为 1.05（图 4-5），此后呈下降趋势；发酵堆 *T* 值堆沤 21 天时降至 0.58，堆沤 35 天时降至 0.52，在堆沤 21～35 天 *T* 值在 0.49～0.59，堆沤 42 天时 *T* 值降至 0.45（<0.49），较低。

在堆沤前期，堆温迅速升高，微生物开始大量分解有机物来进行自身代谢。此后堆体有机质含量、C/N 开始迅速下降，碳素的消耗速率大于氮素。在发酵后期，碳素消耗速率与氮素接近，故氮素含量在发酵后期变化较小。堆体 C/N 达到平衡状态表明农家肥接近发酵完成。

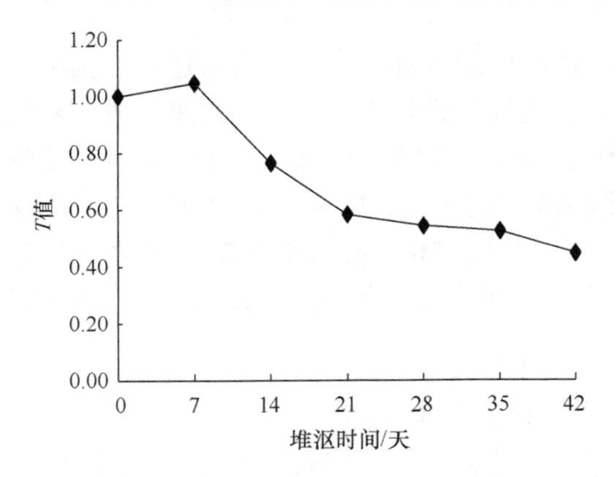

图 4-5 农家肥堆沤过程中有机物料 T 值变化

四、农家肥堆沤过程中腐殖酸组分含量的变化

（一）农家肥堆沤过程中腐殖酸含量的变化

腐殖酸是动植物遗骸等有机物经过微生物分解和转化作用形成的一类有机高分子弱酸，由碳、氢、氧、氮、硫等元素组成，以芳香核为中心，具有脂肪族环状结构。腐殖酸有提高肥料利用率、改良土壤结构等作用。从图 4-6 可以看出，农家肥在堆沤过程中，腐殖酸含量呈现出先下降后上升的趋势。发酵初始时堆体腐殖酸含量为 201.57g/kg，发酵至 14 天时降至 155.10g/kg，之后腐殖酸含量又呈现稳步上升的趋势。至堆肥 42 天时，腐殖酸含量升至 188.13g/kg。

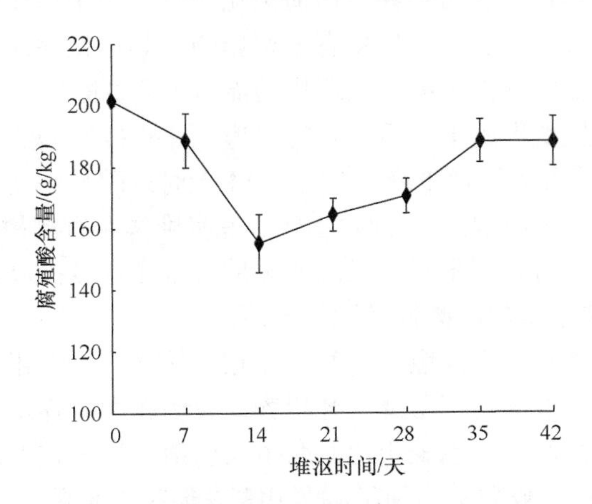

图 4-6 农家肥堆沤过程中腐殖酸含量变化

（二）农家肥堆沤过程中富里酸含量的变化

富里酸相对分子质量低，结构相对简单，有较高的酸度，羧酸类和酮类降解

中间产物含量较高，比胡敏酸溶解性高，能有效迁移农药和其他有机污染物。富里酸比胡敏酸能更大程度地传递到作物茎尖，富里酸进入植物体内可以提高叶绿素含量，促进光合作用和呼吸作用（窦森，2010）。在整个堆沤过程中富里酸含量呈现出先上升后下降最后趋于稳定的趋势（图 4-7）。在堆沤 7 天时，发酵堆中富里酸的含量达到最大值，为 123.70g/kg；在堆沤 28 天时降至最低，含量为 67.27g/kg，降幅达到 45.62%，之后富里酸含量的变化幅度较小，总量趋于稳定。

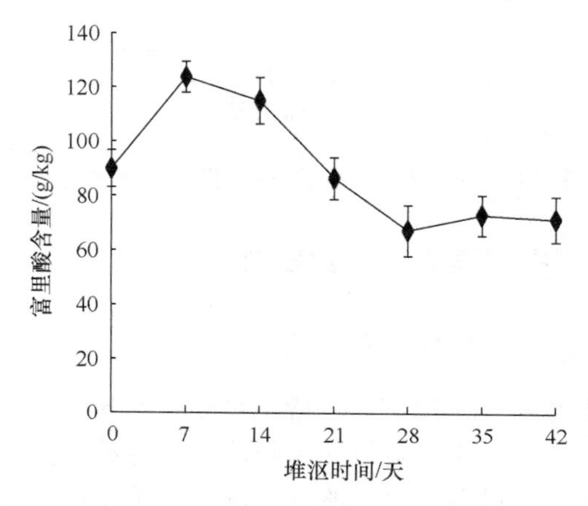

图 4-7　农家肥堆沤过程中富里酸含量变化

（三）农家肥堆沤过程中胡敏酸含量的变化

胡敏酸中含有丰富的脂肪类和蛋白质类化合物，是土壤腐殖酸中最活跃的部分，对提高土壤肥力和改善土壤环境有重要影响，其理化性质的变化直接反映出土壤的肥力水平和土壤抵御污染及抗退化的能力（吴景贵和姜岩，1999）。胡敏酸在整个堆沤过程中呈现出先下降后上升的趋势（图 4-8），与富里酸变化趋势相反。在堆肥初期，胡敏酸含量迅速下降，大约在 14 天时发酵堆中胡敏酸含量降至最低值（15.70g/kg），之后胡敏酸含量开始上升。说明堆体原有胡敏酸结构不稳定，易被微生物分解利用，而后期重新合成的胡敏酸芳香化程度提高，稳定性增加。从堆沤 14 天到堆沤结束是胡敏酸快速积累的阶段。

堆肥过程中，腐殖质不同组分之间可以相互转化，同一组分的性质也会发生变化。富里酸含量在堆沤初期呈现上升趋势，表明在微生物迅速繁殖期内富里酸的合成速度大于消耗速度，也表明此时腐殖质腐殖化程度较低。新形成的胡敏酸结构相对不稳定，容易被微生物利用，故胡敏酸含量在堆沤发酵前期呈下降趋势。在发酵后期，胡敏酸含量稳步上升，而富里酸含量则无明显变化，表明此时胡敏酸结构趋于稳定且富里酸处在合成、转化的平衡状态中。在堆沤第 35 天时，堆体胡敏酸含量较高，富里酸含量也处在相对稳定状态。在堆肥过程中，胡敏酸缩合

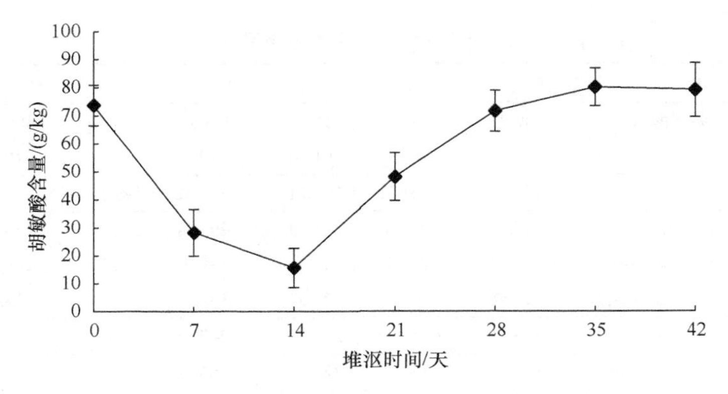

图 4-8　农家肥堆沤过程中胡敏酸含量变化

度、氧化度升高，含氮量减少，总体变成熟，但与正常耕作土壤相比，仍较年轻，施入土壤后对土壤腐殖质的更新和活化十分有利（王玉军等，2009）。

五、农家肥堆沤过程中氨基酸含量的变化

从表 4-1 可以看出，农家肥经过腐熟发酵后，氨基酸含量较发酵前增加。在农家肥氨基酸总量中，中性氨基酸所占比例最大，且远远高于其他氨基酸，碱性氨基酸次之，含硫氨基酸含量最低，与 Campbell 等（1991）的研究结果一致。开始堆沤时酸性氨基酸的含量为 830.12μg/g，在发酵过程中呈现出“W”形变化趋势，并在发酵 28 天时达到最大值后保持相对稳定状态；谷氨酸含量大于天冬氨酸。碱性氨基酸变化趋势类似于酸性氨基酸，也表现出“W”形趋势。组氨酸在堆沤发酵 28 天时出现大幅度下降，这是造成碱性氨基酸总量在发酵过程中急剧降低的主要原因。在发酵 35～42 天时碱性氨基酸含量保持相对稳定，维持在较高的水平。中性氨基酸所占氨基酸含量比例最高，在堆沤过程中也呈现出“W”形变化趋势，但变化幅度小于酸性、碱性氨基酸。堆沤 7 天时，中性氨基酸含量降至发酵过程中最低水平（10 111.53μg/g），堆沤第 14 天时小幅上升至 12 364.58μg/g，至 21 天时又小幅下降，之后保持相对稳定含量。脯氨酸、丙氨酸和缬氨酸含量变化对中性氨基酸含量的变化影响较大。含硫氨基酸只检测到蛋氨酸，其含量在整个发酵过程中保持相对稳定状态。不同氨基酸在农家肥堆沤过程中的变化趋势是不尽相同的，或许是由不同微生物对堆体中各种氨基酸的利用能力不同造成的。

六、小结

在判定农家肥腐熟程度时常使用温度、颜色、味道、C/N、*T* 值进行综合判定（李承强等，1999）。当农家肥腐熟不彻底而施入烟田时，由于此时 C/N 较高，会

表 4-1 有机肥堆沤过程中氨基酸含量变化 （单位：μg/g）

氨基酸		0 天	7 天	14 天	21 天	28 天	35 天	42 天
酸性氨基酸	天冬氨酸（Asp）	380.22	232.25	516.77	340.80	725.80	509.15	502.47
	谷氨酸（Gln）	449.89	264.48	991.34	399.52	873.74	1 070.53	939.69
	合计	830.11	496.73	1 508.11	740.32	1 599.54	1 579.68	1 442.16
碱性氨基酸	赖氨酸（Lys）	296.69	218.61	261.03	295.18	224.97	255.36	236.34
	组氨酸（His）	1 006.04	831.74	1 134.36	849.90	132.37	1 261.50	1 168.05
	精氨酸（Arq）	113.58	—	178.34	102.23	—	158.61	178.18
	合计	1 416.31	1 050.35	1 573.73	1 247.31	357.34	1 675.47	1 582.57
中性氨基酸	苏氨酸（Thr）	164.95	111.32	228.15	165.29	335.28	239.88	234.55
	丝氨酸（Ser）	200.40	128.51	286.43	177.19	353.18	323.45	286.55
	脯氨酸（Pro）	206.42	109.29	470.86	184.84	401.59	385.83	401.55
	甘氨酸（Gly）	270.55	171.34	359.79	253.98	112.57	320.28	354.66
	丙氨酸（Ala）	226.83	124.81	401.76	214.20	481.88	412.31	382.56
	缬氨酸（Val）	9 827.92	9 312.11	9 915.04	9 754.75	9 656.58	9 883.81	10 003.69
	异亮氨酸（Ile）	—	—	—	—	—	—	—
	酪氨酸（Tyr）	—	—	—	—	—	—	—
	亮氨酸（Leu）	151.39	67.31	266.59	119.36	228.25	279.92	244.18
	苯丙氨酸（Phe）	194.87	86.84	435.96	170.02	565.59	442.52	383.76
	合计	11 243.33	10 111.53	12 364.58	11 039.63	12 134.92	12 288.00	12 291.50
含硫氨基酸	蛋氨酸（Met）	163.60	160.09	164.84	171.26	151.71	162.57	165.70
	胱氨酸（Cys）	—	—	—	—	—	—	—
	合计	163.60	160.09	164.84	171.26	151.71	162.57	165.70
氨基酸总量		13 653.35	11 818.70	15 611.26	13 198.52	14 243.51	15 705.72	15 481.93

注：“—”表示痕量或未检测出

出现微生物与烟株共同竞争土壤氮素的局面。同时，未腐熟彻底的农家肥在熟化过程中产生的有机酸会影响作物种子萌发或产生烧根、熏苗，也可能会在烟株成熟期释放较多氮素，致使烟叶落黄困难或落黄延迟。当施入农家肥的土壤 C/N 处在较低水平时，会加快发酵性微生物对土壤中有机态氮的分解和矿化，从而提高土壤供氮潜力和供氮能力。但腐熟过于彻底、C/N 过低会使农家肥养分大量流失，降低农家肥肥效。一般认为堆料的 C/N 在 20～30 最好。玉米秸秆的 C/N 较高，猪粪中氮素含量较高，牛粪介于两者之间。采用玉米秸秆∶猪粪∶牛粪=50∶25∶20 的比例满足堆料的 C/N 需求。农家肥发酵至 21 天时其 T 值降至 0.49～0.59，C/N 为 12.83，堆体呈褐色，堆体物料较黏结，堆体内依然有明显秸秆和粪团，有明显异味，堆温为 52.2℃，仍处在较高温度处，表明堆料发酵未彻底。堆沤 28 天时，堆体呈深褐色，有少部分呈黄色，堆体表面依然有少量粪团和玉米秸秆，堆体较为蓬松，堆体上有少许菌丝分布，稍有臭味，无蚊虫，堆温为 38.8℃，发酵仍未彻底完成。堆沤 35 天时，堆体呈黑褐色，较为松散，无粪团和秸秆存在，有泥土芳香味，无蚊虫出现，堆体中总氮、腐殖酸、富里酸、胡敏酸含量较高且趋于稳定，酸性氨基酸总量也达到最大值，堆体 C/N 为 11.55，*T* 值为 0.52，满足农家肥腐熟物理和化学指标。42 天时，堆体有机质总量有略微下降趋势，发酵堆温度进一步降低，微生物发酵活性降低。故农家肥经过 35 天发酵后，各项指标均达到最佳状态，继续堆沤发酵，会使农家肥养分消耗散失。应至少在整地施用前 35 天开始着手农家肥堆沤工作。堆沤时间过早，农家肥施用时易过度腐解，肥效降低；堆沤过晚则易发酵不彻底、不均匀，影响农家肥品质，甚至对烟叶生产产生副作用。

发酵初期，堆温迅速上升，堆体中有机质含量、腐殖酸总量、胡敏酸含量及氨基酸总量迅速下降，小分子的富里酸含量则快速上升。发酵中期，微生物代谢层次变高，大分子物质合成旺盛，胡敏酸含量增加，有机物料腐殖化程度升高，氨基酸总量开始增加。发酵后期，堆体中各种有机分子含量趋于稳定，氮素相对含量较发酵前有所提高，发酵 35 天左右达到最佳状态。堆沤 35 天时，堆体 C/N 为 11.55，*T* 值为 0.52，堆体蓬松、黑褐色、无异味，满足判定农家肥腐熟的化学和物理条件，可判定农家肥腐熟完全。

当采用玉米秸秆：猪粪：牛粪：石灰=50：25：20：5 的比例进行堆沤，且满足堆体 C/N 为 20～30 的原则，经 35 天可以完成发酵。

第二节　腐熟农家肥田间养分矿化研究

烤烟是一种对氮素敏感的作物，全生育期吸收的氮素中约 2/3 来自土壤矿化氮。在烟株生长后期，氮素需求量较少，过多氮素会造成烟叶落黄困难、耐烤性差、上部叶烟碱含量过高、烟叶香气差等问题，降低烟叶品质。研究农家肥在矿化过程中的养分释放规律及其对烟叶品质的影响对指导烟草农业生产及土壤保育具有重大意义。目前，研究农家肥氮素矿化常用室内培养的方法。室内培养虽然可以精确控制温度和湿度对土壤微生物活性的影响，估算出有机氮矿化速率，但是该方式无法真实反映农家肥在烟田的矿化情况。因此，本节在大田进行农家肥矿化研究，该研究对深入了解农家肥在烟田养分释放规律、土壤培肥效果及科学指导烟农合理施肥具有重要意义。

试验于 2015 年在重庆市彭水县进行，供试品种为云烟 97，土壤为黄棕壤。土壤有机质含量为 25.47g/kg，碱解氮含量为 148.33mg/kg，速效磷含量为 19.17mg/kg，速效钾含量为 512.59mg/kg，pH 为 5.59。所用农家肥为第一节堆沤发酵完成的农家肥。

农家肥养分释放规律及土壤培肥效果研究设置 2 个处理：CK 为在尼龙网袋

中装入烟田原土过 10 目筛土壤 200.00g；T 为在 CK 基础上每个尼龙网袋中再装入烘干磨碎过 10 目筛农家肥 20.00g，农家肥与土壤混匀。尼龙网袋规格为 300 目尼龙纱网制成的 20cm×20cm 可封口袋子，具有透气、透水和不易降解的特点，可有效阻隔植物根系对尼龙网袋内养分的吸收。4 月 15 日整地起垄，起垄时埋入尼龙网袋，5 月 5 日移栽（烟株于尼龙网袋掩埋 20 天后移栽）。尼龙网袋埋入烟田垄体上距垄体表面 10cm 处，浇少量的原土悬浊液，使之与土壤接触，设置 3 次重复。尼龙网袋掩埋处在两个移栽苗穴位置中间。烟田整地起垄后，垄体上盖膜待栽。从尼龙网袋掩埋日算起，每隔 10 天在两处理中各取 3 个尼龙网袋，用于测量各项指标。

一、农家肥有机碳和有机氮矿化特征

（一）农家肥有机碳矿化特征

有机碳矿化是重要的生物化学过程，直接关系到农家肥施入土壤后养分元素的释放与供应及土壤质量的保持（崔萌，2008）。农家肥 C/N 相对较低，装入尼龙网袋掩埋后分解速度较快，掩埋 30 天后有机碳矿化率达到 52.32%，占 110 天总矿化量的 62.91%（图 4-9）；掩埋 40 天后，有机碳矿化速率趋缓，表明已逐渐进入复杂物质分解阶段；掩埋 50 天时，农家肥矿化率达到 63.63%，占 110 天总矿化量的 76.51%；掩埋 70 天时农家肥矿化率达到 71.95%，占 110 天总矿化量的 86.51%；掩埋 110 天时，农家肥有机碳矿化率达到 83.17%。

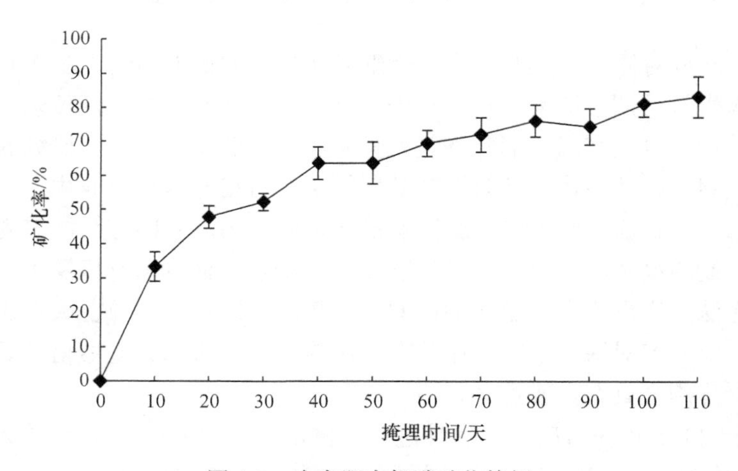

图 4-9　农家肥有机碳矿化特征

（二）农家肥有机氮矿化特征

土壤或农家肥中大多数有机态氮不能被植物直接利用，只有经过矿化作用转化成小分子有机氮或矿质态氮才能被作物吸收利用，所以有机氮的矿化过程表征着土壤的供氮潜力（Fioretto et al.，1998）。从图 4-10 可以看出，农家肥中的有机氮在尼龙网袋掩埋过程中矿化速率变化与有机碳类似，均表现为掩埋前期矿化速率较快，后期矿化速率较慢。农家肥在掩埋 30 天时其有机氮矿化率达到 32.84%，占 110 天总矿化率的 70.34%；掩埋 50 天和 70 天时矿化率分别为 37.29%和 42.30%，分别占 110 天总矿化率的 79.87%和 90.59%；在掩埋 110 天时，农家肥中有 46.69% 的有机氮被矿化。

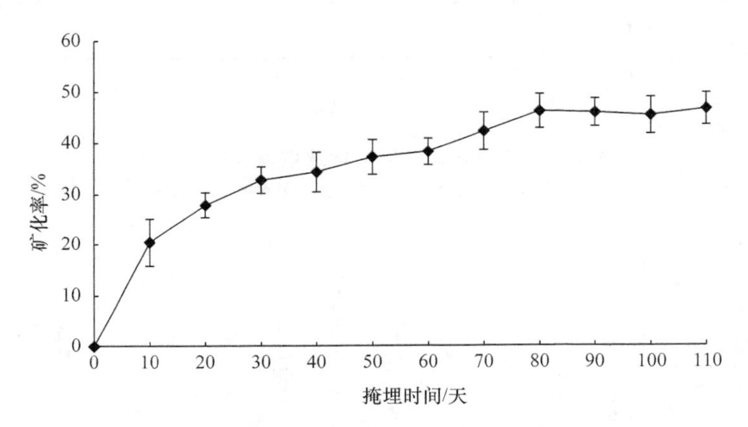

图 4-10　农家肥有机氮矿化特征

二、农家肥矿化对土壤速效养分含量的影响

（一）农家肥矿化对土壤速效磷含量的影响

土壤速效磷是植物可以直接利用的磷素，可以反映土壤供磷能力。在掩埋期两处理土壤速效磷含量均呈现波动式上升趋势（图 4-11）。尼龙网袋掩埋 10～20 天，CK 和处理 T 土壤速效磷含量稍有下降，20 天时达到最低值。此后，两处理的土壤速效磷含量均开始呈上升趋势，但上升轨迹不尽相同。处理 T 速效磷含量在掩埋 40 天时达到第一个峰值后略有下降，50～70 天时，处理 T 土壤速效磷含量在 22.90～25.73mg/kg，而后呈上升趋势；CK 则持续上升至掩埋后 70 天时达到第一个峰值，略有下降后持续升高。在整个掩埋期，处理 T 速效磷含量均高于 CK，施用农家肥有助于提高土壤速效磷含量。

（二）农家肥矿化对土壤速效钾含量的影响

速效钾含量是衡量土壤对农作物供应钾素能力的重要指标。尼龙网袋掩埋 10 天时，CK 和处理 T 速效钾含量差异不显著（图 4-12）。掩埋 20～40 天，处理 T 速效钾含量稳步上升，且显著高于 CK。掩埋 30～70 天，处理 T 速效钾含量在

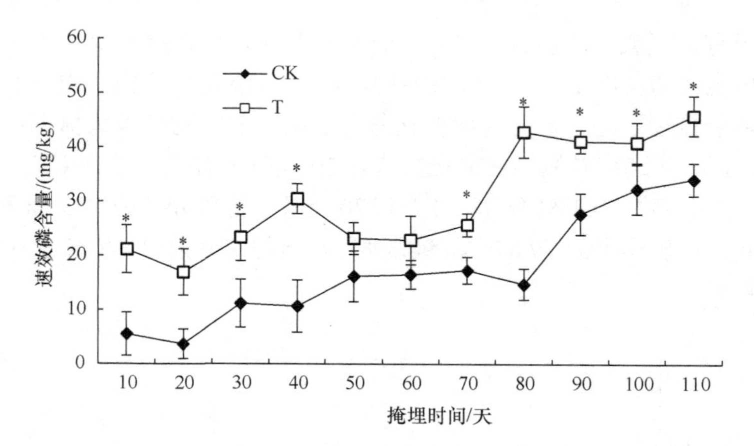

图 4-11　农家肥矿化对土壤速效磷含量的影响

* 表示同一时期内，两处理间差异达到显著水平（$P<0.05$），下同

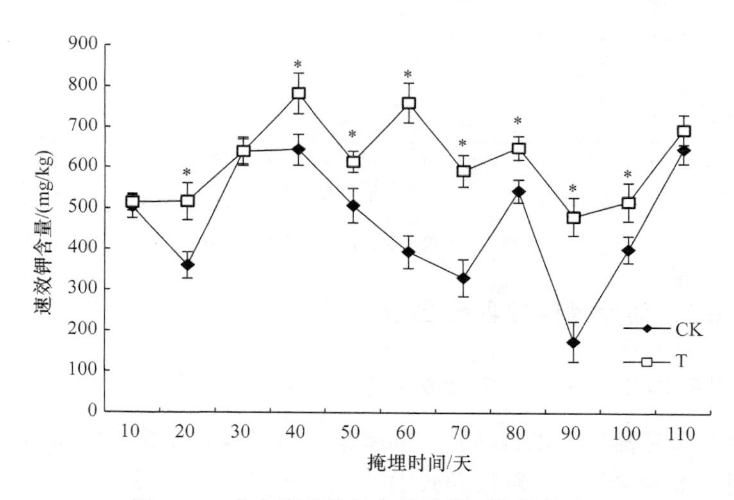

图 4-12　农家肥矿化对土壤速效钾含量的影响

591.96～783.52mg/kg 波动。掩埋 80～110 天，处理 T 和 CK 速效钾含量均出现“V”形变化趋势。CK 速效钾含量变化幅度较大，且在整个掩埋阶段均低于处理 T，说明添加农家肥可以显著增加烟株生育期土壤速效钾含量，且对土壤速效钾含量变化起缓冲作用。

（三）农家肥矿化对土壤硝态氮含量的影响

植物可以直接利用的氮素为硝态氮、交换态铵态氮和极少量的小分子有机态氮（张金波和宋长春，2004）。从图 4-13 可以看出，在整个掩埋期，CK 和处理 T 硝态氮含量呈逐渐升高的趋势。掩埋 30 天内，处理 T 硝态氮含量略低于 CK；掩埋 30 天后处理 T 硝态氮含量逐渐高于 CK；掩埋 110 天后处理 T 的硝态氮含量比

CK 高 24.06mg/kg。农家肥在掩埋前期供给土壤的硝态氮含量较低，而后供给量逐渐增加。

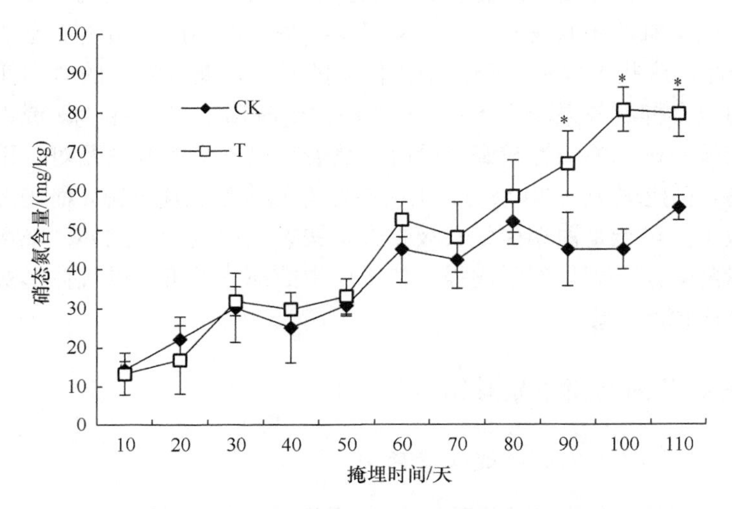

图 4-13 农家肥矿化对土壤硝态氮含量的影响

（四）农家肥矿化对土壤铵态氮含量的影响

在掩埋过程中土壤铵态氮含量总体呈现出先快速下降后趋于平稳的趋势（图 4-14）。掩埋 10 天时，处理 T 铵态氮含量达到 68.14mg/kg，远高于 CK。之后处理 T 和 CK 铵态氮含量均迅速下降。掩埋 50 天后，处理 T 和 CK 的铵态氮含量没有显著差异，此后两处理间铵态氮含量差异较小。

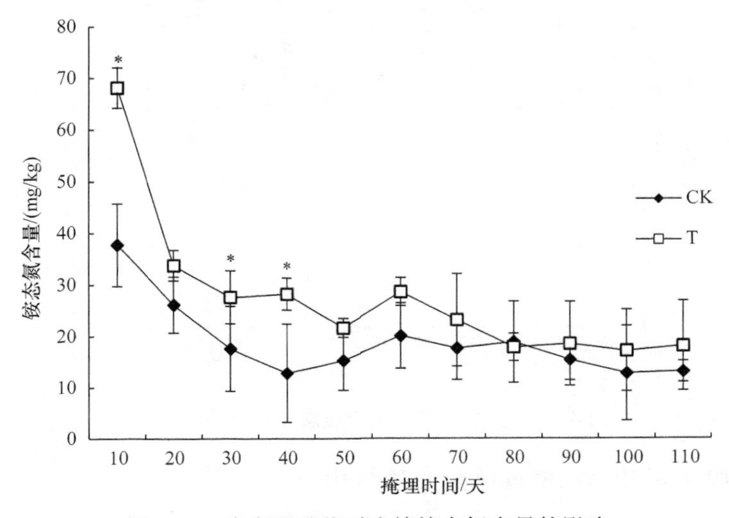

图 4-14 农家肥矿化对土壤铵态氮含量的影响

有机氮在土壤动物和微生物作用下，转化成无机态氮（主要是铵态氮），铵态氮可进一步发生硝化作用生成硝态氮（李贵才等，2001）。在通气不良和反硝化细菌作用下，硝态氮被还原成氮气，造成氮素损失。该烟田土壤 pH 为 5.59，低于 6.50，偏酸性，这些土壤不利于反硝化作用的发生，此外游离的氨和亚硝酸根对反硝化作用也有抑制效果。试验中硝态氮积累的时期是在 5～9 月，或许是由烟区温度升高土壤中硝化酶活性较高，同时土壤游离氨含量的升高及对反硝化过程的抑制造成的。在掩埋 10～20 天时，土壤中铵态氮含量迅速下降，而硝态氮含量上升幅度却较小，可能是由烟株生长吸收大量铵态氮造成的；此外，降水导致土壤中氧气含量降低，反硝化作用增强，使土壤中的部分无机氮以气体形式散失，对硝态氮的生成也产生影响。

三、农家肥矿化对土壤腐殖酸组分的影响

（一）农家肥矿化对土壤腐殖酸含量的影响

在整个掩埋期，处理 T 腐殖酸含量均显著高于 CK，可见施用农家肥提高了土壤中的腐殖酸含量（图 4-15）。处理 T 的腐殖酸含量在整个掩埋期相对稳定，含量为 20.38～27.85g/kg；而 CK 中腐殖酸含量在掩埋后期波动较大，含量为 12.03～23.70g/kg。

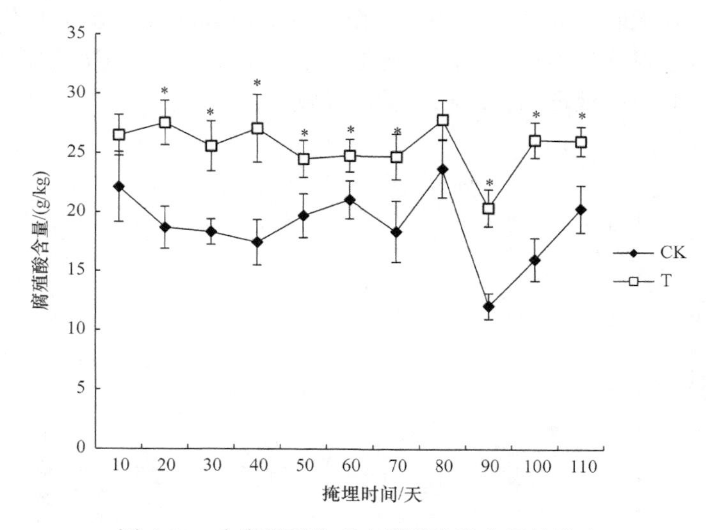

图 4-15　农家肥矿化对土壤腐殖酸含量的影响

（二）农家肥矿化对土壤胡敏酸含量的影响

从图 4-16 可以看出，处理 T 在掩埋 80 天内胡敏酸含量保持相对稳定，为 7.92～

8.72g/kg；而 CK 胡敏酸含量变化较大，为 6.07～8.55g/kg，之后两个处理均呈现先下降后上升的趋势。处理 T 和 CK 胡敏酸含量在掩埋 90 天时达到最低，分别为 6.73g/kg 和 4.54g/kg，之后两个处理胡敏酸含量均呈上升趋势。在整个掩埋期，处理 T 的胡敏酸含量有高于 CK 的趋势。

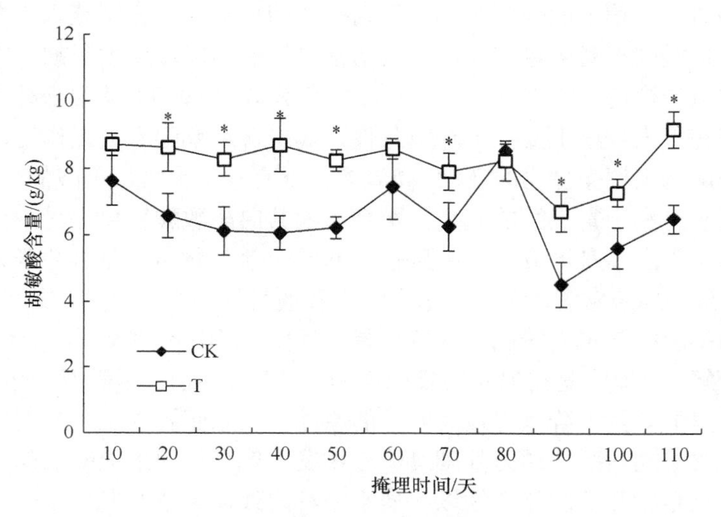

图 4-16　农家肥矿化对土壤胡敏酸含量的影响

（三）农家肥矿化过程对土壤富里酸含量的影响

从图 4-17 可以看出，尼龙网袋掩埋 40 天内，处理 T 富里酸含量呈波动状态，但波动幅度较小，CK 富里酸含量则呈下降趋势。掩埋 40～80 天时，处理 T 富里

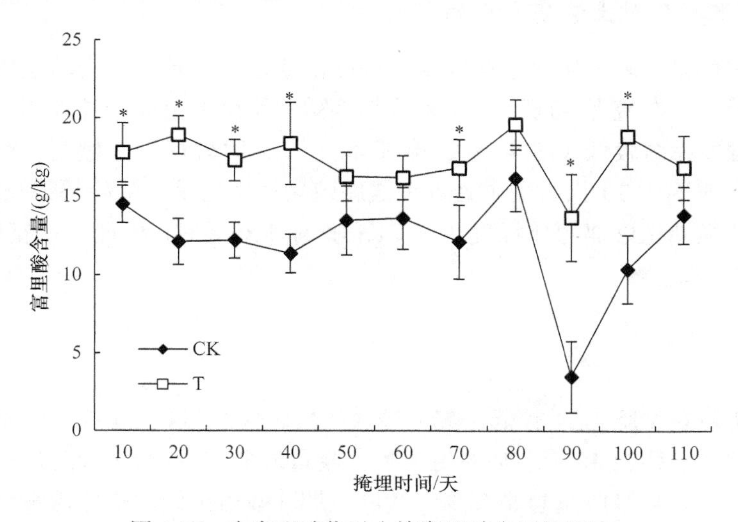

图 4-17　农家肥矿化对土壤富里酸含量的影响

酸含量先下降后升高，CK 呈波动式升高趋势。两个处理富里酸含量在掩埋 80 天时达到最大值，分别为 19.60g/kg 和 16.15g/kg，此后均呈“V”形变化趋势。处理 T 富里酸含量在尼龙网袋整个掩埋过程中均高于 CK 且变化幅度相对较小，说明施用农家肥可以提高土壤富里酸含量，并对土壤富里酸变化起缓冲作用。

有机物料在土壤中的分解是形成新腐殖质的前提。农家肥施入土壤后，土壤胡敏酸和富里酸的绝对数量增加，且最初富里酸的形成速度大于胡敏酸。在土壤中，影响腐殖酸稳定性的因素很多。王彦辉和 Rade（1999）认为森林土壤有机质的分解速率在很大程度上受控于环境条件，其中含水率起着关键作用，干旱和水分过多都会限制土壤微生物的活动。高氧条件下有利于土壤富里酸的分解与转化，一方面，高氧有利于富里酸的氧化、聚合，使其向胡敏酸转化；另一方面，高氧可能不利于富里酸本身形成（于水强等，2005）。重庆烟区在烟株生长后期，为除膜下杂草，部分地膜破裂，垄体土壤含水率和通气性均得到提高，易受雨水淋蚀，且新形成的胡敏酸与富里酸氧化程度和芳香程度低，脂族性较高，分子结构简单，易被氧化分解，这或许是在尼龙网袋掩埋 90 天时，两处理土壤腐殖酸出现降低趋势，其中富里酸含量下降趋势最为明显的原因。农家肥施入土壤初期主要是以农家肥本身所含类胡敏酸物质为基础腐解产物发生聚合作用形成新的胡敏酸，一段时间后碳水化合物和酰胺化合物以木质素分解的残体为核心发生聚合作用，形成新的胡敏酸，这使土壤胡敏酸得到补充；此外，农家肥施入土壤会活化土壤原有有机质且新形成的富里酸比原有土壤中富里酸的分解速度快，向胡敏酸转化的速度也比原有富里酸快。故处理 T 在遇到外界环境影响时土壤腐殖酸变化表现出一定的缓冲性，而 CK 土壤腐殖酸含量易受外界环境的影响。

（四）农家肥矿化对土壤胡富比的影响

胡富比可以反映土壤腐殖酸腐殖化程度，胡富比值越大，表明土壤腐殖酸腐殖化程度越高。在掩埋 40 天内，CK 土壤腐殖化程度显著高于处理 T，处理 T 土壤腐殖化程度相对较低（图 4-18）。掩埋 40～60 天时处理 T 土壤腐殖酸腐殖化程度增加；掩埋 60～70 天时两个处理土壤腐殖化程度均呈下降趋势；掩埋 80～90 天处理 T 土壤腐殖酸腐殖化程度超过 CK；掩埋 110 天时，处理 T 胡富比为 0.55，高于 CK。

四、小结

试验所用农家肥 C/N 较低，养分释放较快。烤烟移栽 20 天后对氮素的吸收速率急剧增加，移栽 40 天前后对氮素的吸收量最多，移栽 55 天时烟株已吸收总氮量的 91%，之后吸收量急剧减少。所以，烟叶栽培上施肥措施通常为“前促后

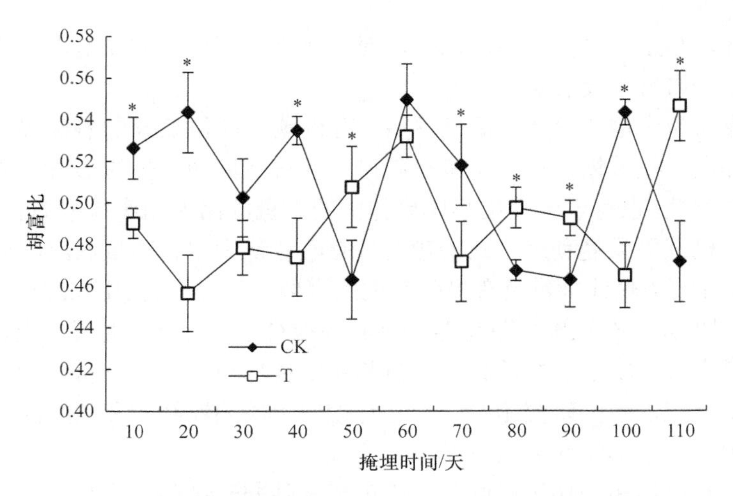

图 4-18　农家肥矿化对土壤胡富比的影响

控”。本研究结果表明，农家肥中氮素释放规律与烤烟需氮规律基本吻合，即农家肥在掩埋 70 天（烟株移栽 50 天）内释放了掩埋期 90.59%的氮素。农家肥腐熟过程中，微生物将无机态氮和有机碳氮化合物进行转化分解，部分氮素参与较稳定的大分子有机物质（如腐殖酸的形成），增加了农家肥中碳氮的稳定性，同时腐熟处理可以降低农家肥有机氮的矿化量，而且腐熟程度越充分降低幅度越大。此外，农家肥矿化也受原料组成、温度、水分、土壤质地等多种因素影响。有研究表明农家肥在烟株生育期内有机氮矿化率在 30%～60%。本试验中，农家肥在掩埋 110 天时，农家肥中仅有 46.69%的有机氮被矿化，并且有机氮总矿化量的 80%以上是在施入土壤后 50 天内释放。因而，本试验结果表明，合理施用农家肥在改良烟田整体土壤状况的同时，也可避免烟株吸收过多氮素，即农家肥的养分释放规律在符合烤烟需肥规律的同时也避免了对烟叶正常落黄产生负面影响。

充分腐熟的农家肥施入土壤后，有机碳、有机氮迅速矿化，在掩埋 70 天内矿化的有机碳和有机氮分别占整个掩埋期矿化量的 86.51%和 90.59%。充分腐熟的农家肥遵循“前期矿化快、后期矿化慢”的特点，符合烤烟“前促后控”的需肥规律，但硝态氮释放具有一定延迟性。因此，应注意使农家肥的施用时间和烟草移栽时间相协调。

第三节　施用农家肥对植烟土壤改良效果研究

随着土地的不断开发和集约化利用，土壤退化成为当今全球普遍关注的紧迫问题之一。土壤结构退化及土壤碳库损失是土壤退化的重要因素，其最明显的特征表现在土壤团聚体稳定性下降及团聚结构比例失调。土壤团聚体是土壤结构最基本的单元，是土壤的重要组成部分，对土壤许多理化性质如地表径流、渗透性及土壤孔隙分布有重要影响。

有研究认为土壤团聚体湿润破碎后，有机碳含量和C/N随着破碎团聚体粒级的增大而提高。植被恢复过程中有机碳可以促进土壤团聚体的形成，并提高土壤团聚体的稳定性。也有学者提出小团聚体中的有机碳比大团聚体中的有机碳老化，新形成的有机碳更易受利用方式的影响。有学者认为中、高量农家肥处理可以显著增加>1mm大团聚体含量及有机碳在大团聚体中的分配，其中0.25～1mm和1～2mm粒径团聚体中有机碳含量均略高于其余粒径组。有学者对紫色土、红壤水稳性团聚体研究时发现水稳性团聚体数量和稳定性均与土壤有机质含量呈正相关。本节以烟田培肥入手，研究施用农家肥对烟田土壤团粒结构和碳库的影响，以期为改善我国烟田土壤状况提供参考。

试验于2015年和2016年连续在重庆市彭水县同一试验田进行，供试品种为云烟97，土壤为黄棕壤。土壤有机质25.47g/kg，碱解氮148.33mg/kg，速效磷19.17mg/kg，速效钾512.59mg/kg，pH 5.59。4月15日整地时施入农家肥，供试农家肥与第二节农家肥相同。

试验设置5个处理：CK未施肥，T1常规施肥（纯N 103kg/hm^2，N∶P_2O_5∶K_2O=1∶1∶1.5）；T2为在T1基础上条施农家肥1500kg/hm^2，T3为在T1基础上撒施农家肥7500kg/hm^2；T4为在T1基础上撒施农家肥15 000kg/hm^2，烟株行距为115cm×55cm，每个试验小区500株烟，3次重复。两个试验所用农家肥相同。农家肥于烟田均匀撒施后翻压，此后条施化肥，肥料施用后起垄。

土壤碳库管理指数计算方法（沈宏等，2000）：

碳库指数（CPI）=样品有机碳含量（mg/g）÷参考土壤有机碳含量（mg/g）

碳库活度（A）=活性有机碳含量（mg/g）÷非活性有机碳含量（mg/g）

碳库活度指数（AI）=样品碳库活度÷参考土壤碳库活度

碳库管理指数（CPMI）=碳库指数（CPI）×碳库活度指数（AI）×100

参考土壤为试验田附近未耕作的森林土壤。

土壤团聚体测量方法：用环刀以五点取样法在烟田垄体上采集原状土，每个处理重复3次，将土壤样品装入硬质盒内带回室内，在室温下风干，当土壤含水量到土块塑限（相对含水量22%～25%）时，用手轻轻地把土块沿着自然脆弱带掰成大小不同的土块，去除石块和植物根系。把盛有土样的筛子置于摇床（型号HY-5A）上，270r/min转速下振荡2min分离土壤各粒径团聚体，分离出各粒径级土壤。水稳性团聚体采用Yoder法。不同孔径的筛子按孔径大小顺序排列（大孔径在上，小孔径在下），将风干的200g土样放入最大孔径的筛子中，然后将整套筛子放到装满自来水的桶中，静置5min，然后上下振荡3min，振幅3cm。将各筛子中的土壤洗出，在50℃条件下烘干，放入干燥器内，冷却后称重，即得到相应粒径的土壤团聚体质量。

一、施用农家肥对土壤团粒结构的影响

（一）施用农家肥对土壤团粒结构（干筛）的影响

Six 等（2000）提出大于 0.25mm 的团聚体是土壤中最好的结构体，其数量与土壤的肥力状况呈正相关，故大于 0.25mm 的团聚体含量（$R_{0.25}$）可以反映土壤结构的优劣和土壤团聚体的数量变化。从表 4-2 可以看出整地过程对土壤团粒结构破坏很大，整地后土壤 $R_{0.25}$ 均表现出下降趋势，其中大于 5mm 部分下降明显，而小于 0.25mm 部分则有增加趋势。试验进行第一年，施用农家肥的处理土壤大于 5mm 团粒结构比例增加明显，处理 T3、T4 土壤 $R_{0.25}$ 有显著增加趋势，其中处理 T3 土壤 $R_{0.25}$ 最大，为 92.05%。试验进行第二年后，土壤中粒径小于 0.25mm 和粒径在 1～2mm 的团粒比例有增加趋势，处理 T3、T4 土壤粒径在 5mm 以上部分显著高于其他处理。除施用农家肥量最多的处理 T4 外，其余各处理 $R_{0.25}$ 相较于第一年均略有下降。平均质量直径（MWD）和几何平均直径（GMD）是反映土壤团聚体大小分布状况的常用指标，MWD 和 GMD 的值越大，表示团聚体的平均粒径团聚度越高，土壤团粒结构稳定性越强。耕地后土壤 MWD 和 GMD 均呈下降趋势，施用农家肥第一年中处理 T2、T3、T4 土壤 MWD 和 GMD 显著高于 CK，试验第二年，处理 T4 土壤 MWD 和 GMD 值最大，分别为 3.04mm 和 1.37mm，处理 T2、T3 次之，且显著高于未施用农家肥的处理。

表 4-2　施用农家肥对土壤团粒结构的影响（土壤干筛）

时间		<0.25mm	0.25～0.5mm	0.5～1mm	1～2mm	2～5mm	>5mm	$R_{0.25}$	MWD /mm	GMD /mm
整地前		5.83%f	4.60%e	10.79%d	6.42%f	21.80%c	50.55%a	94.17%a	3.50a	1.51a
2015 年	CK	16.00%ab	6.98%d	14.38%a	8.14%e	28.07%a	26.44%e	84.00%d	2.60d	1.23d
	T1	13.42%c	7.22%cd	12.54%bc	6.66%f	25.10%b	35.06%d	86.58%cd	2.89c	1.30c
	T2	10.44%d	8.34%bc	13.61%ab	6.45%f	20.40%cd	40.77%b	89.56%bc	3.01bc	1.34bc
	T3	7.95%e	7.17%cd	12.74%bc	6.96%f	23.17%bc	42.02%b	92.05%ab	3.16b	1.40b
	T4	9.98%d	10.13%a	10.17%d	11.13%d	18.66%de	39.93%bc	90.02%b	2.96c	1.33c
2016 年	CK	17.23%a	7.27%cd	9.88%de	17.14%a	19.04%d	29.44%e	82.77%d	2.54d	1.21d
	T1	15.39%b	8.70%b	9.31be	16.91%ab	21.06%c	28.62%e	84.61%d	2.56d	1.23d
	T2	12.02%c	4.79%e	10.55%d	16.03%b	18.98%d	37.64%cd	87.98%c	2.91c	1.33c
	T3	12.72%c	7.70%c	7.95%f	12.70%c	18.83%d	40.10%b	87.28%c	2.97c	1.33c
	T4	9.29%d	7.05%d	8.09%f	16.75%ab	17.25%e	41.56%b	90.71%b	3.04bc	1.37bc

注：$R_{0.25}$ 为粒径大于 0.25mm 的部分所占比例，同列不同字母表示差异显著（P<0.05）。2015 年、2016 年土壤取样时间均为烟株移栽后 120 天，下同。整地前土壤为在烟田翻耕起垄前所取试验田土壤

农田翻耕对土壤团粒结构破坏较大，土壤中粒径大于5mm的团粒结构所占比例显著下降，施用农家肥对促进土壤团粒结构形成作用明显，施用农家肥增加了土壤中大粒径团粒结构所占比例，显著提高了土壤 $R_{0.25}$、MWD、GMD，但仍未使土壤团粒结构恢复到耕作前。

（二）施用农家肥对土壤水稳性团粒结构（湿筛）的影响

良好的土壤结构要求有较多的土壤团聚体及适当的粒径分配，尤其是水稳性团聚体的数量和分布状况反映了土壤结构的稳定性、持水性、通透性和抗侵蚀能力（Yoder，1936）。烟田经翻耕后会降低土壤大粒径团粒结构比例，但耕作后的土壤水稳性团粒结构比例增加。从表4-3可以看出，试验第一年，粒径在0.106～0.25mm的水稳性团粒部分所占比例有下降趋势，粒径在0.5mm以上水稳性团粒部分所占比例有增加趋势，除处理T2外，其余处理土壤MWD、GMD均增高，且农家肥施用量大的处理T3、T4增加幅度较大。试验进行第二年时，除处理T2外，其余处理 $R_{0.25}$ 较上年均有小幅下降但仍高于试验前土壤水平。处理T2土壤中大于1mm水稳性团粒结构增加是造成其 $R_{0.25}$ 升高的主要原因。处理T4土壤水稳性团粒MWD、GMD显著高于其他处理，表明大量施用农家肥可以显著增加土壤水稳性团粒数量、提升土壤水稳性团粒结构稳定性。

表4-3　施用农家肥对土壤水稳性团粒结构的影响（土壤湿筛）

时间		0.106～0.25mm	0.25～0.5mm	0.5～1mm	1～2mm	>2mm	$R_{0.25}$	MWD /mm	GMD /mm
移栽前		23.95%a	19.47%b	15.36%cd	12.02%e	29.20%cd	76.05%c	1.00c	0.81c
2015年	CK	19.47%c	19.10%bc	14.00%de	9.56%e	37.87%b	80.53%bc	1.11b	0.89b
	T1	11.23%e	17.64%d	16.11%bc	15.91%cd	39.11%b	88.77%a	1.23a	0.96a
	T2	22.48%ab	21.01%a	18.79%a	17.03%c	20.68%e	77.52%c	0.93c	0.83c
	T3	16.03%d	5.60%e	18.98%a	29.02%a	30.37%c	83.97%b	1.23a	0.98a
	T4	11.65%e	15.79%d	15.29%cd	10.88%e	46.39%a	88.35%a	1.29a	0.99a
2016年	CK	20.13%b	20.14%ab	14.57%d	15.05%d	30.11%c	79.87%c	1.05c	0.87c
	T1	15.09%d	18.00%cd	17.20%ab	23.78%b	25.92%d	84.91%b	1.10bc	0.91bc
	T2	19.69%c	19.60%b	13.20%e	20.46%bc	27.05%d	80.31%bc	1.06c	0.88c
	T3	16.17%d	19.26%b	13.50%e	16.55%cd	34.51%bc	83.83%b	1.14b	0.92b
	T4	15.08%d	16.71%d	13.98%de	18.50%c	37.78%b	84.92%b	1.23a	0.95a

二、施用农家肥对土壤全碳、全氮的影响

施用肥料的处理土壤全碳、全氮含量有高于CK的趋势（表4-4）。在烟株移

栽 30 天时，处理 T3 和 T4 的土壤全氮含量分别为 0.262%、0.250%，显著高于其他处理，说明施用农家肥短时间内可以提高烟田土壤全氮水平。在移栽后 90～120 天，施用肥料的处理土壤全氮含量没有表现出显著差异。处理 T1 和 T2 在烟株生长后期，土壤全碳含量有下降趋势，而处理 T3 和 T4 土壤全碳含量维持在较高水平。土壤 C/N 可以反映土壤养分可利用情况，从表中可以看出，在移栽后 60 天，处理 T1 和 CK 土壤 C/N 高于其他处理，在移栽后 90 天，施用农家肥的处理 T3、T4 有增加土壤 C/N 的趋势。土壤全碳含量降低是处理 T1、T2、CK 土壤 C/N 降低的主要原因。

表 4-4 施用农家肥对土壤全碳、全氮的影响

时间	处理	全氮/%	全碳/%	C/N
30 天	CK	0.184c	1.526c	8.271a
	T1	0.220b	1.833ab	8.335a
	T2	0.192c	1.598bc	8.327a
	T3	0.262a	2.079a	7.930b
	T4	0.250a	1.721b	6.879c
60 天	CK	0.170d	1.501bc	8.823ab
	T1	0.231a	2.093a	9.055a
	T2	0.202bc	1.477c	7.322c
	T3	0.189c	1.403c	7.440c
	T4	0.210ab	1.733b	8.249b
90 天	CK	0.150b	1.227d	8.153c
	T1	0.251a	2.327b	9.276b
	T2	0.247a	1.957c	7.933c
	T3	0.237a	3.215a	13.553a
	T4	0.242a	2.134b	8.829b
120 天	CK	0.148b	1.330c	8.964b
	T1	0.213a	1.823b	8.539bc
	T2	0.212a	1.697b	7.989c
	T3	0.221a	2.331a	10.529a
	T4	0.216a	2.399a	11.134a

三、施用农家肥对土壤碳库的影响

（一）施用农家肥对土壤碳库指数的影响

从表 4-5 可以看出，未施用肥料的 CK 其土壤碳库指数在烟株整个生育期均保持在较稳定且较低的水平。处理 T1、T3、T4 土壤碳库指数在烟株生育期内表现出先升高又降低的趋势。施用农家肥后，土壤碳库指数有增加的趋势，尤其以用量较大的处理 T3 和 T4 的土壤碳库指数在移栽后 30 天至 90 天均高于处理 T1 和 CK。在移栽 90 天时，处理 T3、T4 土壤碳库指数达到最大值，分别为 1.40 和 1.32。

表 4-5　施用农家肥对土壤碳库指数（CPI）的影响

处理	30 天	60 天	90 天	120 天
CK	0.77c	0.80c	0.79c	0.80c
T1	0.82c	0.90b	1.22b	1.15a
T2	1.11ab	0.92b	1.17b	0.92b
T3	1.21a	1.26a	1.40a	1.11a
T4	1.04b	1.32a	1.32ab	1.18a

（二）施用农家肥对土壤碳库活度指数的影响

在烟株生长前期，处理 T1 的碳库活度指数高于其他处理，但在烟株生长发育至 90 天后，其土壤碳库活度下降（表 4-6）。CK 与处理 T1 变化趋势相反，其在烟株生长发育过程中土壤碳库活度指数呈升高趋势。处理 T3、T4 土壤碳库活度指数在烟株整个生育期内均相对较低，但表现出随着生育进程的推进而增加的趋势。

表 4-6　施用农家肥对土壤碳库活度指数（AI）的影响

处理	30 天	60 天	90 天	120 天
CK	0.97b	1.07b	1.30a	1.23a
T1	1.48a	1.17ab	0.95b	0.85c
T2	0.95b	1.30a	0.74c	1.04b
T3	0.70c	0.72c	0.77c	0.84c
T4	0.98b	0.70c	0.75c	0.88c

（三）施用农家肥对土壤碳库管理指数的影响

碳库管理指数是反映土壤管理措施引起土壤有机质变化的指标，能有效地监测土壤碳的动态变化，能够反映土壤肥力和土壤质量的变化（黄文昭等，2007）。从表 4-7 可以看出，在烟株移栽 30 天时，处理 T1 土壤碳库管理指数较高（109.74），施用农家肥处理的碳库管理指数较低；烟株移栽 60 天时，处理 T2 的碳库管理指数升高，并超越处理 T1 达到 119.17，处理 T3 的碳库管理指数也有上升趋势；烟株移栽 90 天时，处理 T3、T4 土壤碳库管理指数呈上升趋势，而处理 T2 土壤碳库管理指数则呈下降趋势；烟株移栽 120 天时，处理 T4 的碳库管理指数最大，并显著高于其他处理。在移栽初期，施用农家肥处理的碳库管理指数（CPMI）相对于常规施肥处理较低，但随着时间的推移，施用农家肥处理的土壤碳库管理指数均有一个峰值，并且随着农家肥施用量增高，峰值出现时期较晚。

表 4-7　施用农家肥对土壤碳库管理指数（CPMI）的影响

处理	30 天	60 天	90 天	120 天
CK	73.58e	83.93d	102.22b	92.76c
T1	109.74a	105.43b	114.31a	96.29b
T2	93.69c	119.17a	81.92c	94.06bc
T3	80.60d	85.63d	103.85b	93.47c
T4	98.83b	91.96c	98.64b	102.03a

土壤微生物的活动是影响有机质矿化的主要原因。当有机质添加到土壤中时，土壤微生物的种群结构会立即发生变化。不同土壤微生物对有机质的分解能力不同，根据土壤微生物对不同有机物质的分解能力将它们分为两大类，即受碳源限制的土著微生物和受氮源限制的发酵性微生物（Potthoff et al.，2003）。Hamer 和 Marschner（2005）认为，加入外源有机质促进或者抑制土壤原有有机质的分解是由微生物活性、数量和组成的改变引起的，但其中的机制还不清楚。Falchini 等（2003）认为添加不同有机质会促进土壤不同微生物种群生长，如加入谷氨酸和葡萄糖后引起土壤中菌群的变化是不同的，向土壤中加入纤维不溶物，某种真菌会迅速活跃起来。激发效应的正负决定于土著微生物和发酵性微生物竞争能量物质与营养物质的剧烈程度。Fontaine 等（2003）认为发酵性微生物能利用有机质中简单易分解的部分迅速生长繁殖，但不能利用有机质中难分解的部分。外源有机质施入土壤后，发酵性微生物迅速生长，与土著微生物竞争营养物质，抑制了土著微生物的生长，使土壤原有有机质分解速率降低，产生负激发效应；随着易被分解的有机物质含量降低，发酵性微生物活力降低，土著微生物的数量和活性增加，成为优势群体，提高了土壤有机质的降解率（黄文昭等，2007）。施用农家肥的处理土壤碳库管理指数前期低于处理 T1 也是由土壤有机质分解的负激发效应造成的。处理 T3、T4 土壤碳库活度在整个生育期内均相对较低，或是这两处理施用大量农家肥，增加了土壤全碳量基数，而其中活性炭部分的增加比例低于土壤全碳量的增加比例，故土壤碳库活度降低。

四、施用农家肥对土壤腐殖酸的影响

施用农家肥量较大的处理在 120 天时土壤腐殖酸含量显著高于未施用农家肥的处理（表 4-8），其中，处理 T4 土壤腐殖酸含量在整个烟株生长发育过程中均处于较高水平。处理 T2、T3、T4 土壤腐殖酸含量呈现出先下降后升高的趋势，或是前期农家肥的施入对有机质的分解产生负激发效应。处理 T1 和 CK 土壤中腐殖酸含量波动较大，受外界环境条件影响较大。胡敏酸被认为是土壤有机质的替代品，在土壤有机质演化进程中胡敏酸的官能团组成可以反映腐殖化程度。处理 T3、T4 土壤胡敏酸含量在烟株移栽 60 天后显著提高。施用农家肥后，土壤胡敏酸含量显著增加，并表现出持续增加的趋势。有学者提出新形成的腐殖酸结构更趋向于富里酸，富里酸也被认为是形成腐殖酸的前体物质。在烟株生长发育过程中，除处理 T4 和 CK 外，其他处理富里酸含量均呈现出先下降后又小幅上升的趋势。处理 T4 土壤富里酸含量相对稳定，表明大量施用农家肥可以维持土壤富里酸含量处于较高水平且不易受外界环境条件影响。胡富比是衡量土壤腐殖质质量的重要指标，胡富比值大表明土壤中腐殖质腐殖化程度越高。施用农家肥的处理，土壤腐殖化程度明显高于未施用农家肥的处理，施用农家肥可以促进土壤有机质腐殖化。

表 4-8　施用农家肥对土壤腐殖酸含量的影响

取样时间	处理	腐殖酸 /（g/kg）	胡敏酸/（g/kg）	富里酸 /（g/kg）	胡富比
30 天	CK	9.06c	2.86c	6.20c	0.46b
	T1	11.40a	3.54b	7.86a	0.45b
	T2	10.58b	3.30b	7.28b	0.45b
	T3	10.68b	4.05a	6.63c	0.63a
	T4	10.68b	4.29a	7.05b	0.62a
60 天	CK	10.43a	3.10b	7.33a	0.43d
	T1	9.74b	3.46a	6.27b	0.54c
	T2	8.68c	3.06b	5.61c	0.56c
	T3	8.60c	3.78a	4.82d	1.24a
	T4	10.52a	3.48a	7.04a	0.62b
90 天	CK	10.50c	2.14d	8.36b	0.32c
	T1	12.83a	3.43c	9.40a	0.38c
	T2	10.36cd	3.68c	6.68c	0.60b
	T3	10.20d	4.57a	5.63d	0.82a
	T4	12.33b	4.19b	8.14b	0.55b
120 天	CK	8.85c	2.15d	6.70c	0.40c
	T1	10.90b	2.77c	8.13a	0.36c
	T2	11.44b	3.92b	7.52b	0.76a
	T3	13.20a	5.07a	8.13a	0.63b
	T4	12.92a	5.34a	7.25b	0.74a

注：胡富比表示胡敏酸含量与富里酸含量的比值

五、施用农家肥对烟田土壤常规肥力的影响

（一）施用农家肥对土壤 pH 的影响

从表 4-9 可以看出，在烟株整个生长发育过程中，土壤 pH 有升高的趋势，其中施用农家肥的处理 pH 升高较为明显。移栽后 30 天时，烟田土壤 pH 较低。移栽后 60 天时，施用农家肥量较大的处理 T3 和 T4 土壤 pH 开始升高。移栽后 90 天时，施用农家肥的处理土壤 pH 高于未施用农家肥的 CK 和 T1。移栽后 120 天时，土壤 pH 整体升高，并且表现出土壤 pH 随着农家肥用量的增加而增加的趋势。

表 4-9 施用农家肥对土壤 pH 的影响

处理	30 天	60 天	90 天	120 天
CK	4.71c	5.01bc	4.98b	5.99b
T1	5.80a	5.28b	4.34c	6.28b
T2	5.46ab	4.73c	5.02b	6.63a
T3	5.01bc	5.24b	5.17b	6.71a
T4	4.65c	6.00a	5.69a	6.82a

（二）施用农家肥对土壤速效养分的影响

碱解氮、有效磷和速效钾是土壤中易于被植物吸收利用的营养元素。烟株移栽后 30 天时，施用农家肥的处理显著增加了土壤碱解氮、速效磷和速效钾水平，其中处理 T2 的速效磷和速效钾含量最高，分别达到 39.76mg/kg 和 576.63mg/kg，处理 T3 碱解氮含量最高，达到 193.28mg/kg（表 4-10）。烟株移栽后 60 天，施用农家肥的处理速效磷和速效钾含量高于未施用农家肥的处理，土壤碱解氮含量表现为处理 T2 和 T4 较高。烟株移栽后 90 天，处理 T4 土壤中速效磷和速效钾含量显著高于其他处理，处理 T2 土壤有效磷含量略有下降，处理 T1 和 T4 土壤碱解氮含量较高。烟株移栽后 120 天，处理 T3 土壤碱解氮含量依然上升，达到 195.38mg/kg，处理 T2 土壤中速效钾含量降低幅度较小，其余处理土壤速效钾含量大幅度降低。

六、施用农家肥对植烟土壤生物学特性的影响

（一）施用农家肥对植烟土壤微生物数量的影响

从表 4-11 可以看出，烟株移栽前期，土壤中微生物数量总体表现为放线菌>细菌>真菌，随时间推移，土壤中细菌数量增多，表现为细菌>放线菌>真菌。烟株移栽 30～60 天时，施用农家肥的处理土壤三大菌落的微生物数量有升高的趋

表 4-10 施用农家肥对土壤速效养分的影响 （单位：mg/kg）

速效养分	处理	30 天	60 天	90 天	120 天
碱解氮	CK	171.76b	167.23c	166.32c	139.25c
	T1	138.36c	169.45c	197.15a	149.24b
	T2	145.62c	193.93a	176.59b	121.14d
	T3	193.28a	150.39d	175.84b	195.38a
	T4	185.65ab	181.61b	200.21a	157.14b
速效磷	CK	19.10c	16.72b	10.81d	29.94c
	T1	24.43b	13.15b	21.97c	39.41b
	T2	39.76a	27.62a	17.20c	27.80c
	T3	36.14a	27.24a	81.03b	53.37a
	T4	28.79b	24.01a	97.05a	42.42b
速效钾	CK	330.47d	304.78c	249.57d	214.75c
	T1	445.27c	343.80b	248.88d	234.97c
	T2	576.63a	523.35a	593.62b	503.56a
	T3	518.76b	436.31b	487.39c	264.01b
	T4	508.25b	524.42a	1039.04a	232.23c

表 4-11 施用农家肥对土壤微生物数量的影响 （单位：$\times10^6$cfu/g）

微生物类型	处理	30 天	60 天	90 天	120 天
细菌	CK	1.86c	1.83d	2.51c	22.83d
	T1	2.40b	2.68bc	10.30a	52.63b
	T2	2.47b	2.25cd	8.75ab	26.49d
	T3	2.77b	3.23ab	7.18b	44.80c
	T4	3.47a	3.80a	7.10b	61.17a
真菌	CK	0.16b	0.11d	0.09c	0.11a
	T1	0.18b	0.13cd	0.13b	0.11a
	T2	0.16b	0.20a	0.14ab	0.12a
	T3	0.25a	0.15bc	0.16a	0.11a
	T4	0.24a	0.18ab	0.16a	0.10a
放线菌	CK	1.51c	1.87d	0.46c	2.83d
	T1	3.79b	2.73c	0.63c	5.08b
	T2	3.28b	1.84d	0.93c	3.28c
	T3	3.84b	3.62b	9.52a	6.16a
	T4	6.33a	5.91a	1.51b	6.77a

势，并且三大菌落均有随着农家肥施用量的增加而增加的趋势。烟株移栽 90 天时，处理 T1 土壤中细菌数量显著增加且超过施用农家肥的处理，真菌和放线菌数量依然表现为施用农家肥的处理高于未施用农家肥的处理。烟株移栽 120 天时，处理 T4 土壤细菌数量最大，为 61.17×10^6cfu/g，此时，土壤真菌数量没有表现显著差异，并且相对前期土壤真菌数量有略微下降的趋势。农家肥用量较大时可以明显提高土壤三大菌落微生物数量。

（二）施用农家肥对植烟土壤微生物生物量碳的影响

土壤微生物生物量碳（microbial biomass carbon，MBC）可以反映土壤主要活性炭组分含量的变化。从表 4-12 可以看出，CK 在整个取样期内土壤微生物生物量碳含量处在相对较低的水平。烟株移栽 30 天时，处理 T1 微生物生物量碳含量显著高于其他处理，达到 316.45μg/g，施用农家肥的处理 T2、T3、T4 土壤微生物生物量碳含量次之。烟株移栽 60 天时，施用农家肥的处理土壤微生物生物量碳含量显著高于未施用农家肥的处理，其中处理 T4 土壤微生物生物量碳含量达到 401.01μg/g，处理 T2、T3 次之。烟株移栽 90 天时，处理 T2、T3 土壤微生物生物量碳含量分别为 436.21μg/g 和 422.96μg/g，显著高于其他处理，处理 T4 次之。烟株移栽 120 天时，处理 T4 土壤微生物生物量碳含量达 444.63μg/g。施用农家肥有提升土壤微生物生物量碳含量的趋势。

表 4-12　施用农家肥对烟田土壤微生物生物量碳含量的影响　（单位：μg/g）

处理	30 天	60 天	90 天	120 天
CK	204.16d	159.00d	309.60c	229.98c
T1	316.45a	249.33c	279.36d	147.08d
T2	285.35b	342.73b	436.21a	348.06b
T3	290.72b	324.86b	422.96a	256.44c
T4	268.72c	401.01a	366.09b	444.63a

（三）施用农家肥对植烟土壤微生物生物量氮的影响

从表 4-13 可以看出，CK 土壤微生物生物量氮含量在整个烟株生育期内保持在相对较低的水平。烟株移栽 30 天时，处理 T2 的土壤微生物生物量氮含量最高，达到 38.86μg/g，处理 T4 次之。烟株移栽 60 天时，施用农家肥的处理土壤微生物生物量氮含量显著高于处理 T1 和 CK，且处理 T4 土壤微生物生物量氮含量最高，达到 55.93μg/g。烟株移栽 90 天时，处理 T3 土壤微生物生物量氮含量最高且显著高于其他处理，达到 43.92μg/g，处理 T4、T2 土壤微生物生物量氮含量相对较低。烟株移栽 120 天时，施用农家肥的处理土壤微生物生物量氮含量依然显著高于处理 T1 和 CK，以处理 T4 含量最高。土壤微生物生物量氮易受环境的影响呈现出动态变化的状态，但施用农家肥后，土壤微生物生物量氮含量有增加的趋势。

表 4-13　施用农家肥对植烟土壤微生物生物量氮的影响　（单位：μg/g）

处理	30 天	60 天	90 天	120 天
CK	15.97d	22.55d	29.41c	22.33cd
T1	28.41b	26.69d	26.38c	16.96d
T2	38.86a	43.77b	35.07b	30.80b
T3	23.97c	34.67c	43.92a	25.19c
T4	29.24b	55.93a	28.39c	37.01a

七、小结

土壤有机质主要通过形成并加强黏团之间及石英颗粒与黏团之间的键来稳定团聚体。Edwards 和 Bremner（2006）提出大团聚体（直径大于 0.25mm）由黏粒、多价金属、有机质复合组成，其中，黏粒通过多价金属与腐殖化有机质键合，故腐殖质的含量对土壤团聚体的形成有重要影响。在移栽 120 天时，施用农家肥的处理土壤腐殖酸含量显著高于未施用农家肥的处理，此时土壤团聚颗粒 $R_{0.25}$ 和 MWD、GMD 也高于未施用农家肥的处理。处理 T2、T3、T4 之间，水稳性团聚体的变化规律不一致或许是土壤水稳性团聚体与有机质含量之间相关性不好：仅有部分有机质对水稳性团粒的构成有作用；当土壤有机质超过一定量后，水稳性团粒不再随着有机质含量的增加而增加；有机质的排列相较于有机质数量和类型对土壤水稳性团聚体的影响更大（卢金伟和李占斌，2002）。

施用农家肥可以增加土壤 $R_{0.25}$ 比例，提高土壤腐殖酸、胡敏酸、全碳、全氮含量，提高土壤 C/N，并且有增加干筛土壤团粒 GMD 的趋势；单施化肥降低了土壤水稳性团聚体 GMD。移栽 30 天时，施用农家肥土壤碳库管理指数低于常规施肥处理，但随着时间推移，施用农家肥处理土壤碳库管理指数均有一个峰值，并随农家肥施用量的增加峰值出现时间推迟；农家肥用量较大时提高了碳库管理指数。常规施肥配施 7500kg/hm^2 农家肥处理在烟株生长中期可以提高土壤胡富比；常规施肥配施 15 000kg/hm^2 农家肥可以增大土壤水稳性团聚体结构稳定性效果及土壤碳库管理指数，使土壤腐殖酸全碳量维持在较高水平。施用农家肥对植烟土壤有较好的培肥效果，其中常规施肥配施 15 000kg/hm^2 农家肥改良土壤效果最好。

第四节　施用农家肥对烤后烟叶品质的影响

在我国传统烟叶生产中，靠施用化肥提高烟叶产量，不仅造成土壤有机质含量降低、土壤理化性质变差，还严重降低烟叶品质，使香气成分不足，风格特征消失，降低烟叶的价值。有研究表明，施用农家肥可以促进烟株生长，并增加烟叶内含物质含量，提升烟叶品质。本节将从烟叶化学品质、中性致香物质含量、烟叶感官质量及经济学性状的变化等方面阐述施用农家肥对烟叶品质的影响。

试验于 2015 年在重庆彭水县进行，供试品种为云烟 97，试验条件与本章第三节一致：S1 为常规施肥；S2 为常规施肥+7500kg/hm^2 农家肥；S3 为常规施肥+15 000kg/hm^2 农家肥。4 月 15 日整地时施入农家肥，5 月 5 日移栽，即农家肥于烟株移栽前 20 天施入。

一、施用农家肥对烟叶常规化学成分的影响

从表 4-14 可以看出，处理 S2、S3 烟叶两糖含量均低于处理 S1，施用农家肥降低了烟叶两糖含量。3 个处理上部叶中，处理 S3 烟碱含量显著高于处理 S1、S2，超出优质烟叶要求范围；中部叶烟碱含量没有表现出显著差异，且处于优质烟叶要求范围内；下部叶烟碱含量偏高，其中处理 S3 下部叶烟碱含量显著高于其他处理。施用农家肥后，改善了烟叶 Cl^-含量（重庆部分烟叶产区 Cl^-含量偏低）。处理 S1 下部叶 K^+含量偏低，处理 S2、S3 烟叶 K^+含量较适宜。试验处理下部叶两糖比均在适宜范围内，处理 S2 中部叶两糖比略低于要求，3 个处理上部叶两糖比没有显著差异且均低于要求水平。处理 S2、S3 中下部叶糖碱比均在适宜范围内，处理 S1 糖碱比显著高于处理 S2、S3，3 个处理上部叶糖碱比均低于要求值，但处理 S1、S2 烟叶糖碱比有高于处理 S3 的趋势，这也是由于施用农家肥后降低了两糖含量而增加了烟碱含量的原因。试验中 3 个处理烟叶钾氯比均在适宜范围内。

表 4-14　施用农家肥对烟叶常规化学成分和协调性的影响

等级	处理	总糖/%	还原糖/%	烟碱/%	总氮/%	Cl^-/%	K^+/%	两糖比	糖碱比	钾氯比
B2F	S1	28.79a	24.85a	3.37b	1.63b	0.16ab	3.10a	0.86a	7.37a	19.38a
	S2	27.04b	22.92b	3.36b	1.67b	0.15b	3.04a	0.85a	6.82ab	20.27a
	S3	27.67ab	22.77b	3.98a	2.29a	0.18a	2.66b	0.82a	5.72b	14.78b
C3F	S1	28.06a	27.67a	2.62a	1.71b	0.14b	3.20a	0.99a	10.56a	22.86a
	S2	27.70a	23.85c	2.59a	2.05a	0.14b	2.56b	0.86b	9.21b	18.29b
	S3	27.12a	24.81b	2.66a	1.97a	0.19a	3.34a	0.91b	9.33b	17.58b
X2F	S1	31.86a	29.63a	2.30b	1.70ab	0.05b	1.84c	0.93b	12.88a	36.80a
	S2	27.80c	26.84b	2.43b	1.62b	0.15a	3.22a	0.97a	11.05b	21.47b
	S3	29.55b	27.35b	2.67a	1.80a	0.11a	2.46b	0.93b	10.24b	22.36b

二、施用农家肥对烟叶香气物质含量的影响

根据形成致香物质的前体物，可以将烤烟中性致香物质分为苯丙氨酸类、棕色化反应产物、类西柏烷类、类胡萝卜素类等，有些物质含量虽然较低，但对烟

叶香气特征的形成具有重要影响（史宏志和刘国顺，1998）。类胡萝卜素致香物质是构成烟叶香气物质的重要成分，其产生香气阈值较低，但对烟叶香气质量的贡献率较大。从表 4-15 可以看出，施用农家肥的处理 S2、S3 的 β-大马酮、法尼基丙酮含量均低于处理 S1。上部叶中香叶基丙酮、二氢猕猴桃内酯、巨豆三烯酮-1、巨豆三烯酮-4、β-二氢大马酮、螺岩兰草酮及类胡萝卜素类香气物质总量表现为处理 S2 含量最高，S1 次之，S3 含量最低；中部叶中处理 S2 螺岩兰草酮含量最高，处理 S1 次之，S3 含量最低；处理 S3 中二氢猕猴桃内酯、巨豆三烯酮-1、巨豆三烯酮-3 含量较高。中部叶类胡萝卜素类中性致香物质总量呈现出随农家肥用量增多而下降的趋势。茄酮是类西柏烷类物质降解主要产物之一，可以赋予烟叶一种醛和酮类物质的味道。处理 S2、S3 烟叶中类西柏烷类香气物质含量明显增多。其中，处理 S2 烟叶茄酮含量最高，S3 次之，S1 含量较低，甚至在上部叶中未检测到茄酮存在。施用农家肥可以增加烟叶中茄酮含量。棕色化反应产物也是烟叶香气的重要组成部分。从表 4-15 可以看出，上部叶中，处理 S2 烟叶中糠醛、3,4-二甲基-2,5-呋喃二酮含量较高，处理 S1 含量次之，处理 S3 含量较低。棕色化产物在 3 个处理烟叶中的分布规律与类西柏烷类致香物质类似，适当施用农家肥可以提高烟叶棕色化反应产物含量，施用过多农家肥会影响该物质合成。苯丙氨酸类香气物质对烤烟香气具有良好的影响，尤其是对烤烟的果香、清香贡献最大。从苯丙氨酸类致香物质总量看，上部叶中处理 S2 含量较高，处理 S3 次之，S1 含量最低；中部叶中处理 S2 含量依然最高，处理 S1 次之，处理 S3 则表现最低。其他类型致香物质总量在上部叶中表现出随农家肥用量增加而降低的趋势，在中部叶则呈现出相反的规律。上部叶中处理 S1 新植二烯含量较高，处理 S2 次之，S3 最低。中部叶中处理 S1 新植二烯含量依然最高，处理 S3 新植二烯含量略高于处理 S2。由于新植二烯在中性致香物质中所占比例较大，故 3 个处理中性致香物质总量变化趋势与新植二烯变化趋势一致。

三、施用农家肥对烟叶感官质量的影响

适量施用农家肥可以改善烟叶的感官质量。烟叶感官质量评价采用标度值法，参照《烟叶质量风格特色感官评价方法（试用稿）》，具体内容参见第一章。从表 4-16 可以看出，上部叶中，处理 S2 香气量较充足，透发性较好，柔和程度高；处理 S3 余味充足，圆润感较差，刺激性、干燥感较强，影响其感官质量；处理 S1 香气质、细腻程度、圆润感较好，刺激性较强，余味稍显不足。中部叶中，处理 S2 香气质、细腻程度、柔和程度、余味等方面表现较好，且标度值最高；处理 S3 香气量较充足，透发性、圆润感较好，但刺激性和干燥感也较强，影响了其标度值。综上处理 S2 烟叶感官质量最好，S1 次之，S3 最差。

表 4-15　施用农家肥对烟叶中性致香物质含量的影响　　（单位：μg/g）

香气物质种类		B2F			C3F		
		S1	S2	S3	S1	S2	S3
类胡萝卜素类	6-甲基-5-庚烯-2-醇	3.67	3.40	3.07	3.04	3.40	3.56
	香叶基丙酮	0.78	0.83	0.46	0.64	0.60	0.51
	二氢猕猴桃内酯	0.63	0.76	0.43	0.44	0.66	0.77
	巨豆三烯酮-1	1.12	1.14	1.01	0.95	0.94	1.06
	巨豆三烯酮-2	3.33	3.09	3.20	3.37	3.07	2.95
	巨豆三烯酮-3	0.42	0.07	0.34	0.29	0.11	0.36
	巨豆三烯酮-4	3.29	4.09	3.06	3.18	3.14	2.68
	3-羟基-β-二氢大马酮	—	—	—	—	—	—
	法尼基丙酮	3.18	1.08	2.37	3.77	1.52	2.38
	氧化异佛尔酮	0.13	0.10	0.07	—	—	0.09
	β-大马酮	13.03	12.93	9.04	15.27	13.43	13.30
	β-二氢大马酮	1.44	7.74	0.67	0.58	4.04	1.94
	螺岩兰草酮	1.74	1.91	0.80	1.54	1.93	1.19
	类胡萝卜素类总量	32.76	37.14	24.52	33.07	32.84	30.79
类西柏烷类	茄酮	—	79.19	15.57	5.77	38.09	21.06
棕色化反应产物	糠醛	11.18	16.36	7.85	8.12	12.02	8.23
	糠醇	0.64	2.88	0.87	0.65	2.07	0.45
	2-乙酰基吡咯	0.08	0.33	0.17	0.08	0.29	—
	5-甲基糠醛	0.92	1.22	0.74	0.72	0.64	0.55
	3,4-二甲基-2,5-呋喃二酮	0.09	0.22	0.09	—	0.15	—
	棕色化反应产物总量	12.91	21.01	9.72	9.57	15.17	9.23
苯丙氨酸类	苯甲醛	0.35	0.38	0.24	0.35	0.27	0.22
	苯甲醇	0.62	4.59	1.73	0.36	4.48	0.27
	苯乙醛	0.76	1.37	0.70	1.19	0.63	0.40
	苯乙醇	3.00	3.48	3.73	3.08	3.03	2.99
	苯丙氨酸类总量	4.73	9.82	6.40	4.98	8.41	3.88
其他类型	愈创木酚	1.00	0.93	0.81	0.58	0.64	0.68
	2,6-壬二烯醛	0.15	0.14	0.09	0.15	0.10	0.42
	藏花醛	28.74	0.07	0.06	—	—	0.06
	β-环柠檬醛	—	0.15	—	—	0.10	0.06
	新植二烯	390.10	356.39	307.39	678.55	302.47	343.41
中性致香物质总量		470.39	425.65	349.00	726.90	359.73	388.53

注：“—”表示痕量或未检测出

表 4-16 施用农家肥对烟叶感官质量评价

等级	处理	香气质	香气量	透发性	细腻程度	柔和程度	圆润感	余味	刺激性	干燥感	标度值
B2F	S1	3.00	3.25	2.50	3.20	2.70	3.00	2.50	2.75	2.75	4.65
	S2	2.93	3.27	3.00	2.93	3.00	2.67	2.33	2.50	2.67	4.96
	S3	2.50	3.25	2.25	2.50	2.75	2.25	2.75	2.75	3.00	2.50
C3F	S1	2.95	2.70	2.30	3.20	2.95	2.50	2.50	2.25	2.25	4.60
	S2	3.00	2.75	2.25	3.25	3.50	2.50	2.75	2.50	2.50	5.00
	S3	2.95	3.00	2.45	2.95	2.95	2.75	2.50	2.55	2.75	4.25

四、农家肥对烟叶经济学性状的影响

施用农家肥可以显著提高烟叶产量和产值。处理 S2 均价和上等烟比例最高，S3 次之，S1 最低（表 4-17）。下等烟比例则表现为处理 S1 最高，S2 最低。施用农家肥对提高烟叶产量、产值和上等烟比例效果明显，但过量施用农家肥有降低烟叶均价和产值的趋势。

表 4-17 施用农家肥对烟叶经济学性状的影响

处理	产量/（kg/hm^2）	产值/（元/hm^2）	均价/（元/kg）	下等烟/%	中等烟/%	上等烟/%
S1	1 687.05b	38 889.30b	23.05b	4.58a	61.84ab	32.78b
S2	1 813.65a	45 413.40a	25.05a	4.09b	60.76b	34.94a
S3	1 873.05a	44 461.50a	23.76b	4.24b	62.15a	33.21ab

五、小结

烟叶化学成分含量与烟叶代谢密切相关。当烟株吸收较多氮素时，会促使烟株合成较多氨基酸等含氮化合物，增加叶片内有机酸消耗，使得烟叶内碳水化合物积累量降低。农家肥养分均衡，可补充土壤微量元素，缓解连作带来的土壤微量元素失衡效应，而且其肥效较长，具有保肥性；而化肥养分单一，释放较快且易流失。施用农家肥处理较对照增施了氮肥，故处理 S2、S3 烟叶两糖含量有降低趋势，而处理 S3 烟叶烟碱和总氮含量则呈上升趋势。此外，农家肥中还含有大量氨基酸。氨基酸可促进烟株生长，增加叶片腺毛分泌物，改善烟叶品质，对烟叶香味品质影响较好（武雪萍等，2004；尹宝军和高保昌，1999）。农家肥可以提升叶片碳代谢强度，促进烤烟后期同化物向小分子有机酸、醛类、酮类等叶片致香物质转化和形成。草酸、苹果酸等挥发性有机酸和肉豆蔻酸、棕榈酸、油酸、亚油酸等半挥发性高级脂肪酸含量高低均能影响烟气的香气量（彭艳等，2011）。故处理 S2 类西柏烷类、苯丙氨酸类、棕色化反应产物类香气物质含量较高。新植二烯的形成与叶绿素的降解密切相关，处理 S2、S3 烟叶含氮化合物含量较高，影响了叶绿素降解，故对新植二烯的形成产生了负面影响。

农家肥可增加土壤有机碳含量，活化土壤有机质，对土壤有机质产生激发效应。同时，施用农家肥可以促进土壤团粒结构形成，增强土壤通透性，促进烟株根系生长，改善烟株生长，故施用农家肥的处理烟叶产量较高。处理 S3 或因为施氮量相对较多，烟叶摘烤时成熟度不够，致使烤后烟叶品质不及处理 S2，故其产值反而稍低于处理 S2。

综上，在常规施肥的基础上，撒施 7500kg/hm^2 农家肥，对于提升烟叶品质、产量及产值有较好的效果。在施用过多农家肥的情况下应适量减少化肥氮素施用量，以避免烟株生长后期氮素过多对烟叶品质产生负面作用。

第五章　种植绿肥翻压还田技术研究

本章内容是笔者 2005～2009 年在重庆武隆、彭水、石柱、酉阳等产区进行相关研究和示范的总结，该研究由重庆市烟草公司“烟田可持续利用技术及耕作制度研究（2006～2008）”和“重庆山地特色烟叶生产技术体系研究（2008～2010）”项目（该项目于 2009 年获准立项为国家烟草专卖局面上项目，并获得 2012 年国家烟草专卖局科技进步三等奖）资助开展。绿肥翻压还田改良植烟土壤将作为一项成熟技术措施融入该体系。

本章着重围绕绿肥养分释放规律、土壤养分供应规律与烟株对矿质营养吸收规律的协调作用机制研究，针对翻压绿肥后土壤微生物菌落及微生物量、土壤酶活性、土壤理化性质，以及烤后烟叶品质和产值效益等变化进行了深入分析，形成了关于绿肥对植烟土壤培肥改良效应及烤后烟产质量影响的系列理论与实践成果，对指导烟区生产实践具有重要意义。近年来，化肥大量施用对土壤的不利影响越来越突出，而施用有机肥料来改良土壤一直是土壤学界研究的热点，许多学者对不同作物根际或非根际土壤微生物量碳、氮、磷及土壤酶活性、土壤理化性状等进行了深入研究（周文新等，2008；王光华等，2007a；马冬云等，2007；武雪萍等，2005；刘添毅和熊德中，2000），但对绿肥和植烟土壤方面的研究较少。绿肥作为一种重要的有机肥料，其在减少化肥用量、提高作物产量、培肥土壤地力等方面起到了积极的作用。烤烟作为一种特殊的经济作物，其对肥料的要求异常严格，在烤烟种植中，由于长期施用化肥，我国植烟土壤板结、地力衰退、有机质含量下降，这已成为我国烟叶质量进一步提高的重要限制因素。在烟区利用烟田冬季休闲空间种植绿肥，翻压后不但可迅速提高土壤有机质含量、降低土壤容重，而且在绿肥生长过程中还能通过养分吸收、根系分泌物和细胞脱落等方式起到调节土壤养分平衡、活化和富集土壤养分、增加土壤微生物活性、抑制土传病害和消除土壤中不良成分的作用。因此，烟区利用冬季休闲空间种植和翻压绿肥，对于恢复和提高土壤肥力、实现烟叶生产的可持续发展既有现实性，又有必要性。

由于绿肥种类不同，其养分含量和 C/N 等因素也不同，因此绿肥翻压后对土壤理化性状和土壤微生物量将产生不同影响，进而影响烟株的生长发育和烤后烟叶品质。本研究通过在重庆烟区种植和翻压黑麦草，研究了黑麦草翻压量及翻压年限对烟田土壤的改良效果，同时又研究了绿肥翻压减氮效应，旨在为改善烟田土壤环境及进一步提高我国烟叶质量提供技术参考和理论依据。

大田试验于2005～2009年在重庆市武隆县赵家乡新华村老街自然村进行（海拔1036m，东经107°33.588′，北纬29°16.593′）。供试土壤类型为水稻土，2005年测定土壤基础肥力为有机质24.19g/kg，碱解氮124.63mg/kg，速效磷21.88mg/kg，速效钾150.78mg/kg，pH 5.43。烤烟品种为云烟87，烤烟大田行距1.20m，株距0.55m，移栽时间均为每年5月5日左右（不同年份间稍有差异），供试绿肥品种为黑麦草。2005年10月烟叶采收结束后，在试验地种植绿肥，2006年4月进行绿肥翻压，同时测定鲜草平均含水率为87.38%，干草平均含碳量为38.26%、平均含氮量为1.03%，C/N为37.14（根据试验开展需要，不同年份间测定的含水率、含碳量、含氮量等稍有差异）。试验地全年降水量多在1000mm以上，4～6月降水量占全年的39%左右，属亚热带季风气候区，立体气候明显，年平均气温15～18℃，无霜期240～285天。试验中常规施肥标准：基肥施用烤烟专用复合肥600kg/hm^2，过磷酸钙75kg/hm^2；追肥施用硝酸钾150kg/hm^2。取土样时，均为随机选取烟垄上两株烟正中位置（距烟株27.50cm处）0～20cm土层采集5个土样，混匀，阴凉处风干。试验室内测定土壤酶活性及土壤肥力相关因子指标、土壤容重、孔隙度等物理指标均在每次取样时现场测定。烟样取样时均按照烟草常规试验进行。

第一节　绿肥翻压还田后碳氮矿化规律研究

一、重庆烟区绿肥种类选择

在重庆烟区首次开展种植绿肥翻压还田研究时，绿肥选择了黑麦草、燕麦、紫云英和光叶紫花苕子4个品种，播种时分别安排3个播期（播期1为2005年10月15日，播期2为10月22日，播期3为10月29日），各播期在绿肥翻压当天（2006年3月20日）的鲜草生物量见表5-1。

表5-1　各绿肥品种不同播期翻压时生物量　（单位：kg/m^2）

黑麦草			燕麦			紫云英			光叶紫花苕子		
播期1	播期2	播期3	播期1	播期2	播期3	播期1	播期2	播期3	播期1	播期2	播期3
2.75	2.60	2.45	3.10	3.00	2.80	1.00	—	—	0.60	—	—

注："—"表示该播期的绿肥量太少，未予统计

在绿肥翻压前，可采用多点取样的方式进行绿肥鲜草生物量确定：在绿肥生长均匀且能代表全田生长状况的地方，取若干个（≥3）1m^{2}的样点，将绿肥全部拔出去掉土壤等杂物后称重，即可推算每亩[①]的鲜草产量。

由不同播期试验（表5-1）可知，只有黑麦草和燕麦在3个播期的鲜草生物量

① 1亩≈666.7m^2。

较大，黑麦草最大鲜草量达到 27 500kg/hm²，燕麦最大鲜草量达到 31 000kg/hm²。有鉴于此，选择以黑麦草和燕麦为试验材料。限于篇幅，后续内容仅以黑麦草为例进行说明。

二、黑麦草翻压还田后碳氮矿化规律研究

试验于 2006 年在重庆市武隆县赵家乡新华村老街自然村进行，供试土壤类型为水稻土，海拔 1036m，东经 107°33.588′，北纬 29°16.593′，土壤肥力中等。烤烟品种为云烟 87。于 3 月下旬翻压黑麦草。翻压后 45 天移栽，在移栽同时将装有黑麦草和土壤混合物的尼龙袋肥料包埋入土壤，黑麦草和土壤的质量比为 3∶10，埋入深度分别为 5cm、10cm、15cm 和 20cm。

经测定，黑麦草鲜草含水率为 87.03%；碳含量为 35.60%，氮含量为 1.13%，C/N 为 31.50；磷含量为 0.22%，钾含量为 2.50%，钙含量为 0.52%，镁含量为 0.11%，铁含量为 0.20%，硼含量为 6.80mg/kg，铜含量为 5.10mg/kg，锰含量为 118.00mg/kg，钠含量为 17.10mg/kg，锌含量为 24.10mg/kg。

研究绿肥的分解矿化规律，对于指导绿肥翻压、确定绿肥翻压后烟苗的移栽时期等都有着重要的意义。从黑麦草翻压还田后有机碳和有机氮矿化特征曲线（图 5-1，图 5-2）可知，黑麦草在翻压后的 13 周内均持续分解，1～6 周经历了一个快速分解期，6～9 周为缓慢分解期，9～13 周为平稳分解期。

在翻压后的 13 周内，不同深度下的黑麦草都释放了 60%～70%的碳和 55%～65%的氮。整个腐解过程中，无论是有机碳还是有机氮，都在 15cm 深度下分解最快，5cm 深度分解最慢。在翻压后的 1～5 周，10cm 深度下的分解速度大于 20cm 深度；而在 6～13 周，则是在 20cm 深度下分解快于 10cm 深度下的分解速度，这可能与不同土层水分含量、水分运移及微生物活动不同有关。

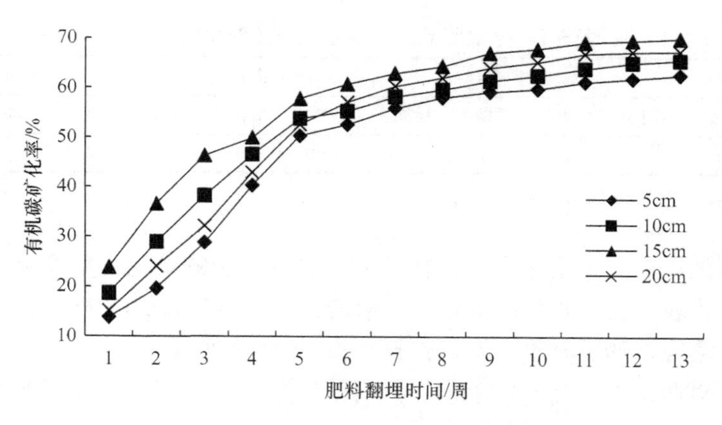

图 5-1　黑麦草不同翻埋深度有机碳矿化规律

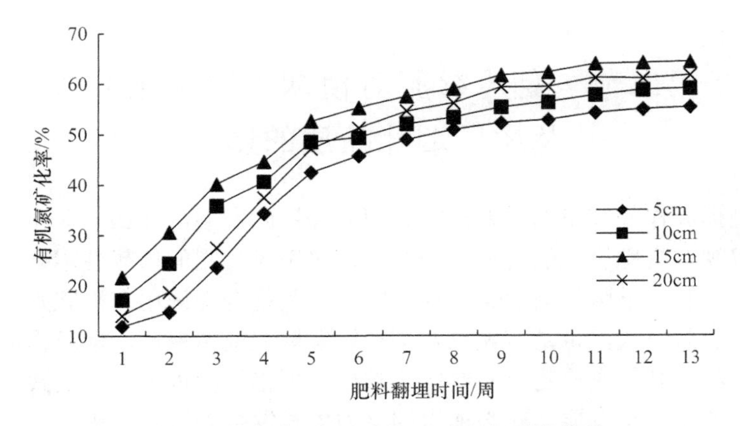

图 5-2　黑麦草不同翻埋深度有机氮矿化规律

三、小结

若绿肥翻压过早，生物量太小，翻压后对改良土壤的作用较小；若绿肥翻压过迟，绿肥木质化和纤维化严重，翻压后不易快速分解，可能会对烤烟生长产生不利影响。绿肥翻埋深度不同，造成翻压还田所处的土壤条件不同，绿肥腐解的速度也不一样，对土壤养分的积累也不同。绿肥分解得越充分，当季释放和被作物吸收利用的养分也就越多。

在翻压还田后的 13 周内，不同深度下的黑麦草都释放了 60%～70%的碳和 55%～65%的氮。无论是有机碳还是有机氮，均以 15cm 深度下分解最快。不同深度下绿肥翻压还田有机碳和有机氮的分解都经历了 3 个周期：1～6 周是快速分解期，6～9 周为缓慢分解期，9～13 周为平稳分解期。黑麦草最佳的翻埋深度以 15cm 为宜。

根据黑麦草不同深度下的分解矿化规律，从理论上讲，烟苗的移栽至少应在快速分解期过后，也就是翻压绿肥至少在烟苗移栽前 5 周进行，这样能够保证烟苗移栽后有充足的养分供应。但在实践中，绿肥翻埋时间不仅要综合考虑绿肥养分释放规律、使用绿肥后土壤养分供应规律、烟株生长发育规律、烟株不同生育阶段需肥规律的协调性，同时还要因地制宜地考虑不同地区的气候条件，尤其降雨条件对养分流失的影响。这样，既保证绿肥分解过程有充足的营养供应，又可避免或者减轻绿肥翻压后养分释放而影响初期烟苗的生长。从烟株的生长发育规律和不同生育阶段需肥规律来看，烟株在伸根期以后需肥量逐步增大，而移栽初期需肥量相对较少，因此，绿肥翻压后，只要能够保证烟株在伸根期以后营养供应充足，即可确定为合适的翻压期。根据以上分析，结合重庆武隆烟区 4～6 月雨季的特征，武隆烟区绿肥翻压最迟必须在移栽前 20 天左右完成。

第二节　翻压绿肥对植烟土壤理化性状及烤后烟叶品质的影响

施肥是提高作物产量的重要措施。随着经济的发展，我国农业生产上单纯依赖化肥、忽视有机肥投入的现象十分严重，农田对化肥的依赖性越来越大，造成了土壤板结、肥力下降等问题。合理施肥，尤其是合理施用有机肥则是维持和提高地力的最有效方式，也是实现农业可持续发展的根本保证。烟草作为一种特殊的农作物，相比其他农作物对肥料的要求更加严格。国内外大量实践证明，要实现烟草生产的可持续发展，就必须为烟草的生长发育创造一个良好的土壤环境。

试验于2008～2009年进行。烤烟品种为云烟87，移栽行距1.20m，株距0.55m，密度15 000株/hm^2。移栽时间为5月5日。基肥施用烤烟专用复合肥600kg/hm^2，过磷酸钙75kg/hm^2，追肥施用硝酸钾150kg/hm^2。以不翻压绿肥的地块为CK（对照），设置绿肥翻压量处理为T1（翻压绿肥7500kg/hm^2）、T2（翻压绿肥15 000kg/hm^2）、T3（翻压绿肥22 500kg/hm^2）和T4（翻压绿肥30 000kg/hm^2），每个处理小区面积334m^2，常规施肥。绿肥在移栽前20天左右翻压。每个处理重复3次，随机区组排列。

一、翻压绿肥对土壤物理性状的影响

（一）翻压绿肥对土壤容重的影响

移栽后30天测定的土壤容重如图5-3所示，结果表明，翻压绿肥后土壤容重都有了一定的降低，且随着翻压量的增加，降低的趋势愈加明显。T1处理降低幅度较小，与对照相比差异不显著，其余处理与对照相比均达到显著水平。翻压量较大的T3、T4处理容重降低幅度较大，分别降至1.297g/cm^{3}和1.292g/cm^3，较对照降低了0.064g/cm^{3}和0.069g/cm^3。

（二）翻压绿肥对土壤孔隙度的影响

绿肥不同翻压量对土壤孔隙度的影响与土壤容重相反（图5-4）。随着翻压量的增加，土壤孔隙度呈现增加趋势，而且翻压量越大，增幅越显著，所有处理与对照相比均达到显著水平。处理T1增加幅度较小，处理T3、T4土壤孔隙度分别为51.23%和51.25%，与对照相比分别增加了2.48个百分点和2.50个百分点。

（三）翻压绿肥对土壤含水率的影响

重庆烟区在烟草大田生育期间经常受到降水时空分布不均的影响。在移栽后

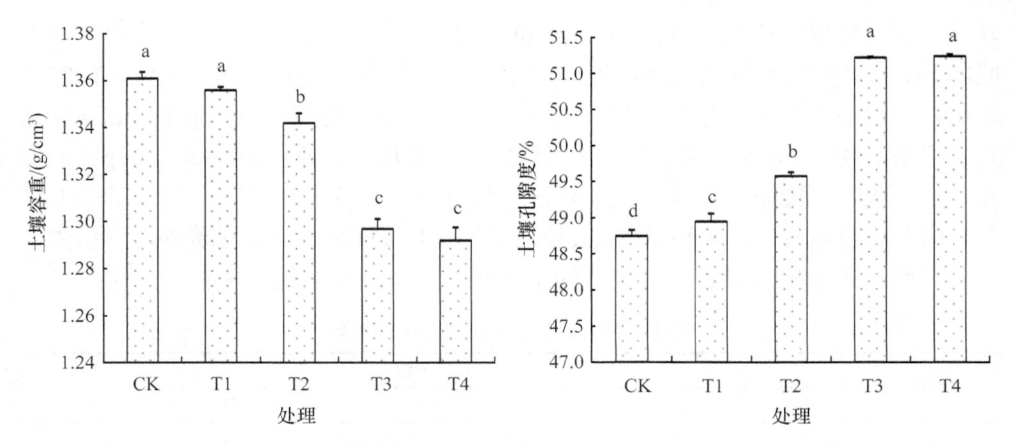

图 5-3　翻压绿肥对土壤容重的影响　　　图 5-4　翻压绿肥对土壤孔隙度的影响

不同字母表示在 $P<0.05$ 水平上差异显著，下同

30 天持续无降雨的情况下取不同处理土样进行了含水率的比较测定。结果表明（图 5-5），翻压绿肥有一定的蓄水保墒作用，随着翻压量的增加，土壤含水率有增加趋势，除处理 T1 外，其余处理均与对照差异达到显著水平，其中处理 T3 的含水率显著高于其他处理。处理 T3、T4 土壤含水率分别为 17.72%和 16.33%，比对照的 14.01%分别增加了 3.71 个百分点和 2.32 个百分点。

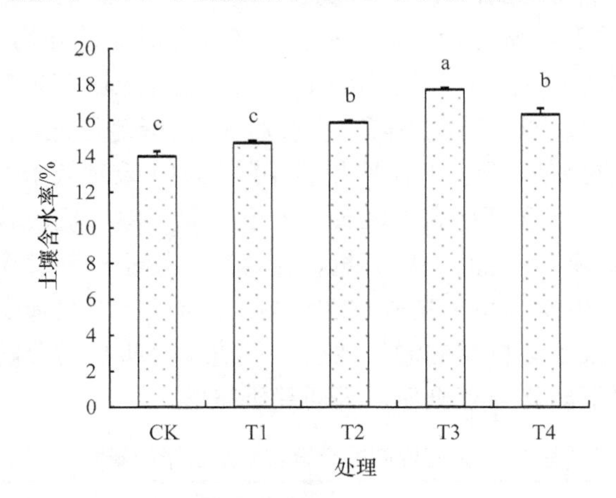

图 5-5　翻压绿肥对移栽后 30 天土壤含水率的影响

二、翻压绿肥对土壤化学性状的影响

（一）翻压绿肥对土壤 pH 的影响

翻压绿肥对提升酸性土壤 pH 有重要作用（表 5-2），烟株整个生育期内，除

旺长至打顶阶段（移栽后 45～60 天）pH 有降低外，其余阶段 pH 均有提升。对照的 pH 在烤烟生育期内变化幅度相对平稳，基本上在 4.64～5.14 变化，但翻压绿肥各处理的土壤 pH 变化幅度较大。从翻压绿肥的各处理和对照 pH 动态变化来看，移栽后 45～60 天对照 pH 也有所降低，说明这一阶段内翻压绿肥与 pH 降低相关性不大，可能是烟株在旺盛生长过程根系分泌小分子有机酸，导致了 pH 降低。同时还可以看出，除移栽 60 天处理 T3、T4 与对照差异不显著外，其余生育期与对照相比差异均显著。因此，翻压绿肥对于改良偏酸性土壤有一定作用。

表 5-2　翻压绿肥对土壤 pH 的影响

处理	移栽后天数					
	10	30	45	60	75	90
CK	5.14b	5.02c	4.81b	4.64a	4.81c	4.79d
T1	5.11b	5.15c	4.82b	4.41b	5.21b	5.22c
T2	5.23b	5.35b	5.01a	4.43b	5.42a	5.39b
T3	5.42a	5.61a	5.11a	4.55a	5.45a	5.61a
T4	5.41a	5.42b	5.09a	4.61a	5.44a	5.63a

注：同列中不同字母表示差异达到显著水平（P<0.05），下同

（二）翻压绿肥对烤烟各生育时期内土壤有机质含量的影响

移栽 45 天后，翻压绿肥的土壤有机质含量均高于不翻压绿肥的处理（表 5-3）。处理 T2、T3、T4 的有机质含量与对照相比，在各个时期差异均显著，总体上 T3、T4 含量较高，其中以 T3 最高。所有翻压绿肥的处理土壤有机质含量在烤烟生育期内呈现相似的规律，即先迅速下降，移栽后 30 天降至最低，而后迅速上升，并在移栽后 45 天缓慢降低。除 T1 在移栽后 10 天、30 天时低于对照外，其余所有翻压绿肥处理的有机质含量都高于 CK。各个时期土壤有机质含量基本随翻压量的增加而增加。T3 和 T4 之间土壤有机质含量差异较小，在整个生育期内分别比对照增加 12.18%～30.84%和 7.36%～29.50%。土壤中的有机质变化较大可能是翻压绿肥后，初期造成了有机质的激发效应，促进了有机质的分解，随后则是纤维素在微生物的作用下转化为有机质，因而趋于平缓。

表 5-3　翻压绿肥对土壤有机质含量的影响　　（单位：g/kg）

处理	移栽后天数					
	10	30	45	60	75	90
CK	31.85b	28.65c	27.4d	26.75c	25.97c	24.68c
T1	30.03c	28.32c	31.24c	31.16b	30.31b	29.34b
T2	33.67a	29.71b	32.56c	30.92b	30.56b	29.52b
T3	35.78a	32.14a	35.21a	34.21a	33.98a	32.05a
T4	34.86a	30.76b	33.81b	33.59a	32.56a	31.96a

（三）翻压绿肥对烤烟各生育时间内土壤碱解氮含量的影响

翻压绿肥能够明显提升土壤碱解氮含量（表 5-4），尤其翻压量较大的 T2、T3、T4 与对照相比，在各生育时期差异均显著，T1 处理只有在 90 天时与对照相比差异不显著。整个生育期内，T3 和 T4 的土壤碱解氮含量是相对较高的，尤以 T3 最高，T3 和 T4 分别比对照增加了 6.80%～21.45%和 6.33%～17.06%，两处理之间在移栽后 45 天、60 天时无显著差异，但高于 T1 和 T2。同时还可以看出，CK 在整个生育期总体上呈降低趋势，而翻压绿肥的所有处理土壤碱解氮含量在烤烟生育期内呈现波动性的变化，在移栽后 45 天、75 天出现峰值，随后逐渐下降，这可能是由于绿肥 C/N 较高，腐解过程存在微生物与烟株争夺氮素的竞争作用，微生物活性增强，其固氮作用也增强，从而能够加速绿肥腐解。

表 5-4　翻压绿肥对土壤碱解氮含量的影响　　（单位：mg/kg）

处理	移栽后天数					
	10	30	45	60	75	90
CK	124.92e	121.18e	123.5c	121.12c	119.22d	108.34c
T1	128.91d	123.82d	127.3b	124.08b	126.56c	110.51c
T2	136.05c	126.73c	130.5b	127.89a	131.44b	113.82b
T3	151.71a	133.56a	139.16a	129.36a	131.43b	118.37a
T4	146.23b	129.68b	137.31a	128.79a	133.51a	118.35a

（四）翻压绿肥对烤烟各生育时间内土壤有效磷含量的影响

翻压绿肥能够明显提升土壤有效磷含量（表 5-5），除移栽后 90 天处理 T1 与对照相比差异不显著外，各处理在整个生育期与对照相比差异均显著。各翻压绿肥处理的有效磷含量都高于 CK，但有效磷并不是绿肥翻压量最大的 T4 含量最高，而是处理 T2、T3 的含量较高。在烤烟各生育期内处理 T2 的土壤有效磷含量显著高于其他处理，处理 T2、T3 土壤有效磷含量分别比对照提高了 75.94%～143.60%和 62.19%～119.20%。所有处理的土壤有效磷含量在烤烟生育期内呈现有规律的变化，前期含量较低，随后逐渐升高，在 45 天左右达到高峰，与对照相比，在 45 天时 T1、T2、T3、T4 分别比对照提高了 61.99%、106.38%、100.83%、71.35%，随后所有处理都逐渐降低。有效磷在烟株生育期的这种动态变化规律可能是因为随着烟株生长进入旺长阶段，根系分泌物增多，使土壤酶活性增强，尤其土壤磷酸酶活性增强，对土壤有效磷的富集起到了一定的作用。

表 5-5 翻压绿肥对土壤有效磷含量的影响 （单位：mg/kg）

处理	移栽后天数					
	10	30	45	60	75	90
CK	14.84e	19.89d	20.52c	16.83d	15.88c	14.25b
T1	20.15d	27.64c	33.24b	21.24c	22.37b	17.28b
T2	36.15a	36.04a	42.35a	37.62a	27.94a	29.31a
T3	32.53b	32.26b	41.21a	27.64b	27.69a	28.95a
T4	25.03c	28.52c	35.16b	23.51c	24.58b	28.34a

（五）翻压绿肥对烤烟各生育时间内土壤速效钾含量的影响

翻压绿肥的各处理明显提高了土壤速效钾含量（表 5-6），所有处理的速效钾含量都高于 CK，而且在各生育阶段与对照相比差异均显著。T2、T3 处理的速效钾含量高于 T1、T4，尤其是 T3 在烤烟各生育阶段都是最高的，与在整个生育期内，T3 处理土壤速效钾与对照相比提高了 40.02%～85.44%。所有处理的土壤速效钾含量在烤烟生育期内呈现有规律的变化，总体表现为前期高，后期低。除对照外，翻压绿肥的各处理均表现为先上升，在移栽后 30 天达最高峰，而后下降。

表 5-6 翻压绿肥对土壤速效钾含量的影响 （单位：mg/kg）

处理	移栽后天数					
	10	30	45	60	75	90
CK	173.64e	169.43d	152.34e	135.21d	117.37d	91.34e
T1	198.61d	205.68c	189.37d	176.34c	157.69c	134.21d
T2	230.15b	254.18a	223.78b	188.35a	175.31a	163.27b
T3	246.24a	262.92a	231.71a	189.32a	177.98a	169.38a
T4	218.57c	235.75b	215.32c	183.29b	163.27b	156.31c

三、翻压绿肥对烤后烟叶品质的影响

（一）翻压绿肥对烤后烟叶常规化学成分的影响

各处理中部叶总糖和还原糖含量与对照相比均有所升高，尤其处理 T3、T4 含量相对较高（表 5-7）；各处理淀粉含量均比对照低，以 T3 最低；总氮含量 T1 略高于对照，其余处理均低于对照；翻压绿肥的各处理烟碱含量均低于对照；氮碱比在 0.85～0.94，还原糖与总糖比在 0.86～0.92，与 CK 相比，翻压绿肥的各处理氮碱比、两糖比均略有上升；石油醚提取物在 8.91%～9.44%，与 CK 相比，基本上呈现出随翻压量的增加、石油醚提取物随之增加的趋势。同时还可以看出（表 5-7），两糖比、总氮、氮碱比各处理之间差异均不显著，其余指标 T3、T4 处理与对照相比差异均显著。

表 5-7　翻压绿肥对烤后烟叶常规化学成分的影响（中部叶）

处理	总糖/%	还原糖/%	两糖比	淀粉/%	总氮/%	烟碱/%	氮碱比	石油醚提取物/%
CK	22.44b	19.65c	0.86a	7.80a	1.76a	2.08a	0.85a	8.91d
T1	23.46b	21.63b	0.92a	7.60a	1.78a	1.93b	0.92a	9.01d
T2	23.75b	21.26b	0.90a	7.31a	1.65a	1.81b	0.91a	9.16c
T3	26.73a	24.44a	0.91a	6.24b	1.71a	1.88b	0.91a	9.44a
T4	25.61a	22.31b	0.87a	6.25b	1.74a	1.86b	0.94a	9.21b

（二）不同前茬作物对烤后烟叶感官质量的影响

不同前茬作物对烤后烟叶的感官评吸质量影响较大（图 5-6）。本部分参考YC/T 138—1998《烟草及烟草制品感官评价方法》进行评吸鉴定，从单个评吸指标来看，以绿肥前茬的烤后烟叶品质指标（包括香气质、香气量、杂气、刺激性、透发性、柔细度、甜度、余味）和特征指标（包括浓度和劲头）评分相对最高，以玉米前茬相对最低。其中，绿肥前茬仅有余味指标的分值与烤烟前茬相比略低，烤烟前茬余味指标为 5.84 分，绿肥前茬余味指标为 5.75 分，仅低 0.09 分。在影响评吸质量的一些关键指标中，水稻前茬的刺激性最小，为 5.52 分；玉米前茬的杂气最小，为 5.10 分。从各品质指标的综合评价来看，绿肥前茬的各品质指标总分最高，为 47.75 分；玉米前茬的总分最低，为 43.45 分。这说明翻压绿肥不但在培肥改良植烟土壤方面有重要的作用，而且对改善烤烟的品质也有重要的意义。

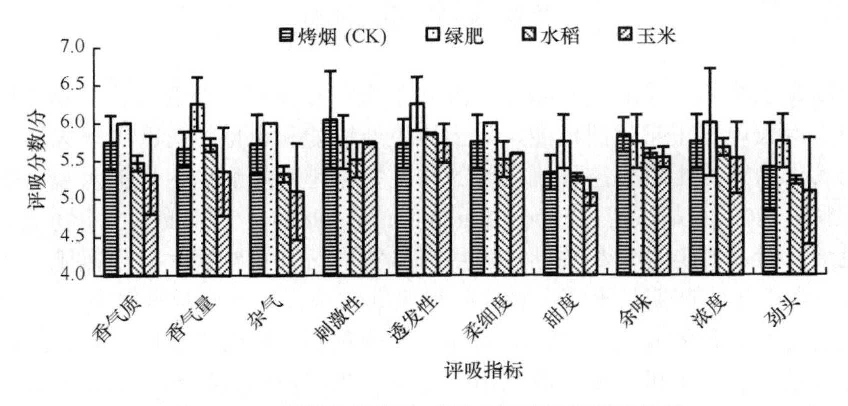

图 5-6　不同前茬作物烤后烟叶评吸指标得分比较

四、小结

已有研究表明，种植绿肥还田能够提高土壤有机质含量，提高各化学成分指标含量，显著改善土壤微生物的活力和微生物功能多样性（刘国顺等，2006）。绿肥能促进土壤中真菌、细菌、放线菌三大类群微生物的总量成倍或成十几倍增加。微生物数量增加及活性增强能够加速绿肥分解，促进养分释放，满足烟株生长对养分的需求。本研究结果表明，翻压绿肥能够明显降低土壤容重，提高土壤孔隙度和土壤含水率，调节土壤pH，同时提高土壤有机质、碱解氮、有效磷、速效钾含量。总体以绿肥翻压量在 15 000～30 000kg/hm^2 效果较好（尤其在 22 500～30 000kg/hm^2），这说明翻压绿肥只有达到一定量的时候，施用绿肥的优势和肥效才能发挥出来。从绿肥对土壤理化指标的综合分析来看，翻压绿肥必须结合实际情况，总体考虑绿肥对土壤物理性状、化学性状的综合影响，绿肥翻压量并不是越多越好，翻压绿肥必须注意量的控制。

翻压绿肥能够明显提高中部烟叶总糖、还原糖、石油醚提取物含量，降低淀粉、总氮和烟碱含量，氮碱比在0.91～0.94，两糖比在0.86～0.92，说明翻压绿肥后中部烟叶化学成分更加协调。从不同前茬作物烤后烟叶感官评吸指标来看，翻压绿肥后感官评吸质量与其他前茬相比更优。

综上所述，从不同绿肥翻压量处理对土壤理化性状指标和烟叶品质指标的影响来看，翻压绿肥能够明显改善土壤理化性状，提升烟叶品质，翻压量在15 000～30 000kg/hm^2 时对土壤和烟叶均有明显的促进作用，以翻压量在 22 500～30 000kg/hm^2 时总体化学成分指标更优，以 22 500kg/hm^2 最好。

第三节　翻压绿肥对植烟土壤微生物生物量及酶活性的影响

土壤微生物和土壤酶共同参与和推动土壤中各种有机质的转化及物质循环过程，使土壤表现出正常代谢机能，对土壤生产性能和土地经营产生很大影响，当前采用其作为评价土壤生态环境质量的重要指标越来越受到人们的重视。据研究（韩晓日等，2007；胡诚等，2006；Singh et al.，1989），土壤微生物生物量碳与土壤有机质含量具有良好的相关性，施用有机物料对其影响很大，当氮肥作为基肥施用时，由于作物苗期从土壤中吸收的氮素非常少，易导致氮素损失。与此同时，土壤微生物对氮素的固定对防止氮素损失十分重要，随着作物的生长，这些固定的养分又被释放出来供作物吸收利用。而土壤酶促作用直接影响到土壤有机物质的转化、合成及植物的生长发育，土壤酶活性是土壤肥力的重要指标。

近年来，对土壤微生物和土壤酶活性的研究已成为土壤学界研究的热点，许多学者（张洁等，2007；王光华等，2007b；王丽宏等，2008）对不同作物根际或非根际土壤微生物生物量碳、微生物生物量氮、微生物生物量磷及土壤酶活性进行了深入的研究，主要集中在保护性耕作、土地利用方式、施用化肥和秸秆还田等处理下微生物量和酶活性的变化，对绿肥及植烟土壤方面的研究较少，而且已有的研究主要集中在微生物数量及类群，以及绿肥对土壤微生物数量和理化性质方面。绿肥作为一种重要的有机肥料，其在减少化肥用量、提高作物产量、培肥土壤地力等方面起到了积极的作用。关于翻压绿肥对植烟土壤微生物生物量及酶活性的影响，尤其翻压绿肥后烟株整个生长期内系统动态变化的研究相对较少。通过研究翻压绿肥对植烟土壤微生物生物量碳、微生物生物量氮和酶活性的影响，阐明绿肥养分释放过程和烟株对矿质营养吸收过程的协调作用机制，为植烟土壤改良提供理论依据。

试验于2007～2008年进行，各处理及田间管理措施均与本章第二节保持一致。

一、翻压绿肥对植烟土壤微生物生物量的影响

（一）翻压绿肥对植烟土壤微生物生物量碳的影响

土壤微生物生物量碳的消长反映微生物利用土壤碳源进行自身细胞建成并大量繁殖和微生物细胞解体使有机碳矿化的过程。微生物生物量碳在土壤全碳中所占比例很小，一般只占土壤有机碳的1.30%～6.40%，但它是土壤有机质中的活性部分，可反映土壤有效养分状况和生物活性，能在很大程度上反映土壤微生物数量，是评价土壤微生物数量和活性及土壤肥力的重要指标之一。翻压绿肥后所有处理微生物生物量碳均显著高于对照（表 5-8），说明翻压绿肥提高了土壤中微生物数量。从绿肥不同翻压量的效果来看，处理T3的土壤微生物生物量碳在各生育时期均显著高于其他处理，与对照相比，处理T3在不同生育时期提高幅度为66.09%～161.28%，所有处理微生物生物量碳的动态变化表现出相似的规律性，即在移栽后30天和60天出现峰值，T1、T2、T3、T4在30天时分别比对照提高了21.80%、33.13%、66.09%和41.78%，在60天时较对照分别提高了42.26%、98.02%、127.21%和106.17%。这可能与绿肥腐解规律及烟株吸肥规律有关，在移栽初期，由于化肥的施入尤其是氮肥的增加，较低的C/N加速了绿肥的分解，绿肥翻入土壤后为微生物的生存提供了大量有机碳源，移栽30天左右，微生物的数量迅速上升。随后，绿肥中易分解的有机物质逐渐减少，并逐渐进入相对复杂的有机物质分解阶段，烟草进入旺长期后，微生物生命活动旺盛，消耗土壤中大量的碳源，同时作物生长正处旺盛季节，对碳源需求较多，使构成微生物体的碳源减少。随着绿肥中的复杂有机物被进一步分解，构成微生物体的碳源增加，微生物生物量碳在60天左右达到第二个高峰，随后逐渐下降，圆顶以后，除对照微生物生物量碳继续下降外，翻压绿肥的处理都略有回升。

表 5-8 翻压绿肥对植烟土壤微生物生物量碳的影响 (单位：mg/kg)

处理	移栽后天数					
	10	30	45	60	75	90
CK	102.11c	135.67d	70.53d	104.24e	86.32d	78.81d
T1	157.89b	165.24c	123.37c	148.29d	118.28c	125.21c
T2	159.72b	180.62b	154.48b	206.42c	150.75b	170.15b
T3	207.15a	225.34a	184.28a	236.84a	186.68a	197.09a
T4	173.68b	192.35b	159.57b	214.91b	157.49b	173.68b

(二) 翻压绿肥对植烟土壤微生物生物量氮的影响

土壤微生物生物量氮是指活的微生物体内所含有的氮，不同土壤类型及生态环境条件下其变异很大，土壤微生物生物量氮一般为 20～200mg/kg，占土壤全氮的 2.50%～4.20%，在数量上低于或接近作物吸氮量，但在土壤氮素循环与转化过程中起着重要的调节作用。由于微生物生物量氮的周转率比土壤有机氮快 5 倍之多，因此大部分矿化氮来自于土壤微生物生物量氮。翻压绿肥的各处理微生物生物量氮都高于对照（表 5-9），处理 T1 在 10 天和 45 天与对照差异不显著，其余处理与对照在各时期差异均显著；处理 T3 在 10 天和 75 天与 T4 差异不显著，其余时期均显著高于其他处理；与对照相比，处理 T3 在不同生育时期提高了 76.88%～257.10%。微生物生物量氮和微生物生物量碳的动态变化呈现相似的规律性，随着烟株的生长，微生物生物量氮的变化也呈现双峰曲线，在移栽后 30 天和 75 天出现峰值，T1、T2、T3、T4 在 30 天时较对照分别提高了 84.98%、109.14%、148.41%和 125.58%，在 75 天时较对照分别提高了 139.67%、149.58%、178.43%和 165.79%。这可能是在烤烟移栽前，施入了化肥作基肥，而在移栽初期，烟株对矿质营养的吸收量较小，一部分氮素被微生物固定，微生物生物量氮在 30 天左右达到高峰，烟株进入团棵以后，吸氮量增加，随着烟草的生长，被固定的微生物生物量氮又释放出来，以供烟草生长发育需要，烟株圆顶以后对氮素的需求量明显减少，多余氮素被微生物再次固定。因此，微生物生物量氮在旺长期、现蕾期均保持较低水平，在圆顶期达到峰值，成熟期则明显降低。

表 5-9 翻压绿肥对植烟土壤微生物生物量氮的影响 (单位：mg/kg)

处理	移栽后天数					
	10	30	45	60	75	90
CK	22.93c	28.22e	6.83d	14.88e	27.07d	26.34e
T1	23.66c	52.20d	8.05d	22.93d	64.88c	28.78d
T2	41.22b	59.02c	14.88c	29.02c	67.56bc	32.20c
T3	56.59a	70.10a	24.39a	38.78a	75.37a	46.59a
T4	56.10a	63.66b	17.80b	31.95b	71.95ab	43.17b

二、翻压绿肥对植烟土壤酶活性的影响

土壤微生物活性与土壤酶活性密切相关。酶作为土壤的组成部分，其活性的大小可较敏感地反映土壤中生化反应的方向和强度。

（一）翻压绿肥对植烟土壤脲酶活性的影响

土壤脲酶直接参与土壤中含氮有机化合物的转化，其活性高低在一定程度上反映了土壤供氮水平。翻压绿肥的各处理土壤脲酶活性与对照相比均有不同程度的提高（图 5-7），说明翻压绿肥有利于土壤中氮素的转化。处理 T3 除在 60 天时低于 T4 外，其余时期均高于其他处理，与对照相比，T3 处理在不同生育时期提高幅度为 31.88%～54.05%。所有处理土壤脲酶活性的动态变化规律相似，均在 45 天时出现峰值，T1、T2、T3、T4 在 45 天时分别比对照提高了 24.83%、35.99%、54.05%和 41.70%。这可能是由于绿肥在腐解过程中为微生物提供了大量的有机碳源，微生物活性增强，而烟株在进入团棵以后，对营养物质（尤其氮素）吸收量剧增，根系活动强烈。土壤脲酶活性在移栽 45 天进入旺长期时最强，使土壤能水解出更多的有效氮供烟株吸收，促进了土壤中氮向烟株可以直接利用的氮素形态转化，土壤供氮能力较强，这可能是烟草追肥主要在团棵以前、一般在移栽后 25～30 天施入的重要原因。

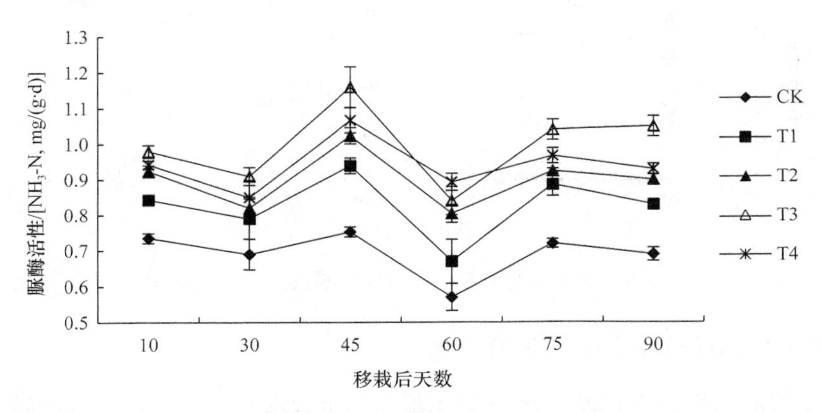

图 5-7　翻压绿肥对植烟土壤脲酶活性的影响

（二）翻压绿肥对植烟土壤酸性磷酸酶活性的影响

磷酸酶活性是评价土壤磷元素生物转化方向与强度的指标。土壤磷酸酶活性的高低可以反映土壤速效磷的供应状况。土壤有机磷转化受多种因子制约，磷酸酶的参与可加快有机磷的脱磷速度。在 pH 4～9 的土壤中均有磷酸酶，积

累的磷酸酶对土壤磷素的有效性具有重要作用。翻压绿肥使土壤酸性磷酸酶活性增强（图 5-8），T3 和 T4 在整个生育期内大致相近，高于 T1、T2 和对照，与对照相比，T3、T4 在整个生育时期提高幅度分别为 11.15%～17.62%和 11.54%～19.27%。不同处理酸性磷酸酶活性在烟株生育期的动态变化大致相同，呈先上升后下降的趋势。在 45 天时磷酸酶活性最强，T1、T2、T3、T4 在移栽后 45 天时分别比对照提高了 6.51%、12.95%、17.62%和 14.18%，随后所有处理磷酸酶活性都逐渐降低，这可能与烟株进入旺长期后需要大量的磷素营养来满足植株茎秆生长需要有关。绿肥不仅能通过自身所带磷的循环再利用改善磷素营养、降低土壤对磷的解吸，以及通过无机磷向有机磷转化提高磷肥的利用率，而且还能通过还原、酸溶、络合融解作用，促进解磷微生物增殖等过程活化土壤中难利用的磷为可利用磷，同时翻压绿肥使土壤酸性磷酸酶活性增强，能促进土壤中有机磷化合物水解，生成能为植物所利用的无机态磷。因而，翻压绿肥显著提高了土壤中磷的有效性。

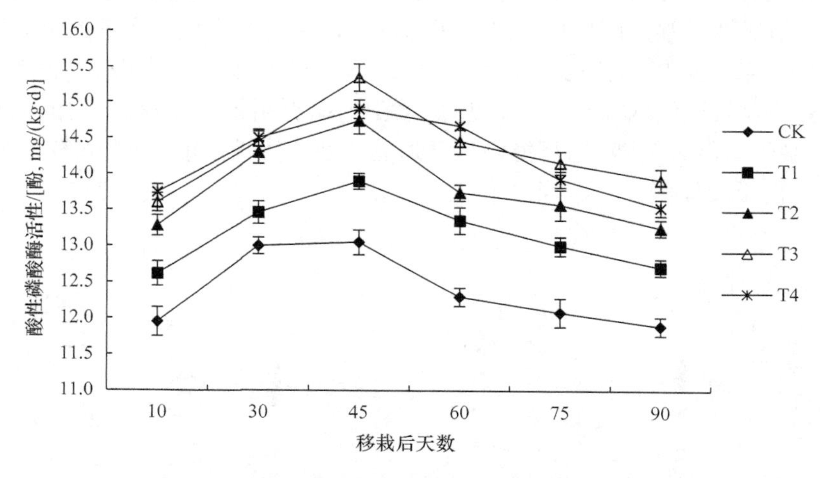

图 5-8 翻压绿肥对植烟土壤酸性磷酸酶活性的影响

（三）翻压绿肥对植烟土壤蔗糖酶活性的影响

蔗糖酶的活性强弱反映了土壤熟化程度和肥力水平，是土壤中碳的转化与呼吸强度的重要指标之一，对增加土壤中易溶性营养物质起重要作用。翻压绿肥各处理土壤蔗糖酶活性高于对照（图 5-9），随着烟株的生长，不同处理蔗糖酶活性的动态变化呈相似的规律，在 60 天前，所有处理蔗糖酶活性变化幅度较小，但总体上有降低的趋势，处理 T2、T4 此时期活性接近，处理 T3 降低幅度最为明显。60 天后所有处理蔗糖酶活性逐渐升高，T3、T4 在此时期变化幅度较接近，说明烟株移栽后 60 天左右，随着绿肥的腐解和养分的积累，土壤的熟化程度和肥力水平逐渐提高，最有利于土壤中碳的转化和烟株对肥料的吸收，这对绿肥翻压时间的确定具有重要意义。在整个生育期内，处理 T3 和 T4 蔗糖酶活性的变化比较明显，与对照相比，在整个生育时期提高幅度分别为 16.05%～101.06%和 15.98%～131.69%。

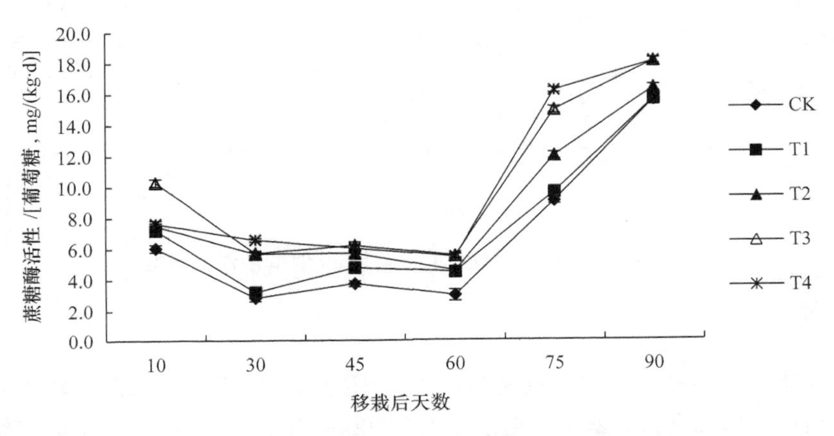

图 5-9　翻压绿肥对植烟土壤蔗糖酶活性的影响

（四）翻压绿肥对植烟土壤过氧化氢酶活性的影响

过氧化氢酶广泛存在于土壤中和生物体内，直接参与生物呼吸过程的物质代谢，同时可以解除在呼吸过程中产生的对活细胞有害的过氧化氢，它可以表示土壤氧化过程的强度，过氧化氢酶与土壤有机质的转化有密切关系。翻压绿肥的各处理土壤过氧化氢酶活性高于对照（图 5-10），说明翻压绿肥促进了土壤中有机物质的转化，这可能与翻压绿肥为土壤微生物提供大量营养、其转化的底物增加、微生物数量大幅增加使其具有较高的活性有关。总体来看，T3 处理在整个生育期内都高于其他处理，与对照相比，在不同生育期提高幅度为 41.38%～71.43%，T2、T4 在生育期内变化幅度接近，所有处理都是在烟株移栽后 45 天和 75 天时出现峰值，T1、T2、T3、T4 在 45 天时较对照分别提高了 25.36%、31.07%、45.36%、34.64%，在 75 天时分别比对照提高了 29.63%、51.85%、55.56%、44.44%，这可能是由于烟草在移栽后 35 天内，植株地上部分生长缓慢，叶面积较小，光合产物少，但这个过程对氮素的吸收量较大，是烟株对氮素的积累阶段，移栽后 35～70 天这一阶段是烟株生长最旺盛、干物质积累最大的时期，也是烟草对氮、磷、钾和其他营养元素吸收量最大的阶段。土壤中积累了大量的过氧化氢，而过氧化氢酶活性在移栽后 45 天和 75 天达到高峰，从而解除了旺盛生长积累的过氧化氢等有毒物质对烟株和土壤产生的毒害作用，说明过氧化氢酶活性与烟株生长发育进程密切相关。

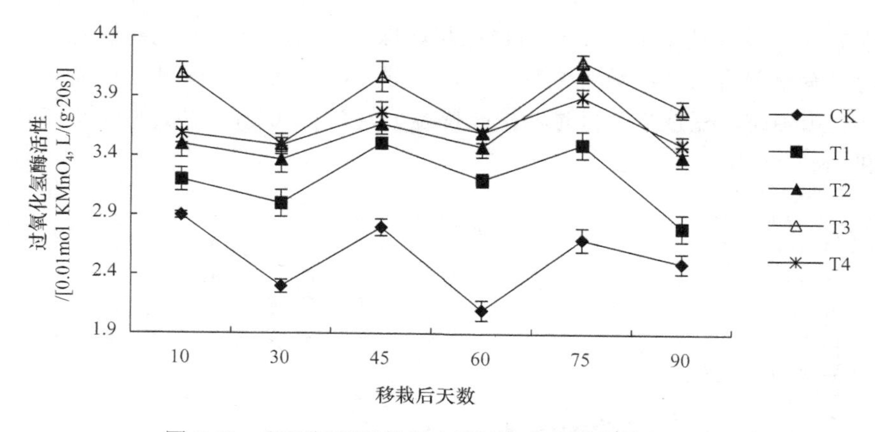

图 5-10 翻压绿肥对植烟土壤过氧化氢酶活性的影响

三、小结

前人研究表明秸秆还田、施用饼肥等培肥措施均能提高土壤微生物生物量和土壤酶活性（周文新等，2008；曹志平等，2006；宋日等，2002）。本研究结果表明，翻压绿肥能显著提高土壤微生物生物量碳、微生物生物量氮和土壤脲酶、酸性磷酸酶、蔗糖酶、过氧化氢酶的活性。本研究通过对烟株生育期内微生物生物量碳、微生物生物量氮和酶活性的动态变化研究还发现，峰值均出现在烟株生长最旺盛的时期。绿肥能促进土壤中真菌、细菌、放线菌三大类群微生物的总量成倍或成十几倍增加。但从不同处理综合效果来看，绿肥翻压量并不是越多越好，不同绿肥处理以 22 500kg/hm^2 效果最好，这是因为绿肥腐解过程需要大量微生物的参与，同时为微生物的生存提供大量的有机碳源。而木质素含量高的禾本科绿肥，由于 C/N 较高，其有机物矿化比较缓慢，绿肥腐解过程和烟株生长过程同步进行，绿肥腐解需要土壤中相当氮素来降低自身的 C/N，绿肥翻压量越多，腐解过程和烟株生长过程争夺氮素的矛盾越突出，而 22 500kg/hm^2 的翻压量可能正是腐解过程和烟株生长过程中氮素“固定—释放—吸收”达到平衡的阈值。翻压绿肥提高土壤酶活性的可能原因在于绿肥腐解提供了大量的有机营养，能促进烟株根系发育，使根系分泌物增多，微生物活性增强，繁殖速度加快，从而促进了土壤酶活性的提高。

本研究结果表明，翻压绿肥后微生物生物量碳、微生物生物量氮的动态变化均出现两次峰值，微生物生物量碳的高峰出现在团棵时和现蕾时，而微生物生物量氮的高峰出现在团棵时和圆顶时。这是由于团棵时绿肥腐解迅速，土壤有机碳源充足，微生物大量繁殖。同时，由于化肥基施和追施的作用，在移栽初期土壤中氮含量较高，而烟株此时期利用较少，其中一部分被微生物固定，使土壤微生物生物量氮增加。随着烟草的生长发育，土壤中氮素被大量消耗，且绿肥腐解程度越来越高，土壤微生物生物量氮逐渐降低，表明一部分微生物生物量氮又被释放出来。从旺长到圆顶期，由于当地处于多雨季节，高温高湿促使土壤中残存的有机物料进一步发酵分解，微生物活性增强，微生物数量再度增加，同时有机物料分解使土壤中氮含量增加，而烟株生育后期对氮素需求减少，多余的氮素再次被微生物固定，因此，微生物生物量碳在移栽后 60 天左右达到第二个高峰，而微生物生物量氮在 75 天左右达到第二个高峰。到成熟期以后微生物生物量碳、微生物生物量氮明显降低，但微生物生物量碳与对照相比，施用绿肥的所有处理圆顶以后都略有回升，说明施用绿肥后土壤产生了一定的保肥性。而微生物生物量氮的变化则反映出土壤微生物氮在协调土壤氮素供应及烟株对氮素吸收方面的重要作用。可见，绿肥的翻压时期非常关键，如果翻压过晚，到烟草生长后期会导致氮供应量过大，不符合烟草对氮“少时富老来贫”的需求规律，从而影响烟叶的品质。

从不同酶活性来看，土壤脲酶、酸性磷酸酶、过氧化氢酶活性均在烟株生长旺盛、需肥量大的旺长期出现峰值，蔗糖酶活性在移栽后 60 天以后逐渐升高，说明土壤酶活性与翻压绿肥后绿肥的腐解规律、土壤养分供应规律和烟株的吸肥规律密切相关。翻压绿肥能够为微生物提供充足的有机营养，促进土壤微生物的大量繁殖，使微生物活性增强。同时，由于翻压绿肥的处理明显改善了土壤的理化性状，烟株地上地下部分生长旺盛，旺长期发达的根系产生大量的根系分泌物，而翻压绿肥后土壤酶可能主要来源于土壤微生物、动植物残体及烟株根系分泌物，因此微生物的活动和烟株的旺盛生长共同促进了土壤酶活性在移栽后 45 天左右明显增强。

总体来看，翻压绿肥后土壤微生物生物量碳、微生物生物量氮和不同土壤酶活性的动态变化反映出绿肥腐解过程中土壤养分供应和烟草生长发育之间的协调性。通过研究翻压绿肥对植烟土壤微生物生物量及土壤酶活性的影响，阐明土壤的生化变化过程和矿质营养在烟草生长期间的供应状况，可为进一步研究绿肥修复植烟土壤机制提供理论依据。

第四节　绿肥对植烟土壤酶活性及土壤肥力的影响

近年来，对土壤酶活性和土壤肥力的研究已成为土壤学界研究的热点，许多学者从不同角度开展了相关领域的研究工作，尤其对土壤酶活性与土壤养分关系进行了深入的探讨。然而土壤酶活性能否作为土壤肥力的指标尚无定论，多数研究者认为土壤酶活性与土壤主要肥力因子有显著相关关系，可作为土壤肥力的指标之一（邱莉萍等，2004；唐玉姝等，2008；徐华勤等，2010），也有研究表明土壤酶活性与土壤的营养水平间并不存在显著相关（周瑞莲等，1997）。尽管如此，土壤酶能够促进土壤中物质转化与能量交换是不争的事实。因此，对土壤酶与土壤肥力之间关系的进一步研究在理论和实践上都有着重要意义。本节旨在本章第二节、第三节的研究基础上，通过研究翻压绿肥后植烟土壤酶活性与土壤肥力关系，并采用简单相关分析、典型相关分析和主成分分析，以探讨施用绿肥情况下土壤酶活性与土壤肥力的关系及将土壤酶作为评价土壤肥力指标的可行性。本节以烟株移栽后 30 天的土壤数据为依据，根据绿肥翻压时间和绿肥腐解规律，绿肥中大部分养分能够在移栽后 30 天左右释放，而此时烟株尚未进入旺长期，对养分吸收较少，根系分泌物也较少，因此，此时期的土壤酶活性和土壤肥力指标更能近似地检验绿肥的供肥能力。

试验始于 2005 年，每年度各处理与本章第二节和第三节保持一致，均在固定田块上进行，各处理配施化肥量均按当地常规施肥量（表 5-10），试验以 2009 年各处理的测定结果进行数据分析。连年翻压绿肥后，每个处理于 2009 年烟株移栽 30 天（团棵期）左右随机选取烟垄上两株烟正中位置（距烟株 27.5cm 处）0～20cm 土层采集 5 个土样，混匀，阴凉处风干。实验室内测定土壤酶活性及相关土壤肥力因子指标，每次取样时测定土壤容重，计算孔隙度。

表 5-10　2005～2009 年大田施用化肥情况　　（单位：kg/hm^2）

年份	基肥			追肥	
	烤烟专用复合肥	过磷酸钙	油枯	硝酸钾	硝铵锌
2005	750	75	150	150	45
2006	600	75	0	150	0
2007	600	75	0	150	0
2008	600	75	0	150	0
2009	600	75	0	150	0

一、翻压绿肥对土壤酶活性和土壤肥力的影响

根据绿肥的矿化腐解规律，绿肥中养分释放主要集中在前 6 周，因此，烟株移栽后 30 天左右的土壤肥力指标最能反映绿肥对植烟土壤培肥的改良效应。翻压绿肥处理均能够明显提高土壤酶活性和土壤养分含量，改善土壤的物理性状（表 5-11 和表 5-12），尤其在处理 T2～T4（15 000～30 000kg/hm^2）时对土壤酶活性和土壤肥力各项指标的影响更加明显，4 种土壤酶活性随着绿肥翻压量的增加而增强，土壤养分指标则以翻压量在 15 000～30 000kg/hm^2 较好，翻压绿肥后，土壤脲酶、酸性磷酸酶、蔗糖酶、过氧化氢酶提高幅度分别为 13.10%～23.81%、12.92%～29.38%、75.35%～234.51%、29.17%～37.08%；土壤有机质、全氮、碱

解氮、有效磷、速效钾、pH、孔隙度的增幅分别为 13.01%～70.41%、6.42%～27.52%、1.14%～10.99%、15.97%～34.99%、10.28%～38.30%、2.74%～7.05%、0.39%～5.13%，容重降幅为 1.47%～5.15%。处理 T2、T3、T4 的土壤酶活性指标和土壤肥力指标与对照相比差异均显著；处理 T1 除碱解氮、速效钾、容重外，其余指标与对照均差异显著。此外处理 T1 与其他处理相比，土壤各指标相对较差，说明绿肥翻压量达到一定程度后对土壤酶活性和肥力的影响才能发挥出来。

表 5-11　翻压绿肥对土壤酶活性的影响

处理	脲酶活性 /[NH_3-N，mg/（g·d）]	酸性磷酸酶活性 /[酚，mg/（kg·d）]	蔗糖酶活性 /[葡萄糖，mg/（kg·d）]	过氧化氢酶活性 /[0.01mol $KMnO_4$，L/（g·20s）]
T4	1.04a	15.72a	9.50a	3.29a
T3	1.03a	15.65a	8.95a	3.28a
T2	0.98b	14.52b	6.22b	3.17b
T1	0.95c	13.72b	4.98c	3.10b
CK	0.84d	12.15c	2.84d	2.40c

表 5-12　翻压绿肥对土壤养分含量的影响

处理	有机质 /（g/kg）	全氮 /（g/kg）	碱解氮 /（mg/kg）	有效磷 /（mg/kg）	速效钾 /（mg/kg）	pH	容重 /（g/cm^3）	孔隙度 /%
T4	33.40a	1.26b	122.80ab	28.82a	208.97a	5.37a	1.29d	51.28a
T3	29.30b	1.34a	125.99a	27.22b	186.27b	5.47a	1.30c	51.23a
T2	24.12c	1.39a	119.42b	26.17c	172.27bc	5.38a	1.34b	49.59b
T1	22.15c	1.16c	114.80c	24.76d	166.63cd	5.25b	1.36a	48.97c
CK	19.60d	1.09d	113.51c	21.35e	151.10d	5.11c	1.36a	48.78d

二、土壤酶活性和土壤肥力因子的关系分析

土壤酶活性是全面反映土壤生物学肥力质量变化的潜在指标，土壤肥力水平在很大程度上受制于土壤酶的影响，因此要探究土壤酶活性和土壤肥力因子之间的关系，有必要进行简单相关分析、典型相关分析和主成分分析。

（一）简单相关分析

脲酶、酸性磷酸酶、蔗糖酶、过氧化氢酶 4 种土壤酶之间均呈极显著正相关，同时 4 种酶与土壤肥力指标均呈极显著相关关系（表 5-13）。其中，4 种酶与容重呈极显著负相关，与其他肥力因子呈极显著正相关，说明 4 种酶在促进土壤养分转化、改良土壤理化性状方面发挥着重要作用。同时还可以看出，同一种酶不仅对特定的土壤肥力因子有显著相关性，还对多种土壤养分因子均有极显著相关性，

说明 4 种土壤酶不但在促进单一土壤养分因子转化中发挥着作用，而且参与了其他土壤养分因子的转化过程，共同影响着土壤的理化性状。

表 5-13 土壤酶活性与主要养分含量的相关系数

项目	脲酶	酸性磷酸酶	蔗糖酶	过氧化氢酶
脲酶	—	0.89**	0.86**	0.91**
酸性磷酸酶	0.89**	—	0.89**	0.89**
蔗糖酶	0.86**	0.89**	—	0.81**
过氧化氢酶	0.91**	0.89**	0.81**	—
有机质	0.83**	0.88**	0.88**	0.72**
全氮	0.72**	0.70**	0.63**	0.72**
碱解氮	0.75**	0.85**	0.88**	0.70**
有效磷	0.92**	0.90**	0.88**	0.91**
速效钾	0.83**	0.80**	0.88**	0.73**
pH	0.89**	0.74**	0.76**	0.80**
容重	−0.79**	−0.84**	−0.93**	−0.66**
孔隙度	0.82**	0.89**	0.94**	0.71**

*和**分别表示差异达 0.05 和 0.01 显著水平

（二）典型相关分析

典型相关分析是一种研究两组变量之间相关关系的多元分析方法，揭示两组指标间的内在联系，更深刻地反映两组随机变量之间的线性相关情况。根据不同绿肥翻压量对土壤酶活性和土壤肥力因子的影响，本研究选择脲酶（X_1）、酸性磷酸酶（X_2）、蔗糖酶（X_3）、过氧化氢酶（X_4）4 个土壤酶活性指标，与土壤有机质（Y_1）、全氮（Y_2）、碱解氮（Y_3）、有效磷（Y_4）、速效钾（Y_5）、pH（Y_6）、容重（Y_7）、孔隙度（Y_8）8 个土壤养分含量指标（表 5-14），建立土壤酶活性典型变量（U）和土壤养分典型变量（V）的组合线性函数。由于只有第一对典型变量与第二对典型变量呈显著相关（$P<0.01$）（表 5-15），因此着重研究相关关系较大的第一对典型变量和第二对典型变量。

表 5-14 土壤酶活性与土壤肥力因子的典型变量

项目	土壤酶			土壤性质		
	第一变量	第二变量	第三变量	第一变量	第二变量	第三变量
特征值	0.9849	0.9545	0.8014	0.9849	0.9545	0.8014
典型相关系数	0.9924	0.9770	0.8952	0.9924	0.9770	0.8952
特征向量						
X_1	**−0.4468**	−0.0534	−1.3671			
X_2	−0.1449	**1.3127**	2.4194			

续表

项目	土壤酶			土壤性质		
	第一变量	第二变量	第三变量	第一变量	第二变量	第三变量
X_3	–0.2741	0.7737	–1.4234			
X_4	–0.1812	**–2.0415**	0.3950			
Y_1				–0.3373	**1.5118**	1.9184
Y_2				0.1244	0.7107	–0.2149
Y_3				**–0.4432**	0.0998	1.3374
Y_4				**–0.5546**	**–2.8690**	0.9291
Y_5				–0.1067	0.7671	–1.1048
Y_6				–0.3251	–0.4069	–0.8464
Y_7				0.2162	0.0465	3.2544
Y_8				–0.3275	0.6098	1.0749

注：划线数据为典型变量中相关程度较大的特征向量

表 5-15　典型变量的显著性检验

典型变量	相关系数	特征值	Wilk's	卡方值χ^2	自由度 d_f	P
1	0.9924	0.9849	0.0001	73.4598	32	0.0001
2	0.9770	0.9545	0.0037	42.0282	21	0.0042
3	0.8952	0.8014	0.0809	18.8615	12	0.0919
4	0.7700	0.5929	0.4070	6.7414	5	0.2406

第一对典型变量：

$$U_1=-0.4468X_1-0.1449X_2-0.2741X_3-0.1812X_4$$

$$V_1=-0.3373Y_1+0.1244Y_2-0.4432Y_3-0.5546Y_4-0.1067Y_5-0.3251Y_6+0.2162Y_7-0.3275Y_8$$

第二对典型变量：

$$U_2=-0.0534X_1+1.3127X_2+0.7737X_3-2.0415X_4$$

$$V_2=1.5118Y_1+0.7107Y_2+0.0998Y_3-2.8690Y_4+0.7671Y_5-0.4069Y_6+0.0465Y_7+0.6098Y_8$$

由典型变量组合线性函数可以看出，第一对典型变量线性函数中，4 种土壤酶之间呈正相关关系（系数均为正，符号相同，因此为正相关），土壤综合养分因子中土壤全氮和容重与其他养分因子呈负相关（土壤全氮和容重系数为正，其他因子符号为负），土壤酶活性与全氮和土壤容重呈负相关，与其他肥力因子呈正相关；第二对典型变量线性函数中，脲酶、过氧化氢酶与其他两种酶呈负相关，有效磷、pH 与其他肥力因子呈负相关。从第二对线性函数还可以看出，土壤酶活性综合因子中起主要作用的是酸性磷酸酶和过氧化氢酶，土壤养分综合因子中起主要作用的是有机质和速效钾。

第一对和第二对典型变量的相关系数分别为 0.9924、0.9770（表 5-14），卡方检验结果表明第一对和第二对典型变量均呈极显著相关（$P<0.01$）（表 5-15），第一土壤酶综合因子中起主要作用的是脲酶（X_1），（其特征向量为–0.4468，绝对值最大，因此影响也最大，下同），第一土壤养分综合因子中起主要作用的是碱解氮（Y_3）和有效磷（Y_4），脲酶（X_1）与碱解氮（Y_3）和有效磷（Y_4）均呈正相关关系（特征向量均为负，因此为正相关）。同样，第二土壤酶活性综合因子中起主要作用的是酸性磷酸酶（X_2）和过氧化氢酶（X_4），第二土壤养分综合因子中起主要作用的是有机质（Y_1）和有效磷（Y_4）。

（三）主成分分析

主成分分析是一种采取降维，将多个指标化为少数几个综合指标的统计分析方法。这些综合指标尽可能地反映了原来变量的信息量，且彼此之间互不相关。为了进一步探讨土壤酶活性与土壤肥力的关系，对翻压绿肥后土壤酶活性与土壤肥力因子进行主成分分析，以便能筛选出产生影响的主要因子群。前两个主成分的累计方差贡献率为 89.2856%（大于 85%）（表 5-16），根据主成分分析原理，当累积方差贡献率大于 85%时，即可用于近似反映系统全部的变异信息。因此前两个主成分能完全反映土壤肥力系统的变异信息。两个主成分中第一主成分的方差贡献率达到 81.1474%，在全部因子中占主导地位，是土壤肥力的最重要方面，故第一主成分代表了土壤各项指标的大小，是反映土壤肥力水平的综合指标。因此，第一主成分可以近似地表示土壤的综合肥力（表 5-17）。用 Y_1 表示土壤综合肥力，用线性函数表示第一主成分，则土壤综合肥力和土壤各因子之间的关系：

$$Y_1=0.3030X_1+0.3054X_2+0.3078X_3+0.2835X_4+0.2937X_5+0.2336X_6+0.2770X_7+0.3046X_8+0.2851X_9+0.2658X_{10}-0.2935X_{11}+0.3024X_{12}$$

式中，X_1 代表脲酶，X_2 代表酸性磷酸酶，X_3 代表蔗糖酶，X_4 过氧化氢酶，X_5 土壤有机质，X_6 代表全氮，X_7 代表碱解氮，X_8 代表有效磷，X_9 代表速效钾，X_{10} 代表 pH，X_{11} 代表容重，X_{12} 代表孔隙度。除土壤容重（X_{11}）系数为负外，其余指标的系数均为正，即容重与土壤酶和其他土壤肥力因子呈负相关，这与简单相关分析和典型相关分析的结果相似。式中各变量（指标）的系数可以理解为各因子在土壤肥力系统所占的权重，第一主成分载荷越大，表明对土壤综合肥力水平的贡献越大。

表 5-16　供试土壤主成分特征值

项目	第一主成分	第二主成分	第三主成分
特征值	9.7377	0.9766	0.5395
方差贡献率/%	81.1474	8.1382	4.4961
累积方差贡献率/%	81.1474	89.2856	93.7817

表 5-17　供试土壤主成分的规格化特征向量

测定项目	第一主成分	载荷	第二主成分	载荷	第三主成分	载荷
脲酶	0.3030	**0.9455**	0.1761	0.1740	0.1661	0.1220
酸性磷酸酶	0.3054	**0.9530**	0.0241	0.0238	0.0013	0.0010
蔗糖酶	0.3078	**0.9605**	–0.1210	–0.1196	–0.1338	–0.0983
过氧化氢酶	0.2835	**0.8847**	0.2931	0.2897	0.2714	0.1993
有机质	0.2937	**0.9165**	–0.3189	–0.3151	0.1947	0.1430
全氮	0.2336	**0.7290**	0.5651	0.5584	–0.0003	–0.0002
碱解氮	0.2770	**0.8644**	–0.0069	–0.0068	–0.6414	–0.4711
有效磷	0.3046	**0.9505**	0.0238	0.0235	0.3971	0.2917
速效钾	0.2851	**0.8897**	–0.2869	–0.2835	0.3576	0.2627
pH	0.2658	**0.8294**	0.4196	0.4147	–0.2376	–0.1745
容重	–0.2935	**–0.9159**	0.3503	0.3462	0.1911	0.1404
孔隙度	0.3024	**0.9436**	–0.2552	–0.2522	–0.2301	–0.1690

注：划线数据为绝对值最大的载荷值

同样，用 Y_2 表示第二主成分与土壤各因子的关系：

$$Y_2=0.1761X_1+0.0241X_2-0.1210X_3+0.2931X_4-0.3189X_5+0.5651X_6-0.0069X_7+0.0238X_8-0.2869X_9+0.4196X_{10}+0.3503X_{11}-0.2552X_{12}$$

第二主成分并不能代表土壤综合养分信息，但第二主成分中，过氧化氢酶、有机质、全氮、速效钾、pH、容重、孔隙度均有相对较大的载荷，因而对第二主成分的影响也较大。第二主成分关系式还可反映出有机质不断分解减少时，全氮、pH、容重将增加，速效钾、孔隙度减少。因而第二主成分主要反映了土壤内部生理生化过程的某些重要变化。

三、小结

本研究通过简单相关分析发现，4 种土壤酶之间及土壤酶与土壤肥力因子之间存在极显著的相关关系。不同土壤酶在土壤中的作用不仅表现在其专性作用上，还表现在共性作用上，相关系数的大小反映不同酶的专性作用或共性作用的大小，因而对土壤理化因子的影响也不同。而典型相关分析结果表明，第一对典型变量线性函数基本上反映了土壤酶和土壤养分因子之间的关系，较为真实地反映了土壤酶活性综合因子和土壤养分综合因子对土壤肥力水平的影响，这与简单相关分析结果相似，但第二对典型变量线性函数反映的结果和简单相关分析结果差异较大，它反映了土壤酶活性综合因子和土壤养分综合因子之间的变异信息，说明典型相关分析比简单相关分析在更深层面上反映出了土壤酶和土壤养分因子之间的关系。而简单相关和典型相关的差异可能是由于在多个变量的系统中，任意两个变量的线性相关关系都会受到其他变量的影响，因此，无论是简单相关还是复相关，都只是孤立考虑单个变量之间的相关，没有考虑变量组内部各变量间的相关。但无论从简单相关还是典型相关分析都可以看出，土壤酶在促进土壤中碳、氮、磷、钾等矿质元素的转化，以及促进土壤中碳源、氮源、多糖类、有机物质等的转化中并不是孤立的，而是紧密联系且互相影响的。简单分析和典型相关分析的结果进一步说明了土壤酶在促进土壤有机物质转化中不仅显示专性特性，同时还存在共性关系，酶的专性特性反映了土壤中与某类酶相关的有机化合物的转化过程，而存在共性关系的土壤酶的总体活性在一定程度上反映着土壤肥力水平。

土壤酶是土壤中活跃的有机成分之一，在土壤养分循环及植物生长所需养分的供给过程中起到重要作用。土壤酶活性能否作为土壤肥力的评价指标一直是土壤学界争论的热点问题。本研究通过主成分分析发现，第一主成分的累积方差贡献率最大，对土壤肥力起着主要作用，土壤养分因子和土壤酶因子均在第一主成分中具有较大的载荷，对第一主成分的影响最大。因此，第一主成分能够近似地反映土壤的综合肥力。对第二主成分的研究发现，第二主成分虽然不能代表土壤的肥力水平，但其能够在更深层次上反映土壤内部重要的生理生化过程的变化，如可反映土壤熟化过程的部分特征，同时也说明有机质的投入和分解对土壤理化性状、生物学性状具有明显的影响。综合简单相关分析、典型相关分析和主成分分析可以看出，第一主成分线性函数式所表示的土壤酶及土壤养分因子对土壤综合肥力的影响结果与简单相关分析和典型相关分析中第一对典型变量线性函数所表示的影响结果一致。说明翻压绿肥能够明显影响土壤酶活性和土壤养分因子，通过绿肥的投入，不仅能够增强土壤酶活性，还能够提升土壤养分因子含量，进而影响土壤的综合肥力水平。

第五节　绿肥与化肥配施对植烟土壤微生物生物量及供氮能力的影响

土壤微生物是土壤有机质中最活跃和最易变化的部分，是活的土壤有机质成分，土壤中的细菌、真菌、放线菌和藻类等不但参与土壤有机质的分解和矿化，促进土壤养分循环，提高土壤养分的有效性，而且其代谢物也是植物的营养成分。土壤微生物对土壤有机质的矿化和转化作用是土壤有效氮、磷、钾的重要来源。而微生物本身所含有的碳、氮、磷和硫等，对土壤养分转化及作物吸收具有调节和补偿作用。本试验旨在研究绿肥与化肥配施后植烟土壤微生物生物量碳、微生物生物量氮及土壤供氮特性的动态变化，为改良植烟土壤、减少氮肥使用、改善生态环境，以及发展低碳烟草农业提供理论依据。

试验于2008～2009年进行。烤烟品种为云烟87，移栽行距1.20m，株距0.55m，密度15 000株/hm^2。移栽时间为5月5日。在翻压绿肥的基础上，设置4个翻压绿肥同时减少氮肥用量的处理，分别为T1（翻压绿肥7500kg/hm^2，不减少氮肥用量）、T2（翻压绿肥15 000kg/hm^2，减少纯氮7.5kg/hm^2）、T3（翻压绿肥22 500kg/hm^2，减少纯氮11.25kg/hm^2）、T4（翻压绿肥30 000kg/hm^2，减少纯氮15kg/hm^2），其中各处理减少的氮肥量为纯氮所相当的烤烟专用复合肥量，其他施肥措施不变，每个处理小区面积334m^2。以不翻压绿肥只种植烤烟的空白地为CK（对照），常规施肥。常规施肥标准：基肥施用烤烟专用复合肥600kg/hm^2，过磷酸钙75kg/hm^2，追肥施用硝酸钾150kg/hm^2。绿肥在移栽前20天左右翻压，每个处理重复3次，随机区组排列。

一、绿肥与化肥配施对植烟土壤微生物生物量的影响

（一）绿肥与化肥配施对植烟土壤微生物生物量碳的影响

土壤微生物生物量碳对土壤条件的变化非常敏感，是土壤有机碳的灵敏指示因子，能在检测到土壤总碳量变化之前反映土壤有机质的变化。配施绿肥的各处理土壤微生物生物量碳均显著高于单施化肥的处理（图5-11），与对照相比，各处理提高幅度达7.07%～123.32%，这说明配施绿肥后促进了土壤微生物的大量繁殖，但土壤微生物生物量碳并没有完全随着绿肥配施量的增加而增加。在60天以前，绿肥量较大的处理T4微生物生物量碳较低，绿肥量较小的T1则较高，处理T2和T3在烟株整个生育期内均保持相对较高水平。这可能与禾本科绿肥C/N较高，以及腐解过程需要微生物吸收土壤中的氮素来降低C/N有关，而在此过程存在烟株和微生物争夺氮源的矛盾，不同处理由于绿肥与化肥配比不同，处理T1氮素充足，绿肥腐解迅速，养分释放较快，而处理T4虽然有机物料充足，但氮源不足，绿肥腐解较慢，养分释放也慢。从烟株整个生育期的动态变化来看，所有处理微生物生物量碳均在30天和60天出现峰值，60天后对照逐渐降低，而配施绿肥的各处理先降低，在75天后都略有回升，这说明配施绿肥增强了土壤的保肥性。

（二）绿肥与化肥配施对植烟土壤微生物生物量氮的影响

微生物生物量氮是土壤氮素的重要储备库，对土壤有机质含量，以及氮、磷、钾、硫等养分的供给和有机无机养分转化起重要作用。配施绿肥的各处理提高了土壤微生物氮含量（图5-12），与对照相比，提高幅度达3.18%～278.48%，说明配施绿肥后微生物数量的增加促进了土壤中氮素的转化。对照的微生物生物量氮

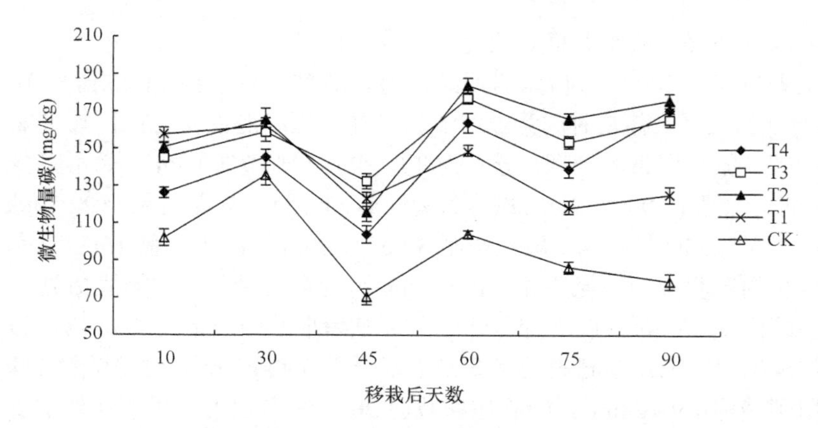

图 5-11 绿肥与化肥配施对植烟土壤微生物生物量碳的影响

始终低于配施绿肥的各处理；处理 T1 在烟株生长过程中变化幅度最大，移栽后 45 天含量较低，30 天和 75 天则在所有处理中最高；处理 T2、T3 整体变化幅度较小，相对含量较高；处理 T4 在移栽后 45 天之前含量较高，以后则低于 T2、T3。从烟株生育期的动态变化来看，所有处理均表现出相似的规律，在移栽后 30 天和 75 天出现峰值，45 天出现谷值，75 天以后明显降低。由于土壤微生物生物量氮的多少决定于土壤中微生物的数量，同时与土壤全氮、土壤碱解氮含量呈显著或极显著的正相关关系，配施绿肥的各处理因为增加了有机物质的投入，为微生物生存提供了碳源，均提高了土壤微生物生物量氮。从处理 T1 和对照的差异可以看出，在施入等量化肥的情况下，施入绿肥对微生物生物量氮具有提升作用；但是在氮肥施入不足的情况下，微生物生物量氮并没有随着绿肥施用量的增加而增加（处理 T4 在移栽后 30 天以后微生物生物量氮较低），这说明化肥与绿肥的配施比例对微生物生物量氮的影响较大。

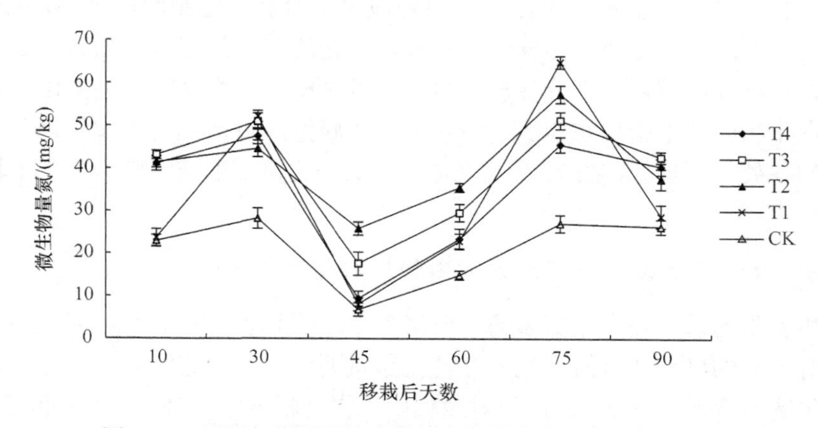

图 5-12 绿肥与化肥配施对植烟土壤微生物生物量氮的影响

(三)绿肥与化肥配施对植烟土壤微生物量 C/N 的影响

由于微生物的 C/N 较低，在土壤中分解速度比土壤有机质快，对土壤有机质的分解及养分的转化循环等有重要的作用。处理 T1 的微生物生物量 C/N 的平均值高于对照，其余处理均低于对照（表 5-18）。从烟株生育期的动态变化来看，所有处理微生物 C/N 在移栽后 45～60 天时较高，说明此时期土壤养分充足，微生物分解较慢，利于土壤养分的转化保存，处理 T2、T3 在烟株生育期内 C/N 变化趋势较缓，说明微生物的合成与分解速度不至于过缓或过急，土壤养分的转化、循环、保存及绿肥后效作用发挥较好，处理 T1 在不同生育期内 C/N 变化幅度较大，说明微生物分解过于剧烈，有利于土壤养分的释放，但不利于养分的保存。处理 T4 和对照动态变化幅度较接近，说明单施化肥或过量施用绿肥都不利于土壤微生物活性的发挥。

表 5-18　绿肥与化肥配施对植烟土壤微生物生物量 C/N 的影响

处理	移栽后天数						平均值
	10	30	45	60	75	90	
CK	4.46b	4.82a	10.53b	7.03a	3.20a	2.99b	5.51
T1	6.71a	3.11bc	15.56a	6.49a	1.82b	4.38a	6.35
T2	3.64bc	3.72b	4.50c	5.17b	2.90a	4.70a	4.11
T3	3.36c	3.12bc	7.64bc	6.00ab	3.00a	3.89ab	4.50
T4	3.07c	3.05c	11.21b	7.03a	3.05a	4.22a	5.27

二、绿肥与化肥配施对植烟土壤脲酶活性的影响

由于土壤中存在着能生成脲酶的微生物，因此，往土壤中添加促进微生物活动的有机物质能使土壤中的脲酶活性增强。配施绿肥的各处理土壤脲酶活性均高于对照（图 5-13），与对照相比，提高幅度达 3.13%～50.00%。处理 T1 在前期脲酶活性较高，但 45 天以后低于其他配施绿肥的处理；处理 T2、T3 在烟株整个生育期脲酶活性均较高，但处理 T3 在 30 天前脲酶活性略低，处理 T4 在 45 天前明显低于其他配施绿肥的处理，但是在 45 天后则高于处理 T1。这可能与绿肥带入土壤大量的酶，同时也增加了底物有关。移栽初期烟株需氮较少，氮素供应充足，绿肥腐解迅速，养分释放较快，但处理 T1 配施绿肥量较少，保肥性能较差，后期进入雨季，大部分速效养分被雨水冲刷流失；处理 T2、T3 绿肥配施量较大，同时氮肥施用量适中，因此，绿肥既能快速腐解，后期雨季又能较多地保存土壤养分；而处理 T4 氮肥量较少，绿肥量较大，腐解过程中绿肥残留量大，绿肥后效较长。从烟株生育期的动态变化来看，所有处理酶活性呈有规律的变化，前期

酶活性较低，在 45 天时达到高峰，随后逐渐降低，60 天以后又有所回升，75 天以后缓慢下降。这可能是烟株旺长期以前，土壤酶主要来源于微生物和绿肥分解释放，而进入旺长期以后，地上和地下部分生长旺盛，土壤酶还可能大部分来源于烟株根系分泌物，因此，旺长期酶活性最强。脲酶活性的变化反映出绿肥对植烟土壤氮素转化、积累、供应与土壤产生的保肥能力之间的协调性。

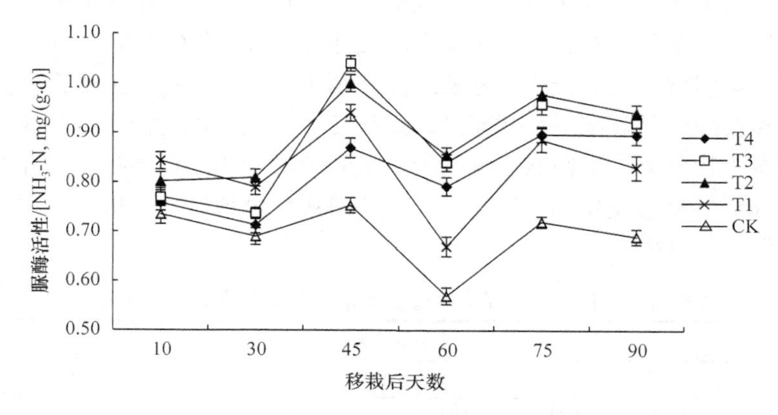

图 5-13 绿肥与化肥配施对植烟土壤脲酶活性的影响

三、绿肥与化肥配施对植烟土壤氮含量的影响

（一）绿肥与化肥配施对植烟土壤全氮含量的影响

在烟株生长过程中，不同处理土壤全氮含量有较大的差异（图 5-14），对照土壤全氮含量在移栽初期较高，但随着烟株的生长呈下降趋势，而且在 45 天以后均低于配施绿肥的处理，这是因为对照只有化肥的施用，在前期烟株吸氮量较少，土壤全氮含量较高，但随着烟株的生长，吸氮量进一步增加，土壤氮量减少，后期由于雨水冲刷流失，总氮量降低比较明显。绿肥与化肥配施的各处理，土壤全氮含量在烟株生长过程中呈有规律的变化，前期土壤全氮含量较低，在移栽后 45 天土壤全氮含量达最高，随后土壤全氮含量逐渐下降，但降幅较缓，这是因为配施绿肥后促进了微生物的大量繁殖，前期施入土壤的氮素一部分被烟株吸收利用，一部分被微生物固定，但前期烟株利用较少，全氮含量降低较少，随后由于追肥的施入，增加了土壤中氮的含量，再加上绿肥腐解释放，土壤全氮含量在 45 天左右达最高。进入旺长期，烟株对氮素的需求量较大，土壤全氮含量逐渐减少，但是由于绿肥的施入，对土壤氮素起到了一定的保存作用，因此配施绿肥的各处理土壤全氮含量在后期均高于对照。另外，绿肥对土壤氮素还具有明显的补充作用，与对照相比，全氮含量最高提幅达 22.65%，但只有处理 T2 土壤全氮在烟株各生育时期始终高于对照；T3 在 45 天左右为土壤提供了较高的氮素营养，但在 45 天

前和 45 天后均较低；处理 T1 虽然施入了与对照等量的氮肥，但由于投入绿肥较少，对氮素的保存作用不显著；处理 T4 虽然投入了较多的绿肥，但是由于化肥用量较少，化肥的肥效和绿肥的后效作用发挥均不显著。因此，合适的绿肥和化肥配施比例，对提高土壤氮素供应能力具有重要意义。

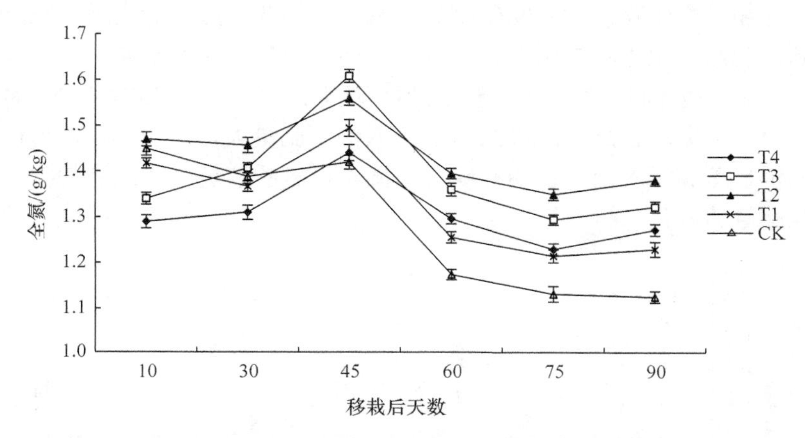

图 5-14　绿肥与化肥配施对植烟土壤全氮含量的影响

（二）绿肥与化肥配施对植烟土壤碱解氮含量的影响

土壤碱解氮是植物直接吸收利用的氮素形态，可以反映土壤近期内氮素的供应状况。所有处理碱解氮含量的动态变化规律基本一致（图 5-15），分别在移栽后 45 天、75 天出现峰值，前期土壤中施入了化肥作基肥，而此时烟株对氮素的吸收量较少，因此碱解氮含量高。伴随着绿肥养分的释放，刺激了微生物活性，微生物对土壤氮素固定和烟株生长吸氮的交叉作用，使微生物生物量氮增加，土壤有效氮素在团棵时减少，由于追肥的施入和微生物生物量氮的释放，在旺长期土壤有效氮素增加，现蕾以后，高温高湿促使土壤中绿肥残留物进一步分解释放氮素，因此，碱解氮在圆顶时略有升高。T1、T2 在全生育期碱解氮含量均高于对照，T3、T4 在移栽后 45 天前低于对照，45 天后均高于对照，与对照相比，配施绿肥的各处理碱解氮含量最高，提高幅度达 15.42%，这说明单施化肥能在短期内促进土壤有效氮量增加，但由于抑制了微生物活性，微生物生物量氮增加有限。因而，在烟株生长过程中没有足够的微生物生物量氮转化成土壤有效态氮被烟株吸收利用，绿肥与化肥配施处理土壤的有效态氮处于较高水平，可能与有机物质的投入促进了微生物的活动有关，而施入氮（包括化肥氮和有机肥氮）被固持在微生物体内，从而避免了烟株生长过程中过多的有效氮存在于土壤中而流失，当土壤中没有更多的能源物质来维持微生物的生命活动时，大量的微生物相继死亡，被固持在这些微生物体内的氮素释放出来供烟株吸收利用。由于作物和土壤微生物对土壤氮素存在竞争关系，在氮素胁迫条件下，竞争作用突出，其竞争强度取决于氮源和碳源的供应强度及土壤氮素转化过程。当土壤中微生物的碳源物质与氮源物质充足时，微生物对氮素的竞争能力较强，作物的竞争能力较弱，随着土壤氮素转化过程的改变，作物的竞争能力逐渐增强，并超过微生物，微生物生物量氮减少。因此，配施绿肥后，在土壤中增加了碳源，刺激了微生物的活性，但由于不同处理配施比例不同，对土壤氮素的转化、保存能力也不同，T1、T2 施入土壤的氮肥较多，绿肥相对较少，碱解氮含量在烟株全生育期均较高；而 T3、T4 施入的绿肥量大，氮肥不足，但碱解氮含量在后期仍显著高于对照，说明在缺乏外源无机氮的情况下，绿肥的投入能够促进土壤原有氮的矿化。

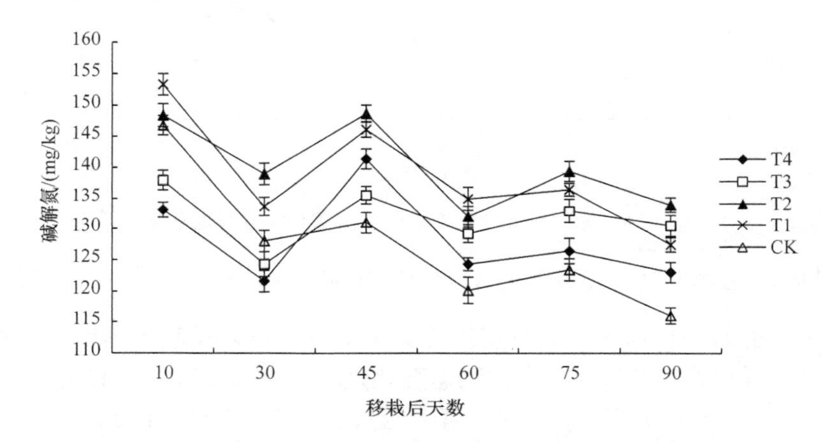

图 5-15　绿肥与化肥配施对植烟土壤碱解氮含量的影响

四、土壤微生物生物量碳与土壤氮供应能力指标的相关性

土壤微生物生物量碳能在很大程度上反映土壤微生物数量，是评价土壤微生物数量和活性的重要指标之一。微生物生物量碳与微生物生物量氮在 60 天时呈极显著正相关，移栽后 90 天时呈显著正相关，与土壤脲酶活性在全生育期均呈显著或极显著正相关，与土壤全氮含量在 30 天以后的各生育时期呈显著或极显著正相关，与土壤碱解氮含量在 75 天呈显著正相关（表 5-19）。这说明配施绿肥促进土壤微生物数量增加的同时，促进了土壤脲酶活性的增强，而微生物数量的增加和脲酶活性的增强对土壤氮素的固定、转化、保存和释放又具有重要意义，因为配施绿肥为土壤提供了大量的营养物质，土壤生物过程十分活跃，烟株旺盛生长的根系分泌物、微生物、绿肥都可能是土壤脲酶的重要来源，而脲酶活性的增强能促进土壤氮素的转化，提高土壤氮素供应水平。

表 5-19　土壤微生物生物量碳与土壤氮供应能力指标的相关性

相关指标	移栽后天数					
	10	30	45	60	75	90
微生物生物量氮	0.3	0.75	0.49	0.93**	0.61	0.90*
脲酶活性	0.89*	0.93**	0.95**	0.97**	0.97**	0.98**
全氮	0.04	0.51	0.83*	0.97**	0.97**	0.93**
碱解氮	0.33	0.61	0.52	0.59	0.84*	0.8

*表示 $P<0.05$，**表示 $P<0.01$

五、小结

前人研究表明，不同培肥措施均能提高土壤微生物量和酶活性，但施肥对微生物量的影响与施肥量、肥料类型和肥料配比有关（路磊等，2006；武雪萍等，2005）。一些研究认为单施化肥或化肥与有机肥配合施用都可提高土壤微生物生物量碳、微生物生物量氮，这是因为施肥后植物生长加快，根系生物量及根系分泌物增加，可促进土壤微生物生长，从而普遍提高土壤微生物量（陈留美等，2006；徐阳春等，2002）。也有研究表明（曹志平等，2006；路磊等，2006），化肥对微生物有直接的毒害作用，单施化肥会抑制土壤微生物的活性，降低土壤微生物量，同时，长期施用化肥使土壤板结，pH 下降，通气性变差，微生物活性减弱。也有研究表明，短期施用无机氮肥对土壤酶活性和微生物量只产生有限的影响，但长期施用无机氮肥会减少土壤微生物的活性。

本研究表明，绿肥与化肥配施能明显提高土壤微生物生物量碳和微生物生物量氮，这是因为配施绿肥的所有处理都增加了输入系统的碳含量，而碳含量是微生物繁殖的限制因子。绿肥腐解过程需要大量微生物的参与，同时为微生物的生长提供碳源和氮源，促进微生物的大量繁殖，木质素含量高的禾本科绿肥，其有机物矿化比较缓慢，养分后效较长，为微生物的繁殖提供了有利条件，配施绿肥的各处理微生物数量明显增加，微生物数量的增加促进了土壤中有效养分的转化保存，从而减少了雨季有效态养分的淋溶。由于土壤微生物生物量氮与施入土壤的有机碳源的种类和数量有关，所以施入绿肥为土壤补充了有机质，提高了土壤 C/N，进而增强了对氮的固持能力，微生物还可以对土壤中过量的氮素进行固定，形成微生物生物量氮，提高了土壤的氮素供应能力。同时，土壤水分与微生物量密切相关，且在一定范围内土壤微生物量随着含水量的增加而增加，绿肥具有很强的防止水分蒸腾和持水的能力，使得土壤水分含量尽可能增大，防止土壤氮素的挥发，从而使土壤微生物生物量氮也随之增加。

有研究表明有机物投入的强度对微生物生物量有较大的影响，随着有机物的投入，微生物量增加，有机物质投入得越多，微生物量增加得越多（曹志平等，

2006)。也有研究认为施入的有机肥对土壤微生物生物量氮贡献大，化肥对土壤微生物生物量氮的贡献较小，土壤氮仍是构成微生物生物量氮的主要来源（韩晓日等，2007)。本研究发现，绿肥作为一种重要的有机肥，和化肥配合施用还田时，不同配施比例对微生物生物量碳、微生物生物量氮的影响具有明显的差异。处理T1在常规施肥的基础上配施绿肥，明显提高了土壤微生物生物量碳和微生物生物量氮，尤其微生物生物量氮在烟株生育期内的变化幅度较为明显，但是随着绿肥量的增加和化肥量的减少，微生物生物量碳和微生物生物量氮的变化出现了较大的差异，处理T2和T3在烟株各生育时期始终能保持较高的水平，随着绿肥量增加和化肥量减少的幅度进一步加大，处理T4微生物生物量碳和微生物生物量氮表现出减少的趋势，这说明合适的绿肥与化肥配比对微生物生物量碳和微生物生物量氮具有明显的提升作用，在单施化肥或限制化肥用量的前提下增加绿肥施用量，会对微生物量的增加产生抑制作用。

本研究还发现，翻压绿肥后微生物生物量碳、微生物生物量氮含量的动态变化均呈现双峰曲线，微生物生物量碳含量的高峰出现在团棵时和现蕾时，而微生物生物量氮含量的高峰出现在团棵时和圆顶期。这可能是禾本科绿肥C/N高，分解过程相对较长，从移栽到团棵，绿肥腐解迅速，为土壤微生物提供了有机碳源，促进了微生物的大量繁殖，同时由于化肥的施用，在移栽初期土壤中氮含量较高，其中一部分被微生物固定，使土壤微生物生物量氮大量增加。随着烟草的生长，土壤中氮素被大量消耗，土壤微生物生物量氮逐渐降低，表明一部分微生物氮又被释放出来，以供烟草生长发育需要，从旺长到圆顶期，由于当地处于多雨季节，高温高湿促使土壤中残存的有机物料进一步分解，微生物数量增加，同时有机物料分解使土壤中氮含量增加，多余的氮素再次被微生物固定，因此，微生物碳含量在移栽后60天左右达到第二个高峰，而微生物生物量氮含量在75天左右达到第二个高峰。成熟期微生物生物量碳、微生物生物量氮含量明显降低，但翻压绿肥的各处理微生物生物量碳含量比圆顶期略有回升，说明翻压绿肥后，土壤产生了一定的保肥性，而微生物氮量的变化则反映出土壤微生物氮在协调土壤氮素供应及烟株对氮素吸收方面具有重要作用。

此外，本研究结果表明施用化肥或者施用绿肥均能明显提高土壤的全氮和碱解氮含量。在旺长期以前，对照的全氮和碱解氮含量相对较高，旺长期以后对照明显低于其他处理，说明化肥在短期内快速补充土壤氮素效应明显，尤其对碱解氮的补充更明显，而绿肥对土壤长期内氮素供应效应较明显，同时使用绿肥可以减少氮素的淋溶，对土壤氮素的保存具有明显的效应，绿肥与化肥的不同配施比例对土壤氮素供应也有重要的影响，化肥量过多，绿肥量过少，能够在前期明显提高土壤的氮素供应，但后期不利于土壤氮素的保存，氮素量过少，绿肥量过多，虽然在后期能够较好地保存土壤氮素，但是前期土壤氮素供应不足，而且整个生育期内绿肥中的养分不能充分发挥作用。

本试验通过微生物生物量碳和土壤氮供应指标的相关分析可知，绿肥与化肥配施对土壤氮素供应能力具有重要影响，虽然微生物生物量碳与微生物生物量氮只在 60 天和 90 天时显著相关，但是微生物生物量氮在烟株各生育时期均增加，这可能是由于前期基肥和追肥氮素的施入，多余的化肥氮素被固定的结果。微生物生物量碳与脲酶活性在整个生育期均显著相关，说明尽管土壤酶主要来源于土壤微生物的活动、植物根系分泌物和动植物残体腐解过程中释放的酶，但配施绿肥后土壤微生物是脲酶的主要来源。土壤微生物生物量碳与土壤全氮在团棵以后均显著相关，与碱解氮只在 75 天时显著相关，说明施用绿肥后微生物数量的增加对后期土壤氮素的保存具有重要的意义。

总体来看，配施绿肥后土壤微生物生物量碳、微生物生物量氮、土壤脲酶活性及土壤氮含量的动态变化反映出绿肥与化肥不同配施比例对土壤氮素供应能力的重要影响。在适量减少氮化肥施用量的前提下，绿肥配施量在 15 000～22 500kg/hm^2 的综合效果较好，而绿肥配施量过多或过少都会影响土壤的氮素供应状况。绿肥能够固氮、吸碳，改善生态环境。因此，通过研究绿肥与化肥配施对植烟土壤微生物量及土壤供氮能力的影响，阐明土壤的生化变化过程和氮素营养在烟草生长期间的供应状况，进而研究绿肥在现代烟草农业中的重要作用，可为修复植烟土壤，改良土壤生态环境，探索发展低碳烟草农业、构建资源节约型和环境友好型农业，以及实现烟叶生产的可持续发展和特色烟叶开发提供理论依据。

第六节　连年翻压绿肥对植烟土壤微生物生物量、酶活性及烤后烟叶品质的影响

绿肥作为一种重要的有机肥料，其在减少氮肥用量、提高作物产量和培肥土壤地力等方面起到了积极的作用。关于连年翻压绿肥后烟株整个生长期内系统的动态变化研究尚未见报道。因此，开展了连年翻压绿肥对植烟土壤微生物生物量碳、生物量氮和酶活性在烟株生育期内动态变化影响的研究，同时分析了其对烤后烟叶品质的影响，旨在阐明绿肥养分释放过程和烟株对矿质营养吸收过程的协调作用机制，为植烟土壤改良和特色烟叶开发提供理论依据。

试验于 2005～2008 年进行。烤烟品种为云烟 87，移栽行距 1.20m，株距 0.55m，密度 15 000 株/hm^2。移栽时间均为 5 月 5 日左右（不同年份间稍有差异）。基肥施用烤烟专用复合肥 600kg/hm^2（其中，2005 年为 750kg/hm^2，2006～2008 年每年均为 600kg/hm^2），过磷酸钙 75kg/hm^2，追肥施用硝酸钾 150kg/hm^2。在 2005～2008 年连年种植绿肥的基础上，以不翻压绿肥（翻压绿肥量为 0）只种

植烤烟的地块为对照，设置翻压 1 年、2 年、3 年 3 个处理（绿肥年翻压量均为 22 500kg/hm^2），每个处理小区面积 334m^2，常规施肥。绿肥在移栽前 20 天左右翻压。各处理分别用 CK、T1、T2、T3 表示，每个处理重复 3 次，随机区组排列。试验始于 2005 年，每年度各处理均在固定田块上进行，各处理配施化肥量均按当地常规施肥量进行。在 2008 年对翻压 1 年、2 年、3 年的处理进行取样，试验对 2008 年各处理的测定结果进行数据分析，其他措施均按照当地优质烟叶生产技术措施进行。

一、连年翻压绿肥对植烟土壤物理性状的影响

（一）连年翻压绿肥对植烟土壤容重的影响

从移栽后 30 天测定土壤容重结果（图 5-16a）可以看出，随着绿肥翻压年限的增加，土壤容重逐年下降。与对照相比，翻压 1 年的处理降低幅度较小，而连续 3 年翻压绿肥的处理（T3）容重降至 1.316g/cm^3，比翻压 1 年的处理（T1）降低了 0.031g/cm^3，比对照降低了 0.044g/cm^3。

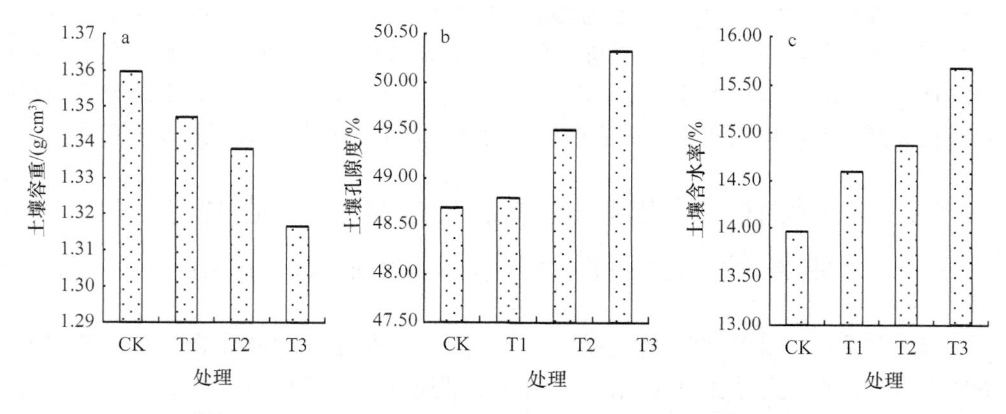

图 5-16 连年翻压绿肥对移栽后 30 天土壤物理性状的影响

（二）连年翻压绿肥对土壤孔隙度的影响

连年翻压绿肥对土壤孔隙度的影响与对土壤容重的影响相反（图 5-16b）。随着翻压年限的增加土壤孔隙度逐渐增加。与对照相比，翻压 1 年的处理增加幅度较小，翻压 3 年的处理土壤孔隙度为 51.30%，比对照增加了 1.70 个百分点。

（三）连年翻压绿肥对土壤含水率的影响

在移栽后 30 天持续无降雨的情况下，翻压绿肥各处理含水率都要高于对照（图 5-16c），这说明翻压绿肥有一定的蓄水保墒作用。随翻压年限的增加土壤含水

率逐渐增加，连续翻压 3 年的处理土壤含水率为 15.68%，比对照增加了 1.68 个百分点。

二、连年翻压绿肥对土壤微生物生物量的影响

（一）连年翻压绿肥对土壤微生物生物量碳的影响

翻压绿肥能够明显提高土壤微生物生物量碳的含量（表 5-20），翻压年限越多，提高幅度越大。翻压绿肥 2 年和 3 年的处理在烟株全生育期与对照相比差异显著；翻压绿肥 3 年的处理微生物碳含量提高幅度为 31.0%～67.1%，全生育期内均显著高于翻压 1 年的处理；翻压 1 年的处理除移栽后 10 天、75 天外，在其他生育时期较对照均差异显著。所有处理的微生物生物量碳的动态变化呈现相似规律性，各处理分别在移栽后 30 天和 60 天出现峰值，T1、T2、T3 处理微生物生物量碳在 30 天分别比 CK 提高了 12.2%、40.4%、67.1%；在 60 天分别提高了 20.2%、32.1%、49.9%，这可能与绿肥腐解规律及烟株吸肥规律有关。绿肥中大部分养分在前 6 周释放，而土壤中绝大多数微生物属于有机营养型，随着气温逐渐升高，绿肥释放营养物质增多，烟株根系分泌物和脱落物逐渐增加，为土壤微生物提供了充足的有机碳源，促进了土壤微生物繁殖，在烟株团棵时达到最大值，此时正值绿肥分解达到高峰，该期间微生物区系以发酵性微生物为主，微生物主要利用易分解的简单有机物；烟株进入旺长期后，绿肥中复杂的有机物进一步分解，土壤中营养物质和能源增加；在移栽后 60 天左右微生物生物量碳出现第二个峰值，随后，土壤微生物活性与数量降低，微生物生物量碳随之平缓下降；从圆顶到成熟，除对照继续下降外，翻压绿肥的各处理均略有回升。

表 5-20　连年翻压绿肥对土壤微生物生物量碳、生物量氮的影响（单位：mg/kg）

处理	移栽后天数					
	10	30	45	60	75	90
土壤微生物生物量碳						
CK	102.15c	116.52d	90.53c	110.94c	110.55c	105.21c
T1	105.89bc	130.79c	105.62b	133.34b	112.67c	121.67b
T2	110.53b	163.62b	123.34a	146.51b	122.65b	126.32b
T3	137.34a	194.74a	127.78a	166.32a	144.78a	156.27a
土壤微生物生物量氮						
CK	32.93c	37.50c	14.83d	11.88c	31.17d	20.34c
T1	35.65b	45.24b	18.17c	15.67bc	41.37c	21.65c
T2	37.56b	54.39a	23.68b	22.77ab	53.66b	26.83b
T3	40.49a	60.25a	36.34a	27.56a	67.32a	49.27a

（二）连年翻压绿肥对植烟土壤微生物生物量氮的影响

翻压绿肥后土壤微生物量生物量氮明显增加（表 5-20），且随着翻压年限的增加而增加。翻压绿肥 2 年和 3 年的处理在烤烟全生育期与对照相比差异显著，翻压 3 年比对照提高了 23.0%～145.1%。翻压 1 年的处理，在 45 天前和 75 天时与对照相比差异显著，60 天和 90 天时未达到显著差异。微生物生物量氮和微生物生物量碳的动态变化呈现相似规律性。随着烟株的生长，微生物生物量氮含量在移栽后 30 天和 75 天左右出现峰值，T1、T2、T3 处理在 30 天分别比 CK 提高了 20.6%、45.0%、60.7%，75 天分别提高了 32.7%、72.2%、116.0%，说明翻压绿肥后既补充了有机碳源，又改善了土壤的理化性状，大大提高了土壤微生物的活性。

三、连年翻压绿肥对土壤酶活性的影响

（一）连年翻压绿肥对土壤脲酶活性的影响

翻压绿肥后土壤脲酶活性明显提高（图 5-17a），翻压年限越多，脲酶活性越强。翻压绿肥 3 年的处理，脲酶活性提高了 33.3%～51.5%，说明连年翻压绿肥后，土壤熟化程度提高，利于土壤中氮素的转化。在烟株生育期，所有处理土壤脲酶活性的动态变化规律相似，脲酶活性以旺长期最高，T1、T2、T3 处理分别比对照提高了 19.1%、33.8%、51.5%，现蕾期脲酶活性有所下降，随后又略有增加。土壤酶是来源于土壤微生物的活动、植物根系分泌物和动植物残体腐解过程中释放的酶，翻压绿肥后，土壤微生物和酶活性增加。因此，脲酶活性的变化反映出连年翻压绿肥对植烟土壤氮素转化、积累、供应效应与土壤产生的保肥性之间的协调性。

（二）连年翻压绿肥对土壤酸性磷酸酶活性的影响

土壤酸性磷酸酶活性高低可以反映土壤速效磷的供应状况，是评价土壤磷素生物转化方向与强度的指标。翻压绿肥后，土壤酸性磷酸酶活性增强（图 5-17b），在烟株生育期内呈现先上升后下降的趋势。所有处理均在 45 天左右出现峰值，此时烟株进入旺长期，T1、T2、T3 分别比 CK 提高 6.6%、19.7%、14.2%，此时 T2 高于 T3 处理，而其他时期 T3 处理高于其他处理，整个生育期内，T3 比对照高 11.0%～18.6%。烟株进入旺长期后，植株生长对磷的需求量增加，磷酸酶活性在移栽后 45 天出现峰值，说明翻压绿肥，尤其连年翻压提高了土壤中磷的有效性。

（三）连年翻压绿肥对土壤蔗糖酶活性的影响

蔗糖酶的活性强弱反映了土壤熟化程度和肥力水平，是表征土壤生物活性的

重要酶之一。翻压绿肥的处理土壤蔗糖酶活性高于对照，而且翻压年限越长，活性越强（图 5-17c）。在烟株生育期，所有处理土壤蔗糖酶活性表现出相似的规律，60 天前活性较低，60 天后则迅速增加，75 天后增速变缓。其中，T3 处理在 60 天前明显高于其他处理，到 75 天则低于 T2 处理，90 天时达最高。在整个生育期，T3 处理蔗糖酶活性比 CK 提高了 58.0%～172.7%。

（四）连年翻压绿肥对土壤过氧化氢酶活性的影响

过氧化氢酶广泛存在于土壤和生物体内，直接参与生物呼吸过程的物质代谢，同时可以解除在呼吸过程中产生的对活细胞有害的过氧化氢。翻压绿肥处理土壤过氧化氢酶活性高于对照，而且翻压年限越长，酶活性越强（图 5-17d）。翻压绿肥 3 年的处理，除在移栽后 10 天时略低于翻压 2 年的处理外，在其余时期则明显高于翻压 1 年和 2 年的处理；与对照相比提高幅度达 24.0%～50.0%。这与绿肥提供了大量营养，使土壤微生物具有较高的活性有关。翻压年限越长，绿肥残留量越大，其转化的底物也越多，使微生物数量大幅增加。在烟株整个生育期，过氧化氢酶活性分别在烤烟移栽后 45 天、75 天出现峰值。这是由于在移栽初期，烟

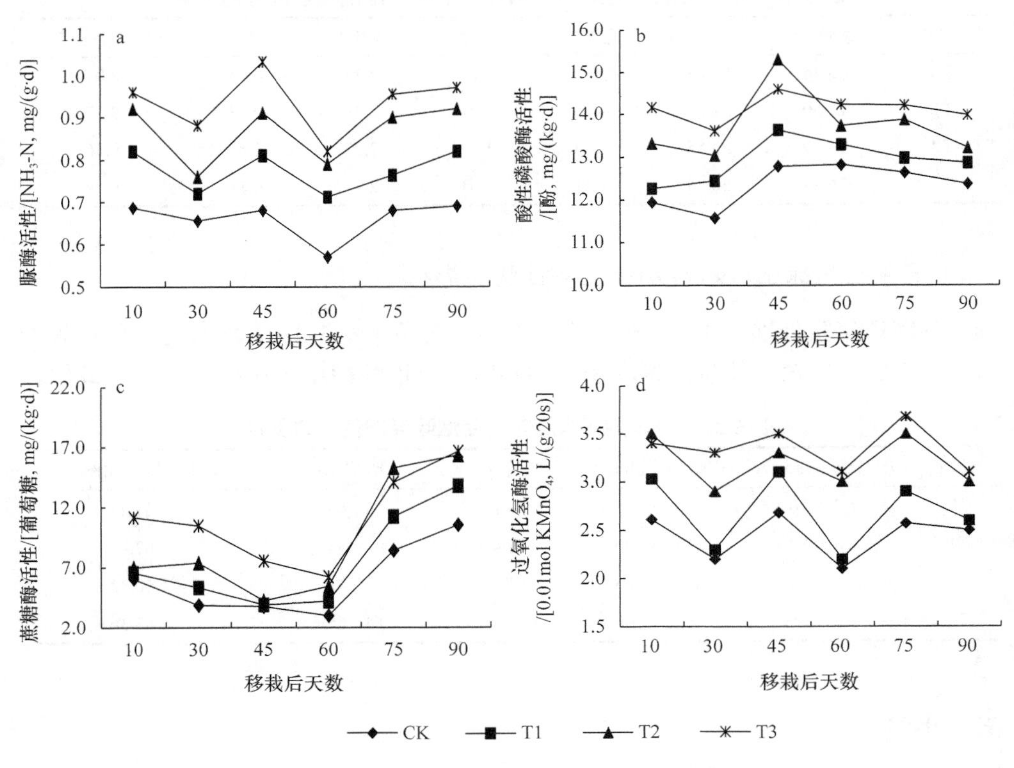

图 5-17　连年翻压绿肥对土壤酶活性的影响

草在移栽后35天内，植株地上部分生长缓慢，叶面积较小，光合产物少，但对氮素的吸收量较大，是烟株对氮素的积累阶段，吸收氮素约占总吸氮量的40%，移栽后35～70天是烟株旺盛生长、干物质积累最大的时期，也是烟草对营养元素吸收量最大的阶段。绿肥翻压初期，过氧化氢酶活性即出现高峰，可以解除绿肥腐解及烟株旺盛生长积累的过氧化氢等物质产生的毒害，说明过氧化氢酶活性与烟株生长发育进程密切相关。

四、连年翻压绿肥对烤后烟叶产量和品质的影响

（一）连年翻压绿肥对烤后烟叶常规化学成分的影响

不同翻压年限处理烤后烟（中部）常规成分变化无明显规律（表5-21），总糖、还原糖含量都是有升有降；总氮含量低于对照；烟碱含量1年、2年翻压处理低于对照，但3年翻压处理烟碱高于对照；氮碱比都低于对照，随翻压年限增加有所降低；翻压绿肥处理的石油醚提取物含量都高于对照。

表5-21　连年翻压绿肥对烤后烟叶（中部）常规化学成分的影响

处理	总糖/%	还原糖/%	淀粉/%	总氮/%	烟碱/%	氮碱比	石油醚提取物/%
CK	26.44	20.65	7.50	2.21	2.38	0.93	8.91
T1	27.50	22.66	8.32	2.01	2.29	0.88	9.17
T2	24.99	23.55	5.85	1.87	2.27	0.82	9.36
T3	26.73	20.44	9.24	2.01	2.49	0.81	9.12

（二）连年翻压绿肥对烤后烟叶经济性状的影响

各翻压年限处理产量、产值、均价都高于对照（表5-22），而且随绿肥年限的增加，产量、产值、均价呈逐渐增加的趋势，以连续翻压3年绿肥的处理最优。

表5-22　连年翻压绿肥对烤后烟叶经济性状的影响

处理	产量/（kg/hm^2）	产值/（元/hm^2）	均价/元	上等烟比例/%	上中等烟比例/%
CK	1 768.20	16 516.35	9.34	10.68	51.23
T1	1 899.30	18 681.90	9.84	4.84	67.92
T2	1 920.45	18 788.85	9.78	22.41	60.34
T3	1 971.75	19 989.60	10.14	16.65	67.36

五、小结

许月蓉（1995）指出施有机肥的土壤微生物生物量碳、氮、磷都比不施有机

肥的高。有机肥分解产生的可利用的氮及其他营养元素又促进了作物的生长，增加了根的生长和根系分泌物，因而也促进了土壤微生物的繁殖，提高了微生物的生物量。一般而言，在较少的有机物施入土壤时，土壤微生物生物量碳、微生物生物量氮含量是相对稳定的，二者能较好地反映特定土壤的氮素肥力状况。但如果给土壤施以较多的有机物或前茬在土壤中留有较多的植物残体，当季土壤微生物量会明显增加，所增加的微生物量在土壤中的维持时间则主要取决于有机物料的质和量及土壤环境条件的变化。

土壤微生物生物量碳、微生物生物量氮只占土壤有机碳、氮的 1.3%～6.4%和 2.5%～4.2%（陈国潮和何振立，1998）。由于微生物的 C/N 较低，在土壤中分解速度比土壤有机质快，对土壤有机质的分解及养分的转化循环等有重要的作用。本试验得出，总体上微生物的 C/N 随着绿肥翻压年限的增加呈下降趋势，且均在移栽后 60 天左右出现峰值。说明翻压绿肥后，土壤中微生物分解的速度较快，土壤有效养分积累充分，现蕾时植株的旺盛生长消耗了大量养分，此时翻压绿肥的处理土壤中仅剩下难分解的有机物料，微生物分解速度变慢，因而微生物 C/N 较高。

本试验表明，翻压绿肥后微生物生物量碳、微生物生物量氮含量的动态变化均呈现双峰曲线，微生物生物量碳含量的高峰出现在团棵时和现蕾时，而微生物生物量氮含量的高峰出现在团棵时和圆顶期。这是由于前期绿肥腐解迅速，土壤微生物大量繁殖，部分氮素被微生物固定，使土壤微生物生物量氮大量增加，而后，随着烟草的生长发育，土壤中氮素被大量消耗，所固定的微生物生物量氮又被释放出来，供烟草生长发育需要。从旺长到圆顶，正值多雨季节，高温高湿促使土壤中残存的有机物料进一步分解，多余的氮素再次被微生物固定，因此，微生物生物量碳含量在 60 天左右，微生物生物量氮含量在 75 天左右达到第二个高峰。成熟期微生物生物量碳、微生物生物量氮含量明显降低，但翻压绿肥的各处理微生物生物量碳比圆顶期略有回升，说明翻压绿肥后，提高了土壤的保肥性能，而微生物生物量氮的变化则反映出土壤微生物生物量氮在协调土壤氮素供应及烟株对氮素吸收方面有重要作用。

本研究表明，随着绿肥翻压年限的增加，土壤容重逐年下降，土壤孔隙度和土壤含水率逐渐增加。连年翻压绿肥后，土壤微生物生物量碳、微生物生物量氮含量和土壤酶活性随翻压年限的增加而增加，这是因为绿肥腐解过程需要大量微生物的参与，同时为微生物的生长提供碳源和氮源，微生物的活动促进了作物的旺盛生长。翻压绿肥与化肥配合施用，加速绿肥腐解，增强微生物活性，从而促进了土壤酶活性的提高。同时，连年翻压绿肥后烤后烟叶总氮含量和氮碱比都低于对照，翻压绿肥 3 年后烤后烟叶的烟碱高于对照。所有翻压绿肥处理的烤后烟叶的石油醚提取物含量都高于对照。随绿肥翻压年限增加，烤后烟叶的产量、产值、均价有逐渐增加的趋势，总体上以连续翻压 3 年绿肥处理最优。

本研究发现，在烟株生长过程中，不同土壤酶活性的动态变化规律并不一致，土壤脲酶、酸性磷酸酶、过氧化氢酶活性均在烟株需肥较大的旺长期出现峰值，蔗糖酶活性在60天以后逐渐升高。总体来看，翻压绿肥后土壤微生物生物量碳、微生物生物量氮和不同土壤酶活性的动态变化反映出绿肥腐解过程中土壤养分供应与烟株生长发育之间的协调性。绿肥翻压年限越长，微生物生物量碳、微生物生物量氮和酶活性提高的趋势越明显。本试验针对连续翻压3年的土壤微生物生物量碳、微生物生物量氮和土壤酶活性进行了研究，但连续翻压绿肥多少年，才能使土壤的肥力状况能够在没有绿肥投入的情况下，仍然能够保持较高的肥力水平，有待进一步研究。

第六章　烟田提高肥效技术研究

土壤质量直接影响着烟叶品质。目前，我国广大烟区长期连作及偏施化肥导致土壤出现严重退化现象：土壤有机质含量总体水平降低，土壤养分失调、水土流失、土壤沙化、盐渍化等问题越来越突出，烟草农业的可持续发展面临严峻挑战。降低化肥施用量及提升肥料利用率可以降低烟叶生产对化肥的依赖性。本章主要从烟田基肥、追肥配比，黄腐酸改良土壤，以及促根肥施用及不同耕作深度等方面阐述烟田提高肥效研究。

第一节　基肥与追肥比例对烤烟生长发育和品质的影响

施肥是烤烟生产非常重要的一个环节，随着施肥种类、形态、数量、施用方法、施用时间的改变，烟草的经济产量、外观品质、内在品质都会产生明显变化。而长期以来，由于施肥的传统习惯及劳动力缺乏等因素，常常造成偏施基肥，不重视甚至不施用追肥，或者追肥时间及用量具有随意性和盲目性的现象。在我国植烟区，团棵前将肥料分为基肥和追肥两次施入。由于烟株前期生长缓慢，养分吸收量较小，氮肥容易通过淋失、挥发或者反硝化途径而损失。全部肥料作基肥施用的方式，易使烟株生长后期脱肥，造成烟株在生育期后期长势减弱，干物质积累量明显不足，中上等烟比例降低，影响烤烟的经济产量；若追肥施用比例过大，则可能导致烟株上部叶落黄困难，贪青晚熟，造成烤后烟叶含青较重，中上等烟例较低，虽然其产量升高，但经济效益相对下降。重庆烟区是我国醇甜香型烟叶的主产区，探究满足重庆当地烟叶生产的施肥方式对醇甜香风格烟叶的生产及特征保持具有现实意义。

大田试验于2015年在重庆市彭水县进行，供试土壤为黄棕壤，土壤有机质为18.33g/kg，土壤pH为5.12，速效氮为117.45mg/kg，速效磷为21.14mg/kg，速效钾为272.18mg/kg。4月20日整地，5月15日移栽。株行距为55cm×115cm。供试烤烟品种为云烟97。试验设置5个处理：CK不施肥；其他处理正常施肥，其中，T1基肥∶追肥为40∶60；T2基肥∶追肥为60∶40；T3基肥∶追肥为80∶20；T4基肥∶追肥为100∶0。T1～T4施用肥料为硝酸铵、过磷酸钙、硫酸钾，用量为纯氮 103kg/hm^2，N∶P_2O_5∶K_2O=1∶1∶1.5。氮肥、磷肥、钾肥在施用时均按试验设置比例施用。各处理基肥在整地时 80%条施施用，剩下 20%于移栽时穴施。烟株移栽后 25 天进行追肥，追肥对水浇施，水肥比为 50∶1。试验设置 3 次重复，每个小区种植 500 株，各小区随机排列。其中，处理 T4 为当地农民常规施肥方式。

一、基肥与追肥比例对烤烟生长发育的影响

（一）基肥、追肥不同配比对烟株株高的影响

从图 6-1 可以看出，移栽后 30 天时，处理 T2、T3、T4 株高显著高于 CK 和 T1。烟株在移栽 30～45 天时株高增高迅速，其中处理 T1 株高增加量最大，在移栽 45 天时达到 107.70cm。移栽 60 天后，处理 T1 的株高在各处理间处于最高状态，处理 T3 次之。未施肥处理株高低于施肥处理，施用肥料对烟株的株高影响较大。在施肥处理中，处理 T1 株高最高，但与其他施肥处理差异未达到显著水平。基肥追肥配比为 40∶60，对株高有促进作用。施用追肥促进株高增加了 0.83%～4.96%。

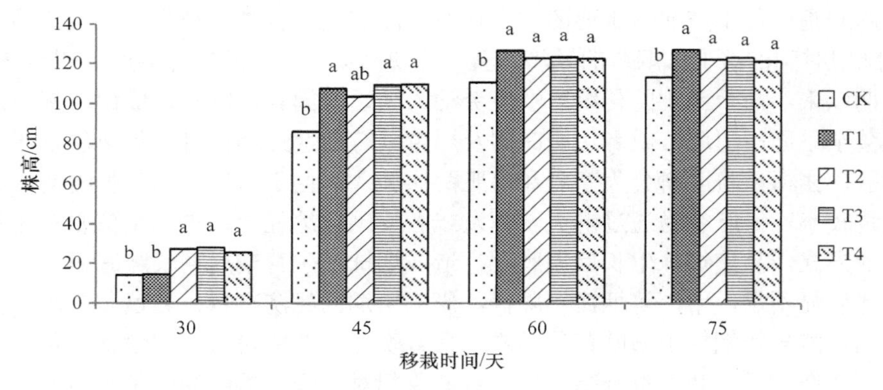

图 6-1　基肥、追肥不同配比对烤烟株高的影响

同一调查时期内，不同小写字母表示在 0.05 水平差异显著，下同

（二）基肥、追肥配比对烟株茎围的影响

从图 6-2 可以看出，烟株移栽 30 天时，处理 T2、T3 茎围显著高于处理 T1 和 CK。烟株移栽 30～45 天时，各处理茎围均迅速增加，其中处理 T1 茎围增加量最大。烟株移栽后 45 天时，处理 T2 处理茎围最大，为 8.90cm，但施用肥料的处理间茎围没有表现出显著差异。移栽 60 天时，各处理间茎围表现出的规律与移栽 45 天时类似。移栽 75 天时，处理 T1 茎围最大，为 11.30cm，处理 T2 次之，处理 CK 茎围最小，施肥处理间茎围表现出随追肥增加而增加的趋势。施用追肥的栽培方式促使烟株茎围增加了 3.81%～7.62%。

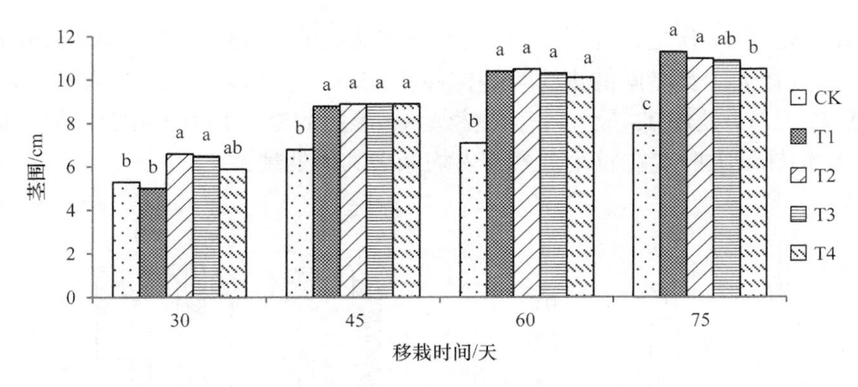

图 6-2　基肥、追肥配比对烤烟茎围的影响

（三）基肥、追肥不同配比对烟株最大叶长的影响

从图 6-3 可以看出，烟株移栽 30 天时，处理 T2、T3 显著高于处理 CK 和 T1。烟株移栽 45 天时，处理 T3 最大叶长最大，处理 T1 次之，处理 T2 和 T4 最大叶长差异不显著。烟株移栽 60 天时，处理 T2 最大叶长最大，处理 T1 次之，处理 CK 最小。烟株移栽 75 天时，处理 T1 最大叶长显著大于其他处理，处理 T2、T3、T4 之间最大叶长差异不显著。施用追肥促使烟株最大叶长增加了 0.95%～4.74%。

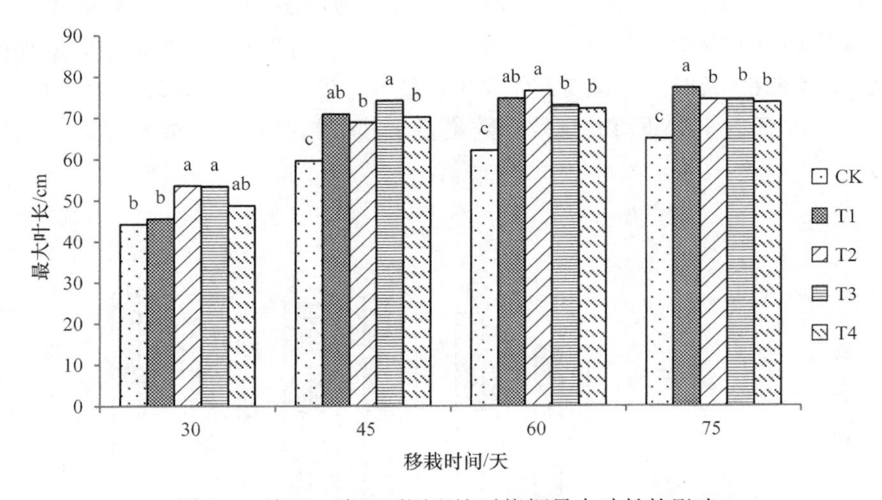

图 6-3　基肥、追肥不同配比对烤烟最大叶长的影响

（四）基肥、追肥不同配比对烟株最大叶宽的影响

从图 6-4 可以看出，烟株移栽 30 天时，处理 T2 的最大叶宽最大，但与处理 T3、T4 之间未呈现出显著差异。烟株移栽 45 天时，处理 T3 的最大叶宽最大，为

39.10cm，处理 T4 次之，处理 T1 最大叶宽在施肥的处理中最小。烟株移栽 60 天时，各处理最大叶宽之间的规律与烟株移栽 45 天时类似，处理 T3 依然最大。烟株移栽 75 天时，处理 T3 最大叶宽依然最大，施肥的处理间最大叶宽差异不显著。处理 CK 烟株最大叶宽在整个观察期内均低于其他处理。

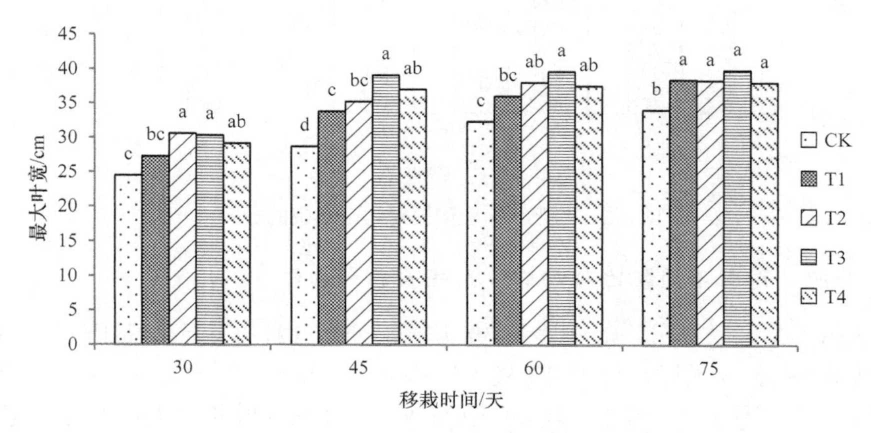

图 6-4　基肥、追肥不同配比对烟株最大叶宽的影响

（五）基肥、追肥不同配比对烤烟有效叶数的影响

从图 6-5 可以看出，移栽 30～45 天烟株有效叶数增加明显。移栽 45 天时，处理 T4 有效叶数最多，各处理间有效叶数有随着基肥施用比例增加而增加的趋势。烟株移栽 60 天时，处理 T2 有效叶数最多，但 4 个施肥处理间差异不显著。烟株移栽 75 天时，处理 T1 有效叶数略多于其他施肥处理，处理 CK 有效叶数最少。

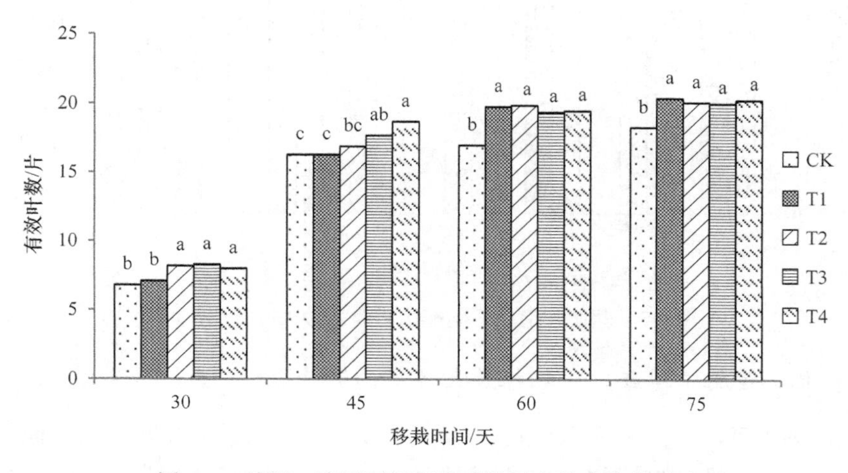

图 6-5　基肥、追肥不同配比对烤烟有效叶数的影响

二、基肥、追肥不同配比对烤烟肥料利用率的影响

从表 6-1 可以看出，氮肥利用率和磷肥利用率均表现出随着追肥施用量的增加而增加的趋势。其中，追肥比例高的处理 T1 的氮肥和磷肥利用率最高分别达到 34.37%和 2.30%。未加追肥处理 T4 的氮肥和磷肥利用率相对较低。钾肥利用率在处理间表现出的规律与氮肥和磷肥不同，处理 T2 的钾肥利用率最高，为 21.63%，处理 T4 次之，处理 T3 最低。

表 6-1 基肥、追肥配比对烤烟肥料利用率的影响

处理	N	P_2O_5	K_2O
T1	34.37%a	2.30%a	16.17%bc
T2	30.30%b	2.13%ab	21.63%a
T3	21.45%c	1.88%b	13.74%c
T4	23.98%c	1.59%c	19.77%ab

三、基肥、追肥不同配比对烟株肥料贡献率、收获指数的影响

从表 6-2 可以看出，处理 T1 的肥料贡献率最大，为 63.26%；处理 T2 次之，为 61.89%。基肥施用比例最大的处理 T4 的肥料贡献率最低。4 个施肥处理肥料贡献率呈现出随着追肥施用比例增大而升高的趋势。施肥处理收获指数同样有随着追肥比例增大而增加的趋势。处理 T1 的收获指数最大，达到 0.289，处理 CK 的收获指数最低。适当降低基肥比例、增加追肥施用比例可以提高肥料贡献率和收获指数，且以追肥比例达到 60%的效果最好。

表 6-2 基肥、追肥配比对肥料贡献率、收获指数的影响

处理	肥料贡献率	收获指数
CK	0	0.235c
T1	63.26%a	0.289a
T2	61.89%b	0.268b
T3	60.81%bc	0.258bc
T4	59.82%c	0.258bc

四、基肥、追肥不同配比对烟叶产量、产值的影响

施用肥料对当季作物产量和产值有重要影响。从表 6-3 可以看出，处理 CK

的产量、产值及中上等烟比例均远远低于施肥处理。在施肥处理中，处理 T1 的产量最大，达到 2031.45kg/hm^2，处理 T2 次之，处理 T4 表现最差。烟叶产量在处理 T1～T4 间有随着追肥施用比例增大而增大的趋势。其中处理 T1 的产值最大，达到 48 757.50 元/hm^2，但均价略低于处理 T3。施用肥料的处理下等烟比例较低，CK 下等烟比例显著高于其他处理，达到 30.16%。改变基肥、追肥配比对烤后烟叶中上等比例影响不大。

表 6-3 基肥、追肥配比对烟叶产量、产值的影响

处理	产量/（kg/hm^2）	产值/（元/hm^2）	均价/（元/kg）	下等烟/%	中等烟/%	上等烟/%	中上等烟比例/%
CK	746.40d	12 845.10c	17.21c	30.16a	69.84a	0.00c	69.84b
T1	2 031.45a	48 757.50a	24.00a	4.65b	51.43c	43.92a	95.35a
T2	1 958.70ab	45 443.55b	23.20a	4.35b	59.44b	36.21b	95.65a
T3	1 904.70bc	45 980.70b	24.14a	4.46b	58.13b	37.41b	95.54a
T4	1 857.45c	43 461.60b	23.40a	4.52b	61.93b	33.55b	95.48a

五、基肥、追肥不同配比对烟叶化学成分及协调性的影响

烟叶化学成分及其比值是评价烟叶质量的基础，也是烟叶香吃味的内在反应。从表 6-4 可以看出，上部叶中，处理 T3、T4 总氮含量较高；各处理烟碱含量较适宜，满足优质烟叶要求；各处理上部叶两糖含量均超出优质烟叶要求；烟叶 K^+ 含量有随着追肥施用比例增加而增加的趋势；处理 T3、T4 烟叶 Cl^-含量相对较高，但均满足优质烟叶要求；CK 上部叶石油醚提取物含量较高；施肥处理烟叶两糖比相对较低，低于优质烟叶要求；处理 T1、T4 糖碱比符合优质烟叶要求。

中部叶中，处理 T1 烟叶烟碱含量较适宜，处理 T2 烟碱含量偏高，其余处理烟碱含量偏低；各处理总糖含量较优质烟叶整体偏高，施肥处理中部叶两糖含量有随着追肥比例增加而降低的趋势；处理 T3 的 K^+含量较高，满足优质烟叶需求，其余处理 K^+含量稍低；各处理烟叶 Cl^-含量均在优质烤烟质量要求范围内，但总体偏低，其中处理 T4 Cl^-含量相对较高。在施肥处理中，增加追肥比例有利于提高石油醚提取物含量，且石油醚提取物含量有随着追肥施用比例增加而增加的趋势。所有处理中部叶两糖比含量均低于优质烤烟需求，其中 CK 两糖比最高。CK、处理 T1 和 T2 的糖碱比较接近优质烟叶要求。所有处理中部叶钾氯比均在优质烟叶要求范围内。

下部叶中，CK 总氮含量偏低，施肥的处理总氮含量均处于适宜范围，处理 T1、T3 相对较高；处理 T4 烟碱含量为 1.51%，较为适宜，而其他处理烟碱含量偏低；处理 T1 总糖含量较为适宜，其他处理的总糖含量偏高；处理 T1 和 T4 还

原糖含量均处在适宜范围内且 T1 还原糖含量相对较高；施肥处理烟叶 K^+含量均满足优质烟叶要求，其中处理 T1、T3、T4 的 K^+含量相对较高；所有处理烟叶 Cl^-含量均处于要求范围内，处理 T3 的 Cl^-含量相对较高；处理 T1、T4 石油醚提取物含量较高，处理 T3 石油醚提取物含量最低；处理 T2 两糖比最接近优质烟叶要求，而处理 T4 糖碱比较为适宜；试验中各处理钾氯比均高于 4，满足优质烟叶要求。

表 6-4　基肥、追肥不同配比对烟叶化学成分及协调性的影响

等级	处理	总氮/%	烟碱/%	总糖/%	还原糖/%	K^+/%	Cl^-/%	石油醚提取物/%	两糖比	糖碱比	钾氯比
B2F	CK	1.61c	2.72	25.77c	21.59ab	1.34c	0.10d	7.49a	0.84a	7.94b	13.40b
	T1	1.94b	2.50b	33.12a	22.00ab	1.83a	0.23c	5.32c	0.66b	8.80a	7.96c
	T2	1.98ab	3.15a	31.31b	21.44b	1.72ab	0.08d	6.07b	0.68b	6.81c	21.50a
	T3	2.07a	3.10a	33.14a	22.32a	1.53bc	0.31b	5.42bc	0.67b	7.20bc	4.94c
	T4	2.06a	2.60b	32.62ab	22.97a	1.51bc	0.42a	5.78b	0.70b	8.83a	3.60c
C3F	CK	1.39c	1.95c	30.10b	23.97c	1.34c	0.10c	6.44b	0.80ab	12.29b	13.40b
	T1	2.07a	2.57b	30.71b	20.34d	1.71b	0.08c	7.71a	0.66d	7.91c	21.38a
	T2	2.04a	2.97a	31.42b	22.57cd	1.70b	0.27b	6.70b	0.72cd	7.60c	6.30c
	T3	1.79b	1.50d	31.05b	26.60b	2.53a	0.10c	5.92bc	0.86a	17.73a	25.30a
	T4	1.69b	1.93c	37.51a	28.53a	1.88b	0.37a	5.71c	0.76bc	14.78b	5.08c
X2F	CK	1.36c	1.33b	30.77a	21.17b	1.60c	0.14b	5.79b	0.69b	15.92b	11.43d
	T1	1.88a	1.24b	21.57c	18.25c	3.19a	0.05c	6.23ab	0.85a	14.72b	63.80a
	T2	1.61b	1.28b	32.47a	28.75a	2.53b	0.05c	5.81b	0.89a	22.46a	50.60b
	T3	1.88a	1.33b	25.70b	22.26b	3.00ab	0.29a	5.16c	0.87a	16.74b	10.34d
	T4	1.66b	1.51a	24.00b	17.59c	3.34a	0.13b	6.56a	0.73b	11.65c	25.69c

六、小结

烤烟生育期较长，在生长过程中遵循着“少富老贫”的需肥规律。传统施肥常重施基肥而忽略追肥。基肥在施入土壤后可以在烟株还苗期、伸根期供给大量养分。随着烟株生育期推进，土壤中的氮肥经过长时间的转化和淋溶，肥效会大大降低。我国南方土壤中含有大量铁铝化合物，肥料中的磷素和土壤中的铁铝化合物结合，形成难被植物利用的磷酸盐化合物，降低了磷肥的有效性。袁仕豪等（2008）对烤烟生长过程中氮素吸收规律进行研究发现，烤烟在不同生长发育阶段养分吸收来源不同，烤烟在伸根期和旺长期以吸收基肥氮为主，成熟期以吸收土壤氮为主；在相同的施氮量条件下随追肥比例增大，烤烟对基肥氮的吸收量减小，对追肥氮的吸收量增加；各生育期内，烤烟对追肥的利用率均高于基肥。随着追肥比例增加，土壤肥料氮残留和损失量减少。烟株在还苗期和伸根期内，对养分的吸收量较少，期间作为基肥的大量养分没有得到充分利用，土壤速效养分含量随着雨水淋溶和土壤固定而降低。烟株进入旺长期后，需要吸收大量养分，此时追施肥料可以使土壤速效养分在短期内迅速提高，满足烟株旺长的需求。从植物学性状看，追肥施用量大的处理在生育期内烟株长势较好。进入旺长期后，烟株株高、茎围、最大叶长有随着追肥施用比例增加而增加的趋势。进入成熟期烟株吸收的氮素主要用于合成烟碱（韩锦峰等，2003）。追肥比例大的处理，烟叶中总氮和烟碱都有增加的趋势，与石俊雄（2002）的研究结果一致。试验中，追肥比例最大的处理 T1 氮肥、磷肥肥料利用率最高，且氮肥和磷肥利用率表现出随着追肥比例增加而增加的趋势，提高追肥施用比例可以提高肥料利用率。肥料贡献率和收获指数也表现出随着施用追肥比例增加而变大的趋势。

烟叶中两糖的变化趋势与烟碱相反，随着施用追肥比例增加，烟叶总糖和还原糖都有降低的趋势。提高追肥比例烟叶上部叶中 K^+含量也有升高的趋势。基肥、追肥配比需要在一个适宜范围内，追肥比例过高或许会对烟株还苗期生长发育造成影响，试验中处理 T1 在移栽 30 天时，植物学性状中株高、茎围、最大叶长、最大叶宽、有效叶数和处理 CK 未表现出显著差异。烟株生长前期施肥不足会导致烟株生长势较弱，而后期肥料过多，烟株上部叶开片不好，烟叶贪青晚熟，落黄困难，造成烤后烟叶含青较重，影响烟叶品质。

增大追肥施用比例有利于促进烟株在田间的生长，具体表现为烟株株高、茎围、最大叶长有随着追肥比例增加而增加的趋势。同时，增加追肥比例有利于适当提高烟叶烟碱含量，降低烟叶两糖含量，提高烟叶协调性，增加肥料利用率和肥料贡献率。施用 40%基肥、追施 60%的处理对烟株生长发育，以及烟叶协调性影响最好，并且明显提高肥料利用率。

第二节　黄腐酸对植烟土壤改良及烟叶品质的影响研究

腐殖酸是动植物遗骸经过生物和非生物的降解、缩合等作用形成的一种天然高分子聚合物，是土壤中重要的有机部分。腐殖酸中的羟基、羰基、醇羟基、酚羟基等官能团，有较强的离子交换和吸附能力，可以提高肥料利用率。我国氮肥当季利用率仅为 28%～41%，平均为 33.7%，而发达国家氮肥利用率为 50%～60%，氨挥发是氮肥施入后的主要损失途径之一（朱兆良和文启孝，1992；Fillery and Vlek，1986；Kissel et al.，1977）。腐殖酸通过与铵结合形成腐殖酸铵，能减少氨挥发，进而增加氮素有效性。同时，腐殖酸与 Al^{3+}、Fe^{3+}、Ca^{2+}、Mg^{2+}等高价阳离子结合，减少它们与磷肥中 HPO_4^{2-}、$H_2PO_4^-$结合而造成沉淀的机会，提高了磷肥利用率（章智明等，2013）。腐殖酸还可以促进土壤团粒结构的形成，增加土壤孔隙度，使土壤具有良好的通透性，有利于土壤水、肥、气、热状况调节，促进土壤微生物的繁殖，促进微生物对土壤中有机物的降解。另外，腐殖酸还可以促进植物吸收养分及细胞伸长，有效刺激烤烟根系生理活性，增强根系活力，促进烤烟根系生长。腐殖酸种类复杂，黄腐酸是腐殖酸中可以溶于水的部分。本节以黄腐酸为试验材料，探讨不同黄腐酸施用量对重庆烟区土壤改良及烟叶品质的影响，以期为重庆烟区土壤改良及烟叶品质提升提供依据。

大田试验于 2014 年在重庆市彭水县进行，供试品种为云烟 97，土壤为黄棕壤，5 月 1 日移栽，行株距为 55cm×115cm。试验供试土壤有机质含量为 18.36g/kg，速效磷含量为 24.85mg/kg，速效钾含量为 478.61mg/kg，碱解氮含量为 117.93mg/kg，pH 为 6.31。试验设置 4 个处理：T1 按常规施肥量施肥（同第三章农家肥试验中常规施肥量），T2 为 T1+600kg/hm^2 黄腐酸，T3 为 T1+1200kg/hm^2 黄腐酸，T4 为 T1+1800kg/hm^2 黄腐酸。黄腐酸与其他肥料混匀后条施于烟田。每个小区 100m^2，重复 3 次。所用黄腐酸为新疆双龙所产，除试验因素处理不同外，其他试验因素要求相对一致，每公顷使用复合肥（N∶P_2O_5∶K_2O= 8∶12∶15）600kg，饼肥（N + P_2O_5 + K_2O≥5%，有机质≥45%）225kg，黄腐酸与肥料混匀条施。所施用黄腐酸中黄腐酸含量（干基计）为 30%，腐殖酸含量（干基计）为 50%，水不溶物（干基计）为 5%，KCl（干基计）为 12%。

一、施用黄腐酸对植烟土壤养分含量的影响

速效钾是衡量土壤对农作物供应钾素能力的重要指标。从表 6-5 可以看出，移栽 30 天时，处理 T3、T4 与处理 T1 相比，没有显著优势。烟株移栽 45 天后，施用黄腐酸的处理土壤速效钾含量显著高于未施用黄腐酸的处理，其中，处理 T4 在烟株生长发育后期其土壤速效钾含量均保持在较高水平，处理 T3 次之。黄腐酸速效钾的释放具有一定的滞后性和持续性。磷元素也是植物生长不可缺少的营养元素。处理间土壤速效磷含量和速效钾含量变化规律有一定的相似性（表 6-5）。在烟株移栽 30 天时，处理间土壤速效磷表现为处理 T4 较高，处理 T2 次之，处理 T1、T3 含量较低。此时，施用黄腐酸并没有表现出明显促进土壤速效磷含量增加的作用。在烟株移栽 45 天后，施用黄腐酸的处理土壤速效磷含量有显著高于处理 T1 的趋势，处理 T4 土壤速效磷含量峰值出现一定的滞后性。碱解氮是作物氮素营养的主要来源。移栽后 30 天，施用黄腐酸的处理其土壤碱解氮含量已经显著高于未使用黄腐酸的处理（表 6-5），其中黄腐酸施用量较大的处理 T3、T4 土壤碱解氮含量达到该处理在整个生育期的最大值，分别为 174.45mg/kg、187.53mg/kg。烟株移栽 30 天时，处理 T3 土壤有机质含量最高，达到 29.13g/kg，其余处理间差异不显著。烟株移栽 45 天后，黄腐酸施用量较大的处理 T3、T4 土壤有机质含量开始显著高于处理 T1，表明适量施用黄腐酸可以增加土壤速效养分，提升土壤有机质水平。

表 6-5 施用黄腐酸对植烟土壤养分含量的影响

移栽时间	处理	速效钾/（mg/kg）	速效磷/（mg/kg）	碱解氮/（mg/kg）	有机质/（g/kg）
30 天	T1	549.85a	19.76b	139.95d	26.04b
	T2	469.80b	20.76ab	157.80c	27.40b
	T3	549.77a	19.26b	174.45b	29.13a
	T4	569.07a	21.09a	187.53a	27.52b
45 天	T1	359.88c	20.09c	149.35b	23.06b
	T2	559.74b	23.29a	156.25ab	26.38a
	T3	553.06b	24.36ab	159.26a	28.60a
	T4	619.88a	25.79a	160.45a	28.65a
60 天	T1	469.66c	22.18bc	155.00b	26.06b
	T2	643.20b	24.35bc	151.15c	27.05b
	T3	902.54a	27.54a	159.33a	29.92a
	T4	889.68a	26.13ab	153.70bc	29.00a
75 天	T1	469.34b	20.16c	146.82c	25.19b
	T2	499.85b	22.89b	154.99b	25.19b
	T3	956.19a	20.37c	167.14a	27.43a
	T4	929.62a	28.07a	156.64b	28.25a
90 天	T1	599.89bc	20.39b	157.68b	27.33c
	T2	519.73c	23.78a	158.70b	28.45b
	T3	676.38ab	23.39a	160.66ab	28.60a
	T4	749.73a	23.58a	163.79a	29.09a

二、施用黄腐酸对土壤生物特性的影响

（一）施用黄腐酸对土壤微生物生物量碳、微生物生物量氮含量的影响

从图 6-6a、图 6-6b 可以看出，土壤中微生物生物量碳、微生物生物量氮的含量变化波动较大。在移栽 45 天时，土壤微生物生物量碳、微生物生物量氮含量为整个生育期最低。在移栽 60 天时土壤微生物生物量碳、微生物生物量氮含量达到峰值。处理 T1 在整个取样期土壤微生物生物量氮含量均处于相对较低的水平。移栽 30 天时，处理 T2 土壤微生物生物量氮含量最高，达到 49.59μg/g。处理 T3 土壤微生物生物量氮在移栽 60 天时表现为各处理间最大值（114.15μg/g）。土壤微生物生物量碳含量的变化趋势和土壤微生物生物量氮变化趋势相似。处理 T3 在移栽 60 天时土壤微生物生物量碳含量达到最大值（516.47μg/g），处理 T2 次之，处理 T1 在整个取样期均表现出土壤微生物生物量碳含量相对较低。

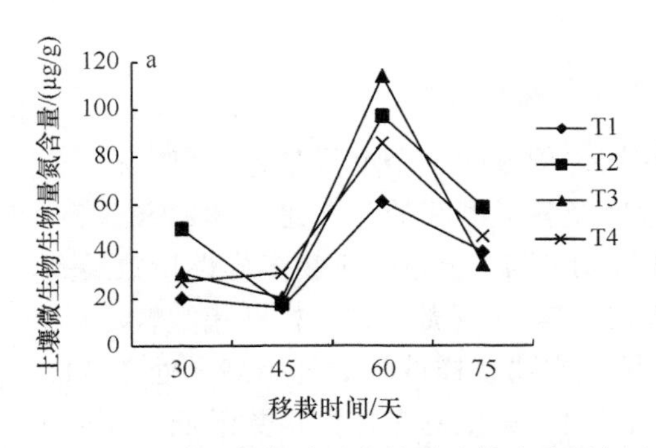

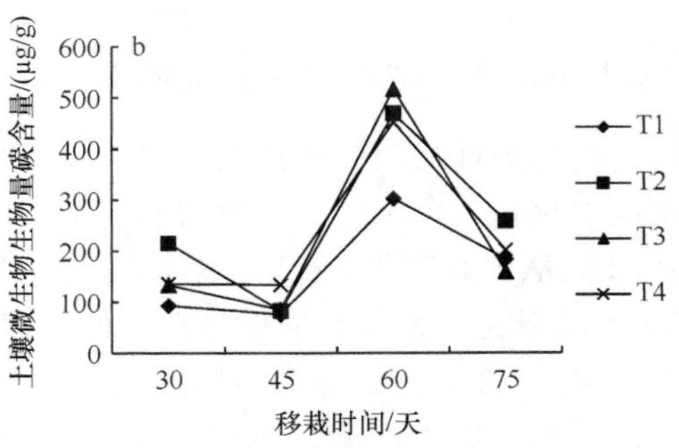

图 6-6　施用黄腐酸对土壤微生物生物量氮含量（a）和微生物生物量碳含量（b）的影响

（二）施用黄腐酸对植烟土壤微生物数量的影响

土壤微生物数量表现为细菌>放线菌>真菌（表 6-6）。在烟株移栽 45 天时处理 T2 真菌数量较低，此后其真菌数量略高于处理 T1，呈上升趋势，至移栽后 75 天时达到峰值，但与处理 T3、T4 相比仍有差距，表明施用黄腐酸可以增加土壤真菌数量，且施用量越多增加效果越明显。移栽后 45 天和 90 天时处理 T2 的放线菌数量显著高于其他处理，移栽后 60 天和 75 天时处理 T3 的放线菌数量显著高于其他处理，处理 T1 放线菌数量变化幅度相对较小。处理 T3、T4 土壤细菌数量变化表现出略微相似的规律，即先升高后降低，不同的是，处理 T3 在烟株移栽 75 天时，细菌数量达到峰值为 59.00×10^{6}cfu/g，而处理 T4 峰值出现时期相对滞后。移栽后 45 天时处理 T2 的细菌数量、移栽后 75 天处理 T3 的细菌数量、移栽后 90 天和 105 天处理 T4 的细菌数量均显著高于同时期其他处理的细菌数量。施用黄腐酸有助于增加土壤微生物数量，且用量越大效果越显著。

表 6-6　施用黄腐酸对土壤微生物数量的影响　　（单位：$\times10^{6}$cfu/g）

微生物类型	处理	45 天	60 天	75 天	90 天	105 天
真菌	T1	0.36b	0.25c	0.78b	0.69b	0.31c
	T2	0.27c	0.30b	4.00a	0.95b	0.63b
	T3	0.36b	0.23c	4.06a	5.15a	0.54bc
	T4	0.43a	0.37a	3.67a	3.62a	1.07a
放线菌	T1	2.00b	2.10c	4.93c	3.60c	8.50a
	T2	9.03a	3.95ab	8.65b	15.95a	6.70b
	T3	1.27b	4.25a	11.35a	4.80bc	5.40b
	T4	2.57b	3.60b	5.15c	6.00b	5.85b
细菌	T1	10.50c	40.00a	27.00b	41.00b	17.00c
	T2	46.50a	20.00b	31.00b	69.00a	18.00c
	T3	20.00b	38.50a	59.00a	19.00c	28.50b
	T4	20.00b	21.00b	34.00b	73.00a	57.50a

（三）施用黄腐酸对植烟土壤微生物多样性指数的影响

生物多样性指数是描述生物类型数和均匀程度的一个度量指标，可以在一定程度上反映一个生物群落中物种的丰富程度及各类型间的分布比例（章家恩等，2002）。从表 6-7 可以看出，在移栽 45 天时，处理 T1 土壤微生物多样性指数最高，处理 T2 次之，施用黄腐酸量较大的处理 T3、T4 土壤微生物多样性指数较低。在烟株移栽 60 天时，施用黄腐酸的处理土壤微生物多样性指数开始高于处理 T1。在烟株移栽后 105 天，黄腐酸施用量大的处理 T4 生物多样性指数最低，而处理 T2、T3 在整个取样期内均表现出较高的生物多样性指数。

表 6-7　施用黄腐酸对植烟土壤微生物多样性指数的影响

处理	45 天	60 天	75 天	90 天	105 天
T1	0.55a	0.23c	0.53c	0.35d	0.69a
T2	0.47ab	0.51a	0.78a	0.54b	0.69a
T3	0.31c	0.36b	0.63b	0.88a	0.51b
T4	0.44b	0.49a	0.65b	0.44c	0.39c

在自然状态下，大部分土壤微生物处于休眠状态。当新鲜有机质添加到土壤中，土壤微生物种群结构立即发生变化。但不同土壤微生物对不同 C/N 的有机物分解能力不同。添加不同有机质会刺激土壤中不同微生物的种群增长。施用黄腐酸后，或许适宜分解该物质的真菌还未成为优势种群，故施用黄腐酸的处理与处理 T1 土壤真菌数量没有迅速表现出巨大差异性（表 6-6），但细菌和放线菌的差异表现明显。在烟株生长后期，施用黄腐酸的处理土壤三大菌落数量均显著高于处理 T1，黄腐酸可以促进土壤菌落的繁殖。由于施加的黄腐酸营养物质相对单一，故大量施加黄腐酸的处理土壤微生物种群也相对未施加黄腐酸的处理单一。所以，105 天时处理 T3、T4 土壤微生物多样性指数低于未施用黄腐酸的处理 T1 和施用量少的 T2。适量施用黄腐酸可以促进土壤微生物多样性指数的提高，提高土壤生态系统多样性，施用量过高可能会使土壤单一或同类菌种成为优势种群，降低土壤微生物多样性指数。

三、施用黄腐酸对烤烟根系的影响

从表 6-8 可以看出，施用黄腐酸后，烟株的根系体积高于未施用黄腐酸的处理。烟株进入旺长期后，施用黄腐酸的处理根系体积增量明显，其中处理 T4、T3 根系体积增加尤为显著。烟株根系鲜重、干重表现与根系体积的增加规律一致，其中处理 T4 的烟株根系鲜重和干重均最大，移栽 90 天分别为 351.16g、50.37g。

烟株根系干物质积累速度变化趋势与其他指标略有不同，在烟株整个生长发育过程中，施用黄腐酸的处理烟株根系干物质积累速度相对较快。施用黄腐酸的烟株根系在整个生育期，其干物质积累速度呈现先升高后降低的规律，并在移栽60～75天时达到速度最大值。未施用黄腐酸的处理，烟株根系的干物质积累速度则呈现"双驼峰"形，处理T1在移栽后45天和75天均出现干物质积累快速增加的趋势。试验中施用黄腐酸的处理烟株根系体积和干物质重有高于处理T1的趋势，烟株根系干物质积累速度在烟株生长前期和打顶后较快。未施用黄腐酸的处理T1其根系干物质积累速度高峰期明显滞后于施用黄腐酸的处理。在烟株成熟期，处理T1的干物质积累速度下降明显，而施用黄腐酸的处理干物质积累速度则呈现缓慢下降的趋势。

表6-8　施用黄腐酸对烤烟根系的影响

移栽时间	处理	根系体积/cm^3	根系鲜重/g	根系干重/g	干物质积累速度/（g/天）
30天	T1	8.50c	7.79c	1.46c	0.05b
	T2	10.00bc	9.17bc	2.04b	0.07b
	T3	15.50a	14.28a	3.11a	0.10a
	T4	12.50ab	10.31b	2.90a	0.10a
45天	T1	80.00ab	63.45a	7.68a	0.41a
	T2	72.00b	55.74b	5.79b	0.25c
	T3	83.00ab	69.80a	7.59a	0.30b
	T4	91.00a	66.33a	7.62a	0.31b
60天	T1	160.00d	133.45b	12.78c	0.34c
	T2	180.00c	167.86b	20.11b	0.95b
	T3	210.00a	197.35a	23.16ab	1.04ab
	T4	197.00b	188.90a	25.12a	1.17a
75天	T1	243.00b	224.63b	30.48b	1.18ab
	T2	250.00b	224.85b	32.18b	0.80c
	T3	370.00a	348.30a	41.12a	1.20a
	T4	390.00a	358.47a	40.05a	1.00bc
90天	T1	271.00c	228.57c	36.48b	0.40b
	T2	315.00b	269.35b	43.74a	0.77a
	T3	375.00a	331.17a	50.16a	0.60a
	T4	398.00a	351.16a	50.37a	0.69a

四、施用黄腐酸对烤烟常规化学成分的影响

从表6-9可以看出，下部叶中施用腐殖酸的处理T3、T4烟叶烟碱含量显著高于处理T1，烟碱含量表现出随着腐殖酸施用量的增加而增加的趋势；施用黄腐酸

的处理 T2、T3 中部叶烟叶烟碱含量超出优质烤烟要求范围。上部叶中所有处理烟碱含量均超出优质烤烟要求范围，需要对降低中上部叶烟碱含量进一步进行研究。施用黄腐酸有降低烟叶中下部叶两糖含量的趋势，其中下部叶降低趋势明显，并且烟叶两糖含量随着黄腐酸施用量的增加而降低。上部叶处理间两糖含量没有表现出明显的规律性，但处理 T2、T4 两糖含量有低于处理 T1 的趋势。氯是烟草必需微量元素之一，与烟叶的吸湿性和燃烧性有关（刘国顺，2003b）。从表 6-9 可以看出，所有处理烟叶 Cl^-含量均在优质烟叶要求范围内，但含量普遍偏低。施用黄腐酸后处理 T4 中下部叶 Cl^-含量显著高于处理 T1。钾素对烤烟的外观和内在品质均有良好的影响，较高的钾含量不仅有利于提高烟叶的品质，还有利于烟制品的燃烧（刘国顺，2003b）。由此表还可以看出，中下部叶 K^+含量在优质烟叶要求范围内，但上部叶 K^+含量稍低。施用黄腐酸有增加中上部烟叶 K^+含量的趋势。

烟叶化学成分的协调性也是评价烟叶质量的重要指标。除处理 T4 下部叶和上部叶两糖比略低于优质烟叶要求外，其余处理两糖比均在优质烤烟要求范围内。优质烟叶钾氯比≥4，从表 6-9 可以看出，所有处理钾氯比均在优质烟叶要求范围内。

表 6-9　施用黄腐酸对烤后烟叶常规化学成分的影响

等级	处理	烟碱/%	总糖/%	还原糖/%	K^+/%	Cl^-/%	两糖比	糖碱比	钾氯比
B2F	T1	5.41a	25.68b	23.39ab	1.46b	0.25ab	0.91a	4.32b	5.84b
	T2	5.31a	21.77c	19.57c	1.69a	0.24b	0.90a	3.69c	7.04a
	T3	4.92b	28.27a	25.65a	1.79a	0.26a	0.91a	5.21a	6.88a
	T4	5.39a	24.70b	21.95bc	1.80a	0.27a	0.89a	4.07b	6.67a
C3F	T1	2.77c	33.03a	30.46a	2.19c	0.14c	0.92a	11.00a	15.64b
	T2	3.25b	29.24b	26.60b	2.19c	0.18b	0.91a	8.18b	12.17c
	T3	3.58a	31.02ab	28.13ab	2.63b	0.15c	0.91a	7.86b	17.53a
	T4	2.20d	31.24ab	28.22ab	3.20a	0.21a	0.90a	12.83a	15.24b
X2F	T1	1.42c	32.93a	30.51a	3.24b	0.15bc	0.93a	21.49a	21.60a
	T2	1.43c	31.10a	28.39ab	3.09b	0.17b	0.91ab	19.85ab	18.18b
	T3	1.52b	28.74b	26.10b	3.34b	0.14c	0.91ab	17.17b	23.86a
	T4	1.99a	22.43c	20.07c	4.18a	0.25a	0.89b	10.09c	16.72b

五、小结

腐殖酸由碳、氢、氧、氮、硫、磷等多种元素组成，自身分解可以为植物生长提供氮、磷等多种元素。我国南方地区土壤磷元素含量较高，但是这些磷素养分与土壤中的铁铝结合，形成难溶磷酸盐，不易被作物吸收。腐殖酸中的含氧官能团很容易与磷肥结合成复合物，减少土壤对磷素的固定，腐殖酸中的阴离子与土壤中的磷酸根离子发生竞争，进而减少磷酸根离子被土壤矿物吸附，提高了植物对磷肥的利用率（陈静和黄占斌，2014）。氮素进入土壤后，通过氨挥发、硝化-反硝化作用及硝酸盐淋湿等途径损失（徐谦，1996）。土壤中的 NH_3 经水合反应形成铵根离子，腐殖酸通过与铵结合形成腐殖酸铵。腐殖酸铵解离度较低，既为烤烟提供氮肥又减少了氨的挥发，从而提高了氮素的有效性。腐殖酸可以加剧土壤中微生物的活动，尤其是土壤自生固氮菌的数量，土壤中生物固氮作用得到加强，土壤中硝酸盐含量增加，为烤烟生长提供氮素。施用腐殖酸的处理土壤氮素和磷素含量明显高于未施用黄腐酸的处理 T1。

腐殖酸由于其活化功能，可以增加植物体内氧化酶（如抗血酸氧化酶、多酚呼吸酶等）活性及代谢活动，促使烟株根系发达，提高了根系吸收水分和肥料的能力，促进了植物生长（程亮等，2011）。高家合（2006）的研究也表明，腐殖酸可以促进烟株根系的生长，且在适宜范围内，烤烟根系鲜重、干重、根系活力随着腐殖酸浓度增加而增加，与本文研究结果类似。施用黄腐酸后，烟叶两糖含量降低而烟碱含量升高，这或许是由于黄腐酸促进了烟株根系发育，进而促进了烟株对养分的吸收。

综上所述，黄腐酸促进了烟株根系发育，提高了烟株根系体积、干重、鲜重，且烟株根系有随黄腐酸施用量增加而增加的趋势。施用黄腐酸提高了土壤速效磷、速效钾、碱解氮、有机质、微生物生物量碳、微生物生物量氮的含量，并促进了土壤中三大菌落的繁殖，但施用黄腐酸对土壤微生物多样性促进效果不明显。施用黄腐酸降低了烤后烟叶两糖含量，适当提高了烟叶 Cl^- 和 K^+ 含量，有增加烟叶烟碱含量的趋势，在实际施用时需注意减少化肥氮素施用。常规施肥配施 1200kg/hm^2 黄腐酸的处理提升土壤微生物生物量碳、土壤微生物生物量氮的效果最好，烟叶协调性相对较好。常规施肥配施 1800kg/hm^2 黄腐酸的处理对土壤肥力的提升效果最好。

第三节　不同农艺措施对烟株根系生长发育的影响

烟草根系由主根、侧根和不定根三部分组成，是烟株的固着器官、吸收器官及重要的合成器官，对烟株的健康生长至关重要。烤烟根系发育与烟叶生长、抗病性、主要经济性状、烟叶化学成分和吸食品质有着密切的关系（刘国顺，2003b）。烟株根系发育健康，根体积增加可以促进烟株生长发育，增强对病毒的抗性，同时可以使烟叶化学成分趋于协调，提升烟叶评吸品质。不同的栽培措施在促进主侧根生长时，会使烟叶根鲜重增加，烟叶中糖类化合物含量下降。大量不定根的发生、生长有利于烟碱的合成，表现为烟叶中烟碱、K^+ 含量增加。本小节在重庆山区特色烟叶生产技术及生态条件下，简述了施用促根剂及不同耕深措施对烟株根系生长发育的影响。

一、促根肥配施化肥对烟株根系生长的影响

促根肥试验于2014年在重庆彭水进行，供试品种为云烟97。5月3日移栽，大田管理按当地优质烟叶生产技术方案进行。本试验共3个处理：CK为不施肥处理；T1为常规施肥（施肥量和第四章第三节常规施肥处理相同）；T2为在常规施肥基础上以萘乙酸钠和吲哚丁酸钾灌根+三十烷醇叶面喷施（6月10日、6月26日、7月5日分次进行钠钾盐灌根和三十烷醇喷施，浓度均为20mg/kg）。每个处理550株（0.5亩），重复3次。

（一）促根肥配施化肥对烟株根系体积的影响

烟株移栽30天时，烟株根体积较小，不同处理间差距不明显（图6-7a）。移栽后45天进入旺长期后，烟株根系体积迅速增加，但CK根系增加不明显。烟株移栽60天时，处理T2根系体积为210.00cm^3，大于处理T1根体积。烟株移栽75天时，处理T2根系体积大于处理T1，达到250.00cm^3，施用促根剂对烟株根系体积增加效果明显。

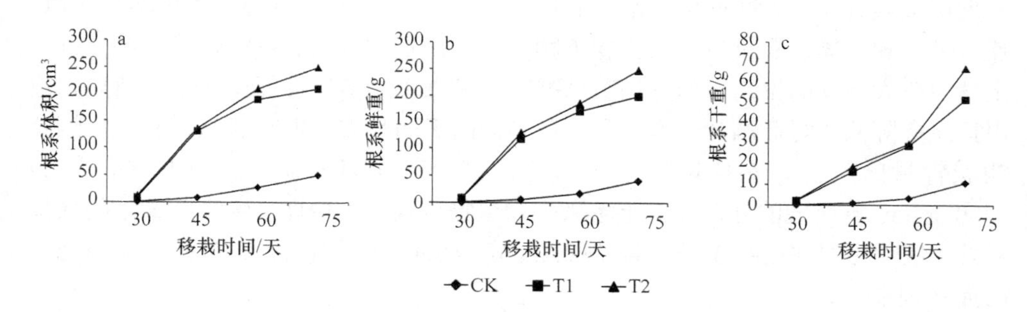

图6-7 促根肥配施化肥对烟株根系生长的影响

（二）促根剂对烟株根系鲜重的影响

根系鲜重也是反映根系发育的一个指标。从图6-7b可以看出，烟株鲜重变化趋势和烟株根系体积变化趋势（图6-7a）类似。烟株移栽30天时，不同处理间烟株根系鲜重差距较小。移栽30天后，烟株根系鲜重开始迅速增加，至移栽45天时，根系鲜重增加明显，其中处理T1根系鲜重为117.97g，处理T2为128.62g。烟株移栽75天时，处理T2根系鲜重为247.98g，高于处理T1，同时也远远高于CK，表明施用肥料可以明显促进烟株鲜重增加，同时在施用化肥的基础上配施促

根肥可以进一步促进烟株根系鲜重增加。

（三）促根剂对烟株根系干重的影响

从图 6-7c 可以看出，烟株进入旺长期后，根系干物质积累速度迅速增加，但根系干重变化规律与鲜重稍有不同。根系干重在移栽后 60～75 天增加迅速，移栽后 75 天处理 T2 根系干重增至 67.40g，处理 T1 根系干重为 51.97g。未施肥处理 CK 根系干重较低，仅为 10.81g。

二、耕深处理对烟株根系生长发育的影响

深耕就是利用深耕犁进行耕地作业，将耕深由原来常规耕作深度逐年加深，以打破犁底层，提高土壤的通透性能，改善作物根系生长的环境条件，促进作物生长发育，达到增产增收的效果。因此，深耕是中国农业目前应用比较广泛的耕作技术之一。通过改良土壤耕作措施、改进耕作机械或随着时间延续，以前不适应深耕的土壤也可能适合深耕，关键是因地制宜，总结出适合当地实际情况的耕作方法。目前，重庆烟区耕作层较浅，本部分内容针对重庆土壤当地生产条件开展了耕作深度对烟株根系生长发育的研究。

耕深对烟株根系发育影响试验（图 6-8）于 2015 年在重庆市石柱县六塘乡龙池村进行，供试品种为云烟 87。试验共设 4 个处理：S1 为耕深 20cm，不施用肥料；S2 为耕深 20cm，正常施用肥料；S3 为耕深 25cm，正常施用肥料；S4 为耕深 30cm，正常施用肥料。其中，处理 S1 为 300 株烟，其余 3 个处理各 550 株。深耕由人工完成。试验用地为缓坡烟田，起垄高度 35cm，提沟培土后达到 40cm，复合肥用量 675kg/hm^2（N∶P_2O_5∶K_2O=8∶12∶15）；提苗肥 37.5kg/hm^2（N∶P_2O_5∶K_2O=20∶15∶10）；硝酸钾 225kg/hm^2（N∶P_2O_5∶K_2O=12.5∶0∶33.5）。

图 6-8　试验田耕深试验不同耕深现场照（彩图请扫封底二维码）

（一）耕深处理对烟株根系体积的影响

由图 6-9a 可知，随着烟株的生长，根系体积也变大；移栽 30 天时，处理 S3 根系体积最大，为 16.67cm^3，处理 S1 根系体积最小，仅为 3.75cm^3；移栽 60 天时，处理 S2、S3 和 S4 根系体积差异较小，均比处理 S1 根系体积大；移栽 90 天时，处理 S4 根系体积最大，为 405.00cm^3。这表明施肥处理有助于增加烟株的根系体积，30cm 耕深增加最多。

（二）耕深处理对烟株根系鲜重的影响

由图 6-9b 可知，移栽 30 天时，处理 S3 根系鲜重最大，为 9.82g；移栽 60 天时，处理 S2 和 S4 根系鲜重差异较小；移栽 90 天时，处理 S4 根系鲜重最大，为 353.12g，处理 S3 次之。这表明施肥处理随着耕层深度的增加，烟株根系鲜重增加，30cm 耕深的烟株根系鲜重增加最多。

（三）耕深处理对烟株根系干重的影响

如图 6-9c 所示，移栽后 30 天，处理 S3 根系干重最大，处理 S1 根系干重最小；移栽后 60 天，处理 S4 根系干重最大，处理 S3 根系干重最小；移栽后 90 天，正常施肥处理的根系干重大小依次为 30cm 耕深>25cm 耕深>20cm 耕深，不施肥处理低于正常施肥处理。这表明施肥有助于提高烟株的干重，其中 30cm 耕深根系干重增加最多。

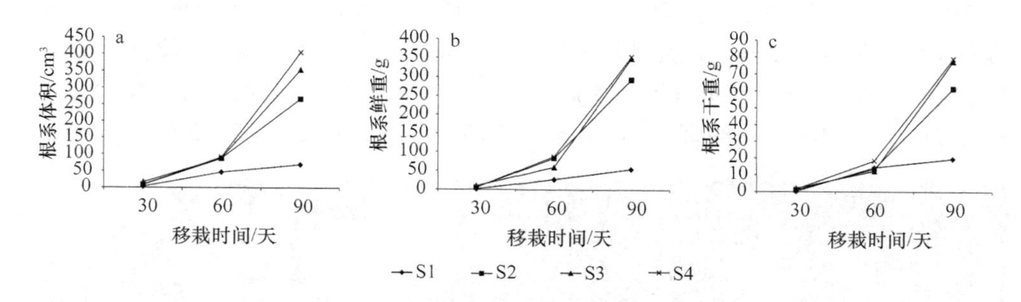

图 6-9 耕深处理对烟株根系生长发育的影响

三、小结

烟草根系活力的变化动态呈双峰曲线，即符合“慢—快—慢”的生长模式。根系活力高峰分别出现在移栽后 30 天和 80 天，烟草根系干重及总长度的变化趋势均表现为打顶以前缓慢增加，打顶至圆顶期迅速增加，并于圆顶期达到最大根重（刘国顺，2003b）。目前，促根研究多集中在施肥、植物激素、栽培措施等方面。本文依据重庆山区种烟模式采用促根剂与耕深两个方面开展的研究效果明显。施用促根剂后，烟株根系鲜重、干重及根系体积均明显大于常规施肥处理及未施肥处理；采用耕深 30cm 配施化肥的处理措施在满足烟株对养分需求的前提下，打破犁底层，提高了土壤的通透性能，改善了烟株根系生长的环境条件，故对增加烟株根系体积、鲜重及干重效果也较明显。

第七章 生物炭理化特性研究及其田间应用

21 世纪以来，生物炭研究越来越受到重视，并取得了较大进展。生物炭是在缺氧或低氧条件下，以相对较低温度（<700℃）对生物质进行热解而产生的含碳极其丰富、稳定、高度芳香化的固态物质。生物炭作为肥料缓释载体施入土壤后，不仅能改善土壤的理化性质和生物学特性，还能增强土壤的固碳能力，减少土壤向大气排放温室气体的量。

生物质热解是一个极其复杂的热化学过程，包括脱水、裂解和炭化 3 个反应阶段。通常，对于特定的生物质原材料，热解温度是影响生物炭物理化学结构特性的最重要因素，与生物炭的产率和特性密切相关，主要体现在生物碳元素组成及含量、表面化学特性、孔性特征等。

第一节 不同热解温度下烟秆生物炭理化特性分析

我国年产烟草秸秆约 290 万 t，处理手段主要是焚烧（占 85%）、丢弃等，既不经济又影响环境，还易引发烟草病虫害的发生与流行。国外通过对烟秆理化性质的分析，从制备纸浆、乙醇、生物质液体等方面进行了综合研究，国内科技工作者从提取烟碱、生产有机肥、制备生物质燃料和活性炭等方面进行了探索，但在烤烟秸秆炭化及炭化后在烟草栽培上的综合利用方面鲜见相关研究报道。有鉴于此，本研究进行了不同温度下烤烟秸秆炭化后的理化特性分析，以期挖掘烟草秸秆的使用价值，为清洁烟田、改良土壤、减少环境污染提供参考。

本研究采用的试验材料为烤烟秸秆（地点：平顶山；品种：中烟 100），于 2013 年当季收获风干后取样。采用限氧裂解法制备秸秆生物炭，具体方法：分别将烤烟秸秆放入定制托盘内（铁制托盘：长 23cm、宽 18cm、高 8cm），每盘 0.20kg，盖上盖子置于马弗炉中，将马弗炉炉门密封好之后开始炭化。炭化温度分别设置为 100℃、200℃、300℃、400℃、500℃、600℃、700℃和 800℃，升温速度为 20℃/min，达到热解温度后炭化 2h，关闭马弗炉电源，自然冷却至常温，取出样品。制得的炭化产物粉碎，过筛待测。

采用程序控温马弗炉（KSW-4D-11，上海跃进医疗器械厂）；产率为烤烟秸秆炭化前后质量比；采用碳氮元素分析仪（Vario MAX CN，德国 Elementar 公司）测定全碳含量（质量分数）；用 pH 计（pH S-2F）测定 pH；采用乙酸钠交换法测定阳离子交换量（CEC）；采用 Boehm 滴定法测定表面含氧官能团，其含量用通用耗碱量（mmol/g）表示；采用 SEM 电镜扫描观察分析微观结构，将少量的 100 目炭化样品镀金并粘在样品台上，然后使用扫描电镜观察样品形状和表面特征。矿质元素采用 ICP 光谱仪（VISTA-MPX）检测，土壤全碳和全氮采用 CNS 元素分析仪进行分析（Vario MACRO Cube），采用傅立叶红外分析仪（AVATAR 360 FT-IR SEP，美国 Nicolet 公司）测定生物炭表面官能团。在液氮温度（77.4K）条件下用比表面积及孔径分布仪（全自动比表面积及微孔分析仪 Quadrasorb Si Four Station Surface Area Analyzer and Pore Size Analyzer，美国 Quantachrome Instruments 公司）测定比表面积及孔径分布。

一、不同温度下烟秆炭化产率的变化

由烟秆炭化后的照片（图 7-1）可以看出，随着温度升高，秸秆炭化程度越来越彻底。由图 7-2 可知，烟秆炭化产率随温度的升高而降低，尤其在 100～400℃下降趋势更加明显，500℃以上时产率变化较小。这可能是因为烤烟秸秆主

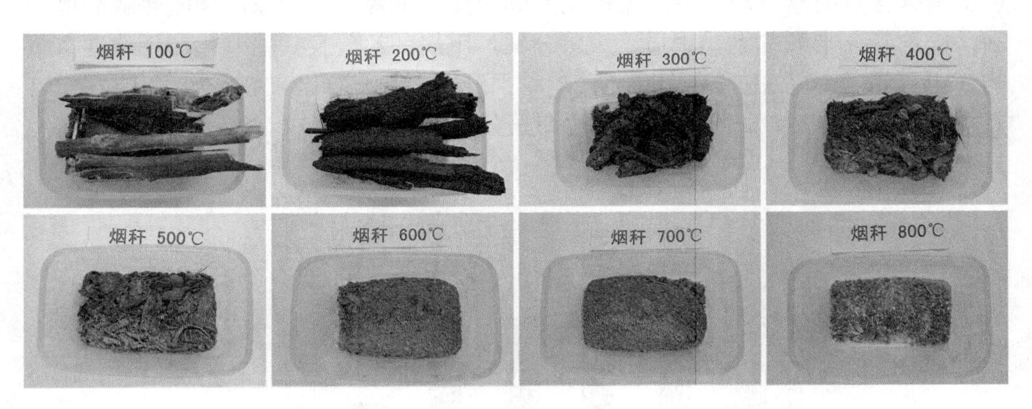

图 7-1　不同温度条件下烟秆制备的生物炭（彩图请扫封底二维码）

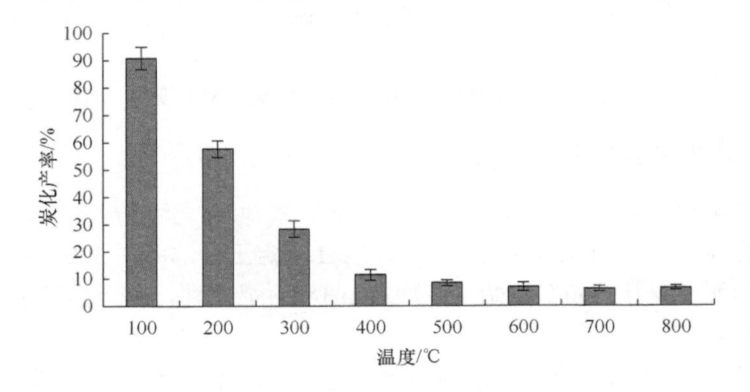

图 7-2　不同温度下烟秆炭化产率的变化

要由纤维素、半纤维素和木质素组成，烤烟秸秆中纤维素总量为 43.45%，生物质的热裂解可归结于纤维素、半纤维素和木质素 3 种主要高聚物的热裂解。纤维素首先发生热解并快速失重；半纤维素在 200℃左右开始发生分解而失重，在 270℃左右出现最大失重峰；而木质素在较低温度时就开始裂解，但木质素是 3 组分中热阻力最大的，在 500℃以上纤维素已基本分解完，500℃以上主要是木质素的缓慢热解，因此 500℃后的产率变化较小。

二、烟秆生物炭化学性质的变化规律

（一）不同温度下烟秆炭化后全碳含量的变化

热解温度决定着热解过程中碳的损失，不同温度处理下的同种材料，得到的生物炭理化性质差异很大。由图 7-3 可知，烟秆生物炭在 100～300℃条件下，全碳含量略有上升，此时秸秆以水分损失为主，有机物并未开始大量分解，400℃以上全碳含量明显下降，并随温度的升高而逐渐下降，主要原因是随热解温度升高，纤维素、半纤维素、木质素大量分解，甲烷、乙酸及其他氧化的挥发性有机物（VOCs）被释放出来，同时还伴随着因纤维素和半纤维素裂解产生 CO_2、CO 及含氮气体的释放，烟秆中残留碳含量开始大幅度减少。

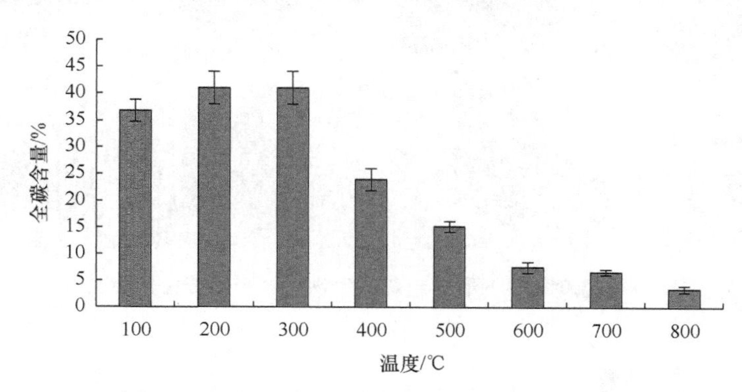

图 7-3　不同温度下烟秆炭化后全碳含量的变化

（二）不同温度下烟秆炭化后 pH 的变化

由图 7-4 可知，在热解温度为 100～200℃条件下，生物炭 pH<7，偏酸性。在热解温度为 300～800℃条件下，生物炭 pH 稳定上升，而在 300～400℃ pH 增长趋势最为明显。从 300℃开始，生物炭 pH>7，显碱性，甚至强碱性（800℃时 pH 为 12.43）。

有研究发现，在酸度较高的土壤上施用生物炭会有很好的改良作用。据统计，全球约 1/3 的土壤偏酸，生物炭在土壤酸度改良方面将发挥巨大作用。

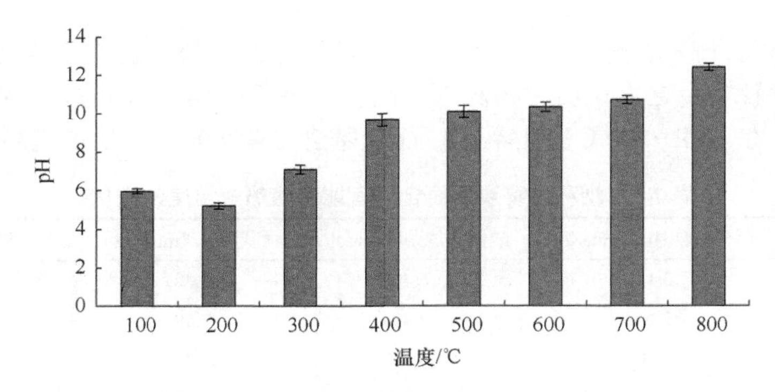

图 7-4　不同温度下烟秆炭化后 pH 的变化

（三）不同温度下烟秆炭化后 CEC 的变化

土壤阳离子交换量（CEC），是指土壤胶体所能吸附各种阳离子的总量，其数值以每千克土壤中含有各种阳离子的物质的量来表示。CEC 是评价土壤缓冲能力高低的指标之一，也是评价土壤保肥能力、改良土壤和合理施肥的重要依据。由图 7-5 可知，烟秆生物炭中 CEC 随热解温度升高的整体变化趋势表现为先增后降，在 400℃左右达到最大，为 85.65cmol/kg，这表明若要获得最大 CEC 的生物炭，需要优化热解温度。有研究表明，生物炭的 CEC 与氧原子和碳原子的比值（O/C）相关，O/C 越高，CEC 越大。

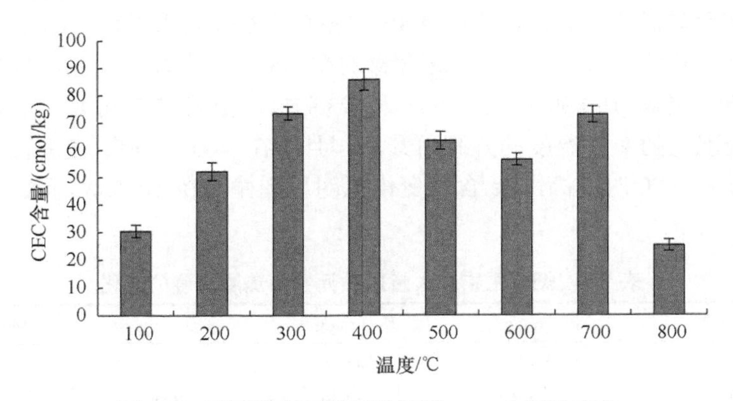

图 7-5　不同温度下烟秆炭化后 CEC 含量的变化

对玉米秸秆、树枝和树叶生物炭的研究发现，其炭化后不但具有芳香结构，而且在生物或非生物作用下可形成羧基官能团，对生物炭自身的阳离子交换量影响较大，施加至土壤中可提高土壤的阳离子交换量（CEC），对土壤改良有重大作用。

（四）不同温度下烟秆炭化后表面含氧官能团的变化

由表 7-1 可知，烟秆生物炭表面碱性官能团含量在热解温度 100～800℃条件下，随温度升高而增加，酸性官能团含量呈降低趋势。在酸性官能团中，以酚羟基含量较多，这也说明生物炭具有高度芳香化结构，内酯基在600～800℃含量较高，在100～500℃变化不大，而羧基含量除800℃外呈现递减趋势。

表 7-1 烟秆生物炭表面含氧官能团随热解温度的变化

热解温度/℃	碱性官能团/（mmol/g）	酸性官能团/（mmol/g）	酚羟基/（mmol/g）	内酯基/（mmol/g）
100	0.10f	6.40b	5.00a	1.00d
200	1.10e	7.40a	5.50a	1.60c
300	3.40d	6.40b	5.20a	1.10d
400	8.90c	4.40c	3.90b	1.60c
500	11.30b	3.40c	3.80b	1.50c
600	12.40ab	2.90d	3.70b	2.30b
700	13.90a	2.10d	3.10c	2.50b
800	14.50a	3.10cd	4.60a	3.60a

注：同列数据后标有不同小写字母者表示组间差异达到显著水平（P<0.05），下同

（五）不同热解温度对烟秆生物炭矿质元素含量的影响

由表 7-2、表 7-3 可知，热解温度对烟秆生物炭的矿质元素含量影响明显。从表 7-2 可以看出，P、K、Ca、Mg 四种元素变化规律相似，随着温度的升高均呈现出先升高后降低的趋势，且均在 400～600℃达到较高水平，当温度达到 800℃时又呈现上升趋势。P、K、Ca、Mg 含量均在 400℃时大幅度提高，与 300℃相比分别提高 89.15%、109.30%、128.93%和 93.91%。由表 7-3 可知，Mn、Na、Zn 含量整体表现为随热解温度的升高而升高，且均在 400～500℃含量较为稳定。B 含量在 600～700℃时较高，Fe 含量变化无明显规律，在 500℃和 800℃条件下达到较高水平。

表 7-2 烟秆生物炭大量矿质元素随热解温度的变化

热解温度/℃	P/（mg/g）	K/（mg/g）	Ca/（mg/g）	Mg/（mg/g）
100	1.123d	10.44d	14.05e	1.50d
200	2.786d	26.54d	26.56de	3.11d
300	4.941c	54.11c	42.45d	5.09c
400	9.346b	113.25b	97.18b	9.87b
500	10.707b	116.68b	97.18b	12.27b
600	10.178b	140.23a	104.84b	10.57b
700	7.715bc	112.58b	80.19c	7.43c
800	18.209a	115.86b	202.43a	22.01a

表 7-3　烟秆生物炭微量矿质元素随热解温度的变化

热解温度/℃	B/（mg/g）	Fe/（mg/g）	Mn/（mg/g）	Na/（mg/g）	Zn/（mg/g）
100	0.013cd	0.125de	0.008d	0.602c	0.016d
200	0.015cd	0.361d	0.026c	0.996bc	0.030cd
300	0.019c	0.285d	0.047b	1.201bc	0.055c
400	0.010d	0.821bc	0.090a	2.097b	0.091b
500	0.011d	1.152b	0.090a	2.072b	0.090b
600	0.067a	0.946b	0.095a	2.609a	0.094b
700	0.040b	0.811bc	0.065b	2.660a	0.064c
800	0.020c	1.862a	0.236c	2.626a	0.140a

总体上看，烟秆生物炭具有相对较为丰富的矿质元素种类，烟秆生物炭矿质元素的含量与烟秆对特定矿质元素的吸收积累量有关。将生物炭施入土壤后，经过一定时期生物炭与土壤的融合，生物炭可能会释放一部分营养元素，促进农作物的生长。

有研究表明，生物质原料中含有一些矿质元素，随着热解过程推进，生物炭产率降低，矿质元素浓度逐渐提高，使生物炭呈碱性。本研究中，碱性矿质元素K、Mg、Ca 含量在中低温条件下持续上升，且在 300～400℃含量上升幅度较大，与此时 pH 变幅较大相吻合。

（六）不同热解温度对烟秆生物炭表面官能团的影响

烟秆生物炭表面官能团的种类可以由 FTIR 定性分析。由图 7-6 可知，不同热解温度下，烟秆生物炭表面官能团的特征吸收峰的位置和强度发生了改变，说明不同热解温度条件对生物炭表面官能团的影响较大。

由图 7-6 可知，3418.52cm^{-1} 谱峰处 100～300℃吸收强度最强，到 400℃开始明显减弱，说明烟秆生物炭中羟基在 300～400℃开始减少，羟基基团开始大量降解。2925.11cm^{-1} 谱峰处 100℃吸收强度为中等，200℃开始减弱，300℃开始变得很弱直至消失，说明部分甲基（$—CH_3$）和亚甲基（$—CH_2$）逐渐被降解或改变。1624.33cm^{-1} 谱峰处为水分子的变形振动和羧酸根的反对称伸缩振动，由图 7-6 可知 300℃后大幅度减弱，说明 300℃之后水分子基本消亡、羧酸根大量降解转化，生物炭缩合度上升，表明随着热解温度升高生物炭逐渐形成芳香结构。1445.08cm^{-1} 谱峰处 100℃、200℃的甲基（$—CH_3$）和亚甲基（$—CH_2$）的变形振动逐渐转变为 300℃时羧酸根的伸缩振动，再到 400℃碳酸根离子的伸缩振动，最终转化为碳酸钙。

结合以上分析，烟秆在 100℃下热解后的生物炭主要成分有纤维素，同时还有木质素等多糖物，200℃时纤维素初步分解为酸和羧酸盐，300～500℃下主要成

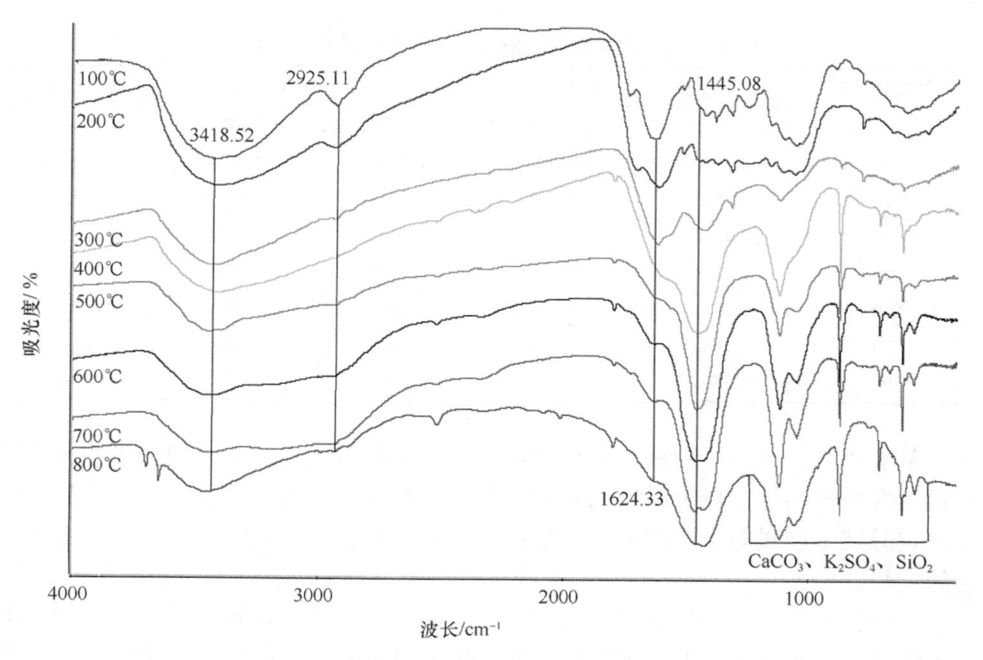

图 7-6 烟秆生物炭的红外吸收光谱（彩图请扫封底二维码）

分为腐殖酸盐及残留的多糖等，600℃时主要是残留的腐殖酸盐和少量的二氧化硅、碳酸钙，700～800℃下主要是碳酸钙、硫酸钾及少量的二氧化硅。

由此可知，随着热解温度逐渐升高，烟秆生物炭芳香化结构比例提高，稳定性增强，正是由于生物炭具有高度的化学和生物惰性，在土壤中的半衰期长达千年，因此，将生物炭应用于农田可快速增加土壤碳库，这也是农业生产固碳减排极具价值的措施之一。

三、不同温度下烟秆炭化后微观结构的变化

根据孔的大小可将孔分为微孔、中孔和大孔，其中微孔（<2nm）对生物炭的比表面积贡献最大，有利于吸附更多的大分子及小分子物质，中孔（2～50nm）和大孔（>50nm）主要对土壤通透性和输水性产生作用。因此，虽然微孔比表面积明显大于大孔，但中孔和大孔体积较大，对于土壤改良中孔和大孔的作用可能会更加明显。生物炭中的大孔一般来源于生物质原料热解后残留的细胞结构，因此孔结构较为相似。生物炭的孔隙变化较大，从 1nm 到几十纳米，甚至数十微米，这些丰富的孔隙结构可以贮存水分和养分，为微生物提供良好的微环境，促进微生物数量的增加及活性的提高，特别是丛枝状菌根真菌（AMF）或泡囊丛枝状菌根真菌（VAM）。基于烟秆生物炭的孔隙结构，烟秆生物炭施入土壤可

以改善土壤的物理特性（如降低容重、增加持水性能等），进而使得土壤矿质元素更多地处于溶解态，有利于养分运移，从而被作物更好地吸收利用，提高其养分利用效率。

N_2 吸附方法已经广泛应用于固体样品表面特性的研究。由 Kelvin 公式可知，在温度为 77.4K 下，氮气在生物炭表面的吸附量与氮气的相对压力（P/P_0）有关，当 P/P_0 在 0.05～0.35 时，吸附量与相对压力的关系符合 BET 方程，并通过 BET（7-1）方程计算得到样品的比表面积。

$$\frac{1}{W\left[\left(P_0/P\right)-1\right]}=\frac{1}{W_m C}+\left[\frac{C-1}{W_m C}\right]\left(\frac{P}{P_0}\right) \tag{7-1}$$

式中，P 为氮气分压；P_0 为液氮温度下氮气的饱和蒸气压；W 为样品表面氮气的实际吸附量；W_m 为氮气单层饱和吸附量；C 为与样品吸附能力相关的常数。

W_m 可从 BET 直线的斜率 s 和 i 得到。方程（7-1）中：

$$S=\frac{C-1}{W_m C};i=\frac{1}{W_m C} \tag{7-2}$$

由 s 和 i 得到 W_m：

$$W_m=\frac{1}{s+i} \tag{7-3}$$

样品的总表面积 S_t 表达式：

$$S_t=\frac{W_m\cdot N\cdot A_{cs}}{M} \tag{7-4}$$

式中，N 为阿佛伽德罗常数；M 为吸附质（N_2）的分子量；A_{cs} 吸附质分析的截面积，在 77.4K 时，以六边形紧密排列的 N_2 单分子为例，其截面积为 16.20$\hat{A}^2$。

样品的比表面积 S 可以从方程（7-4）中总表面积 S_t 和样品质量 m 计算得到：

$$S=\frac{S_t}{m} \tag{7-5}$$

利用 BJH 方程得到了样品的中孔和部分大孔范围的孔径分布。利用 t-Plot 方法得到样品的微孔数据。

（一）烟秆生物炭 SEM 扫描图

烟秆生物炭在热解温度为 500℃下放大 2000 倍和 500 倍的 SEM 扫描图分别如图 7-7 和图 7-8 所示，由图可知，烟秆生物炭孔隙结构发达，具有多孔结构，这是由炭化过程中挥发气体逃逸所致。除此之外，生物炭孔壁较褶皱，增大了比表面积，生物炭的孔隙度对生物炭保持养分离子的能力有很重要的作用。

图 7-7　500℃烟秆生物炭 SEM 扫描图（2000×）（彩图请扫封底二维码）

图 7-8　500℃烟秆生物炭 SEM 扫描图（500×）（彩图请扫封底二维码）

（二）不同热解温度对烟秆生物炭等温曲线的影响

利用美国 Quantachrome Instruments 全自动比表面积、孔隙和化学吸附仪测得样品的氮气吸附—解吸等温线如图 7-9 所示。当 $P/P_0=1$，热解温度为 100～400℃时，氮气的吸附量 400℃>300℃>200℃>100℃；热解温度为 500～800℃时，氮气的吸附量为 500℃>600℃>700℃>800℃，整体趋势为随着热解温度的升高氮气的吸附量先增加后减少，在 400～500℃达到最高水平，说明在 100～400℃时，随着热解温度的升高，烟秆生物炭的孔隙结构逐渐发育，总孔容逐渐增大，一方面是由于生物质本身的海绵状结构，很多原有生物质结构消失，而多孔炭架结构得以保留，炭化后外围轮廓清晰，孔隙结构更加丰富；另一方面是由于水分和挥发分在脱水和裂解时，从生物质表面及内部逸出，产生许多气泡与气孔，超过 400℃时，总孔容有降低趋势，可能是因为在较高热解温度下，生物炭塑性变形，使得孔结构崩塌，同时由于融化和聚变作用，生物炭的比表面积有所降低。也有研究表明，在较高热解温度条件下，半析出状态的焦油堵塞了部分孔隙，比表面积减小，也有可能是表面张力的作用导致孔结构发生变化，使得原有孔径变小甚至关闭。

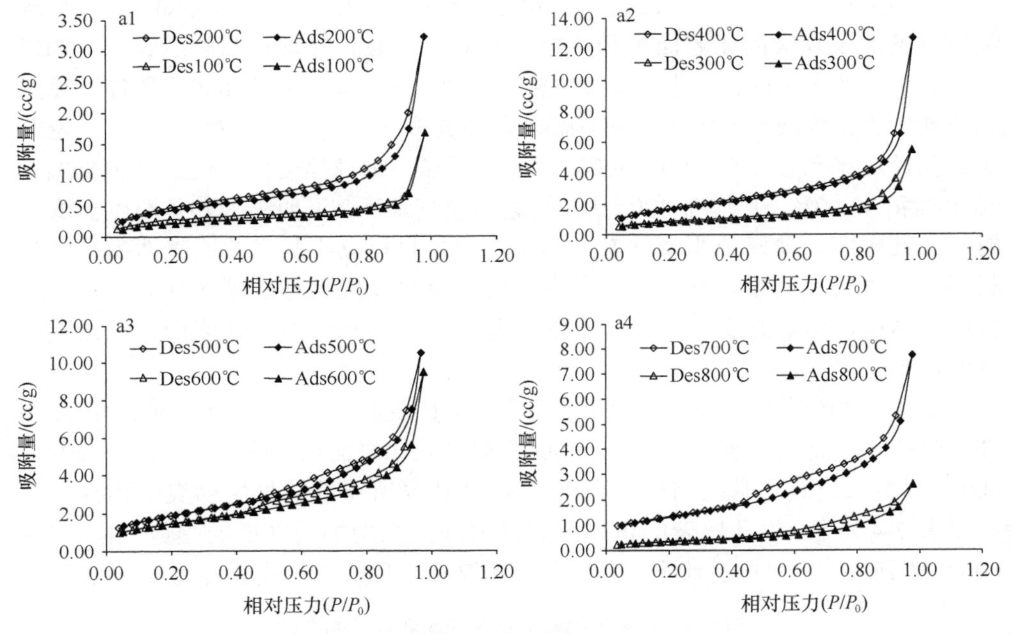

图 7-9　烟秆生物炭氮气吸附—解吸等温线

Ads：吸附曲线；Des：解吸曲线

由图 7-9 可知，各曲线在压力较低时上升平缓，在后半段随着相对压力的增加等温线急剧上升，表明烟秆在不同温度下热解后含有一定量的中孔和大孔。图 7-9 中的 a1 和 a2 形态表现为无拐点的月牙形曲线，当相对压力 P/P_0 较低时，吸附与脱附曲线基本重合，表明烟秆生物炭中较小孔径的孔为一端封闭的不透气性Ⅱ类孔；当相对压力 P/P_0 较高，达到 0.8～0.9 时，存在明显的吸附回线，表明烟秆生物炭中有一部分开放型Ⅰ类孔。图 7-9 中的 a3 和 a4 其形状为带拐点的月牙形曲线，在 P/P_0 较高时，可看到明显的吸附回线，表明烟秆生物炭中较大的孔中存在开放型透气性Ⅰ类孔或“墨水瓶”型孔，同时也可能存在一端封闭的不透气性Ⅱ类孔。

各个热解温度条件下烟秆生物炭的解吸曲线没有与吸附曲线完全重合，而是有相对轻微的滞后现象出现，当相对压力减少至 0.14（小于 0.30）时还有部分氮气未脱附，说明脱附滞后现象并不是由毛细凝聚导致的，存在的原因可能是生物炭中的层状结构由于吸附，层间距变大，层间距约为分子直径的几倍，原来氮气不能进入的细孔也产生了吸附作用，且很难脱离，因此在相对压力较低时也不能发生完全闭合。

（三）不同热解温度对烟秆生物炭孔隙参数的影响

表 7-4 为烟秆生物炭的比表面积和孔结构参数，由表中数据可知，不同热解温度制备的生物炭的比表面积和孔径分布差异明显。在烟秆热解过程中，BET 比表面积、平均孔径、比孔容都发生剧烈变化，除平均孔径在 800℃条件下骤然上升外，其他均随着热解温度的升高表现出先升高后降低的趋势。BET 比表面积、孔径、比孔容都在 300～400℃时上升明显，上升幅度分别达到 110.83%、56.80%和 80.00%，且均在 400～500℃达到较高水平，说明高的热解温度会增加材料的孔隙度。缺氧或少氧状态下高温热解的材料具有相当的比表面积是因为材料本身含有氧元素，在炭化过程中，发生氧化反应而造成碳元素的蚀刻，发育出孔结构，但是温度过高时，孔隙结构变化，又导致 BET 比表面积和比孔容降低。

温度对生物炭孔结构的影响还表现在微孔比表面积上，在 100～400℃温度条件下微孔比表面积逐渐升高，400～500℃时微孔比表面积下降明显，而在 600～800℃时均未检测出微孔结构。利用 BJH 法计算所得的烟秆生物炭中孔孔径分布如表 7-4 所示，中孔比表面积和孔容均表现出先增加后降低的趋势，在 400～600℃达到最大，且中孔比表面积明显大于微孔，反映出中孔所占比重较大。

表 7-4　烟秆生物炭的比表面积和孔结构参数

热解温度/℃	BET 比表面积/(m^2/g)	比孔容/(cm^3/g)	平均孔径/(nm)	*t*-Plot 微孔比表面积/(m^2/g)	中孔比表面积/(m^2/g)	中孔孔容/(cm^3/g)
100	0.824	0.001	1.847	0.146	0.370	0.002
200	1.619	0.003	1.847	0.286	0.928	0.005
300	2.880	0.005	1.766	0.800	1.522	0.008
400	6.072	0.009	2.769	0.955	3.294	0.011
500	6.849	0.011	4.543	0.579	4.477	0.015
600	5.269	0.008	3.794	—	3.491	0.014
700	4.659	0.008	3.694	—	3.294	0.011
800	1.199	0.003	5.439	—	1.046	0.004

注：“—”表示未检测到

由表 7-5 可知，温度与孔径呈现出极显著相关关系，与比表面积和比孔容呈正相关关系，但未达到显著水平，比表面积和比孔容之间达到极显著相关。

表 7-5　烟秆生物炭孔隙参数的相关性分析

参数	温度	比表面积	孔径	比孔容
温度	1	0.321	0.900**	0.416
比表面积	0.321	1	0.308	0.989**
孔径	0.900**	0.308	1	0.393
比孔容	0.416	0.989**	0.393	1

**表示极显著相关（P<0.01）

（四）不同热解温度对烟秆生物炭孔径分布的影响

利用 BJH 法计算所得的烟秆生物炭中孔孔径分布如图 7-10 所示。由图可知，烟秆生物炭的孔径分布随温度的变化非常明显。烟秆生物炭的孔峰主要在 3～4nm 处，热解温度为 100～400℃时，峰值表现为 400℃>300℃>200℃>100℃；热解温度为 500～800℃时，峰值表现为 500℃>600℃>700℃>800℃，呈现出先升高后降低的趋势，在 400～600℃达到最大值。这一现象与比表面积分布曲线（图 7-11）结果一致，说明比孔容与孔径的变化规律是相一致的，与表 7-4 中的分析相吻合。

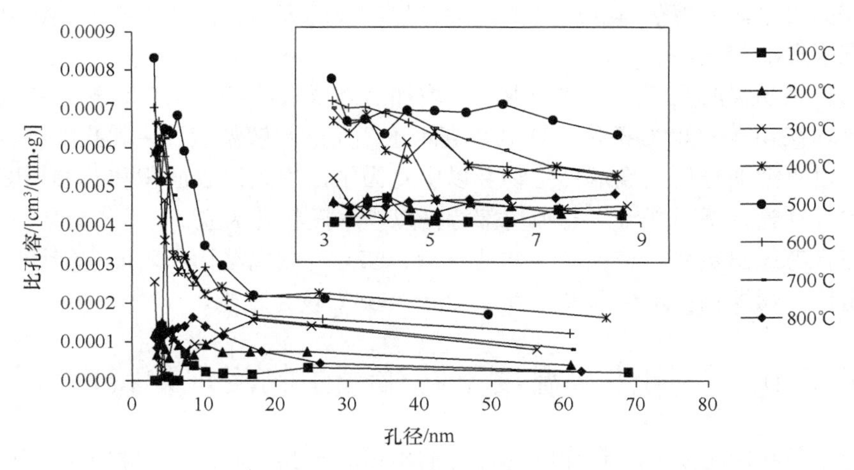

图 7-10　烟秆生物炭比孔容分布曲线

四、小结

烟秆生物炭产率随温度升高而降低，尤其是 100～400℃条件下，这种下降趋势更加明显，500℃以上产率变化较小。低温炭化对生物炭全碳含量影响较小，随着炭化温度的升高，全碳含量逐渐降低。低温热解时，生物炭呈弱酸性；随着温度升高（300～800℃），生物炭 pH 持续上升呈现为碱性，甚至达到强碱性。生物

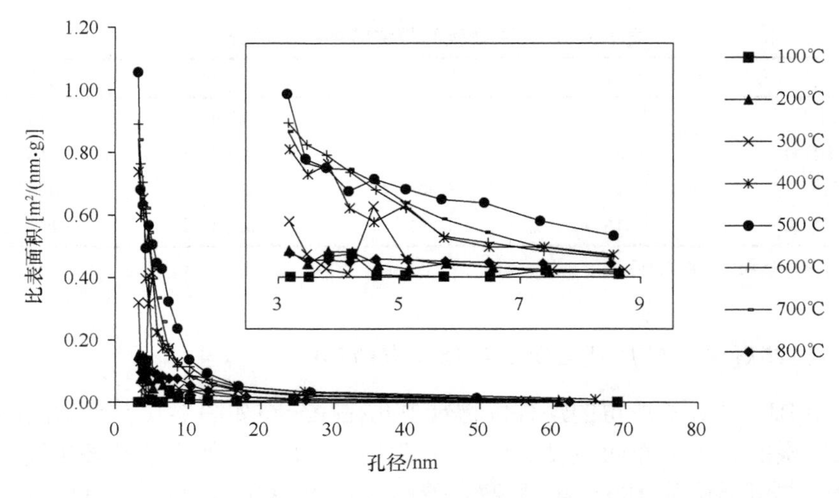

图 7-11 烟秆生物炭比表面积分布曲线

炭 CEC 随热解温度的升高先升后降，在 400℃左右达到最大。随热解温度的升高，生物炭表面碱性官能团含量增加，酸性官能团含量减少。当热解温度从 100℃提高到 800℃的过程中，矿质元素整体呈现出先增加后降低的趋势，在 400～500℃达到较高水平。随着热解温度升高，烟秆生物炭的表面官能团不断缩合，结构芳香化程度逐渐升高。

烟秆生物炭的孔隙度整体呈现出先增加后降低的趋势，BET 比表面积、孔径、比孔容均在 400～500℃条件下达到较高水平，在此热解温度下，其孔隙结构较为丰富。对孔型的分析发现烟秆生物炭以中孔为主，中孔比表面积和孔容均随热解温度的升高先升高后降低。孔隙内部特征以墨水瓶状孔为主。

综合考虑出炭率、全碳、碳酸盐含量、CEC、微观结构和表面官能团、孔隙度等指标，烤烟秸秆炭化温度条件以 400～500℃较为理想。

第二节 不同热解温度下花生壳生物炭理化特性分析

花生是我国主要的油料作物和传统的出口农产品，其总产量和出口量均居世界首位。我国花生年总产量达 1450 万 t 以上，占世界花生总产量的 42%，每年约可产 450 万 t 花生壳。花生壳约占花生质量的 30%，其中含半纤维素和粗纤维素，此外还含蛋白质、粗脂肪、碳水化合物等营养物质，这些花生壳除少部分被用作饲料外，绝大部分被白白烧掉，造成了资源的极大浪费。在此形势下，利用切实可行的新工艺，并充分利用花生壳这一资源具有重要的现实意义。有研究利用甲醇、乙醇、丙酮、正己烷、氯仿等有机溶剂提取花生壳中的抗氧化成分，也有提取新鲜花生壳中黄酮的研究，其纯度和产率均较高，还有研究者从花生壳中提取天然黄色素，黄色素作为食品添加剂，具有巨大开发价值。虽然目前研究人员已经开发出了很多关于花生壳的利用方法，但是工序普遍复杂，不易推广，而利用花生壳制备生物炭，程序简单易得。

试验材料为花生壳，于2013年当季收获风干后取样。制备方法同本章第一节。

一、热解温度对花生壳生物炭产率的影响

由图7-12可以看出，随着热解温度升高，花生壳炭化程度越来越彻底。不同热解温度下花生壳的产率变化如图7-13所示，在100℃、400℃、800℃条件下产率分别为90.48%、14.14%和4.50%，从100～400℃产率下降84.37%，500～700℃产率下降69.18%，表明随着热解温度的升高，产率逐步降低。

图7-12　不同热解温度下花生壳制备的生物炭形态（彩图请扫封底二维码）

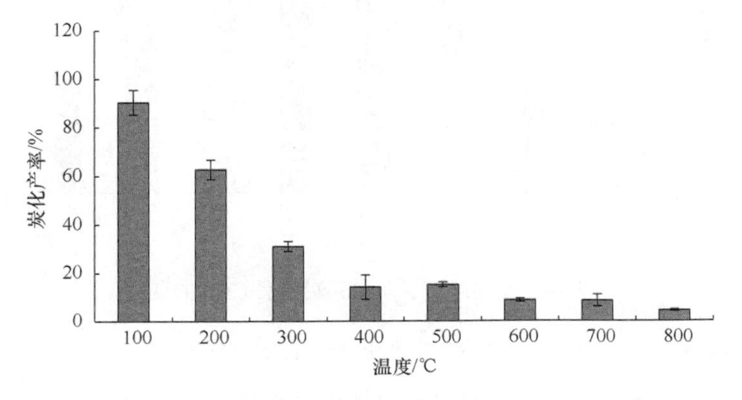

图7-13　不同热解温度下花生壳炭化产率的变化

花生壳制备生物炭的产率随温度的升高而降低，尤其是在300～500℃时下降趋势较为明显。在生物质热解过程中分为纤维素热解和木质素分解两个阶段，第

一阶段纤维素首先发生热解，呈现快速失重过程，接着是木质素缓慢分解，反应速度较纤维素小。而且随着生物质中纤维素含量的增加热解反应速率也随之增加，这与纤维素和木质素的化学构成有关，纤维素是由糖类单体组成的碳水化合物，而木质素是由苯基丙烷单体构成的共聚物，这种芳香族结构较纤维素热稳定性高，导致木质素热解较慢。半纤维素的分解温度为200～260℃，纤维素的热解温度为240～350℃，木质素的分解温度为280～500℃。花生壳的主要成分为纤维素和木质素，纤维素为45.60%，木质素为35.70%。在300～500℃的热解条件下，纤维素与半纤维素的大量分解导致了生物炭产率的急剧下降，500℃以后大量的纤维素、木质素已基本分解完，因此500℃后的产率变化较小。

二、花生壳生物炭化学性质的变化规律

（一）热解温度对花生壳生物炭CEC的影响

CEC是生物炭的重要性质之一，有研究认为生物炭本身的CEC并不高，但在土壤中能长期提高土壤CEC。由图7-14可知，随着热解温度的升高，花生壳生物炭的CEC呈现先升高后降低的趋势，100℃时为27.39cmol/kg，400℃时达到最高，为93.91cmol/kg，提高242.86%，800℃时为41.74cmol/kg。

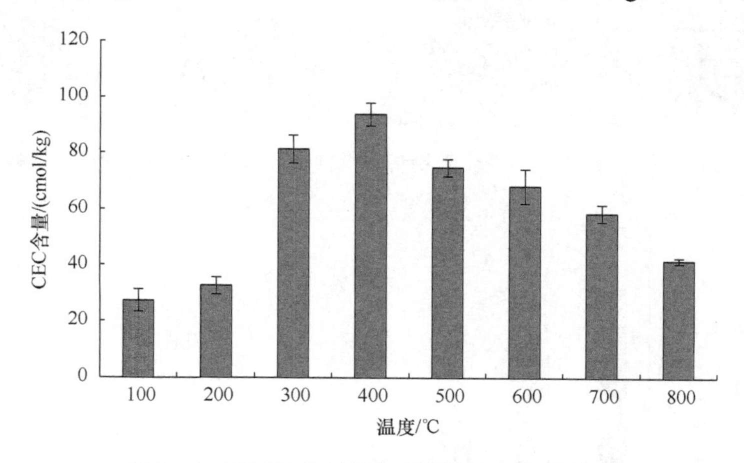

图7-14　不同温度下花生壳炭化后CEC的变化

（二）热解温度对花生壳生物炭矿质元素和pH的影响

由表7-6、表7-7可知，热解温度对花生壳生物炭的矿质元素含量影响明显。由表7-6可知，P、K、Ca、Mg整体随着热解温度的升高呈升高趋势（除800℃条件下略有下降以外），且均在300～400℃时含量大幅度提高，分别提高了243.83%、128.72%、78.26%和79.05%。从表7-7可以看出，除B和Zn无明显规

律外，其他各元素的含量均随着热解温度的升高整体呈增加趋势，且多在 300～400℃增幅明显。

表 7-6　花生壳生物炭大量矿质元素随热解温度的变化

热解温度/℃	P/（mg/g）	K/（mg/g）	Ca/（mg/g）	Mg/（mg/g）
100	0.424	3.48	7.41	1.61
200	0.562	4.67	9.22	1.64
300	0.413	8.60	17.20	4.82
400	1.420	19.67	30.66	8.63
500	2.826	25.79	37.26	8.67
600	2.553	34.33	49.66	13.95
700	4.769	55.05	82.43	24.01
800	7.872	54.70	77.64	23.45

表 7-7　花生壳生物炭微量矿质元素随热解温度的变化

热解温度/℃	Cu/（mg/g）	Fe/（mg/g）	Mn/（mg/g）	Na/（mg/g）	Zn/（mg/g）	B/（mg/g）
100	0.012	0.354	0.029	0.308	0.012	0.015
200	0.013	0.311	0.030	0.193	0.078	0.020
300	0.026	1.071	0.087	1.092	0.093	0.021
400	0.054	1.050	0.179	2.010	0.268	0.026
500	0.064	1.881	0.162	2.171	0.367	0.048
600	0.085	3.088	0.290	2.618	0.342	0.020
700	0.135	4.921	0.447	4.589	0.568	0.019
800	0.138	4.729	0.432	3.336	0.712	0.068

由表 7-8 可知，花生壳生物炭表面碱性官能团含量随温度升高而增加，酸性官能团含量呈降低趋势。在酸性官能团中，以酚羟基量较多，这也说明生物炭具

表 7-8　花生壳生物炭表面含氧官能团和 pH 随热解温度的变化

热解温度/℃	碱性官能团/（mmol/g）	酸性官能团/（mmol/g）	酚羟基/（mmol/g）	内酯基/（mmol/g）	羧基/（mmol/g）	pH
100	0.40	2.50	0.70	1.20	0.60	4.17
200	1.30	2.40	1.60	0.40	0.40	4.64
300	1.70	2.10	2.70	0.60	0.80	4.91
400	1.90	2.00	1.40	0.60	0.00	7.17
500	2.40	0.70	0.40	0.10	0.20	7.33
600	3.80	0.50	0.30	0.10	0.10	9.86
700	7.10	0.30	0.30	0.00	0.00	10.73
800	7.00	0.20	0.20	0.00	0.00	10.38

有高度芳香化结构，酚羟基和羧基随温度升高呈下降趋势。花生壳生物炭的 pH 的变化规律与表面官能团是一致的，在较高温度条件下生物炭显碱性甚至强碱性。

本研究中花生壳炭化后的 pH 随热解温度的升高而增加，产生该结果主要有以下两个原因：一方面随着热解温度的升高纤维素和木质素快速分解，生物炭挥发损失的同时，碱性矿质元素 K、Ca、Mg 等以氧化物或碳酸盐的形式富集于灰分中，导致 pH 快速增大，这与本文中 K、Ca、Mg 等元素含量增加的结果相一致；另一方面，生物炭表面富含大量的含氧官能团，随着热解温度的升高，生物炭表面酸性含氧官能团数量明显减少，碱性含氧官能团数量增多。在低温热解条件下，由于纤维素等前体材料分解不完全而保留了大量含氧官能团，高温热解能使大量羧基和酚羟基高度酯化，减少可解离质子的存在，且其表面高度共轭的芳香结构是其呈碱性的主要原因，故花生壳炭化后的生物炭 pH 也与生物炭表面的含氧官能团种类和数量密切相关。由于高温热解产生的花生壳生物炭 pH 多呈碱性，因此，在酸性土壤中施入生物炭对土壤肥力的改良效果可能更明显。

（三）热解温度对花生壳生物炭表面官能团的影响

如图 7-15 所示，花生壳生物炭在 3420cm^{-1} 左右均有吸收峰，证实了酚羟基和醇羟基的存在，随着温度的升高，3420cm^{-1} 的吸收峰逐渐减弱，说明随着热解温度升高—OH 基团有所减少。在 2941cm^{-1} 左右是烷烃中的 C—H 振动吸收峰，随着温度的升高吸收强度有减小的趋势，即随温度升高花生壳生物炭烷基基团丢失，说明生物炭的芳香化程度逐渐升高。2927.46cm^{-1} 处谱峰代表亚甲基的伸缩振动，随着热解温度的升高，亚甲基逐渐被降解或改变。随着热解温度的升高，生

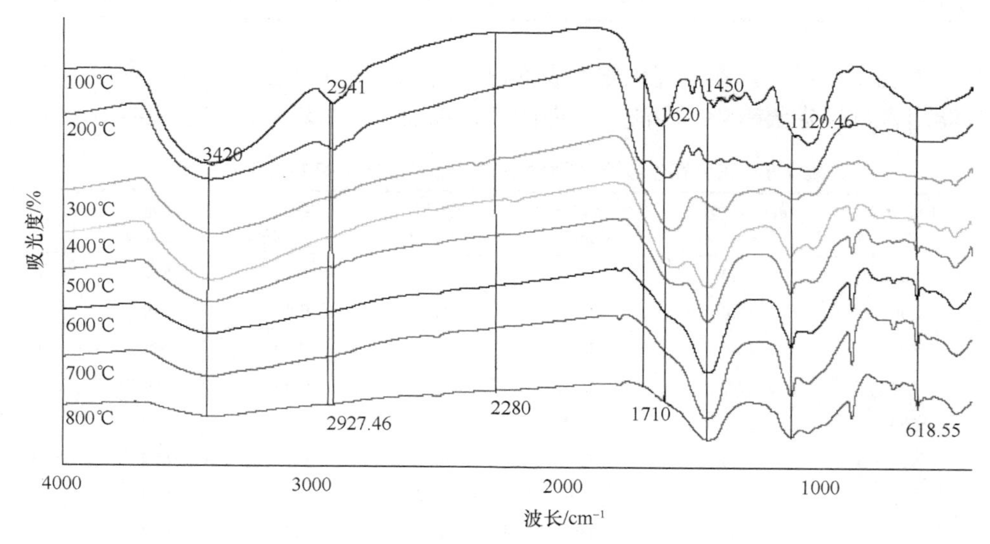

图 7-15　花生壳生物炭的红外吸收光谱（彩图请扫封底二维码）

物炭组分在类别上经历了过度炭、无定型炭、复合炭、乱层炭的依次转变，由于生物炭组分向乱层炭转变过程中会形成无序结构的石墨微晶，导致一些基团在该过程中分解断裂，在 2280cm^{-1} 吸收峰最大。1710cm^{-1} 左右为羧基中 C=O 伸缩振动吸收峰，随温度升高逐渐下降直至为零，1450cm^{-1} 附近为苯环类的特征吸收区，随着温度的升高该吸收峰逐渐增强，表明其芳香化程度增强。1120.46cm^{-1} 和 618.55cm^{-1} 谱峰的出现和增强说明硫酸钠的增加。

随着炭化终温的提高，生物炭的芳构化程度提高，脂族性降低，热稳定性提高，生物炭的多芳香环和非芳香环结构使其表现出了高度的化学和生物惰性，与土壤中黑炭的结构与功能类似，在土壤中的半衰期长达千年，可快速地扩大土壤碳库，农田施用生物炭是农业固碳减排极具潜力的措施之一。

三、不同温度下花生壳炭化后微观结构的变化

（一）吸附与解吸等温线

从图 7-16 可以看出，当 P/P_0=1，氮气吸附量在 100～600℃条件下呈上升趋

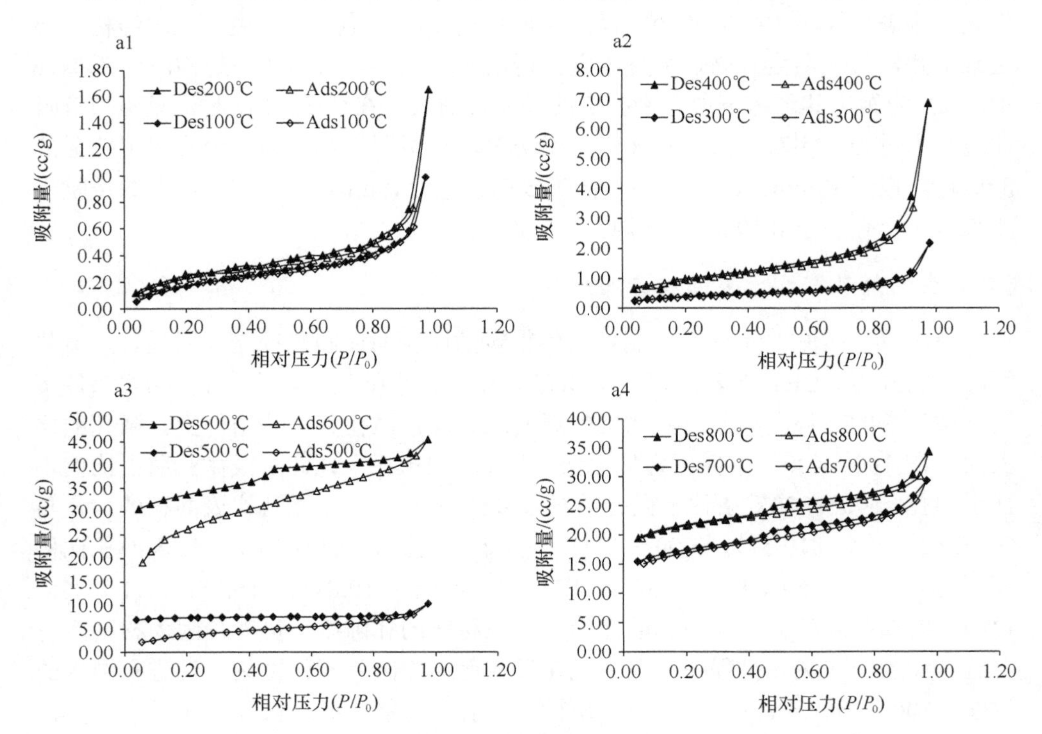

图 7-16　花生壳生物炭氮气吸附—解吸等温线

Ads：吸附曲线；Des：解吸曲线

势，从 0.58cm^3 上升至 42.52cm^3，说明在此阶段随着热解温度的升高，材料的孔隙结构逐渐丰富，总孔容逐渐增大，600～700℃时呈下降趋势，800℃条件下气体吸附量又略微提高。

花生壳生物炭吸附等温线的形状均呈“反 S”形，在相对吸附压力较低时（P/P_0<0.2），100～500℃样品的吸附量较少，此时出现一个拐点，表明孔隙完成单分子层吸附，而后随着相对吸附压力的增加氮气吸附量虽略有增加，但增加量较小，曲线趋于水平状，当相对吸附压力较高时（P/P_0>0.8），样品的氮气吸附量明显增加，表明此温度条件下生物炭孔隙结构主要以中孔和大孔为主，600～800℃样品的低压区吸附量较快增长，反映了此时生物炭材料中有微孔存在，在接近饱和压力时，氮气吸附量增加趋势也较为明显，原因可能是发生了类似于大孔的毛细凝聚现象。

根据国际纯粹与应用化学联合会（IUPAC）对具有不同孔径分布吸附剂的典型吸附特征所做出的分类，100～500℃样品生物炭倾向于表征具有中孔和大孔的Ⅱ类吸附等温线，600～800℃样品等温吸附曲线为Ⅰ类等温线。100～500℃样品的迟滞回线属于 H3 型，表明孔隙结构主要由狭缝孔构成，较低的热解温度对花生壳结构破坏较小。600～800℃样品的迟滞回线属于 H4 型，表明孔隙结构主要是锥形孔，热解温度升高，大量挥发分析出，形成了复杂的孔隙结构。以图 7-16 中的 a4 为例，其形态表现为带拐点的月牙形曲线，在 P/P_0 较低时，吸附与解吸曲线基本重合，相对压力较高（P/P_0>0.45）时，吸附—解吸曲线分支出现明显的滞后环，根据 Kelvin 公式，当 P/P_0=0.45 时，r_k=0.19nm，表明比表面积的贡献主要来自于半径小于 0.19nm 的孔隙。

（二）生物炭孔容和比表面积分布规律

由表 7-9 可知，不同温度制备的生物炭的比表面积和孔径差异明显。随着热解温度的升高，BET 比表面积、总孔容均表现出先升高后降低，在 800℃条件下又略微升高的趋势。温度对生物炭的影响还表现在微孔和中孔结构上。微孔的比表面积在 100～400℃条件下含量较低，均低于 1m^2/g，在此阶段微孔所占比例均低于中孔。500～800℃条件下微孔数量较多，600℃条件下微孔比表面积的含量与 500℃相比增加 810.51%，600～800℃条件下微孔比表面积占 BET 比表面积比例分别为 60.61%、69.45%、81.52%，中孔所占比例为 19.89%、16.86%、11.23%，说明高的热解温度会增加微孔的比例，提高材料的孔隙度，可能是因为材料本身含有氧元素，在炭化过程中，发生氧化反应而造成碳元素的蚀刻，促进孔结构的生成。100～400℃条件下，未检测出微孔孔容，可能与此时微孔含量较少有关，总孔容与中孔孔容变化规律相一致，均逐渐增加，在较高热解温度下，总孔容、微孔孔容、中孔孔容均在 700℃时有所下降，主要原因可能是出现了灰分熔融现象，部分孔坍塌或闭合。

表 7-9　花生壳生物炭的比表面积和孔结构参数

热解温度/℃	BET 比表面积/（m^2/g）	孔径/nm	总孔容/（cm^3/g）	t-Plot 微孔比表面积/（m^2/g）	t-Plot 微孔孔容/（cm^3/g）	中孔比表面积/（m^2/g）	中孔孔容/（cm^3/g）
100	0.702f	2.647a	0.002e	0.236d	—	0.368e	0.001d
200	0.884f	1.543d	0.003e	0.415d	—	0.459e	0.002d
300	1.280f	1.847b	0.004e	0.693d	—	0.698e	0.003d
400	3.328e	1.543d	0.010e	0.867d	—	1.901d	0.010c
500	13.887d	1.847b	0.017d	6.044c	0.003c	4.701c	0.011c
600	90.791a	1.614cd	0.060a	55.031a	0.027a	18.057a	0.033a
700	54.235c	1.614cd	0.047c	37.664b	0.019b	9.142b	0.021b
800	68.128b	1.688c	0.053b	55.537a	0.029a	7.654b	0.022b

BJH 方法以 Kelvin 和 Halsey 方程为基础，用来描述中孔分布有较高的精度。利用 BJH 计算所得的中孔孔径分布如图 7-17 和图 7-18 所示。由图 7-17 可知，生物炭的孔径分布随温度的变化非常明显。根据 IUPAC 对孔的分类，按孔的宽度分为 3 类：小于 2nm 的为微孔，介于 2～50nm 的为中孔，大于 50nm 的为大孔。花

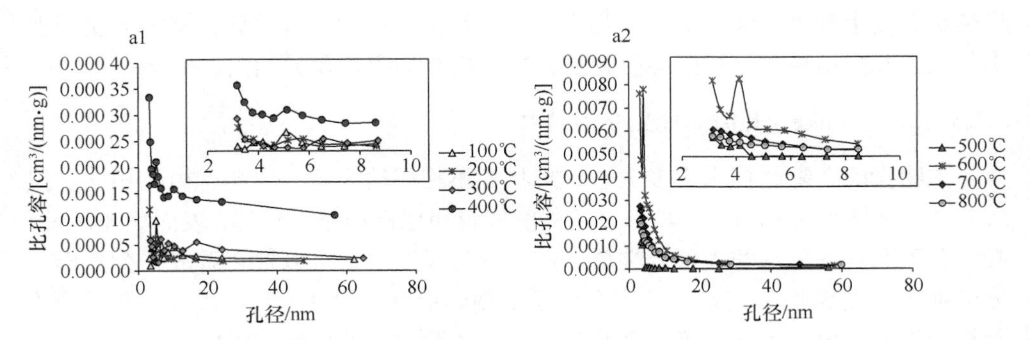

图 7-17　花生壳生物炭孔径—比孔容分布曲线（彩图请扫封底二维码）

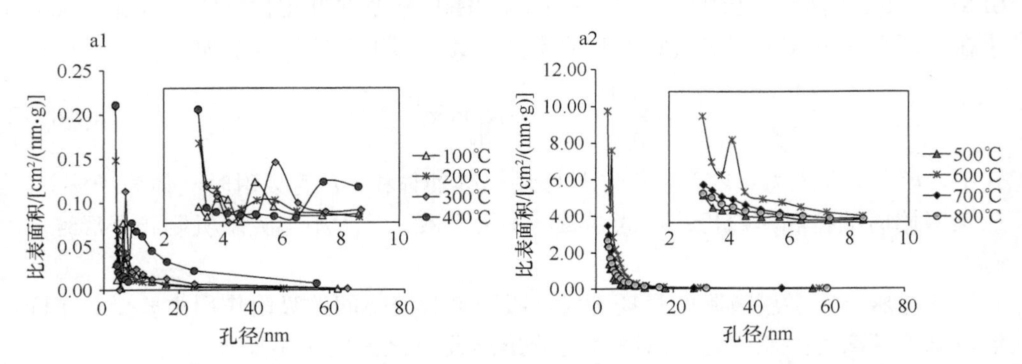

图 7-18　花生壳生物炭孔径—比表面积分布曲线（彩图请扫封底二维码）

生壳生物炭的孔峰主要在 3～5nm 处，接近微孔，100～600℃条件下峰值表现为升高趋势，600～800℃条件下峰值逐渐降低。而 20～50nm 范围孔数量变化幅度不大及大孔范围内比表面积变化不明显，说明大孔数量基本保持不变。这一现象与比表面积分布图（图 7-18）结果相一致，说明比孔容与孔径的变化规律是相一致的，与表 7-9 的分析结果基本吻合。

花生壳的主要成分为纤维素和木质素，纤维素为 45.60%，木质素为 35.70%，纤维素分解主要在 240～350℃，400℃时木质素才开始大量分解，挥发分大量析出，生物炭结构发生明显改变，微孔数量骤增，形成发达的微孔结构。随着热解温度升高为 700℃时，各孔隙度参数均有所下降，原因可能是热解温度的增加也会进一步促进生物炭的塑性变形，抑制微孔的形成，减少其结构的不规则程度，也有研究表明，在较高热解温度条件下半析出状态的焦油堵塞了部分孔隙，比表面积减小，或者是原有的孔结构因为表面张力的作用而变化，原有的各种形状孔的孔径将减小甚至关闭，同时伴随着孔的坍塌与融解贯通，导致比表面积和孔容随热解温度的增加而减小。本文中当温度上升到 800℃时，孔隙度有升高趋势，原因可能是热分解温度高于 800℃后，挥发分中主要为较轻物质，如 H_2 等，它们析出后留下很多小孔，这些孔的生成使它们的孔面积增大很多，也有研究发现，当热解温度上升到 800℃时，生物炭的形貌结构均遭到严重破坏，基本无法识别出其完整孔隙结构，这可能与生物质材料有机结构存在差异相关。

（三）孔隙 Frenkel-Halsey-Hill 分形特征

生物炭的孔隙结构由许多大小、形状各不相同的大孔、中孔、微孔相互交织成的立体网状通道构成，它具有一定程度的自相似性和精细结构，表面积非常大，其气孔表面具备分形的大部分性质，在一定的尺度内，可以把它看成一个分形。分形维数 D 是常用来定量表征多孔物质不规则程度的参数，数值越大，孔结构的不规则程度越大。目前，确定多孔物质分形维数常用的方法有吸附法、压汞法、SEM 图像分析法等。FHH 理论是 Frenkel、Halsey 及 Hill 提出的用以描述气体分子在分形介质表面发生多层吸附时的模型。其分形维数计算方法如下：

$$\ln\left(\frac{V}{V_0}\right)=C+A\left[\ln\ln\left(\frac{P_0}{P}\right)\right] \tag{7-6}$$

式中，V 为平衡压力；V_0 为单分子层吸附气体的体积；P 为吸附时气体分子体积；P_0 为吸附时的饱和蒸汽压；C 为常数；A 为系数，其大小与吸附机制和分形维数有关。

在低压时、多层吸附的早期阶段，吸附剂与气体间的吸附作用主要受分子间的范德瓦耳斯力控制，这时斜率 A 与分形维数 D 之间的关系如下：

$$D_1=3+A \tag{7-7}$$

Pfeifer 研究斜率 A 与分形维数 D 之间的关系时发现，在发生多层吸附时毛细管凝聚对吸附起主要作用，这时斜率 A 与分形维数 D 间的关系如下：

$$D_2=3(1+A) \tag{7-8}$$

根据公式（7-7）、（7-8）计算花生壳生物炭在 600℃条件下的孔隙结构分形维数，拟合结果如图 7-19 所示。由图可知，在不同压力区间存在 2 个不同的线性阶段，表明在不同压力范围内生物炭具有不同的分形特征，从而有 2 个不同的分形维数 D_1 和 D_2，当 P/P_0 较小时，N_2 在固体表面主要发生的是单分子层吸附，此吸附过程反映的是固体颗粒孔隙表面分形特征，当 P/P_0 较高时，生物炭内部孔隙开始逐步由小孔向大孔发生毛细凝聚，此阶段是对生物炭内部空间逐步填充的过程，在此吸附段内计算得到的分形维数表征的是固体颗粒体积分形特征。

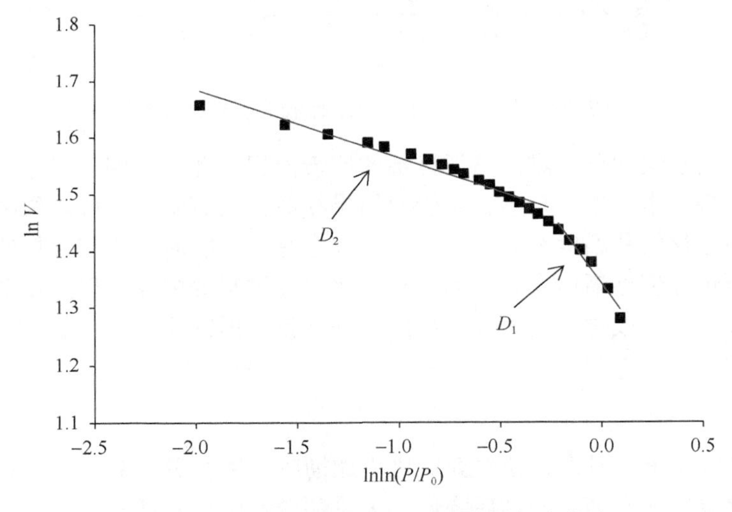

图 7-19　多层吸附多层覆盖阶段线性拟合曲线

从图 7-20 可以看出，生物炭孔隙表面分形维数 D_1 和体积分形维数 D_2 均在 600～800℃条件下水平较高，比表面积也均在此阶段较大，表明在较高热解温度条件下，孔隙大量生成，孔隙结构的复杂程度有所增加，孔表面更加粗糙。在热解温度为 100～800℃条件下时，D_2 始终大于 D_1，但在较高温度下差值较小，说明随着热解温度的升高，花生壳生物炭以孔的生成与扩容为主，孔隙空间结构的发育较表面粗糙度的增长更为剧烈，当热解温度达到 700～800℃后，各孔径孔隙开始融合，生物炭表面粗糙度的降低程度则较小。据此可知分形维数与热解温度密切相关，且与其比表面积之间存在一定的相关性。

本研究中生物炭的分形维数与其比表面积有关，也有研究发现分形维数与生物炭的 BET 比表面积没有直接的关系，而与特征吸附能和极微孔相对含量较为一致，分形维数也可用来表征极微孔的发育程度。有研究对麻风树果壳活性炭研究

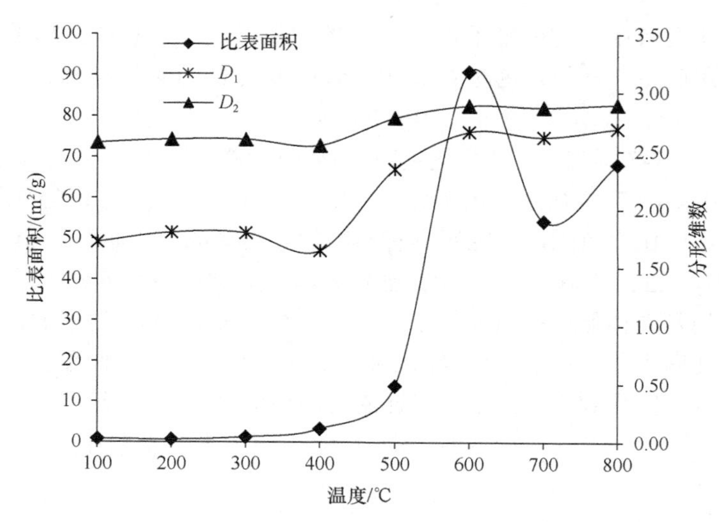

图 7-20　花生壳生物炭 BET 比表面积与分形维数

结果表明，活性炭的分形维数与活性炭的比表面积、孔容、碘吸附值和微孔相对含量变化趋势基本一致，与本试验研究结果相似。还有研究发现，生物炭的分形维数不仅与原材料和温度有关，还与其粒度也有关，随着细颗粒含量的增加，粒度分布分形维数值逐渐增大。高的加热速率会促进炭的塑性变形，使形成的炭表面更为光滑，并形成球形的大孔，显然这些将使分形维数 D 减小。

四、小结

随着热解温度的升高，花生壳炭化更加彻底，生物炭产率逐渐下降。CEC 含量随着热解温度的升高先升高后降低。大量和微量矿质元素中除 B 和 Zn 无明显规律外，其他元素均随着热解温度的升高含量增加，在 300～400℃条件下增幅较大。热解温度的升高增加了花生壳生物炭表面的碱性官能团数量，降低了酸性官能团的数量，花生壳生物炭的 pH 由酸性变成强碱性。随着热解温度的升高，花生壳生物炭芳香化程度升高，稳定性增强。

100～500℃条件下制备的生物炭以中孔和大孔为主，其吸附—解吸等温线为Ⅱ类吸附等温线，迟滞回线属于 H3 型，孔隙结构主要由狭缝孔构成；600～800℃条件下制备的生物炭以微孔为主，其吸附解析等温线为Ⅰ类吸附等温线，迟滞回线属于 H4 型，孔隙结构主要是锥形孔。当热解温度从 100℃上升至 600℃过程中，BET 比表面积、比孔容均呈上升趋势，同时 *t*-Plot 微孔比表面积、*t*-Plot 微孔孔容、中孔比表面积、中孔孔容也均在 600℃条件下时基本达到最高水平。花生壳生物炭的孔径分布随温度的变化非常明显，孔峰主要在 3～5nm 处，100～600℃条件下峰值表现为升高趋势，600～800℃条件下峰值逐渐降低，与比表面积变化结果相一致。花生壳生物炭孔隙表面分形维数（D_1）和体积分形维数（D_2）均在600～800℃条件下水平较高，在此热解温度条件下孔隙结构较为复杂，分形维数与热解温度密切相关，且与其比表面积存在一定的相关性。

第三节　施用生物炭对酸性植烟土壤改良及烤后烟叶感官质量的影响

据研究报道，自20世纪80年代以来我国主要农田土壤出现显著酸化的现象，并且发现氮肥过量施用是导致农田土壤酸化的最主要原因（Guo et al.，2010）。在使用大量化肥的同时，还存在烟田连作现象，加剧了植烟土壤酸化，并导致土壤理化性质下降（娄翼来等，2007），土壤健康程度降低，养分协调性变差，进一步影响了烟叶品质和产量。同时土壤酸度增加对烤烟生长发育有直接和间接影响，直接影响表现在土壤酸化对根部有害，影响了根系的生长，进而影响到根系的吸收功能（王丽红等，2013）；间接影响是改变了土壤养分形态，降低了某些营养元素的有效性（曾敏等，2006），更为青枯病、黑腐病等土传病害提供了传播的温床。因此，提高酸性植烟土壤pH、改善其理化性状是提高烟叶质量的当务之急。

较高温度裂解的生物炭拥有较高的pH、CEC、丰富的表面含氧官能团和巨大的比表面积（见本章第一节和第二节研究结果），较大的比表面积和孔隙度可以为微生物提供良好的栖息环境（Lehmann and Joseph，2009），生物炭还能够通过改变土壤中有机质（SOM）腐殖化、矿质化等进程，改良土壤肥力，提高土壤有效性营养元素的含量，改善土壤理化性质（Atkinson et al.，2010），同时生物炭也可以作为肥料缓释的载体进而提高肥料利用率，增强土壤固碳能力，减少土壤向大气排放温室气体的量（Hidetoshi et al.，2009）。因此，土壤中施入生物炭不仅可提供作物生长所需的营养元素，还可调节土壤pH和水、肥、气、热状况。有鉴于此，选用高温裂解后的花生壳生物炭施用于烟田，研究其对植烟土壤的改良效果和烤后烟叶感官质量的影响，为烟田土壤改良和农田废弃物的利用探索一条新的技术途径。

试验于2014～2015年在重庆市石柱县南宾基地单元进行，海拔1180m，前作为烟草。土壤类型为黄棕壤，土壤基础肥力分别是碱解氮 103.65mg/kg、速效磷20.23mg/kg、速效钾161.00mg/kg、有机质20.60g/kg、pH 5.41。烤烟品种为云烟87。生物炭是由花生壳在密闭低氧条件下 400℃炭化而成的，其基本养分含量：全氮 2.68%、全磷1.42mg/g、全钾19.67mg/g、pH 7.17。试验分两年完成，其中，2014年试验设置CK-1常规施肥、T1-1常规施肥+生物炭3t/hm^2、T2-1常规施肥+生物炭6t/hm^2、T3-1常规施肥+生物炭9t/hm^2；2015年试验在2014年基础上进行，分为2015年继续施用生物炭和不继续施用两部分，2015年不继续施用生物炭试验设置 CK-2（原 CK-1 试验地）、T1-2（原 T1-1）、T2-2（原 T2-1）、T3-2（原 T3-1），不继续施用生物炭的试验田 2015 年均进行常规施肥；2015 年继续施用生物炭试验在 2014 年施用生物炭基础上再施加与 2014 年等量的生物炭，试验设置 CK-3（即 CK-2）、T1-3（T1-2+生物炭 $3t/hm^2$）、T2-3（T2-2+生物炭 $6t/hm^2$）、T3-3（T3-2+生物炭 $9t/hm^2$）。

一、施用生物炭对土壤容重和总孔隙度的影响

（一）一次性施用生物炭当年对土壤容重和总孔隙度的影响

土壤容重越大，总孔隙度越小，土壤越紧实，土壤耕作性越差。由图 7-21 可知，在整个生育期土壤容重大小均为 CK-1>T1-1>T2-1>T3-1，移栽后 30 天、60 天、90 天 T3-1 较对照分别下降 7.02%、13.07%、9.12%，后期土壤容重增加，可能是由降雨、重力和农事操作造成了土壤紧实度增加。因此，一次性施用生物炭当年能够降低土壤容重，减轻土壤紧实程度，随着生物炭用量的增加土壤容重降低量增加。

一次性施用生物炭当年对土壤总孔隙度的影响如图 7-21 所示，分析可知，在整个生育期土壤总孔隙度大小均为 T3-1>T2-1>T1-1>CK-1，移栽后 30 天、60 天、90 天 T3-1 较对照分别增加 6.88%、11.38%、9.80%，土壤总孔隙度越高，土壤通透越好，土质越疏松，说明一次性施用生物炭当年能够增加土壤总孔隙度，且随着生物炭用量的增加土壤总孔隙度增加量增加。

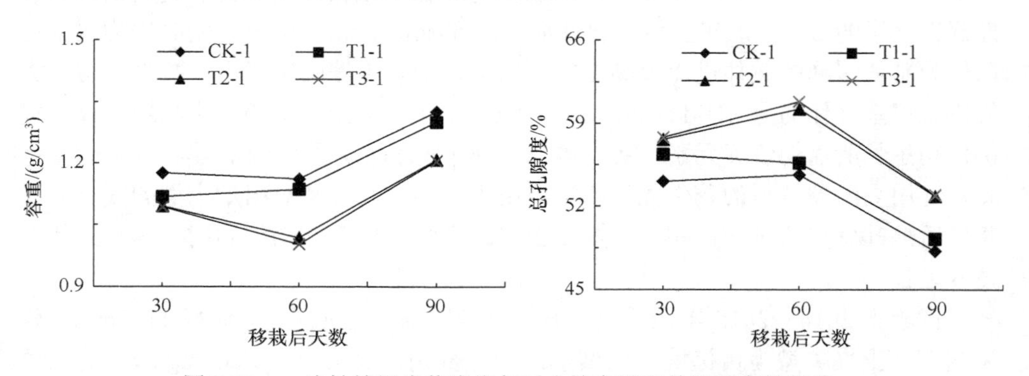

图 7-21 一次性施用生物炭当年对土壤容重和总孔隙度的影响

（二）一次性施用生物炭次年对土壤容重和总孔隙度的影响

由图 7-22 可知，在整个生育期施用生物炭处理土壤容重比对照有所降低；移栽后 30 天施用生物炭处理土壤容重较对照下降了 0.13%～3.87%，移栽后 60 天下降了 3.09%～7.31%，移栽后 90 天下降了 2.48%～9.73%，说明一次性施用生物炭

次年能够继续降低土壤容重。施用生物炭处理的土壤总孔隙度在整个生育期均大于对照。

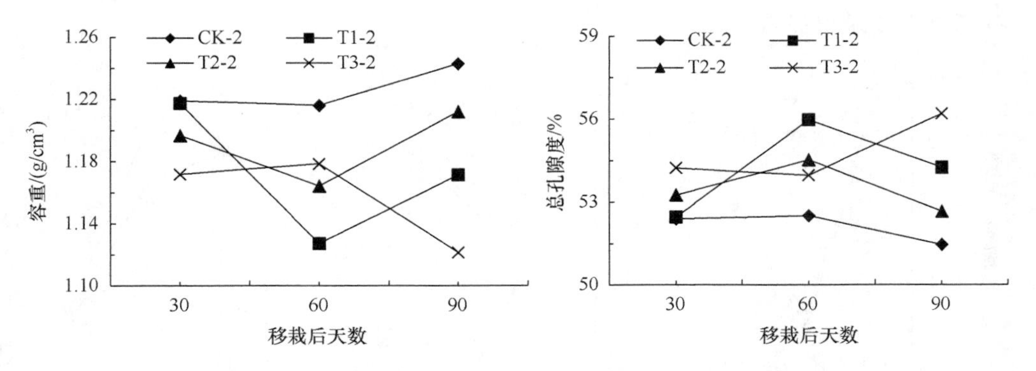

图 7-22　一次性施用生物炭次年对土壤容重和总孔隙度的影响

（三）连续施用生物炭对土壤容重和总孔隙度的影响

由图 7-23 可知，在整个生育期施用生物炭处理土壤容重均低于对照。移栽后 30 天施用生物炭处理土壤容重较对照下降 0.48%～3.92%，移栽后 60 天下降 4.44%～12.03%，移栽后 90 天下降 5.77%～10.14%，说明连续施用生物炭能够降低土壤容重，减轻土壤紧实程度。烟株移栽后 30 天和 90 天时，土壤容重随着生物炭用量的增加而降低。

土壤总孔隙度变化与土壤容重相反。移栽后 30 天施用生物炭处理土壤总孔隙度较对照增加 0.43%～3.56%，移栽后 60 天增加 4.02%～10.88%，移栽后 90 天增加 5.44%～9.56%，说明连续施用生物炭能够增加土壤总孔隙度，提高土壤通透性。

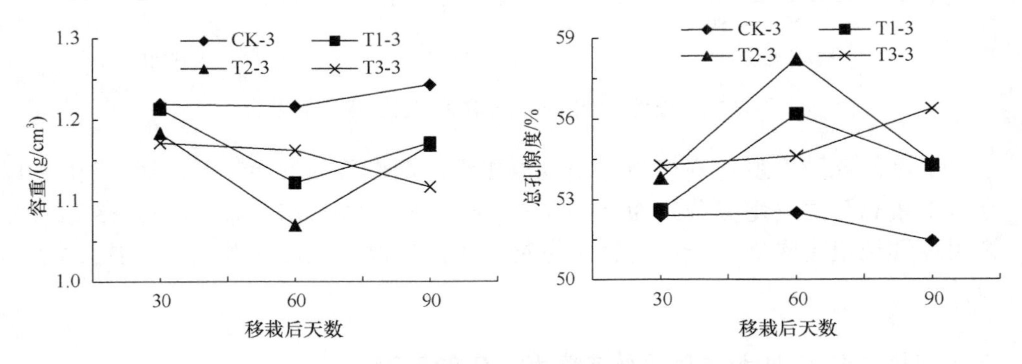

图 7-23　连续施用生物炭对土壤容重和总孔隙度的影响

（四）生物炭一次性施用与连续施用对土壤容重和总孔隙度的影响

由图 7-24 可知，连续施用生物炭土壤容重均比其对应的一次性施用生物炭处理低，烟株移栽后30天、60天和90天时降幅分别为0.06%～1.14%、0.45%～8.11%、0.01%～3.64%，说明连续施用生物炭较其对应的一次性施用生物炭处理在降低土壤容重上效果更显著。

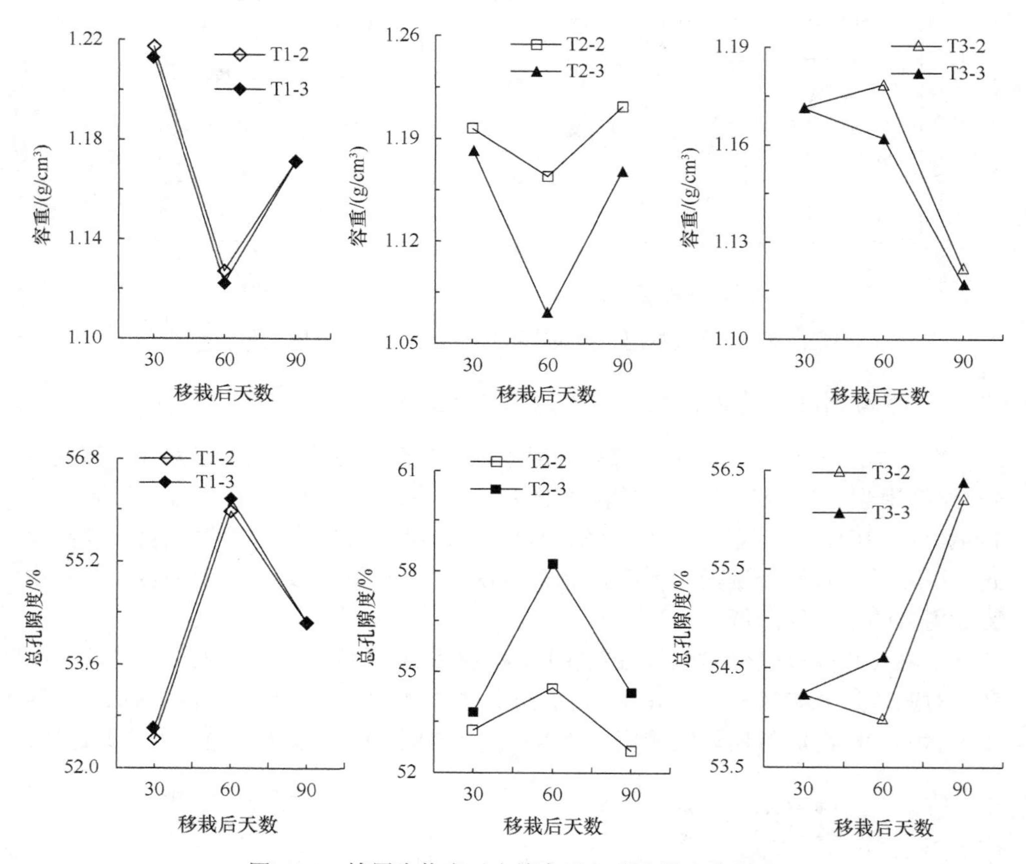

图 7-24 施用生物炭对土壤容重和总孔隙度的影响

土壤总孔隙度变化规律与土壤容重相反。烟株移栽后 30 天、60 天和 90 天时土壤总孔隙度增幅分别为 0.05%～1.00%、0.35%～6.71%、0.01%～3.27%，说明连续施用生物炭比一次性施用生物炭更能提高土壤总孔隙度，增强土壤通透性。

二、施用生物炭对土壤有机质含量和 pH 的影响

（一）一次性施用生物炭当年对土壤有机质含量和 pH 的影响

一次性施用生物炭当年对土壤有机质含量的影响如图 7-25 所示，在整个生育

期土壤有机质含量 T3-1>T2-1>T1-1>CK-1；移栽后 30 天、60 天和 90 天时施用生物炭处理的处理 T3-1 土壤有机质含量较对照分别增加了 5.20%、24.08%和29.74%，说明一次性施用生物炭当年能够有效提高土壤有机质含量，且随着生物炭用量的增加有机质含量提高明显。

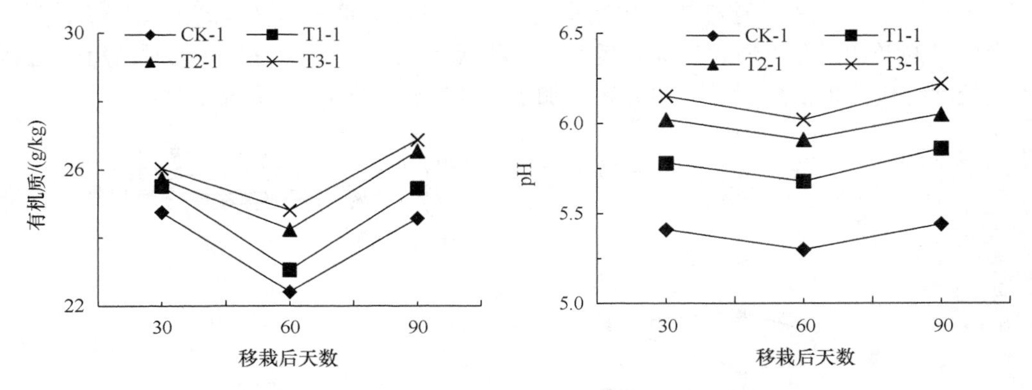

图 7-25　一次性施用生物炭当年对土壤有机质含量和 pH 的影响

土壤 pH 变化规律与土壤有机质含量变化规律相似，施用生物炭 9t/hm^2 的处理 T3-1 土壤 pH 最高，移栽后 30 天、60 天和 90 天时处理 T3-1 土壤 pH 较对照分别提高了 25.00%、15.57%和 19.16%，说明一次性施用生物炭当年能够有效提高酸性土壤 pH，且随着生物炭用量的增加 pH 增加越大。

（二）一次性施用生物炭次年对土壤有机质含量和 pH 的影响

由图 7-26 可知，土壤 pH 变化规律与土壤有机质变化规律相似，在整个生育期土壤有机质含量和土壤 pH 均为 T3-2>T2-2>T1-2>CK-2，且随着生物炭用量增加土壤有机质含量和土壤 pH 均呈上升趋势；移栽后 30 天、60 天和 90 天时施用生物炭处理 T3-2 土壤 pH 较对照分别提高 20.96%、21.21%和 16.70%，说明一次

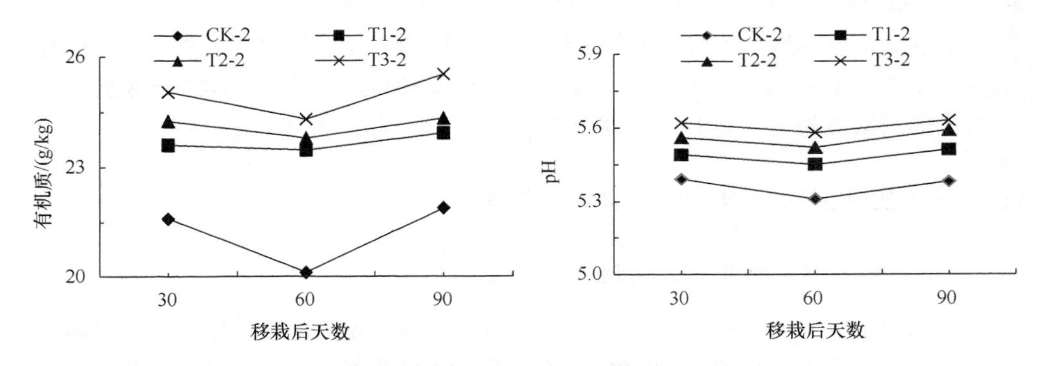

图 7-26　一次性施用生物炭次年对土壤有机质含量和 pH 的影响

性施用生物炭次年能够增加土壤有机质含量，提高土壤 pH，且随着生物炭用量的增加土壤有机质含量和土壤 pH 提高越多。

（三）连续施用生物炭对土壤有机质含量和 pH 的影响

由图 7-27 可知，连续施用生物炭使土壤有机质含量大幅度提高，且随着生物炭用量的增加，有机质含量提高越明显。移栽后 30 天、60 天和 90 天时施用生物炭处理土壤有机质含量较对照分别增加了 164.77%、140.63%和 97.51%。

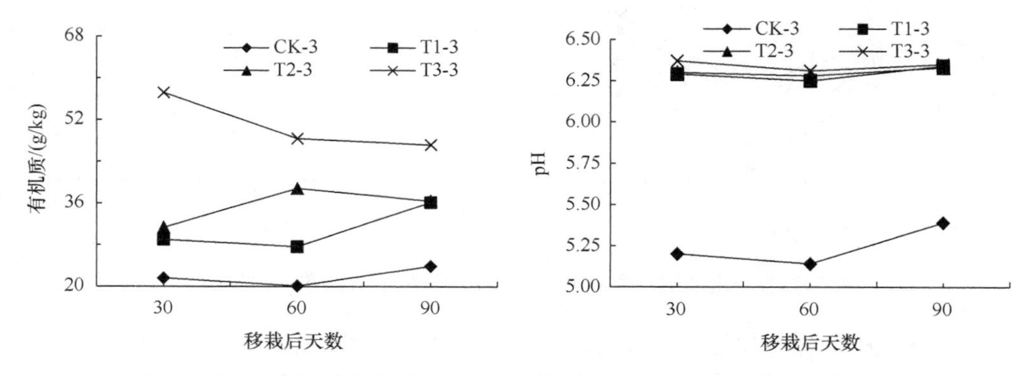

图 7-27 连续施用生物炭对土壤有机质含量和 pH 的影响

与对照 CK 相比，连续施用生物炭明显提高了土壤 pH，移栽后 30 天、60 天和 90 天连续施用生物炭处理 T3-3 土壤 pH 较对照分别提高了 22.50%、22.76%和 17.81%。

（四）生物炭一次性施用与连续施用对土壤有机质含量和 pH 的影响

如图 7-28 所示，连续施用生物炭土壤有机质含量较其对应的一次性施用生物炭处理有所提高，烟株移栽后 30 天、60 天和 90 天时提高幅度分别为 2.80%～4.49%、0.81%～4.47%、1.30%～4.52%。

连续施用生物炭，土壤 pH 在烟株移栽后 30 天、60 天和 90 天时提高幅度分别为 0.91%～4.63%、0.91%～4.84%、0.72%～4.80%，这说明生物炭连续施用较其对应的一次性施用更有利于提高土壤 pH。

三、施用生物炭对土壤速效钾含量的影响

（一）一次性施用生物炭对土壤速效钾含量的影响

由图 7-29a 可知，一次性施用生物炭当年土壤速效钾含量随生物炭用量增加而提高，移栽后 30 天、60 天和 90 天时施用生物炭处理速效钾含量较对照最大分

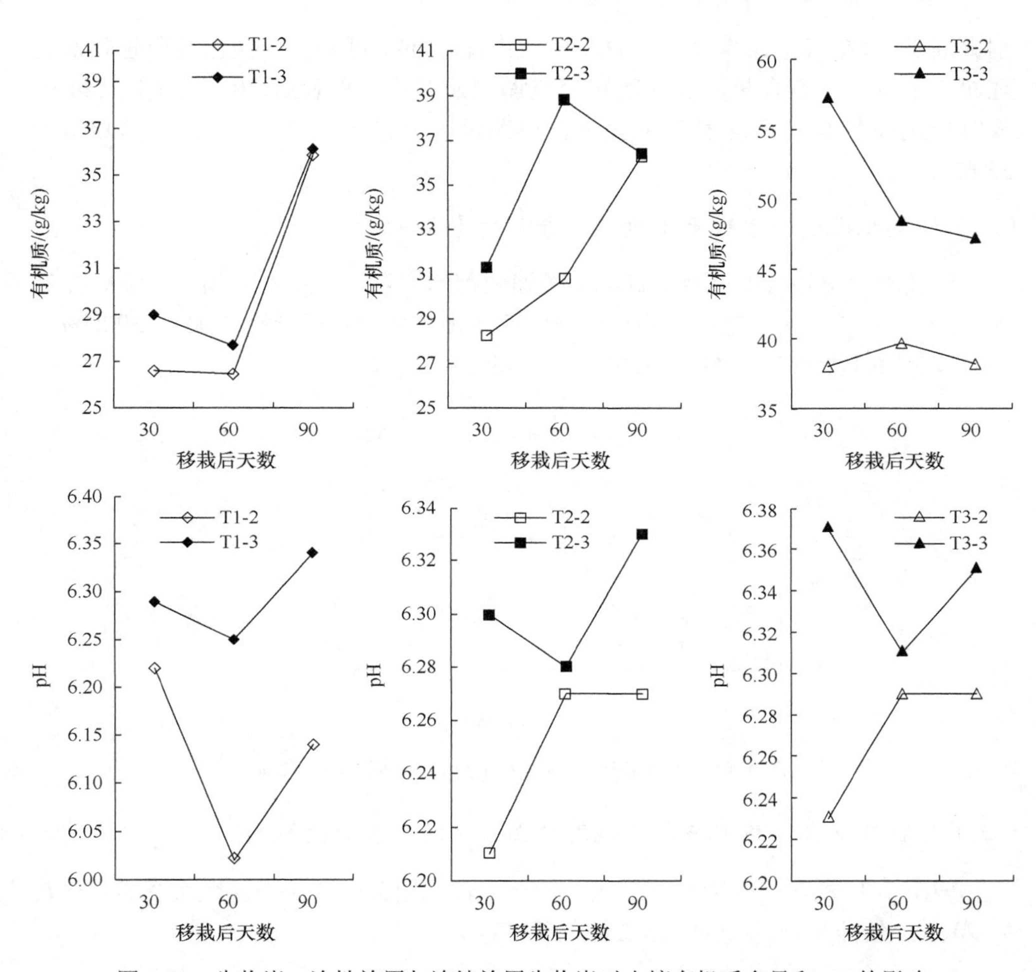

图 7-28　生物炭一次性施用与连续施用生物炭对土壤有机质含量和 pH 的影响

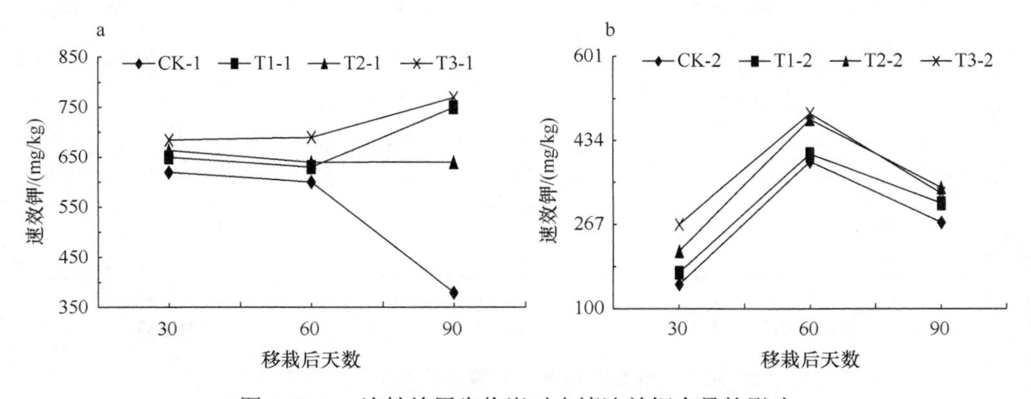

图 7-29　一次性施用生物炭对土壤速效钾含量的影响

别提高了 10.57%、14.98%和 102.84%。由图 7-29b 可知，一次性施用生物炭处理次年土壤速效钾含量随着生物炭用量增加而增加，移栽后 30 天、60 天和 90 天时施用生物炭处理的速效钾含量较对照最大分别提高了 81.12%、24.68%和 25.62%。

（二）连续施用生物炭对土壤速效钾含量的影响

连续施用生物炭能够有效提高土壤速效钾的含量，如图 7-30 所示，移栽后 30 天、60 天和 90 天时施用生物炭处理的速效钾含量较对照分别增加了 39.86%～103.86%、6.17%～28.30%、23.24%～56.46%。

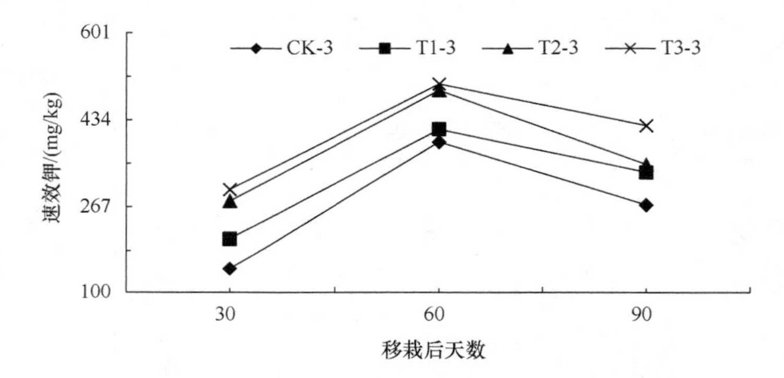

图 7-30　连续施用生物炭对土壤速效钾含量的影响

（三）生物炭一次性施用与连续施用对土壤速效钾含量的影响

如图 7-31 所示，生物炭连续施用较一次性施用提高了土壤速效钾含量，移栽后 90 天，处理 T3-3 比处理 T3-2 提高了 28.81%。

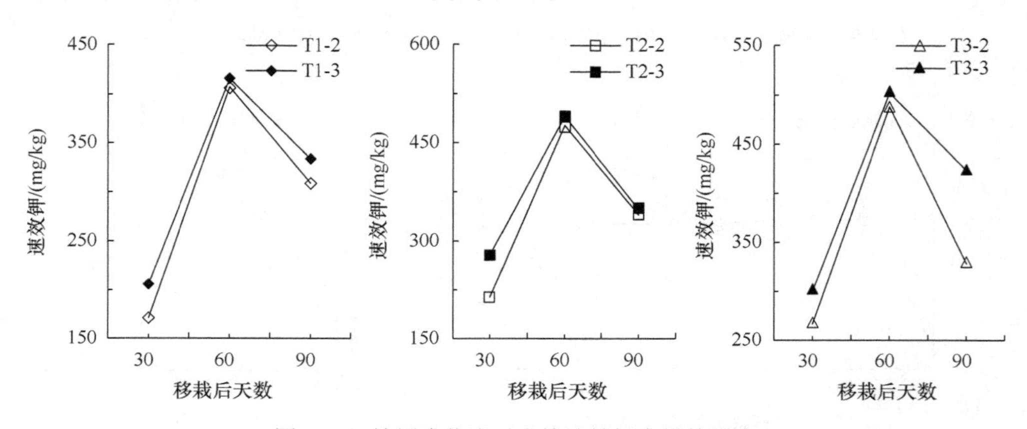

图 7-31　施用生物炭对土壤速效钾含量的影响

四、施用生物炭对土壤微生物生物量碳（MBC）含量的影响

（一）一次性施用生物炭当年对土壤微生物生物量碳（MBC）含量的影响

分析一次性施用生物炭当年对 MBC 的影响（图 7-32a）可知，在整个生育期 MBC 大小依次为 T3-1>T2-1>T1-1>CK-1；移栽后 30 天时施用生物炭处理 MBC 量较对照分别提高了 13.57%、16.51%和 25.10%；移栽后 60 天施用生物炭处理 MBC 较对照分别提高了 30.37%、36.00%和 42.44%；移栽后 90 天施用生物炭处理 MBC 较对照分别提高了 63.54%、80.96%和 87.82%。这说明一次性施用生物炭当年能够有效提高 MBC 含量，随着生物炭用量的增加 MBC 增加越大。

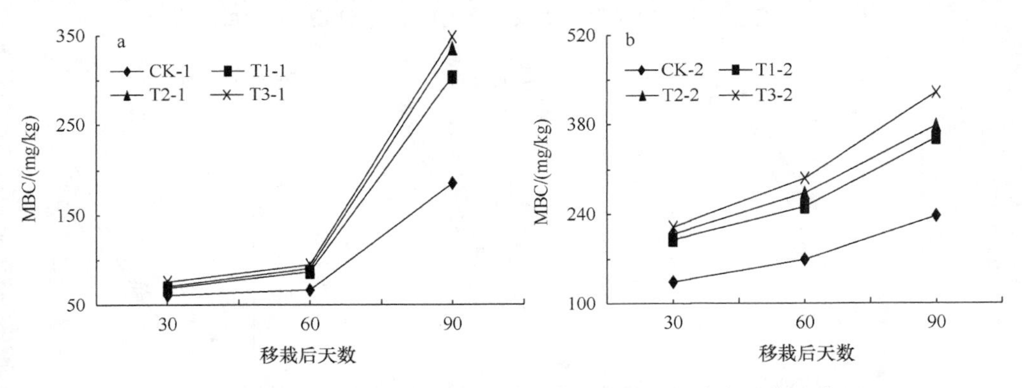

图 7-32　一次性施用生物炭对土壤微生物生物量碳含量的影响

（二）一次性施用生物炭次年对土壤微生物生物量碳（MBC）含量的影响

由图 7-32b 可知，MBC 随生物炭施用量的增加而升高，在整个生育期 MBC 大小依次为 T3-2>T2-2>T1-2>CK-2，移栽后 30 天、60 天和 90 天时施用大量生物炭的处理 T3-2 MBC 含量较对照提高了 64.04%、75.22%和 81.00%。

（三）连续施用生物炭对土壤微生物生物量碳（MBC）含量的影响

如图 7-33 所示，连续施用生物炭能够有效提高 MBC 含量，且随着生物炭用量的增加 MBC 增加越大；移栽后 30 天、60 天和 90 天时施用生物炭处理 MBC 含量较对照分别提高了 57.98%～91.80%、70.76%～81.57%、56.86%～89.48%。

（四）生物炭一次性施用与连续施用对土壤微生物生物量碳（MBC）含量的影响

如图 7-34 所示，连续施用生物炭 MBC 均较其对应的一次性施用生物炭处理有所提高，烟株移栽后 30 天、60 天和 90 天时最大提高了 16.93%（T3-3 对 T3-2）、

14.90%（T1-3 对 T1-2）、4.68%（T3-3 对 T3-2）。

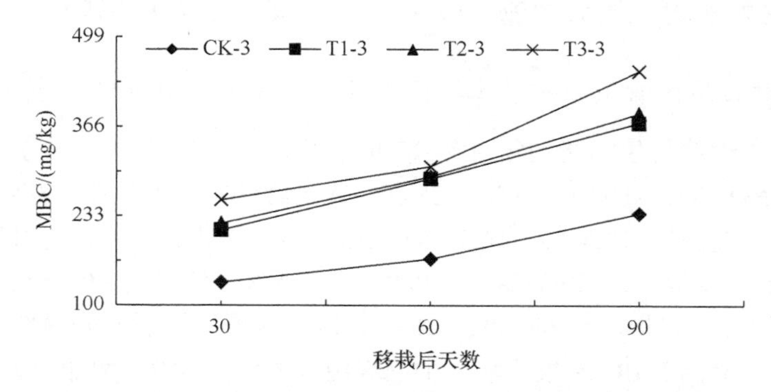

图 7-33　连续施用生物炭对土壤微生物生物量碳（MBC）含量的影响

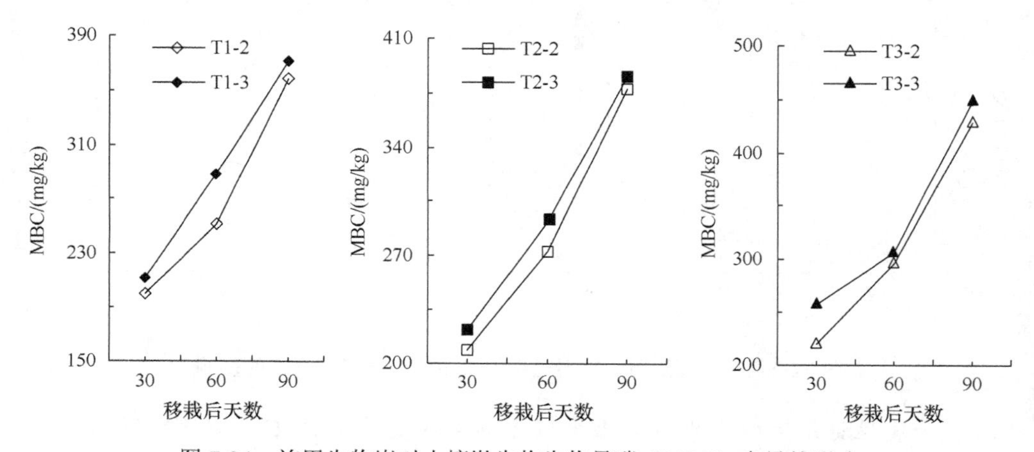

图 7-34　施用生物炭对土壤微生物生物量碳（MBC）含量的影响

五、施用生物炭对上部叶评吸质量的影响

（一）一次性施用生物炭当年对上部叶评吸质量的影响

采用标度值法对烤后烟叶感官质量进行评吸。如表 7-10 所示，从风格特征分析，4 个处理劲头得分一致，施用生物炭处理烟气浓度均低于对照；与对照相比，施用生物炭的处理烟叶香气特征最大提高 12.82%，处理 T2-1 香气特征最佳；一次性施用生物炭处理当年降低了上部叶杂气量，最大降低 9.42%；烟气特征较对照最大提高 7.69%；余味为促进因素，口感特征总体较好的是处理 T2-1、T3-1，其次是 T1-1。标度值整体分析，施用生物炭处理上部叶评吸得分较对照提高 66.67%（T1-1）、80.00%（T2-1）和 60.00%（T3-1）。这说明一次性施用生物炭当年能够提高上部叶评吸质量，处理 T2-1 最佳。

表 7-10　一次性施用生物炭当年对上部叶评吸质量的影响

特征	指标	CK-1	T1-1	T2-1	T3-1
风格特征	烟气浓度	3.80	3.00	3.00	3.00
	劲头	2.80	2.80	2.80	2.80
香气特征	香气质	2.60	2.60	3.00	3.00
	香气量	2.80	3.00	3.20	2.80
	透发性	2.40	3.00	2.60	2.80
杂气	杂气量	1.38	1.31	1.25	1.25
烟气特征	细腻程度	2.60	2.80	2.80	2.40
	柔和程度	2.60	3.00	2.80	2.60
	圆润感	2.60	2.60	2.60	2.80
口感特征	刺激性	2.80	2.20	2.20	2.40
	干燥感	2.40	2.40	2.20	2.20
	余味	2.60	2.60	2.80	3.00
标度值		3.00	5.00	5.40	4.80

（二）一次性施用生物炭次年对上部叶评吸质量的影响

如表 7-11 所示，一次性施用生物炭次年对上部叶评吸质量的影响。与对照相比，施用生物炭处理的风格特征得分较对照提高 4.17%，香气特征得分最大提高 20.88%，杂气量最大降低 18.80%。施用生物炭处理烟气特征得分较对照最大提高 12.50%；刺激性、干燥感和余味表现均较好的是处理 T2-2。标度值整体分

表 7-11　一次性施用生物炭次年对上部叶评吸质量的影响

特征	指标	CK-2	T1-2	T2-2	T3-2
风格特征	烟气浓度	3.50	3.50	3.50	3.50
	劲头	2.50	2.75	2.75	2.75
香气特征	香气质	2.75	3.00	3.00	3.00
	香气量	2.75	3.00	3.67	3.00
	透发性	2.50	3.00	3.00	2.75
杂气	杂气量	1.33	1.08	1.25	1.25
烟气特征	细腻程度	3.00	3.00	3.25	3.00
	柔和程度	2.75	3.00	3.00	3.00
	圆润感	2.25	2.50	2.75	2.75
口感特征	刺激性	2.75	2.75	2.75	3.00
	干燥感	2.75	3.00	2.75	2.75
	余味	2.75	3.00	3.00	3.00
标度值		3.25	4.75	6.17	4.75

析，施用生物炭处理上部叶评吸得分较对照提高了46.15%（T1-2）、89.85%（T2-2）和 46.15%（T3-2）。这说明一次性施用生物炭次年能够提高上部叶评吸质量，处理T2-2最佳。

（三）连续施用生物炭对上部叶评吸质量的影响

如表7-12所示，施用生物炭处理的风格特征得分较对照提高4.17%，各处理烟气浓度得分一致，对照劲头得分稍低。与对照相比，施用生物炭处理的香气特征得分最大提高21.88%，杂气量得分降低6.02%，烟气特征得分最大提高12.50%；刺激性、干燥感和余味表现均较好的是处理 T3-3。标度值整体分析，施用生物炭处理上部叶评吸得分较对照提高53.85%（T1-3）、92.31%（T2-3）和107.69%（T3-3）。这说明连续施用生物炭能够显著提高上部叶评吸质量，处理T3-3最佳。

表7-12　连续施用生物炭对上部叶评吸质量的影响

特征	指标	CK-2	T1-3	T2-3	T3-3
风格特征	烟气浓度	3.50	3.50	3.50	3.50
	劲头	2.50	2.75	2.75	2.75
香气特征	香气质	2.75	3.25	3.25	3.00
	香气量	2.75	3.00	3.50	3.25
	透发性	2.5	3.00	3.00	3.50
杂气	杂气量	1.33	1.25	1.25	1.25
烟气特征	细腻程度	3.00	3.00	3.25	3.00
	柔和程度	2.75	3.00	3.00	3.00
	圆润感	2.25	2.50	2.50	3.00
口感特征	刺激性	2.75	2.75	2.75	2.50
	干燥感	2.75	3.00	2.50	2.50
	余味	2.75	3.00	3.00	3.00
标度值		3.25	5.00	6.25	6.75

（四）生物炭一次性施用与连续施用对上部叶评吸质量的影响

如表7-13所示，处理T1-3与处理T1-2相比，二者风格特征、烟气特征和口感特征得分一致，香气特征得分提高2.78%，杂气量得分提高15.74%；处理T2-3与处理T2-2对比，二者风格特征和杂气量得分一致，香气特征得分提高0.83%，烟气特征得分降低2.78%，口感特征得分提高；处理T3-3与处理T3-2对比，二者风格特征和杂气量得分一致，香气特征得分提高 11.43%，烟气特征得分提高2.86%，口感特征有所改善。从标度值得分来看，连续施用生物炭处理与其相对的一次性施用生物炭处理对比，上部叶评吸质量提高5.26%（T1-3对T1-2）、1.30%

（T2-3 对 T2-2）和 42.11%（T3-3 对 T3-2），说明连续施用生物炭处理较其对应的一次性施用生物炭处理上部叶评吸质量得到了进一步改善。

表 7-13　生物炭一次性施用与连续施用对上部叶评吸质量的影响

特征	指标	T1-2	T1-3	T2-2	T2-3	T3-2	T3-3
风格特征	烟气浓度	3.50	3.50	3.50	3.50	3.50	3.50
	劲头	2.75	2.75	2.75	2.75	2.75	2.75
香气特征	香气质	3.00	3.25	3.00	3.25	3.00	3.00
	香气量	3.00	3.00	3.67	3.50	3.00	3.25
	透发性	3.00	3.00	3.00	3.00	2.75	3.50
杂气	杂气量	1.08	1.25	1.25	1.25	1.25	1.25
烟气特征	细腻程度	3.00	3.00	3.25	3.25	3.00	3.00
	柔和程度	3.00	3.00	3.00	3.00	3.00	3.00
	圆润感	2.50	2.50	2.75	2.50	2.75	3.00
口感特征	刺激性	2.75	2.75	2.75	2.75	3.00	2.50
	干燥感	3.00	3.00	2.75	2.50	2.75	2.50
	余味	3.00	3.00	3.00	3.00	3.00	3.00
标度值		4.75	5.00	6.17	6.25	4.75	6.75

六、小结

施用生物炭能降低土壤容重，增加土壤孔隙度。一次性施用生物炭处理当年随着生物炭用量的增加，土壤容重降低、土壤孔隙度升高；连续施用生物炭处理也表现出相似规律；连续施用生物炭处理与其对应的一次性施用生物炭处理相比，土壤容重的降低幅度更大。连续施用生物炭用量越大，土壤容重降低量越大、孔隙度增加量越大。这主要是由于生物炭具有较高的孔隙度、结构稳定，能够为土壤提供稳定的支架，可以长期保证土壤有较低的容重和较高的孔隙度，有利于烟株根系发育，为烟叶优质适产奠定基础。

施用生物炭能够提高土壤有机质含量。一次性施用生物炭当年和次年均随着生物炭用量的增加土壤有机质含量增加；连续施用生物炭时随着用量的增加土壤有机质含量增加；连续施用生物炭与其对应的一次性施用生物炭对比，有机质含量增加幅度更大。虽然生物炭的化学结构不同于有机质或土壤腐殖质，但是生物炭与有机质或腐殖质一样可以改良培肥土壤。生物炭可以提高土壤有机碳含量水平，其提高的幅度取决于生物炭的用量及稳定性。土壤有机碳含量增加可提高土壤的 C/N，从而提高土壤对氮素及其他养分元素的吸持容量，有利于配合施肥培肥土壤。然而，生物炭对土壤有机质含量的影响有着冲突的报道。Wardle 等（2008）

和 Contina 等（2010）分别报道生物炭引起土壤有机质损失，但前者土壤埋袋培养试验方法受到质疑（Lehman and Sohi，2008）。而 Bruun 等（2009）采用 ^{14}C 标记生物炭及作物秸秆的 2 年土壤培养试验发现：生物炭（低温和高温碳损失分别为 9.3%、3.1%）远远低于秸秆（56%）的碳损失，生物炭初期的碳损失可能与生物炭颗粒表面氧化有关，或者与生物炭中挥发物的微生物分解有关（Deenik et al.，2009）。

施用生物炭能够提高土壤 pH。一次性施用生物炭当年和次年对提高土壤 pH 呈现正相关趋势，随着生物炭连续施用量增加，土壤 pH 提高量增加；连续施用生物炭与其对应的一次性施用生物炭对比，土壤 pH 提高。生物炭的酸碱性取决于生物炭原料及生产工艺，但是大部分生物炭显碱性。因此，生物炭施入土壤通常可提高酸性土壤 pH，这主要是生物炭中灰分含有更多的盐基离子，如 Ca^{2+}、Mg^{2+}、K^{+}、Na^{+}。盐基离子可以交换降低土壤氢离子及交换性铝离子水平，生物炭配合 NPK 化肥降低酸性土可交换性铝更明显（Steiner et al.，2007），从而提高土壤盐基离子如 Ca^{2+}、K^{+}、Na^{+}等（Zwieten et al.，2010）的饱和度，导致土壤 pH 增高。这种作用针对酸性土壤效果明显，但对碱性土壤作用不显著（Zwieten et al.，2010）。

生物炭不仅可产生负电荷，还可产生正电荷，因而生物炭不仅可以吸持有机质吸持的养分，还可吸持土壤有机质不吸持的磷素养分。尽管如此，生物炭吸持养分还是有一定的选择性，其选择性与生物炭本身所含矿物质的含量及种类有关。生物炭富含有机碳，但矿质养分含量通常偏低，生物炭对土壤养分补充作用不如肥料明显，但不同材料生物炭的矿质养分含量有较大差异。本试验结果表明，施用生物炭能够提高土壤中速效钾含量。一次性施用生物炭当年和次年均提高土壤速效钾含量，连续施用生物炭处理随着生物炭用量的增加土壤速效钾含量增加，与其对应的一次性施用生物炭处理对比，速效钾含量也有所增加。烟草属喜钾植物，土壤中钾含量及其有效性是优质烟叶形成的关键因素之一。

生物炭的孔隙具有很大变异性，小到不到 1nm，大到几十纳米，甚至数十微米。生物炭孔隙中能够贮存水分和养分，因而生物炭的孔隙和表面成为微生物可栖息生活的微环境（Yoshizawa and Tanaka，2008；Ogawa，1994；Hockaday，2006），进而增加微生物的数量及活性。生物炭对土壤微生物的影响与生物炭类型有关（Steinbeiss et al.，2009），低温生物炭通常含较多的挥发物（Gheorghe et al.，2009），挥发物是一些低分子易解有机化合物，是微生物易解碳源，有利于微生物活动，这可能是生物炭提高土壤微生物生物量、活性（Kolb et al.，2009；Steinbeiss et al.，2009）的另一原因。生物炭用量增大，其挥发物量就增大（Deenik et al.，2009），因而基础呼吸、微生物生物量、群落生长及微生物效率（以呼吸商表示）随生物炭用量增加呈线性显著增长（Steiner et al.，2008）。本研究结果表明，施用生物炭能够提高土壤 MBC 含量；一次性施用生物炭当年和次年均随着生物炭用量的增加土壤中 MBC 增加。连续施用生物炭处理也表现出相似趋势。

烤烟评吸质量是决定烟叶品质和卷烟配方的关键。一次性施用生物炭处理当年和次年均能够提高上部叶的评吸质量，生物炭用量为 $6t/hm^2$ 时（处理 T2-1、T2-2）上部叶评吸质量最高；连续施用生物炭时，随着生物炭施用量的增加上部叶评吸质量提高；连续施用生物炭处理与其对应的一次性施用生物炭对比，评吸质量得到了进一步改善。

第八章　烟田保护性耕作技术研究

保护性耕作作为一种新型的栽培技术，主要是对农田实行免耕、少耕，以作物秸秆、残茬覆盖地表为特征，有利于防止风蚀和水蚀，促进土壤团聚体的形成，起到保水保土、减少劳动力和能源消耗的作用。同时，有大量研究表明，翻压绿肥不但可以迅速提高土壤有机质含量，降低土壤容重，而且在绿肥生长过程中还能通过养分吸收、根系分泌物和细胞脱落等方式调节土壤养分平衡、活化和富集土壤养分、增加土壤微生物活性。为此，在重庆烟区以不同方式种植绿肥，与不同垄体走向相结合，开展保护性耕作试验，以期为坡耕地水土保持和提高山地烤烟品质提供一定依据。

第一节　保护性耕作对坡耕地烟田水土流失的影响——顺坡起垄

水土流失已经成为我国头号生态环境问题。据估计，我国每年由水土流失而造成的经济损失可达 100 亿元以上。有研究表明（李月臣等，2008），我国水土流失面积占国土面积的比例约为 38%，三峡库区重庆段则更为严重，其水土流失面积比高达 51.7%。坡耕地抗蚀能力差，极易发生水土流失。由于长期的水土流失，坡耕地生产力低下，因此，提高土地生产力和控制水土流失是坡耕地利用的主要任务。

以少免耕、覆盖与保护性种植等技术为主体的保护性耕作技术，具有防止水蚀和增产、省工、省力、省能等独特的作用，现已发展成为发达国家现代化可持续农业模式的主导性技术（张晓艳等，2008）。李霞等（2011）研究认为，在坡耕地开展保护性耕作试验有助于减少水土流失和去除径流中的农业面源污染物。更有研究表明，种植绿肥能够明显增加土壤保水能力，减少水土流失，提高土壤肥力和土地生产力（段舜山等，2000；孙铁军等，2007；俞巧钢等，2012）。针对重庆地区坡耕地面积大、水土流失严重等情况，在重庆市石柱县坡耕地烟田开展保护性耕作试验，探究黑麦草覆盖对水土流失的影响，以期为重庆地区坡耕地水土保持提供一定的建议。

本次试验所用烤烟品种为云烟 87，烟田坡度为 15°，采用小区试验，小区面积为 210m^2。烤烟采用传统方式种植，起垄方式为顺坡起垄，垄高 30cm，垄面宽

30cm，垄底宽 60cm，株距 55cm，垄间距 115cm。共设置 4 个处理：T1（不种植黑麦草），T2（垄间种植黑麦草），T3（垄体种植黑麦草），T4（垄间种植黑麦草+垄体种植黑麦草）。各处理施肥等其他措施采用当地优质烟叶生产技术措施。

本次试验分别于 2015 年和 2016 年两次开展。2015 年试验：垄间黑麦草在 2015 年 3 月 28 日播种，用种量为 75kg/hm^2。垄体黑麦草于 2014 年 10 月 15 日播种，播种用量为 5kg/hm^2，播种方式为均匀播撒在整个垄体上。2015 年 5 月 8 日刈割垄体上黑麦草，并将刈割的黑麦草覆盖在垄体上，于 5 月 9 日移栽。移栽前，垄体黑麦草刈割时的鲜草生物量分别为横坡起垄 22 491.30kg/hm^2、顺坡起垄 11 120.55kg/hm^2。

2016 年试验：垄间黑麦草于 2016 年 4 月 5 日播撒，用种量为 45kg/hm^2。垄体黑麦草于 2015 年 12 月 18 日播种，用种量为 45kg/hm^2，通过在垄体两侧开沟进行播撒。在 2016 年 5 月 11 日刈割垄体上黑麦草，将刈割的黑麦草放于垄沟内，刈割后在垄体上喷洒 50%敌草胺除草剂，防止黑麦草再次生长，5 月 18 日移栽，并将之前置于垄沟内的黑麦草覆盖在垄体上，最后盖上地膜。移栽前，垄体黑麦草刈割时的鲜草生物量分别为横坡起垄 12 370.22kg/hm^2、顺坡起垄 6499.92kg/hm^2。

一、径流场的布设及样品的采集分析

试验小区四周用铁皮围起来，将铁皮（宽 50cm、厚 1.2mm）埋入土壤 25cm，露出地面 25cm，小区底端中间开设出水口。

用塑料储水桶制作集流桶和分流桶，用 PVC 管制作导流管，塑料储水桶高 82cm，下底直径 47cm，上部直径 62cm，上有遮雨盖，其中分流桶上部设有 5 个分布均匀的分流口。径流小区通过导流管与分流桶连接，分流桶通过导流管和集流桶连接，安装之后，固定在径流小区底端，为防止径流小区底端的管道被杂物堵塞，在径流管道口前安装金属网。

径流产生后，每 5min 在集流桶中用体积法求得浑水总量，同时采集混合水样 500ml，过滤后烘干称重，计算水样的泥沙含量，进一步计算侵蚀量。

每次降雨后，测定随土壤流失的氮、磷、钾含量。径流中氮采用流动分析仪测定，磷采用过硫酸钾氧化—钼蓝比色法测定，钾采用原子吸收分光光度计测定；土壤中的氮、磷、钾采用常规方法测定。

二、顺坡起垄对径流量的影响

（一）顺坡起垄对小区径流量的影响

2015 年不同处理径流量如表 8-1 所示，随着降水量的增加，各处理径流小区内径流量均有不同程度增加。降水量为16.28mm时，相较于处理T1，处理T2减少了65.79%的径流量，处理T3减少了56.92%的径流量，处理T4减少了98.24%的径流量。降水量为41.05mm时，相较于处理T1，处理T2减少了60.81%的径流量，处理T3减少了56.95%的径流量，处理T4减少了96.32%的径流量。降水量为63.69mm时，处理T2比处理T1径流量减少了58.66%，处理T3比处理T1径流量减少了54.33%，处理T4比处理T1径流量减少了92.09%。

表8-1　2015年不同处理径流量

降水量/mm	降水强度/(mm/h)	径流量/(m^3/hm^2)			
		T1	T2	T3	T4
16.28	1.09	214.17a	73.27b	92.26b	3.78c
41.05	2.05	735.33a	288.21bc	316.54b	27.05c
63.69	1.59	1167.04a	482.45bc	533.03b	92.26c

注：不同小写字母表示达到0.05显著水平，下同

2016年不同处理径流量如表8-2所示，不同降水量下，各处理小区内径流量均表现为处理T1>T3>T2>T4。降水量为11.41mm时，相较于处理T1，处理T2可减少63.78%的径流量，处理T3可减少51.07%的径流量，处理T4可减少97.69%的径流量。降水量为39.32mm时，相较于处理T1，处理T2可减少67.38%的径流量，处理T3可减少56.42%的径流量，处理T4可减少94.19%的径流量。降水量为55.41mm时，相较于处理T1，处理T2可减少62.39%的径流量，处理T3可减少55.74%的径流量，处理T4可减少90.82%的径流量。

表8-2　2016年不同处理径流量

降水量/mm	降水强度/(mm/h)	径流量/(m^3/hm^2)			
		T1	T2	T3	T4
11.41	1.53	216.90a	78.56c	106.12b	5.00d
39.32	3.67	1010.87a	329.70c	440.50b	58.76d
55.41	4.12	1734.03a	652.21b	767.52b	159.27c

综合两年结果可发现，不同降水量下，各处理小区内径流量均表现为处理T1>T3>T2>T4。这表明处理T4保水能力最佳，处理T3保水能力略差于处理T2，可能是因为垄间黑麦草未进行刈割，生长旺盛，吸水能力更强或者增加了产生径流的阻力。

（二）降水量对小区径流量的影响

由表8-1可知，随着降水量的增加，各处理小区径流量明显增加。降水量为16.28mm时，4个处理的径流量分别是降水量为41.05mm的29.13%、25.42%、

29.15%和 13.97%，是降水量为 63.69mm 的 18.35%、15.19%、17.31%和 4.10%。降水量为 41.05mm 时，4 个处理的径流量分别是降水量为 63.69mm 的 63.01%、59.74%、59.39%和 29.32%。不同降水量下，各处理径流量排序均为 T1>T3>T2>T4。

由表 8-2 可知，降水量为 11.41mm 时，4 个处理的径流量分别是降水量为 39.32mm 的 21.46%、23.83%、24.09%、8.51%，是降水量为 55.41mm 的 12.51%、12.05%、13.83%、3.14%。降水量为 39.32mm 时，4 个处理的径流量分别是降水量为 55.41mm 的 58.30%、50.55%、57.39%、36.89%。不同降水量下，各处理径流量排序均为 T1>T3>T2>T4，与 2015 年结果一致。

三、顺坡起垄对产沙量的影响

（一）顺坡起垄对小区产沙量的影响

由表 8-3 可知，降水量为 16.28mm 时，处理 T1 的产沙量（1122.44kg/hm^2）显著高于其余 3 个处理，相较于处理 T1，处理 T4 产沙量减少最多，减少了 1076.57kg/hm^2。当降水量为 41.05mm 时，各处理产沙量相较于降水量为 16.28mm 时均有不同程度增加，此时，各处理产沙量分别为 3852.57kg/hm^2、1317.78kg/hm^2、1751.78kg/hm^2、226.13kg/hm^2。当降水量为 63.69mm 时，处理 T1 产沙量为 7024.35kg/hm^2，相较于处理 T1，处理 T2 产沙量减少了 4390.27kg/hm^2，处理 T3 产沙量减少了 3719.18kg/hm^2，处理 T4 产沙量减少了 6071.09kg/hm^2。

表 8-3　2015 年不同处理产沙量

降水量/mm	降水强度/（mm/h）	产沙量/（kg/hm^2）			
		T1	T2	T3	T4
16.28	1.09	1122.44a	350.43b	415.54b	45.87c
41.05	2.05	3852.57a	1317.78b	1751.78b	226.13c
63.69	1.59	7024.35a	2634.08b	3305.17b	953.26c

2016 年不同处理产沙量如表 8-4 所示，降水量为 11.41mm 时，相较于处理 T1，处理 T2 产沙量减少了 785.44kg/hm^2，处理 T3 产沙量减少了 694.62kg/hm^2，处理 T4 产沙量减少了 1095.09kg/hm^2。降水量为 39.32mm 时，处理 T1 产沙量显

表 8-4　2016 年不同处理产沙量

降水量/mm	降水强度/（mm/h）	产沙量/（kg/hm^2）			
		T1	T2	T3	T4
11.41	1.53	1 161.89a	376.45c	467.27b	66.80d
39.32	3.67	5 556.72a	2 079.82c	2 631.58b	335.79d
55.41	4.12	13 274.87a	4 977.35c	6 166.83b	1 048.31d

著增高，为 5556.72kg/hm^2，相较于处理 T1，处理 T2 产沙量减少了 3476.90kg/hm^2，处理 T3 产沙量减少了 2925.14kg/hm^2，处理 T4 产沙量减少了 5220.93kg/hm^2。降水量为 55.41mm 时，各处理产沙量分别为 13 274.87kg/hm^2、4977.35kg/hm^2、6166.83kg/hm^2、1048.31kg/hm^2。

综合分析两年结果可发现，不同降水量下，各处理小区产沙量均表现为处理 T1>T3>T2>T4，这与各处理小区径流量呈现的规律一致，因为泥沙是通过径流流失的，所以径流量对泥沙流失量影响很大。

（二）降水量对小区产沙量的影响

由表 8-3 可知，降水量为 16.28mm 时，处理 T1、T2、T3、T4 的产沙量分别是降水量为 41.05mm 的 29.13%、26.59%、23.72%、20.28%，是降水量为 63.69mm 的 15.98%、13.30%、12.57%、4.81%。降水量为 41.05mm 时，4 个处理产沙量分别是降水量为 63.69mm 的 54.85%、50.03%、53.00%、23.72%。不同降水量下，各处理产沙量排序均为处理 T1>T3>T2>T4，这与径流量排序一致。

从表 8-4 可看出，降水量为 11.41mm 时，4 个处理的产沙量分别是降水量为 39.32mm 的 20.91%、18.10%、17.76%、19.89%，是降水量为 55.41mm 的 8.75%、7.56%、7.58%、6.37%。降水量为 39.32mm 时，4 个处理的产沙量分别是降水量为 55.41mm 的 41.86%、41.79%、42.67%、32.03%。不同降水量下，各处理产沙量排序均为处理 T1>T3>T2>T4，这与 2015 年一致。

四、顺坡起垄对径流中养分流失的影响

（一）顺坡起垄对径流中氮含量的影响

1. 不同处理对径流中硝态氮含量的影响

从营养角度来讲，作物在生长过程中主要吸收两种矿质氮源，即铵态氮和硝态氮。如表 8-5 所示，随着降水量的增加，各处理径流中硝态氮含量也随之增加。降水量为 16.28mm 时，处理 T2 比 T1 径流中硝态氮含量减少了 57.22%，处理 T3 比 T1 减少了 77.49%，处理 T4 比 T1 减少了 94.99%。降水量为 41.05mm 时，处理 T2 比 T1 减少了 52.05%，处理 T3 比 T1 减少了 63.73%，处理 T4 比 T1 减少了 90.37%。降水量为 63.69mm 时，与处理 T1 径流中硝态氮含量相比，处理 T2 减少了 56.05%，处理 T3 减少了 67.97%，处理 T4 减少了 87.89%。不同降水量下，各处理径流中硝态氮含量均表现为处理 T1>T2>T3>T4，处理 T2 比处理 T3 硝态氮流失更多，这与各处理径流量和产沙量略有差异，这可能是因为肥料是采用条施和穴施的方式，都在垄体上，而且处理 T2 垄体上没有种植黑麦草，从而导致垄体上未吸收完全的肥料伴随着雨水流失了。

表 8-5　2015 年不同处理径流中养分流失情况

降水量/mm	降水强度/（mm/h）	处理	硝态氮含量/（μg/m²）	铵态氮含量/（μg/m²）	磷含量/（mg/m²）	钾含量/（mg/m²）
16.28	1.09	T1	123.57a	608.44a	1.42a	33.91a
		T2	52.86b	243.53b	0.55b	10.68b
		T3	27.81bc	141.92b	0.44b	8.42c
		T4	6.19c	17.89c	0.12c	2.38d
41.05	2.05	T1	431.72a	2677.82a	12.28a	153.02a
		T2	207.02b	1121.57b	4.19b	51.26b
		T3	156.57b	862.04c	2.92bc	33.91c
		T4	41.57c	141.92d	0.99c	9.36d
63.69	1.59	T1	788.95a	8341.63a	29.20a	425.03a
		T2	346.73b	4085.17b	14.17b	130.36b
		T3	252.68bc	3410.46b	10.85bc	96.31b
		T4	95.54c	818.26c	5.26c	36.03b

2. 不同处理对径流中铵态氮含量的影响

由表 8-5 可知，不同降水量下，各处理径流中的铵态氮含量与硝态氮含量呈现的规律相同，也是处理 T1>T2>T3>T4。降水量为 16.28mm 时，处理 T1 径流中铵态氮含量最高，为 608.44μg/m²，处理 T4 径流中铵态氮含量最低，仅有 17.89μg/m²。降水量为 41.05mm 时，相较于处理 T1，处理 T2 径流中铵态氮含量减少了 1556.25μg/m²，处理 T3 径流中铵态氮含量减少了 1815.78μg/m²，处理 T4 径流中铵态氮含量减少了 2535.90μg/m²。降水量为 63.69mm 时，处理 T1 径流中铵态氮含量最高，达到了 8341.63μg/m²，处理 T4 径流中铵态氮含量最低，为 818.26μg/m²，处理 T2 径流中铵态氮含量较处理 T1 减少了 4256.46μg/m²，处理 T3 径流中铵态氮含量较处理 T1 减少了 4931.17μg/m²。

3. 不同处理对径流中氮含量的影响

由表 8-6 可知，降水量为 11.41mm 时，相较于处理 T1，处理 T2 可减少径流中氮含量 55.13%，处理 T3 可减少径流中氮含量 63.10%，处理 T4 可减少径流中氮含量 89.08%。降水量为 39.32mm 时，处理 T2 比 T1 径流中氮含量减少了 52.75%，处理 T3 比 T1 径流中氮含量减少了 59.08%，处理 T4 比 T1 径流中氮含量减少了 83.78%。降水量为 55.41mm 时，与处理 T1 径流中氮含量相比，处理 T2 减少了 52.69%，处理 T3 减少了 56.58%，处理 T4 减少了 83.42%。不同降水量下，各处理径流中氮含量均表现为处理 T1>T2>T3>T4，这与 2015 年规律一致。

表 8-6　2016 年不同处理径流中养分流失情况

降水量/mm	降水强度/（mm/h）	处理	氮含量/（μg/m²）	磷含量/（mg/m²）	钾含量/（mg/m²）
11.41	1.53	T1	898.26a	2.26a	12.64a
		T2	403.07b	0.86b	5.66b
		T3	331.43b	0.57c	5.14b
		T4	98.10b	0.34d	0.69c
39.32	3.67	T1	1426.31a	3.72a	33.31a
		T2	673.96b	1.79b	14.55b
		T3	583.69b	1.23c	13.90b
		T4	231.40c	0.54d	2.42c
55.41	4.12	T1	2048.74a	5.68a	54.93a
		T2	969.27b	2.70b	24.46b
		T3	889.58c	2.32b	20.11c
		T4	339.59d	1.05c	4.95d

（二）顺坡起垄对径流中磷含量的影响

如表 8-5 所示，保护性耕作各处理能够明显减少径流中磷的含量。当降水量为 16.28mm 时，与处理 T1 相比，处理 T2 径流中磷含量减少了 61.27%，处理 T3 径流中磷含量减少了 69.01%，处理 T4 径流中磷含量减少了 91.55%。降水量为 41.05mm 时，相较于处理 T1 径流中磷含量，处理 T2 减少了 65.88%，处理 T3 减少了 76.22%，处理 T4 减少了 91.94%。降水量为 63.69mm 时，处理 T2 径流中磷含量比处理 T1 减少了 51.47%，处理 T3 径流中磷含量比处理 T1 减少了 62.84%，处理 T4 径流中磷含量比处理 T1 减少了 81.99%。整体而言，不同降水量下，各处理径流中磷含量表现为处理 T1>T2>T3>T4，这与径流中氮含量相似。

由表 8-6 可知，降水量为 11.41mm 时，与处理 T1 相比，处理 T2 可减少径流中磷含量 1.40mg/m²，处理 T3 可减少径流中磷含量 1.69mg/m²，处理 T4 可减少径流中磷含量 1.92mg/m²。降水量为 39.32mm 时，相较于处理 T1，处理 T2 可减少径流中磷含量 1.93mg/m²，处理 T3 可减少径流中磷含量 2.49mg/m²，处理 T4 可减少径流中磷含量 3.18mg/m²。降水量为 55.41mm 时，相较于处理 T1 径流中磷含量，处理 T2 可减少 2.98mg/m²，处理 T3 可减少 3.36mg/m²，处理 T4 可减少 4.63mg/m²。整体而言，2016 年径流中磷含量要少于 2015 年，但是不同降水量下各处理呈现的规律与 2015 年一致，均是处理 T1>T2>T3>T4。

（三）顺坡起垄对径流中钾含量的影响

由表 8-5 可知，降水量为 16.28mm 时，处理 T1 径流中钾含量显著最高，为 33.91mg/m²，相较于处理 T1，处理 T2 径流中钾含量减少了 68.50%，处理 T3 径流中钾含量减少了 75.17%，处理 T4 径流中钾含量减少了 92.98%。降水量为 41.05mm 时，处理 T2 径流中钾含量比 T1 减少了 66.50%，处理 T3 径流中钾含量比 T1 减少了 77.84%，处理 T4 径流中钾含量比 T1 减少了 93.88%。降水量为 63.69mm 时，处理 T2 径流中钾含量比 T1 减少了 69.33%，处理 T3 径流中钾含量比处理 T1 减少了 77.34%，处理 T4 径流中钾含量比 T1 减少了 91.52%。不同降水量下，各处理径流中钾含量表现为处理 T1>T2>T3>T4，处理 T4 在减少钾流失方面效果最佳。

降水量为 11.41mm 时，与处理 T1 相比，处理 T2 可减少径流中钾含量 55.22%，处理 T3 可减少径流中钾含量 59.34%，处理 T4 可减少径流中钾含量 94.54%。降水量为 39.32mm 时，与处理 T1 径流中钾含量相比，处理 T2 可减少 56.32%，处理 T3 可减少 58.27%，处理 T4 可减少 92.73%。降水量为 55.41mm 时，处理 T2 比处理 T1 径流中钾含量减少了 55.47%，处理 T3 比处理 T1 径流中钾含量减少了 63.39%，处理 T4 比处理 T1 径流中钾含量减少了 90.99%。不同降水量下，各处理径流中钾含量表现为处理 T1>T2>T3>T4，处理 T4 在减少钾流失方面效果最佳（表 8-6）。

整体而言，2016 年各处理径流中钾含量要低于 2015 年径流量钾含量，这与径流量磷含量呈现的趋势一致。

五、顺坡起垄对土壤中养分流失的影响

如表 8-7 所示，随着降水量的增加，各处理土壤养分流失量也随之增加。降

表 8-7　2016 年不同处理土壤中养分流失情况

降水量/mm	降水强度/(mm/h)	处理	碱解氮/(mg/m²)	速效磷含量/(mg/m²)	速效钾含量/(mg/m²)
11.41	1.53	T1	1.95a	1.20a	19.80a
		T2	0.55b	0.34b	5.79b
		T3	0.66b	0.39b	6.75b
		T4	0.07c	0.04c	0.80c
39.32	3.67	T1	10.58a	12.72a	131.05a
		T2	3.41b	3.82b	47.71b
		T3	3.99b	3.66b	57.19b
		T4	0.46c	0.33c	6.17c
55.41	4.12	T1	33.43a	41.88a	368.78a
		T2	11.38b	11.74b	125.75b
		T3	12.69b	14.15b	148.93b
		T4	1.74c	1.92c	21.31c

水量为 11.41mm 时，处理 T1 土壤中碱解氮流失量最高，为 1.95mg/m^2，处理 T4 土壤中碱解氮流失量最低，为 0.07mg/m^2，处理 T2 和 T3 土壤中碱解氮流失量差异不显著。降水量为 39.32mm 时，相较于处理 T1，处理 T2 可减少土壤中碱解氮流失量 7.17mg/m^2，处理 T3 可减少土壤中碱解氮流失量 6.59mg/m^2，处理 T4 可减少土壤中碱解氮流失量 10.12mg/m^2。降水量为 55.41mm 时，土壤中碱解氮流失量分别为 33.43mg/m^2、11.38mg/m^2、12.69mg/m^2、1.74mg/m^2。

降水量为 11.41mm 时，相较于处理 T1，处理 T2 可减少速效磷流失量 0.86mg/m^2，处理 T3 可减少速效磷流失量 0.81mg/m^2，处理 T4 可减少速效磷流失量 1.16mg/m^2。降水量为 39.32mm 时，相较于处理 T1，处理 T2 可减少速效磷流失 8.90mg/m^2，处理 T3 可减少速效磷流失量 9.06mg/m^2，处理 T4 可减少速效磷流失量 12.39mg/m^2。降水量为 55.41mm 时，相较于处理 T1，处理 T2 可减少速效磷流失量 30.14mg/m^2，处理 T3 可减少速效磷流失量 27.73mg/m^2，处理 T4 可减少速效磷流失量 39.96mg/m^2。

降水量为 11.41mm 时，4 个处理的速效钾流失量分别为 19.80mg/m^2、5.79mg/m^2、6.75mg/m^2、0.80mg/m^2。降水量为 39.32mm 时，相较于降水量为 11.41mm 时，各处理速效钾流失量分别提高了 111.25mg/m^2、41.92mg/m^2、50.44mg/m^2、5.37mg/m^2。降水量为 55.41mm 时，处理 T1 土壤中速效钾流失量最高，为 368.78mg/m^2，处理 T4 土壤中速效钾流失量最低，为 21.31mg/m^2。

不同降水量下，各处理土壤中速效养分的流失量均表现为处理 T1>T3>T2>T4，这与各处理产沙量呈现的趋势一致。从流失量上可以看出，土壤中速效钾流失量远远高于速效磷及碱解氮的流失量（表 8-7）。

六、小结

不同降水量下，保护性耕作各处理小区径流量和产沙量均少于对照，但由于黑麦草种植方式的不同，各处理小区径流量和产沙量差异较明显。垄间和垄体均种植黑麦草的小区径流量和产沙量最少。

不同降水量下，保护性耕作各处理能明显减少径流中养分流失量。其中垄体种植黑麦草径流中养分流失量少于垄间种植黑麦草，这与小区径流量和产沙量不同，垄间与垄体均种植黑麦草在减少径流中养分流失方面效果最佳。

不同降水量下，保护性耕作各处理能明显减少土壤中养分流失量。垄间与垄体均种植黑麦草土壤养分流失量最少。土壤中速效钾流失量远远高于速效磷及碱解氮的流失量。

第二节　保护性耕作对坡耕地烟田水土流失的影响——横坡起垄

目前，坡耕地多采用传统耕作方式，翻耕次数较多，土质疏松，农田裸露时间长，有机质还田率低，一旦遇到暴雨，极易产生超渗径流，导致水土流失十分严重、水分利用效率和土地生产力水平低下。严重的水土流失不仅降低土地生产力，造成土壤质量退化，同时还制约了区域社会经济的可持续发展。重庆是我国的主要产烟区之一，当地地形主要以坡耕地为主，重庆降水量大且主要集中在6～9月，此时正值烤烟生长期，因此，研究保护性耕作对坡耕地烟田水土流失的影响，为坡耕地水土保持和提高山地烤烟产质量提供了一定参考。

共设置4个处理：T1（横坡起垄），T2（横坡起垄+垄间种植黑麦草），T3（横坡起垄+垄体种植黑麦草），T4（横坡起垄+垄间种植黑麦草+垄体种植黑麦草）。其余同本章第一节。

一、横坡起垄对径流量的影响

（一）横坡起垄对小区径流量的影响

当降水量为16.28mm时，处理T1的径流量为16.92m^3/hm^2，处理T2和T4均未检测到径流，处理T3的径流量为5.74m^3/hm^2。当降水量为41.05mm时，处理T1的径流量达到了64.38m^3/hm^2，相较于处理T1，处理T2径流量减少了88.37%，处理T3径流量减少了68.05%，处理T4径流量减少了99.70%。当降水量为63.69mm时，处理T1径流量为149.85m^3/hm^2，相较于处理T1，处理T2径流量减少了78.14%，处理T3径流量减少了52.19%，处理T4径流量减少了98.64%。均产生径流的情况下，各处理径流量表现为处理T1>T3>T2>T4，这与顺坡起垄一致（表8-8）。

表8-8　2015年不同处理径流量

降水量/mm	降水强度/（mm/h）	径流量/（m^3/hm^2）			
		T1	T2	T3	T4
16.28	1.09	16.92a	—	5.74b	—
41.05	2.05	64.38a	7.49c	20.57b	0.19d
63.69	1.59	149.85a	32.76c	71.65b	2.04d

注："—"表示未检出，下同

如表8-9所示，当降水量为11.41mm时，处理T1的径流量为14.98m^3/hm^2，处理T3的径流量为6.87m^3/hm^2，处理T2和T4均未检测到径流。降水量为39.32mm

时，处理 T1 的径流量显著最高，为 90.05m^3/hm^2，相较于处理 T1，处理 T2 径流量减少了 57.69m^3/hm^2，处理 T3 径流量减少了 47.26m^3/hm^2，处理 T4 径流量减少了 88.95m^3/hm^2。降水量为 55.41mm 时，4 个处理的径流量分别为 181.24m^3/hm^2、69.21m^3/hm^2、87.41m^3/hm^2、5.54m^3/hm^2。整体而言，当降水量过小时，处理 T2 和 T4 可能不会产生径流，当均有径流产生时，各处理径流量均表现为处理 T1>T3>T2>T4，这与顺坡起垄一致。

表 8-9　2016 年不同处理径流量

降水量/mm	降水强度/（mm/h）	径流量/（m^3/hm^2）			
		T1	T2	T3	T4
11.41	1.53	14.98a	—	6.87b	—
39.32	3.67	90.05a	32.36c	42.79b	1.10d
55.41	4.12	181.24a	69.21c	87.41b	5.54d

（二）降水量对小区径流量的影响

由表 8-8 可知，当降水量为 16.28mm 时，处理 T1 和 T3 径流量分别是降水量为 41.05mm 的 26.28%、27.90%，是降水量为 63.69mm 的 11.29%、8.01%。降水量为 41.05mm 时，4 个处理径流量分别为 63.69mm 的 42.96%、22.86%、28.71%、9.31%。

由表 8-9 可知，当降水量为 11.41mm 时，处理 T1 和 T3 径流量分别是降水量为 39.32mm 的 16.64%、16.06%，是降水量为 55.41mm 的 8.27%、7.86%。降水量为 39.32mm 时，处理 T1、T2、T3、T4 的径流量分别是降水量为 55.41mm 的 49.69%、46.76%、48.95%、19.86%。

二、横坡起垄对产沙量的影响

（一）横坡起垄对小区产沙量的影响

从表 8-10 可知，随着降水量的增加，各处理产沙量均有不同程度提高。当降水量为 16.28mm 时，处理 T1 产沙量为 83.19kg/hm^2，处理 T2 和 T4 均没有检测到产沙量，处理 T3 的产沙量较处理 T1 减少了 63.43kg/hm^2。当降水量为 41.05mm

表 8-10　2015 年不同处理产沙量

降水量/mm	降水强度/（mm/h）	产沙量/（kg/hm^2）			
		T1	T2	T3	T4
16.28	1.09	83.19a	—	19.76b	—
41.05	2.05	279.67a	56.43c	123.98b	20.68c
63.69	1.59	775.41a	189.44c	311.39b	79.08d

时，相较于处理 T1，处理 T2 产沙量减少了 79.82%，处理 T3 产沙量减少了 55.67%，处理 T4 产沙量减少了 92.61%。当降水量为 63.69mm 时，相较于处理 T1 产沙量，处理 T2 减少了 75.57%，处理 T3 减少了 59.84%，处理 T4 减少了 89.80%。

如表 8-11 所示，降水量为 11.41mm 时，处理 T1 产沙量为 74.17kg/hm^2，处理 T3 产沙量为 32.62kg/hm^2。降水量为 39.32mm 时，处理 T1 产沙量为 392.74kg/hm^2，相较于处理 T1，处理 T2 产沙量减少了 265.43kg/hm^2，处理 T3 产沙量减少了 206.12kg/hm^2，处理 T4 产沙量减少了 337.17kg/hm^2。降水量为 55.41mm 时，处理 T2 产沙量比处理 T1 减少了 636.37kg/hm^2，处理 T3 产沙量比处理 T1 减少了 568.05kg/hm^2，处理 T4 产沙量比处理 T1 减少了 1007.56kg/hm^2。

表 8-11 2016 年不同处理产沙量

降水量/mm	降水强度/（mm/h）	产沙量/（kg/hm^2）			
		T1	T2	T3	T4
11.41	1.53	74.17a	—	32.62b	—
39.32	3.67	392.74a	127.31c	186.62b	55.57d
55.41	4.12	1107.30a	470.93b	539.25b	99.74c

综合而言，当有产沙量产生时，不同降水量下各处理产沙量均呈现出处理 T1>T3>T2>T4，这与各处理径流量呈现的规律一致。

（二）降水量对小区产沙量的影响

当降水量为 16.28mm 时，处理 T1 和 T3 产沙量是降水量为 41.05mm 的 29.75%、15.94%，是降水量为 63.69mm 的 10.73%、6.35%。降水量为 41.05mm 时，4 个处理的产沙量是降水量 63.69mm 的 36.07%、29.79%、39.82%、26.15%（表 8-10）。

降水量为 11.41mm 时，处理 T1 和 T3 产沙量是降水量为 39.32mm 的 18.89%、17.48%，是降水量为 55.41mm 的 6.70%、6.05%。降水量为 39.32mm 时，4 个处理的产沙量是降水量为 55.41mm 的 35.47%、27.03%、34.61%、55.71%（表 8-11）。

三、横坡起垄对径流中养分流失的影响

（一）横坡起垄对径流中氮含量的影响

1. 不同处理对径流中硝态氮含量的影响

由表 8-12 可知，随着降水量的增加，径流中硝态氮含量也增加。当降水量为 16.28mm 时，处理 T1 和 T3 径流中硝态氮含量分别为 9.90μg/m^2 和 1.54μg/m^2。当降水量为 41.05mm 时，处理 T1 径流中硝态氮含量为 40.64μg/m^2，处理 T2 径流中

硝态氮含量较处理 T1 减少了 25.20μg/m^2，处理 T3 径流中硝态氮含量较处理 T1 减少了 36.59μg/m^2，处理 T4 径流中硝态氮含量较处理 T1 减少了 40.38μg/m^2。当降水量为 63.69mm 时，相较于处理 T1 径流中硝态氮含量，处理 T2 减少了 92.43μg/m^2，处理 T3 减少了 115.52μg/m^2，处理 T4 减少了 131.29μg/m^2。

表 8-12　2015 年不同处理径流中养分流失情况

降水量/mm	降水强度/（mm/h）	处理	硝态氮含量/（μg/m^2）	铵态氮含量/（μg/m^2）	磷含量/（mg/m^2）	钾含量/（mg/m^2）
16.28	1.09	T1	9.90a	12.04a	0.51a	5.29a
		T2	—	—	—	—
		T3	1.54b	5.78b	0.18b	1.29b
		T4	—	—	—	—
41.05	2.05	T1	40.64a	296.75a	1.03a	13.17a
		T2	15.44b	109.99b	0.41b	4.54b
		T3	4.05c	51.03c	0.20c	2.62c
		T4	0.26d	3.94d	0.08c	0.97d
63.69	1.59	T1	132.28a	1099.84a	3.05a	35.02a
		T2	39.85b	498.02b	1.25b	13.22b
		T3	16.76c	304.57c	0.82bc	8.45b
		T4	0.99d	69.28d	0.21c	4.38d

2. 不同处理对径流中铵态氮含量的影响

当降水量为 16.28mm 时，相较于处理 T1，处理 T3 径流中铵态氮含量减少了 51.99%。当降水量为 41.05mm 时，相较于处理 T1 径流中铵态氮含量，处理 T2 减少了 62.94%，处理 T3 减少了 82.80%，处理 T4 减少了 98.67%。当降水量为 63.69mm 时，处理 T2 径流中铵态氮含量相较于处理 T1 减少了 54.72%，处理 T3 径流中铵态氮含量相较于处理 T1 减少了 72.31%，处理 T4 径流中铵态氮含量相较于处理 T1 减少了 93.70%（表 8-12）。

3. 不同处理对径流中氮含量的影响

由表 8-13 可知，降水量为 11.41mm 时，相较于处理 T1 径流中氮含量，处理 T3 减少了 56.38%。降水量为 39.32mm 时，相较于处理 T1，处理 T2 径流中氮含量减少了 55.72%，处理 T3 径流中氮含量减少了 68.64%，处理 T4 径流中氮含量减少了 93.28%。降水量为 55.41mm 时，相较于处理 T1 径流中氮含量，处理 T2 减少了 57.76%，处理 T3 减少了 61.47%，处理 T4 减少了 91.93%。产生径流时，不同降水量下，各处理径流中氮含量均表现为处理 T1>T2>T3>T4，这与 2015 年的结果一致。

表 8-13　2016 年不同处理径流中养分流失情况

降水量/mm	降水强度/（mm/h）	处理	氮含量/（μg/m²）	磷含量/（mg/m²）	钾含量/（mg/m²）
11.41	1.53	T1	98.63a	0.48a	4.89a
		T2	—	—	—
		T3	43.02b	0.17b	0.98b
		T4	—	—	—
39.32	3.67	T1	648.82a	1.52a	11.29a
		T2	287.28b	0.61b	4.65b
		T3	203.45c	0.47c	3.00c
		T4	43.58d	0.18b	0.79d
55.41	4.12	T1	1470.16a	5.73a	39.99a
		T2	621.06b	2.45b	17.66b
		T3	566.49c	1.94c	12.76c
		T4	118.63d	0.52d	5.14d

（二）横坡起垄对径流中磷含量的影响

由表 8-12 可知，保护性耕作各处理可明显减少径流中磷的含量。当降水量为 16.28mm 时，处理 T1 和 T3 径流中磷含量分别为 0.51mg/m² 和 0.18mg/m²。当降水量为 41.05mm 时，处理 T1 径流中磷含量显著高于其他处理，为 1.03mg/m²，处理 T4 径流中磷含量最低，为 0.08mg/m²，处理 T2 和 T3 径流中磷含量分别为 0.41mg/m² 和 0.20mg/m²。当降水量为 63.69mm 时，处理 T1 径流中磷含量为 3.05mg/m²，处理 T2 径流中磷含量较处理 T1 减少了 1.80mg/m²，处理 T3 径流中磷含量较处理 T1 减少了 2.23mg/m²，处理 T4 径流中磷含量较处理 T1 减少了 2.84mg/m²。产生径流时，不同降水量下，各处理径流中磷含量均表现为处理 T1>T2>T3>T4，这与径流中氮含量的结果相似。

如表 8-13 所示，降水量为 11.41mm 时，相较于处理 T1 径流中磷含量，处理 T3 减少了 64.58%。降水量为 39.32mm 时，相较于处理 T1，处理 T2 径流中磷含量减少了 59.87%，处理 T3 径流中磷含量减少了 69.08%，处理 T4 径流中磷含量减少了 88.16%。降水量为 55.41mm 时，相较于处理 T1 径流中磷含量，处理 T2 减少了 57.24%，处理 T3 减少了 66.14%，处理 T4 减少了 90.92%。产生径流时，不同降水量下，各处理径流中磷含量均表现为处理 T1>T2>T3>T4，这与 2015 年的结果一致。

（三）横坡起垄对径流中钾含量的影响

由表 8-12 可知，当降水量为 16.28mm 时，处理 T3 径流中钾含量较处理 T1

减少了 75.61%。当降水量为 41.05mm 时，处理 T2 径流中钾含量较处理 T1 减少了 65.53%，处理 T3 径流中钾含量较处理 T1 减少了 80.11%，处理 T4 径流中钾含量较处理 T1 减少了 92.63%。当降水量为 63.69mm 时，处理 T1 径流中钾含量为 35.02mg/m^2，相较于处理 T1 径流中钾含量，处理 T2 减少了 62.25%，处理 T3 减少了 75.87%，处理 T4 减少了 87.49%。产生径流时，不同降水量下，各处理径流中钾含量均表现为处理 T1>T2>T3>T4，这与顺坡起垄时的结果一致。

如表 8-13 所示，降水量为 11.41mm 时，相较于处理 T1 径流中钾含量，处理 T3 减少了 79.96%。降水量为 39.32mm 时，相较于处理 T1，处理 T2 径流中钾含量减少了 58.81%，处理 T3 径流中钾含量减少了 73.43%，处理 T4 径流中钾含量减少了 93.00%。降水量为 55.41mm 时，相较于处理 T1 径流中钾含量，处理 T2 减少了 55.84%，处理 T3 减少了 68.09%，处理 T4 减少了 87.15%。产生径流时，不同降水量下，各处理径流中钾含量均表现为处理 T1>T2>T3>T4，这与 2015 年的结果一致。

四、横坡起垄对土壤中养分流失的影响

由表 8-14 可知，降水量为 11.41mm 时，处理 T1 碱解氮流失量为 0.10mg/m^2，处理 T3 碱解氮流失量为 0.04mg/m^2。降水量为 39.32mm 时，相较于处理 T1 土壤中碱解氮流失量，处理 T2 减少了 0.46mg/m^2，处理 T3 减少了 0.39mg/m^2，处理 T4 减少了 0.58mg/m^2。降水量为 55.41mm 时，处理 T1 土壤中碱解氮流失量为 2.50mg/m^2，相较于处理 T1，处理 T2 和 T3 碱解氮流失量均减少了 1.61mg/m^2，处理 T4 碱解氮流失量减少了 2.35mg/m^2。

表 8-14　2016 年不同处理土壤中养分流失情况

降水量/mm	降水强度/(mm/h)	处理	碱解氮/(mg/m^2)	速效磷含量/(mg/m^2)	速效钾含量/(mg/m^2)
11.41	1.53	T1	0.10a	0.08a	1.33a
		T2	—	—	—
		T3	0.04b	0.03b	0.40b
		T4	—	—	—
39.32	3.67	T1	0.64a	0.90a	8.33a
		T2	0.18b	0.25b	2.31c
		T3	0.25b	0.30b	3.26b
		T4	0.06c	0.07c	0.85d
55.41	4.12	T1	2.50a	3.26a	29.21a
		T2	0.89b	1.10b	11.27b
		T3	0.89b	1.23b	11.72b
		T4	0.15c	0.21c	1.85c

降水量为 11.41mm 时，处理 T1 和 T3 土壤中速效磷流失量分别为 0.08mg/m^2 和 0.03mg/m^2。降水量为 39.32mm 时，各处理土壤中速效磷流失量表现为处理 T1>T3>T2>T4，处理 T1 速效磷流失量显著最高，为 0.90mg/m^2，处理 T4 速效磷流失量显著最低，为 0.07mg/m^2。降水量为 55.41mm 时，处理 T2 比处理 T1 速效磷流失量减少了 2.16mg/m^2，处理 T3 比处理 T1 速效磷流失量减少了 2.03mg/m^2，处理 T4 比处理 T1 速效磷流失量减少了 3.05mg/m^2。

降水量为 11.41mm 时，处理 T1 速效钾流失量为 1.33mg/m^2，相较于处理 T1，处理 T3 速效钾流失量减少了 0.93mg/m^2。降水量为 39.32mm 时，相较于处理 T1 速效钾流失量，处理 T2 减少了 6.02mg/m^2，处理 T3 减少了 5.07mg/m^2，处理 T4 减少了 7.48mg/m^2。降水量为 55.41mm 时，4 个处理土壤中速效钾流失量分别为 29.21mg/m^2、11.27mg/m^2、11.72mg/m^2、1.85mg/m^2。

综合而言，在产生径流有土壤流失时，各处理土壤中养分流失量均呈现为处理 T1>T3>T2>T4，这与顺坡起垄时的结果一致。

五、小结

保护性耕作能够显著减少小区径流量、产沙量，以及径流中氮、磷、钾含量和土壤中养分流失量。

当降水量不大时，横坡起垄+垄间种植黑麦草处理和横坡起垄+垄间种植黑麦草+垄体种植黑麦草均可以防止径流的产生。

垄间和垄体均种植黑麦草在水土保持和减少养分流失方面效果最佳。

六、结论

比较顺坡起垄处理和横坡起垄处理可知，横坡起垄 4 个处理水土保持效果显著优于顺坡起垄 4 个处理；而且当降水量较小时，横坡起垄中，垄间种植黑麦草处理与垄间和垄体均种植黑麦草处理不会产生径流。横坡起垄和顺坡起垄在水土保持方面，均表现为垄间和垄体均种植黑麦草效果最佳；横坡起垄且垄间和垄体均种植黑麦草在水土保持方面效果最佳。

在减少小区径流量和产沙量方面，两种起垄方式中垄间种植黑麦草处理效果均要优于垄体种植黑麦草处理，可能是因为垄间黑麦草未进行刈割，增加了产生径流的阻力。

在减少径流中养分流失方面，两种起垄方式中垄体种植黑麦草处理效果要优于垄间种植黑麦草处理，可能是因为肥料是采用条施和穴施的方式，垄体上的黑麦草吸收了部分养分，从而使伴随雨水流失的养分含量减少。

在减少土壤养分流失方面，各处理呈现的趋势与小区产沙量呈现的趋势一致，为垄沟及垄体均种植黑麦草处理减少最多，垄沟种植黑麦草处理其次，垄体种植黑麦草处理最差。

第三节　保护性耕作对烤烟生长发育及烟叶品质的影响

烟叶产质量不仅受烤烟品种、土壤和气候条件的影响，还与栽培措施密切相关。保护性耕作是通过对农田实行秸秆覆盖还田和免耕少耕，控制沙尘污染和土壤风蚀、水蚀，节能降耗和节本增效，以及提高土壤肥力和抗旱节水能力的一项先进的农业耕作技术。研究表明（储刘专等，2011），施用绿肥能够明显提高烤烟的株高、叶片数、最大叶长、最大叶宽和茎围。叶协锋等（2008b）认为，翻压黑麦草既能提高烟株的田间长势，又可以降低烟株的发病率，还能改善烟叶化学成分的协调性。佀国涵等（2011）认为翻压绿肥后上部叶的总氮、烟碱含量提高，钾、还原糖和氯含量降低；中部叶的总氮、钾和烟碱含量提高，氯含量降低。

试验设置 8 个处理：处理 T1（横坡起垄），T2（横坡起垄+垄沟种植黑麦草），T3（横坡+垄体种植黑麦草），T4（横坡+垄沟种植黑麦草+垄体种植黑麦草），T5（顺坡起垄），T6（顺坡起垄+垄沟种植黑麦草），T7（顺坡起垄+垄体种植黑麦草），T8（顺坡起垄+垄沟种植黑麦草+垄体种植黑麦草）。其他同本章第一节。

一、保护性耕作处理对烤烟农艺性状的影响

（一）保护性耕作处理对株高的影响

2015 年各处理株高如图 8-1 所示，横坡起垄时，与处理 T1 相比，处理 T2 显著提高了移栽 45 天时的烟株株高，对移栽 60 天以后烟株株高影响不大；处理 T3 和 T4 在烟株生育期间显著降低了烟株株高。顺坡起垄时，与处理 T5 相比，处理 T6 显著提高了移栽后 45～60 天烟株株高，分别提高了 51.51%、10.68%，在移栽 75 天以后株高差异不显著；处理 T7 和 T8 在烟株生育期间显著降低了烟株株高。起垄方式间对比可知，移栽后 45 天，处理 T1 烟株株高与处理 T5 差异不大，处理 T2 烟株株高显著低于处理 T6；移栽后 60 天，处理 T1 烟株株高显著高于处理 T5，处理 T2 与 T6 烟株株高差异不显著；移栽后 75～90 天，处理 T1 和 T2 烟株株高均高于处理 T5 和 T6；在整个烟株生育期间，处理 T7 和 T8 烟株株高均要高于处理 T3 和 T4。整个生育期内，处理 T3、T4、T7 和 T8 的烟株长势远远差于其他处理，是因为黑麦草刈割覆盖垄体后，部分根系未被杀死，造成黑麦草二次生长，新生的黑麦草一方面与烟株争夺水、肥、气、热，另一方面也会影响烟株周围的田间小气候，阻碍烟株的生长发育。

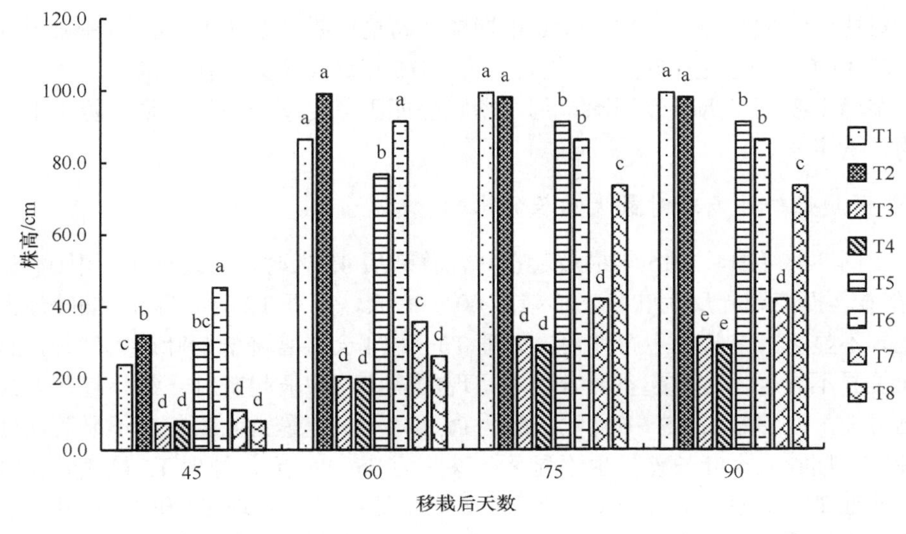

图 8-1　2015 年保护性耕作处理对株高的影响

2016 年各处理株高如图 8-2 所示，横坡起垄时，与处理 T1 相比，在烟株生育期间，处理 T2 对株高影响不大，处理 T3 和 T4 会降低烟株株高。顺坡起垄时，种植黑麦草各处理对烟株株高影响的规律与横坡起垄时相似。起垄方式间对比可知，在生育期内，处理 T5 和 T1 烟株株高差异不显著；移栽 45～60 天，处理 T6 烟株株高显著高于处理 T2，移栽 60 天以后，处理 T6 和 T2 烟株株高差异不显著；在整个生育期间，处理 T3 烟株株高均要高于处理 T7，处理 T4 烟株株高均要高于处理 T8。

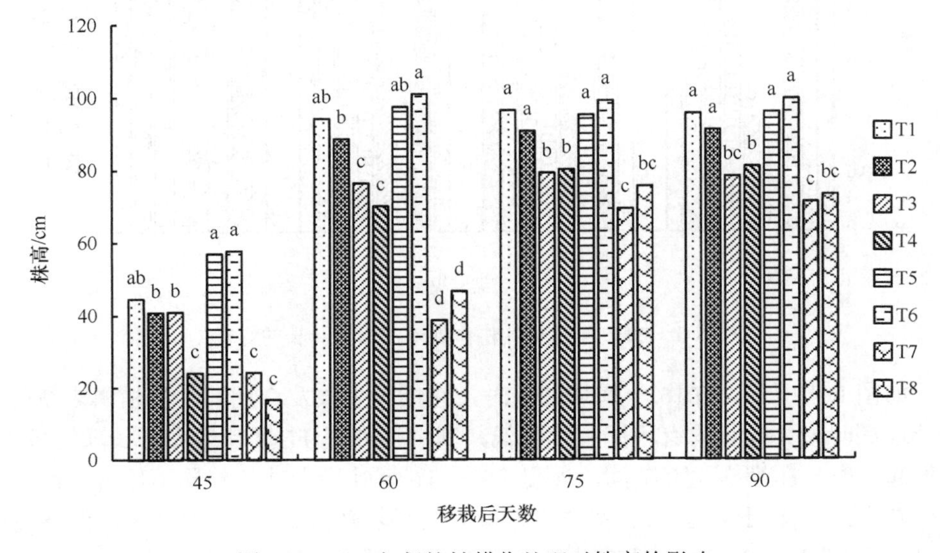

图 8-2　2016 年保护性耕作处理对株高的影响

对比两年试验结果可知，2016 年烟株株高整体要高于 2015 年，其中处理 T3、T4、T7 和 T8 表现最为明显，可能是因为 2016 年这 4 个处理在刈割完垄体黑麦草后，垄体上喷洒了烟草专用除草剂，彻底杀死了黑麦草残留的根系，防止了黑麦草的二次生长。

（二）保护性耕作处理对最大叶长的影响

由图 8-3 可知，2015 年横坡起垄时，移栽后 45 天时，与处理 T1 相比，处理 T2 会显著提高烟叶最大叶长，移栽后 60～90 天，处理 T2 与处理 T1 烟叶最大叶长差异不显著；在整个生育期内，处理 T3 和 T4 会显著降低烟叶最大叶长，且两者间差异不显著。顺坡起垄时各处理呈现的规律与横坡起垄时一致。起垄方式间对比可知，在移栽后 45～60 天，处理 T1 和 T5 烟叶最大叶长差异不显著，处理 T2 和 T6 烟叶最大叶长差异也不显著；移栽后 75～90 天，处理 T5 最大叶长显著高于处理 T1，处理 T6 烟叶最大叶长显著高于处理 T2。处理 T2 和 T6 烟叶最大叶长差异不显著，移栽后 45～75 天，处理 T7 烟叶最大叶长显著高于处理 T3，处理 T8 烟叶最大叶长显著高于处理 T4。

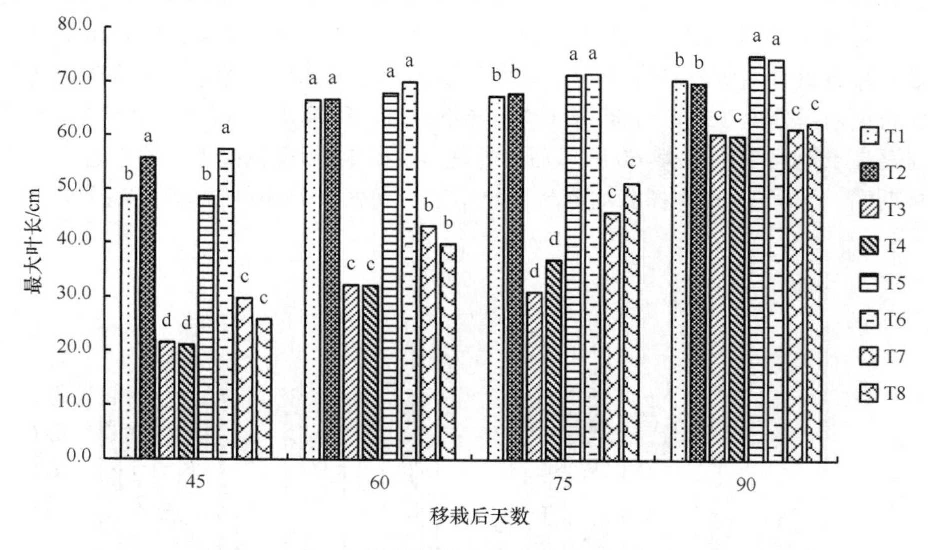

图 8-3　2015 年保护性耕作处理对最大叶长的影响

如图 8-4 所示，2016 年横坡起垄时，在烟株生长发育期间，种植黑麦草的 3 个处理烟叶最大叶长均有不同程度降低，其中，处理 T2 烟叶最大叶长降低最少。顺坡起垄时，在烟株生育期间，处理 T5 与 T6 烟叶最大叶长差异不显著；移栽后 45～75 天，相较于处理 T5，处理 T7 和 T8 会显著降低烟叶最大叶长，但移栽后 90 天，处理 T7、T8 与处理 T5 烟叶最大叶长差异不显著。起垄方式间对比可知，处理 T1 与 T5 烟叶最大叶长差异不显著，处理 T6 烟叶最大叶长显著高于处理 T2。移栽后 45 天，处理 T3 烟叶最大叶长显著高于处理 T7，处理 T4 烟叶最大叶长显著高于处理 T8；移栽后 60～90 天，处理 T3 和 T7 烟叶最大叶长差异不显著，处理 T4 和 T8 烟叶最大叶长差异也不显著。

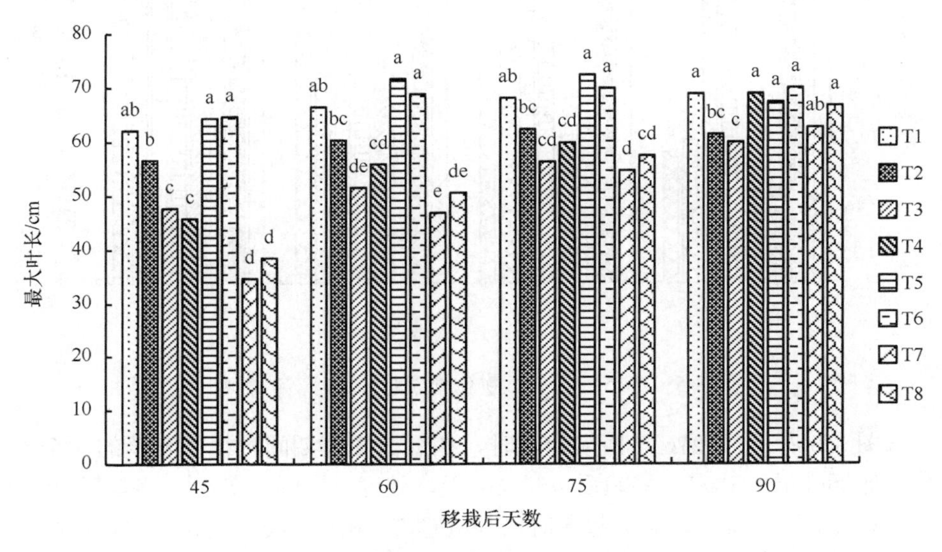

图 8-4　2016 年保护性耕作处理对最大叶长的影响

综合而言，垄沟种植黑麦草对烟叶最大叶长影响不大，垄沟垄体均种植黑麦草和垄体种植黑麦草会降低烟叶最大叶长。对比 2015 年和 2016 年结果可知，移栽后 45 天，2016 年各处理烟叶最大叶长明显优于 2015 年；移栽后 60～90 天，2016 年处理 T3、T4、T7 和 T8 明显优于 2015 年，其余处理变化不大。

（三）保护性耕作处理对最大叶宽的影响

由图 8-5 可知，2015 年横坡起垄时，与处理 T1 相比，处理 T2 会显著提高移栽后 75～90 天烟叶最大叶宽，提高幅度分别为 14.16%和 11.25%，处理 T3 和 T4 显著降低各生育期内烟叶最大叶宽，且两者间差异不显著。顺坡起垄时，与处理 T5 相比，在整个烟株生育期内，处理 T6 对烟叶最大叶宽的影响不大，处理 T7 和 T8 显著降低烟叶最大叶宽。起垄方式间对比可知，移栽后 45～60 天，处理 T1 和 T5、T2 和 T6 间最大叶宽差异均不显著，处理 T3、T4 烟叶最大叶宽显著低于 T7 和 T8；移栽后 75 天，处理 T1 烟叶最大叶宽显著低于处理 T5，处理 T3、T4 烟叶最大叶宽显著低于 T7 和 T8；移栽后 90 天，处理 T1 烟叶最大叶宽显著低于处理 T5，处理 T8 最大叶宽显著低于处理 T4。

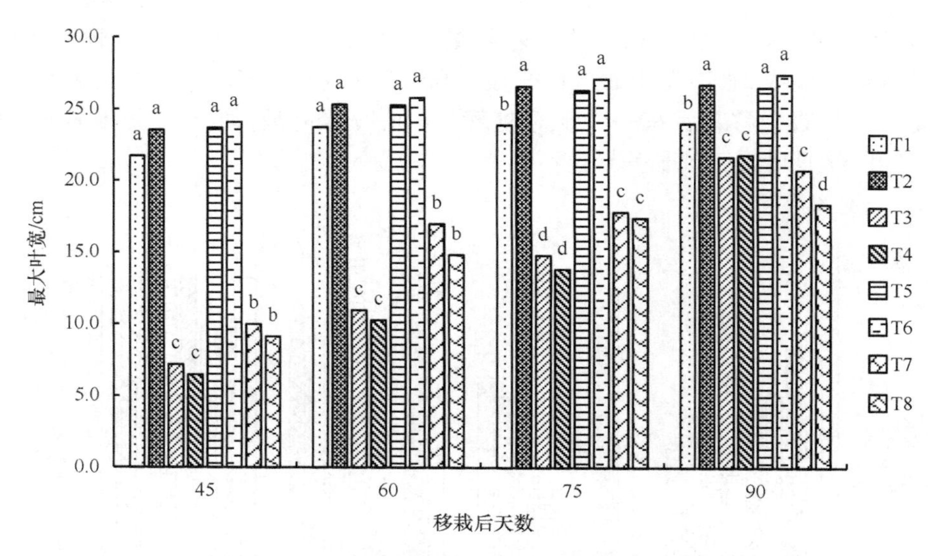

图 8-5 2015 年保护性耕作处理对最大叶宽的影响

如图 8-6 所示，2016 年横坡起垄时，在烟株生育期间种植黑麦草的 3 个处理均会降低烟叶最大叶宽，移栽后 45～60 天，处理 T2 降低最少，移栽后 75～90 天，处理 T4 降低最少。顺坡起垄时，与处理 T5 相比，处理 T6 各生育期内烟叶最大叶宽差异不显著，处理 T7 在各生育期内均显著降低了烟叶最大叶宽，处理 T8 在移栽后 45～75 天会显著降低烟叶最大叶宽。移栽后 90 天，各处理烟叶最大叶宽相较于移栽后 75 天均有不同程度降低，这是因为移栽 90 天时长势良好的下

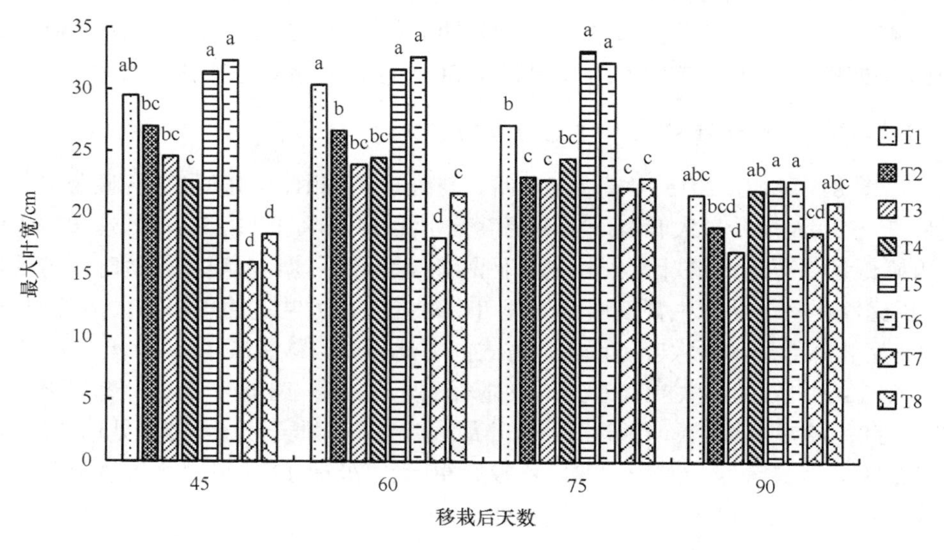

图 8-6 2016 年保护性耕作处理对最大叶宽的影响

部叶已被采收。起垄方式间对比可知，处理 T1 仅在移栽后 75 天烟叶最大叶宽显著低于处理 T5，处理 T6 烟叶最大叶宽显著高于处理 T2，处理 T3 在移栽后 45～60 天烟叶最大叶宽显著高于处理 T7，处理 T4 仅在移栽后 45 天烟叶最大叶宽显著高于处理 T8。

整体而言，垄沟种植黑麦草对烟叶最大叶宽影响不大，垄体种植黑麦草和垄体垄沟均种植黑麦草会降低烟叶最大叶宽。对比两年结果可知，2016 年各处理最大叶宽要优于 2015 年，其中处理 T3、T4、T7 和 T8 表现尤为明显。

（四）保护性耕作处理对有效叶数的影响

如图 8-7 所示，2015 年有效叶数随着生育期的推进逐渐增加，打顶以后趋于稳定。横坡起垄时，对比处理 T1，处理 T2 有效叶数差异不大，处理 T3 和 T4 有效叶数显著降低。顺坡起垄时，对比处理 T5，处理 T6 在移栽 45 天时有效叶数显著增加，移栽 60 天后对有效叶数影响不大，处理 T7 和 T8 在各生育期内均显著降低了有效叶数。起垄方式间相比，处理 T1 在移栽 60 天后有效叶数显著多于处理 T5，处理 T2 在移栽 60 天后有效叶数显著多于处理 T6，但是处理 T3 和 T4 在各生育期内有效叶数均少于处理 T7 和 T8。

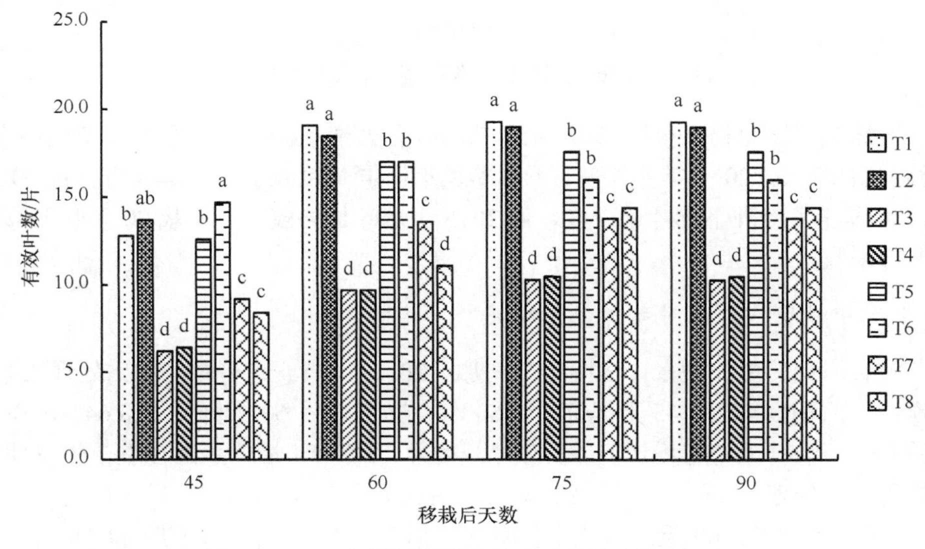

图 8-7　2015 年保护性耕作处理对有效叶数的影响

如图 8-8 所示，2016 年横坡起垄时，相较于处理 T1，处理 T2 在各生育期内烟株有效叶数变化不大，处理 T3 和 T4 会显著降低移栽后 45～60 天烟株有效叶数。顺坡起垄时，相较于处理 T5，处理 T6 在各生育期内烟株有效叶数变化不大，处理 T7 和 T8 在移栽后 45～60 天会显著降低烟株有效叶数，移栽 75 天后烟株有效叶数变化不大。起垄方式间对比可知，处理 T1 和 T5 在整个生育期内有效叶数差异不显著，处理 T2 仅在移栽 45 天时有效叶数显著少于处理 T6，移栽 45～60 天处理 T3 有效叶数显著高于处理 T7，但移栽 75～90 天，处理 T3 有效叶数要少于处理 T7，处理 T4 和 T8 在烟株生育期内差异不大。

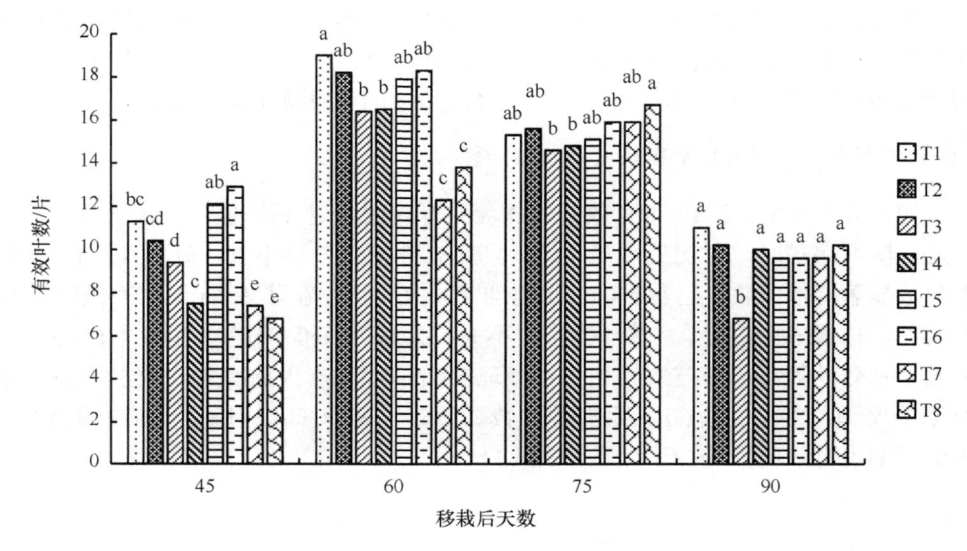

图 8-8　2016 年保护性耕作处理对有效叶数的影响

对比两年试验结果可知，移栽 45～75 天，各处理烟株有效叶数两年变化不大，但移栽后 90 天，2016 年各处理有效叶数均有不同程度减少，这是因为移栽 90 天时，2016 年各处理下部叶已采收，但 2015 年烟叶长势较差，移栽 90 天时下部叶未全部采收。

（五）保护性耕作处理对茎围的影响

随着烤烟的生长发育，茎围逐渐增加。2015 年横坡起垄时，对比处理 T1，处理 T2 茎围在移栽后 45 天提高了 22.00%，在移栽后 60 天降低了 8.64%，在移栽后 75 天和 90 天稍有增加但差异较小；处理 T3 和 T4 烟株茎围在整个生育期内均显著低于处理 T1 和 T2。顺坡起垄时，对比处理 T5，处理 T6 显著提高了移栽后 45 天时的茎围，60 天之后茎围稍有增减但差异不显著；处理 T7 和 T8 的茎围在整个生育期内均显著降低。起垄方式间相比可知，在整个生育期内，处理 T1 和 T5、T2 和 T6 烟株茎围差异不大，处理 T7 和 T8 烟株茎围要高于处理 T3 和 T4（图 8-9）。

如图 8-10 所示，随着烤烟的生长发育，各处理烟株茎围呈现先升高后降低的趋势。2016 年横坡起垄时，相较于处理 T1，处理 T2、T3、T4 的茎围均不同程度

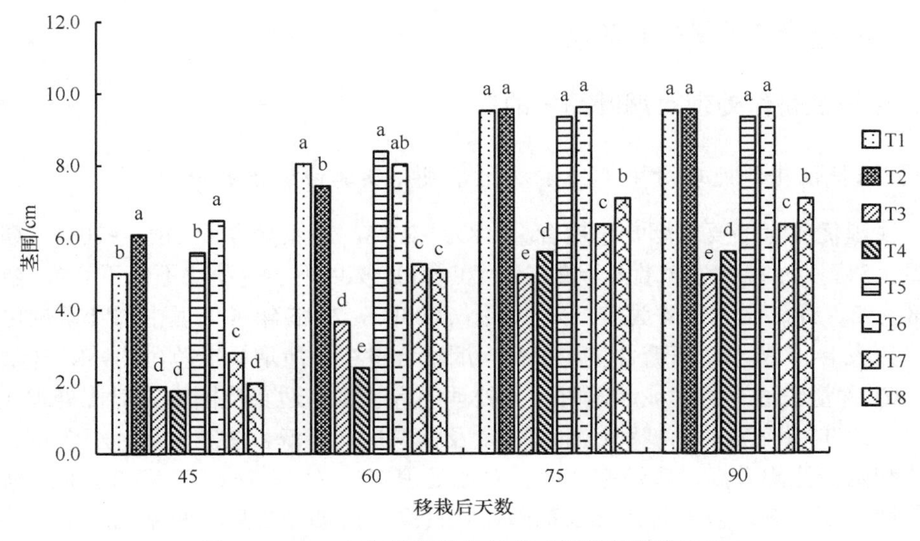

图 8-9　2015 年保护性耕作处理对烟株茎围的影响

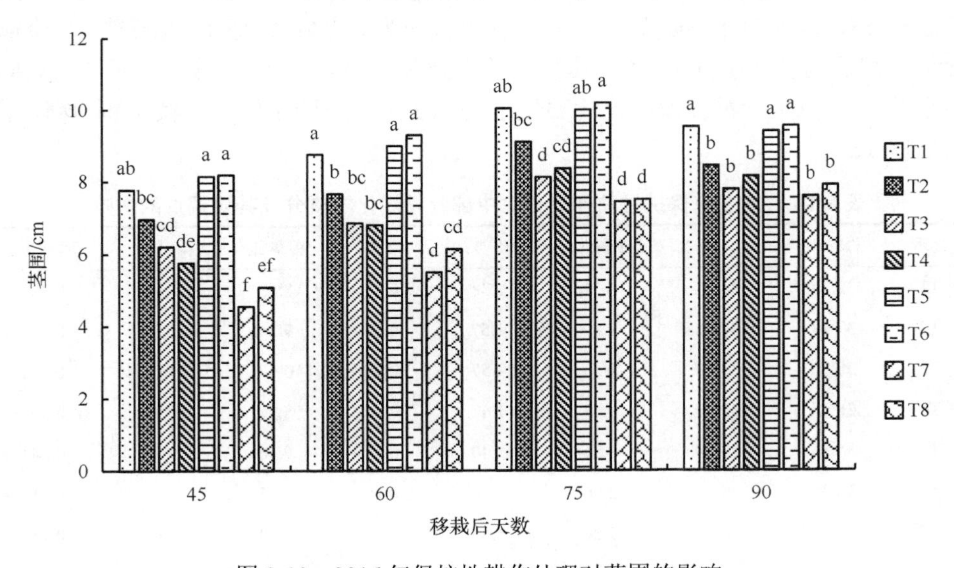

图 8-10　2016 年保护性耕作处理对茎围的影响

减小。顺坡起垄时，相较于处理 T5，处理 T6 烟株茎围变化不大，处理 T7 和 T8 茎围显著降低。通过起垄方式间的对比可知，处理 T1 和 T5、T4 和 T8 烟株茎围差异较小，处理 T2 烟株茎围显著低于处理 T6，移栽 45～60 天时，处理 T3 烟株茎围显著高于处理 T7，移栽 75～90 天时，处理 T3 和 T7 烟株茎围差异不显著。

综合而言，垄沟种植黑麦草对烟株影响不大，垄沟垄体均种植黑麦草和垄体种植黑麦草会显著降低烟株茎围。对比两年结果可知，2016 年处理 T3、T4、T7

和 T8 烟株茎围要明显高于 2015 年。

二、保护性耕作处理对烟叶品质的影响

（一）保护性耕作处理对中部叶常规化学成分及其协调性的影响

我国优质烤烟要求烟叶总糖含量 18%～22%，还原糖含量 16%～20%，烟碱含量 1.5%～3.5%，K^+含量大于 2.0%，Cl^-含量 1%以下，两糖比不低于 0.9，糖碱比 8～12，钾氯比大于 4 为宜（刘国顺，2003b）。2015 年各处理中部叶常规化学成分如表 8-15 所示，两糖含量均偏高，烟碱含量在优质烟标准范围内，K^+含量偏低，Cl^-含量较适宜。横坡起垄时，各处理的钾氯比在适宜范围内，对比处理 T1，处理 T2、T3 和 T4 的总糖和还原糖含量及糖碱比均降低，烟碱含量、K^+含量、钾氯比和两糖比均升高。顺坡起垄时，对比处理 T5，处理 T6、T7 和 T8 的总糖、还原糖、K^+含量，以及钾氯比及糖碱比均升高，但烟碱含量和两糖比均下降。起垄方式间相比，处理 T1 总糖含量、还原糖含量、钾氯比、糖碱比和两糖比均高于处理 T5，但处理 T1 烟碱、K^+和 Cl^-含量低于处理 T5；处理 T2 总糖含量、烟碱含量、钾氯比要低于处理 T6，其余化学成分含量均高于处理 T6；处理 T3 总糖、还原糖、K^+、Cl^-含量及糖碱比均要低于处理 T7；处理 T4 仅有糖碱比和两糖比高于处理 T8。

表 8-15　2015 年保护性耕作处理对中部叶常规化学成分及其协调性的影响

处理	总糖/%	还原糖/%	烟碱/%	K^+/%	Cl^-/%	钾氯比	糖碱比	两糖比
T1	39.34	34.71	2.21	1.38	0.16	8.63	15.71	0.88
T2	37.28	34.20	2.80	1.57	0.17	9.24	12.21	0.92
T3	38.70	34.47	2.35	1.57	0.15	10.47	14.67	0.89
T4	36.15	32.39	2.63	1.43	0.16	8.94	12.32	0.90
T5	35.86	29.98	3.26	1.40	0.19	7.36	9.20	0.84
T6	38.06	30.81	2.96	1.56	0.16	9.75	10.40	0.81
T7	46.10	34.66	1.86	1.66	0.21	7.90	18.63	0.75
T8	41.40	32.71	2.90	1.64	0.17	9.65	11.28	0.79

2016 年中部叶常规化学成分如表 8-16 所示。整体而言，各处理总糖和还原糖含量均超出了优质烤烟范围，烟碱含量、Cl^-含量和钾氯比均在优质烤烟范围内，两糖比均低于优质烤烟生长标准。横坡起垄时，相较于处理 T1，处理 T2、T3、T4 两糖含量、K^+含量、糖碱比和两糖比均有不同程度提高，Cl^-含量变化不大。顺坡起垄时，相较于处理 T5，处理 T6、T7、T8 总糖含量和糖碱比有所提高，烟碱含量、K^+含量和两糖比均有所降低。

表 8-16　2016 年保护性耕作处理对中部叶常规化学成分及其协调性的影响

处理	总糖/%	还原糖/%	烟碱/%	K^+/%	Cl^-/%	钾氯比	糖碱比	两糖比
T1	30.06	21.96	2.85	1.70	0.09	18.78	7.71	0.73
T2	35.85	27.12	2.56	2.00	0.10	20.23	10.60	0.76
T3	40.06	30.48	2.86	1.97	0.11	17.64	10.66	0.76
T4	35.81	27.39	2.30	2.06	0.09	22.89	11.91	0.76
T5	32.21	25.17	3.09	2.14	0.10	21.19	8.15	0.78
T6	40.12	29.48	2.32	1.90	0.09	20.04	12.71	0.73
T7	34.61	24.87	2.15	1.69	0.08	22.33	11.57	0.72
T8	35.62	26.65	2.64	1.89	0.11	17.61	10.10	0.75

综合分析两年结果可知，2016 年各处理中部叶还原糖含量、Cl^-含量、两糖比均有不同程度降低，K^+含量和钾氯比都有所提高。

（二）保护性耕作处理对烤后烟叶经济性状的影响

如表 8-17 所示，2015 年横坡起垄时，产量、产值、均价和上等烟比例均表现为处理 T1>T2>T3>T4，中等烟比例表现为处理 T4>T3>T2>T1。顺坡起垄时，对比处理 T5，处理 T6 的产量、产值、均价和上等烟比例分别提高了 50.26%、53.10%、1.93%和 11.62%，而处理 T7 和 T8 均明显下降，其中处理 T8 的下降幅度最大。起垄方式间比较，横坡起垄的经济效益优于顺坡起垄，在垄沟种植黑麦草、垄体种植黑麦草及垄沟垄体种植黑麦草后，顺坡起垄的产量、产值均高于横坡起垄。处理 T3、T4、T7 和 T8 较低，这是因为在烟株大田生长时期，垄体上部分黑麦草进行二次生长，造成烟株长势较差，烟叶产质量较低。

表 8-17　2015 年保护性耕作处理对烤后烟叶经济学性状的影响

处理	产量/（kg/hm^2）	产值/（元/hm^2）	均价/（元/kg）	上等烟比例/%	中等烟比例/%
T1	1 478.55b	38 065.35b	25.74a	53.01a	45.21c
T2	1 426.95b	34 723.05c	24.33a	43.22b	50.09c
T3	336.60c	5 943.00f	17.65c	22.11c	64.16b
T4	293.25c	4 779.60f	16.30d	5.00e	72.04a
T5	1 438.05b	31 311.60d	21.77b	41.21b	48.00c
T6	2 160.75a	47 938.80a	22.19b	46.00b	45.11c
T7	568.80c	10 122.90e	17.80c	17.17c	73.02a
T8	472.65c	7 756.65f	16.41d	13.31d	73.12a

由表 8-18 可知，2016 年横坡起垄时，产量、产值、均价、上等烟比例均表现为处理 T2>T1>T3>T4，中等烟比例表现为处理 T4>T1>T2>T3，其中处理 T2 产值

显著最高，为 52321.75 元/hm^2。顺坡起垄时，对比处理 T5，处理 T6 可显著提高产量、产值和上等烟比例，但会降低中等烟比例，处理 T7 和 T8 的产量、产值、上等烟比例显著降低。起垄方式间对比可知，顺坡起垄产值和中等烟比例显著高于横坡起垄，其余差异不显著；垄沟种植黑麦草后，顺坡起垄产量和产值显著高于横坡起垄；垄沟垄体种植黑麦草后，顺坡起垄可显著提高中等烟比例；垄体种植黑麦草后，顺坡可显著提高产值，但会降低中等烟比例。

表 8-18　2016 年保护性耕作处理对烤后烟叶经济学性状的影响

处理	产量/（kg/hm^2）	产值/（元/hm^2）	均价/（元/kg）	上等烟比例/%	中等烟比例/%
T1	2 065.95b	49 775.94c	24.09a	55.26ab	38.39b
T2	2 139.80b	52 321.75b	24.45a	57.51a	36.15c
T3	1 639.27c	35 785.88d	21.83b	47.52c	33.84d
T4	1 558.47c	33 162.76e	21.28b	43.18d	39.68a
T5	2 147.77b	51 152.80b	23.82ab	53.50b	40.37a
T6	2 362.04a	58 675.36a	24.84a	58.13a	35.08cd
T7	1 639.08c	37 428.83d	22.84b	45.98c	38.68ab
T8	1 648.55c	36 284.01d	22.01b	43.30d	36.18c

整体而言，垄沟垄体均种植黑麦草处理和垄体种植黑麦草处理会在一定程度上降低经济效益，垄沟种植黑麦草处理会提高经济效益，其中顺坡起垄且垄沟种植黑麦草经济效益最佳。相较于 2015 年，2016 年各处理经济效益均有不同程度提高，其中处理 T3、T4、T7 和 T8 提高最为明显。

三、小结

顺坡起垄和横坡起垄共 8 个处理中，仅有垄间种植黑麦草的 2 个处理农艺性状与对照差异较小，其余 4 个处理农艺性状均显著差于对照，表明垄体种植黑麦草不利于烟株的生长发育。两年结果对比可知，2016 年垄体种植黑麦草及垄体垄沟均种植黑麦草处理烟株农艺性状明显优于 2015 年，表明移栽前杀死黑麦草根系可在一定程度上改善烟株农艺性状，但关于农艺性状依然低于对照的情况，还需要进一步分析。

种植黑麦草各处理均能在一定程度上协调烟叶化学成分，且横坡起垄和顺坡起垄在化学成分含量及其协调性上表现不同，这与付利波等（2005）研究套种黑麦草能有效改善烟叶化学成分的协调性、有利于改善烟叶品质的结果一致。横坡起垄各处理中，2015 年种植黑麦草各处理的综合经济效益均有不同程度下降；顺坡起垄各处理中，顺坡起垄搭配垄沟种植黑麦草的经济效益明显提高，顺坡起垄搭配垄体种植黑麦草及垄沟垄体种植黑麦草的经济效益下降；起垄方式间相比，横坡起垄经济效益要好于顺坡起垄，但是在垄沟种植黑麦草、垄体种植黑麦草及垄沟垄体种植黑麦草后，顺坡起垄的产量、产值表现较好。2016年的结果表明，两种起垄方式搭配垄沟种植黑麦草后均能提高经济效益，但是搭配垄体种植黑麦草和垄沟垄体均种植黑麦草经济效益明显降低；起垄方式间对比可知，顺坡起垄4个处理整体上经济效益要优于横坡起垄4个处理。

目前，在烟草生产中，有关垄沟和（或）垄体种植（并）覆盖黑麦草的研究尚未见报道，无经验可借鉴，本试验尝试该方面的研究，以期探索出黑麦草更多的种植还田技术和水土保持技术。2015年试验是第一年探索种植并覆盖黑麦草，但是在操作过程中存在黑麦草刈割覆盖垄体后，没有对黑麦草根系做进一步处理，导致部分黑麦草继续生长，虽然后期对新生的黑麦草进行了人工刈割，但还是会影响覆盖在垄体上黑麦草保温保水等作用的发挥，且新生黑麦草也消耗了部分养分，没有达到预期目标，最终造成烤烟生长发育较差，经济效益不理想。2016年试验在2015年基础上调整了黑麦草种子的播种量和播种方式，并在移栽前刈割垄体黑麦草后在垄体上喷洒除草剂。从结果可以看出，2016年烟株农艺性状、经济效益均要优于2015年，其中垄体种植黑麦草和垄沟垄体均种植黑麦草处理效果最为明显，但是这几个处理烟株农艺性状和经济效益依然差于对照，具体原因还需进一步分析。

第四节 地膜覆盖替代技术研究

地膜覆盖是烟草生产中的重要栽培技术，具有保温保墒、抑制杂草生长、减轻病害的作用，在烟草生长发育中发挥着重要作用。虽然地膜覆盖给烟叶生产带来了一定效益，但也存在着一些负面作用，一是揭膜劳动用工量大，二是残留地膜会造成白色污染，影响土壤质量。本研究通过可降解地膜、麻地膜、绿肥覆盖等替代技术研究，探索一种既能满足烟株生长发育需要又能保护土壤、降低劳动量的地膜覆盖替代技术。

试验设置4个处理：处理T1（单层麻地膜覆盖），T2（常规地膜覆盖），T3（可降解地膜覆盖），T4（黑麦草垄体覆盖）。于2015年5月9日移栽，烤烟品种为云烟87。其他措施按照当地优质烟叶生产技术措施执行。

一、地膜降解情况

由图8-11和图8-12可知，移栽后30～45天，常规地膜和可降解地膜基本无明显变化，但麻地膜已经从垄体两侧开始降解，垄体上覆盖的黑麦草未出现明显变化。

图 8-11　移栽后 30 天各处理垄体覆盖情况（彩图请扫封底二维码）

a. 常规地膜覆盖 30 天；b. 麻地膜覆盖 30 天；c. 可降解地膜覆盖 30 天；d. 黑麦草垄体覆盖 30 天

图 8-12　移栽后 45 天各处理垄体覆盖情况（彩图请扫封底二维码）

a. 常规地膜覆盖 45 天；b. 麻地膜覆盖 45 天；c. 可降解地膜覆盖 45 天；d. 黑麦草垄体覆盖 45 天

二、不同覆盖材料对烟株农艺性状的影响

（一）不同覆盖材料对株高的影响

由图 8-13 可知，各处理烟株株高呈现出先增高后趋于稳定的趋势。移栽后 45 天时，各处理株高表现为处理 T3>T2>T1>T4；移栽后 60～90 天，各处理株高均表现为处理 T2>T3>T1>T4。在整个生育期内，黑麦草垄体覆盖烟株株高均最低。

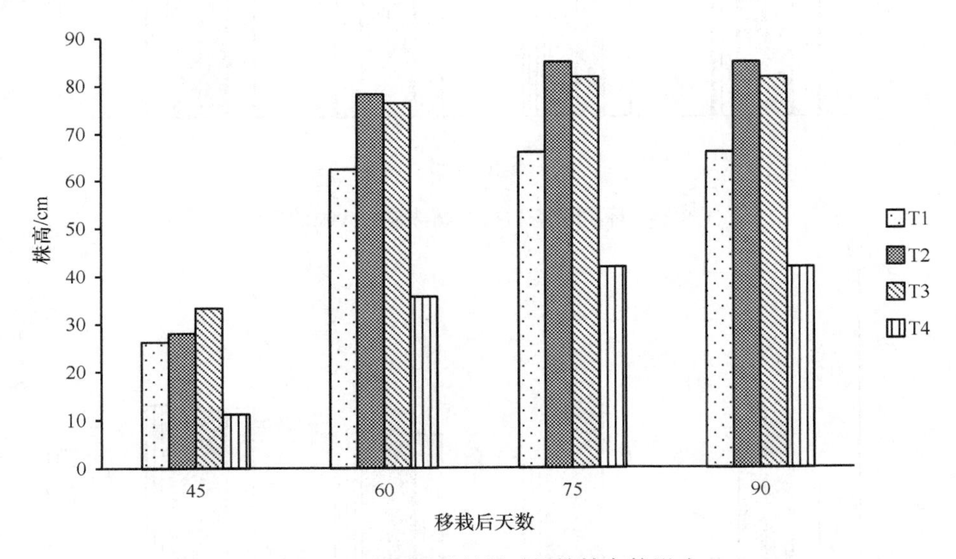

图 8-13　不同覆盖材料对烟株株高的影响

（二）不同覆盖材料对最大叶长的影响

由图 8-14 可知，移栽后 45～75 天，最大叶长均表现为处理 T3>T2>T1>T4；移栽后 90 天，各处理烟株最大叶长表现为处理 T1>T2>T3>T4，此时麻地膜处理烟株最大叶长达到了生育期内最高值，为 72.65cm。整个生育期内，黑麦草垄体覆盖烟叶最大叶长均最低。

（三）不同覆盖材料对最大叶宽的影响

由图 8-15 可知，在移栽后 45～75 天，最大叶宽均表现为处理 T3>T2>T1>T4；移栽后 60 天时，处理 T3 烟叶最大叶宽达到了生育期内最大值，为 24.6cm；在移栽后 90 天，4 个处理最大叶宽分别为 20.52cm、20.36cm、21.71cm、20.73cm，此时常规地膜处理最大叶宽最小。

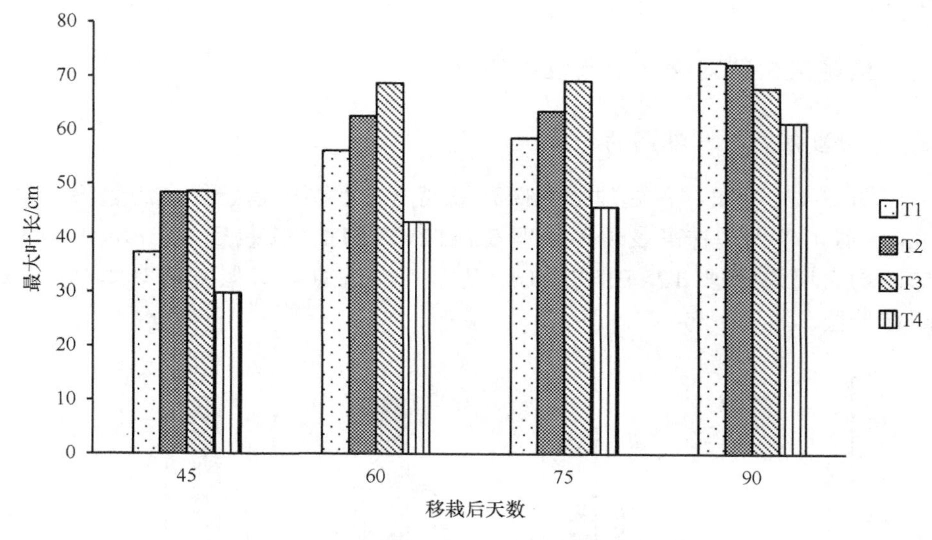

图 8-14　不同覆盖材料对烟株最大叶长的影响

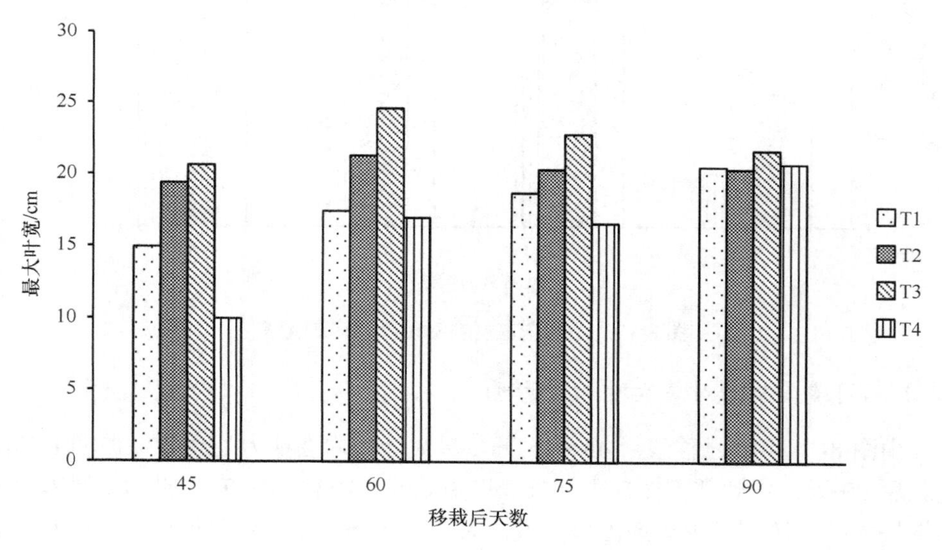

图 8-15　不同覆盖材料对烟株最大叶宽的影响

（四）不同覆盖材料对有效叶数的影响

如图 8-16 所示，移栽后 45 天时，各处理烟株有效叶数分别为 10.4 片、11.1 片、10.7 片、9.2 片；移栽后 60 天，各处理烟株有效叶数表现为处理 T3>T2>T4>T1，此时，各处理烟株有效叶数均达到了生育期内最大值，分别为 13.7 片、16.8 片、17.4 片、14.2 片；移栽后 75～90 天，各处理烟株有效叶数均表现为处理 T2>T3>T1>T4。

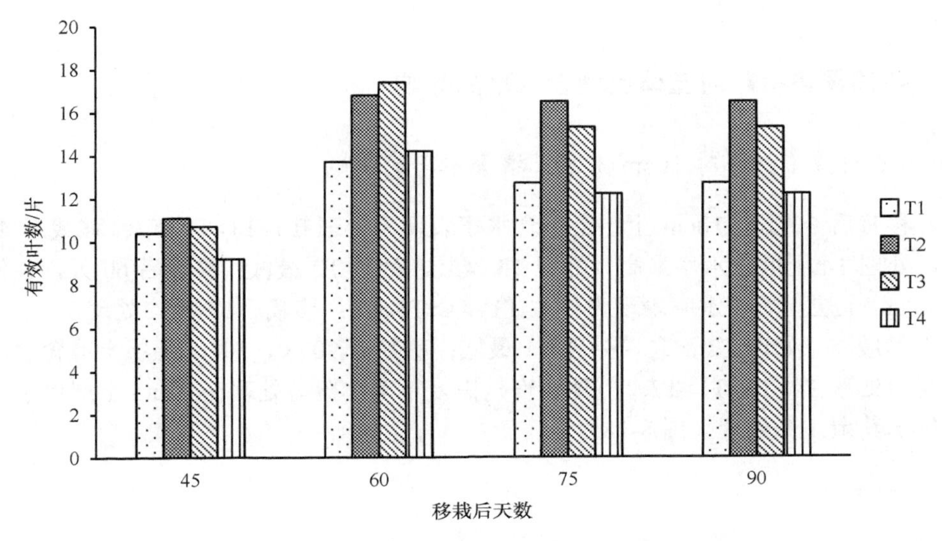

图 8-16　不同覆盖材料对烟株有效叶数的影响

(五)不同覆盖材料对茎围的影响

由图 8-17 可知，各处理烟株茎围均呈现出先增加后趋于稳定的趋势。在整个生育期内，各处理烟株茎围均表现为处理 T2>T3>T1>T4。在整个生育期内，常规地膜处理烟株茎围均表现为最高，黑麦草垄体覆盖处理烟株茎围均表现为最低。

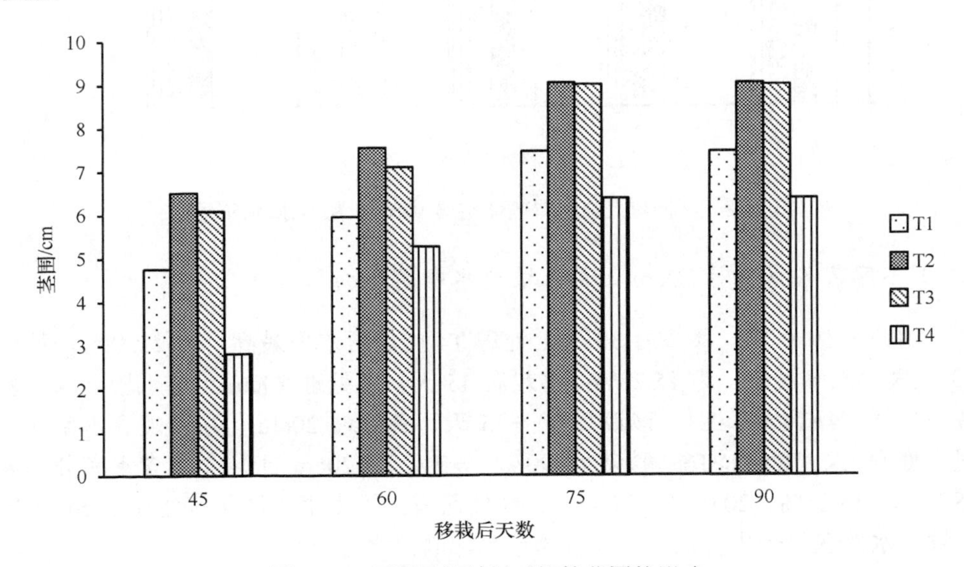

图 8-17　不同覆盖材料对烟株茎围的影响

三、不同覆盖材料对垄体土壤含水率的影响

（一）不同覆盖材料对 10cm 土层土壤含水率的影响

移栽后 30 天，10cm 土层土壤含水率表现为处理 T4>T1>T2>T3；移栽后 45 天，处理 T4 土壤含水率最高，处理 T3 次之，处理 T2 最低；移栽后 60 天，各处理 10cm 土层土壤含水率表现为处理 T1>T4>T3>T2；移栽后 75 天，处理 T4 土壤含水率最高，处理 T2 次之，处理 T1 最低；移栽后 90 天，10cm 土层土壤含水率表现为处理 T4>T3>T1>T2。整体而言，黑麦草垄体覆盖处理在 10cm 土层保水效果优于其余 3 个处理（图 8-18）。

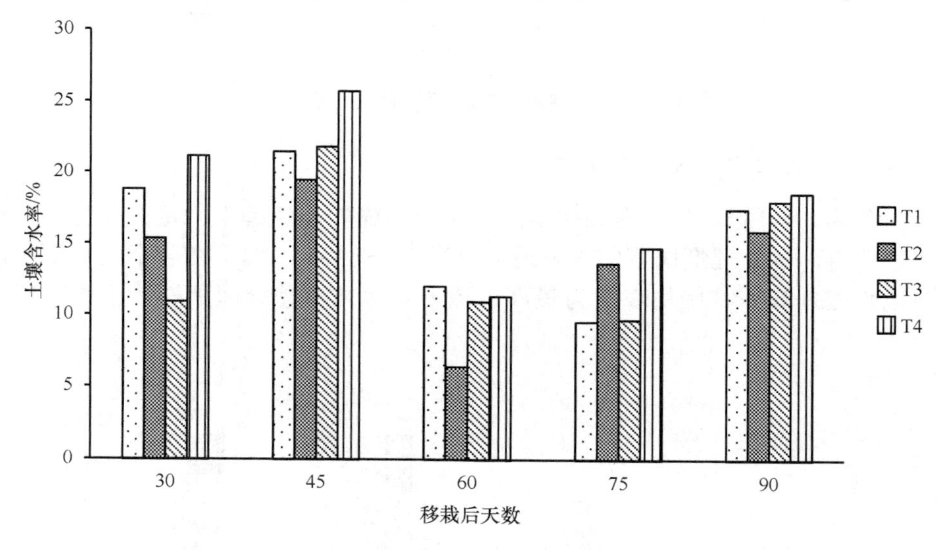

图 8-18　不同覆盖材料对垄体土壤 10cm 土层含水率的影响

（二）不同覆盖材料对 20cm 土层土壤含水率的影响

由图 8-19 可知，移栽后 30 天，处理 T4 土壤含水率最高，为 21.38%，处理 T3 土壤含水率最低，为 15.28%；移栽后 45 天，各处理 20cm 土层土壤含水率表现为处理 T4>T1>T2>T3；移栽后 60～75 天，各处理 20cm 土层土壤含水率均表现为处理 T4>T2>T1>T3；移栽后 90 天，各处理 20cm 土层土壤含水率分别为 18.74%、18.25%、20.09%、21.18%。整体而言，黑麦草垄体覆盖处理 20cm 土层土壤含水率在整个生育期内均表现为最高，其保水效果最佳。

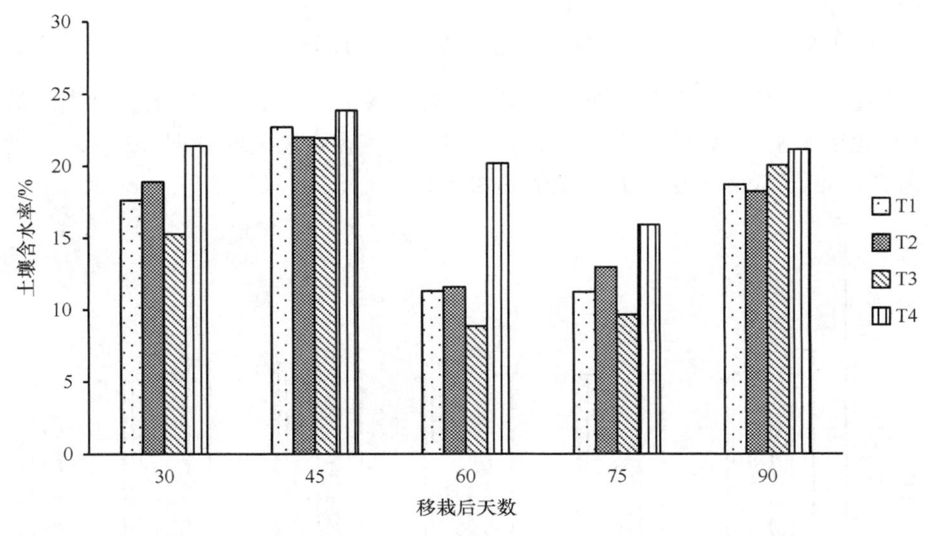

图 8-19　不同覆盖材料对垄体土壤 20cm 土层含水率的影响

四、不同覆盖材料对植烟土壤地温的影响

（一）不同覆盖材料对植烟土壤 5cm 土层地温的影响

由图 8-20 可知，移栽后 30～90 天，各处理 5cm 土层地温均表现为处理 T3>T2>T1>T4，这表明可降解地膜覆盖在 5cm 土层保温效果最佳，黑麦草垄体覆盖在 5cm 土层保温效果最差。

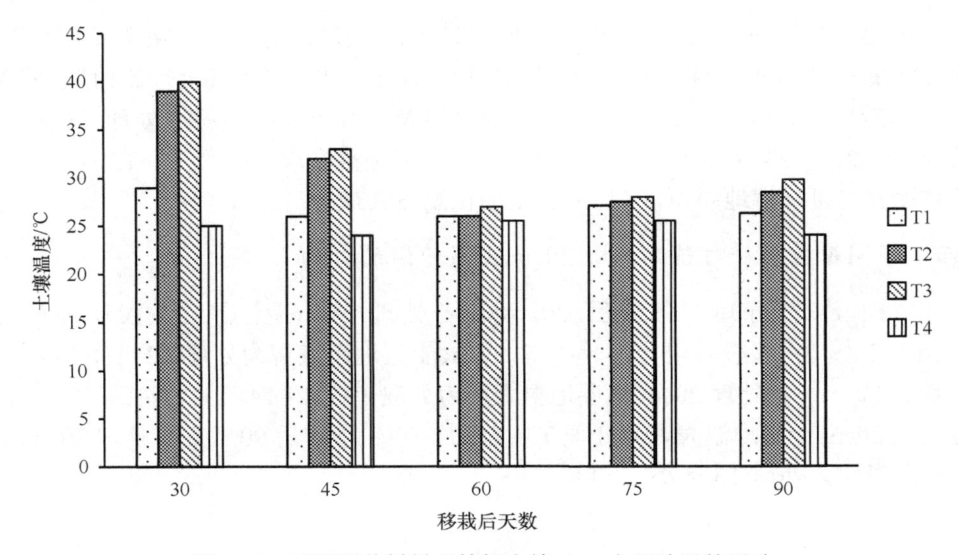

图 8-20　不同覆盖材料对植烟土壤 5cm 土层地温的影响

（二）不同覆盖材料对植烟土壤 10cm 土层地温的影响

由图 8-21 可知，随着烟株生育期的推进，各处理 10cm 土层地温呈先降低后趋于稳定的趋势。移栽后 30～90 天，处理 T3 地温均最高，处理 T2 次之，处理 T4 最低，这与 5cm 土层地温呈现的趋势一致。

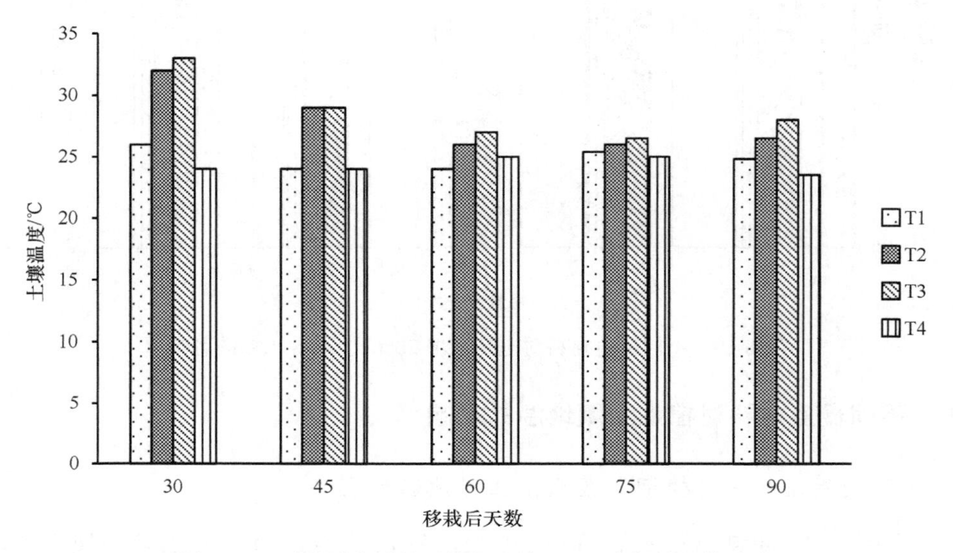

图 8-21　不同覆盖材料对植烟土壤 10cm 土层地温的影响

（三）不同覆盖材料对植烟土壤 15cm 土层地温的影响

由图 8-22 可知，移栽后 30 天，处理 T2 地温最高，为 28℃，处理 T4 最低，为 22℃；移栽后 45 天和 75 天，处理 T2 和处理 T3、处理 T1 和处理 T4 地温差别较小；在移栽后 60 天，各处理 15cm 土层地温表现为处理 T3 最高，处理 T2 次之，处理 T1 最低；移栽后 90 天，各处理 15cm 土层地温表现为处理 T3>T2>T1>T4。整体而言，可降解地膜覆盖在 15cm 土层保温效果最佳。

（四）不同覆盖材料对植烟土壤 20cm 土层地温的影响

由图 8-23 可知，移栽后 30 天，各处理 20cm 土层地温表现为处理 T2=T3>T1>T4；移栽后 45 天，各处理 20cm 土层地温表现为处理 T2=T3>T4>T1；移栽后 60 天，各处理 20cm 土层地温表现为处理 T3>T2=T4>T1；移栽后 75 天，各处理 20cm 土层地温表现为处理 T3=T4>T2>T1；移栽后 90 天，各处理 20cm 土层地温表现为处理 T3>T2>T1>T4。

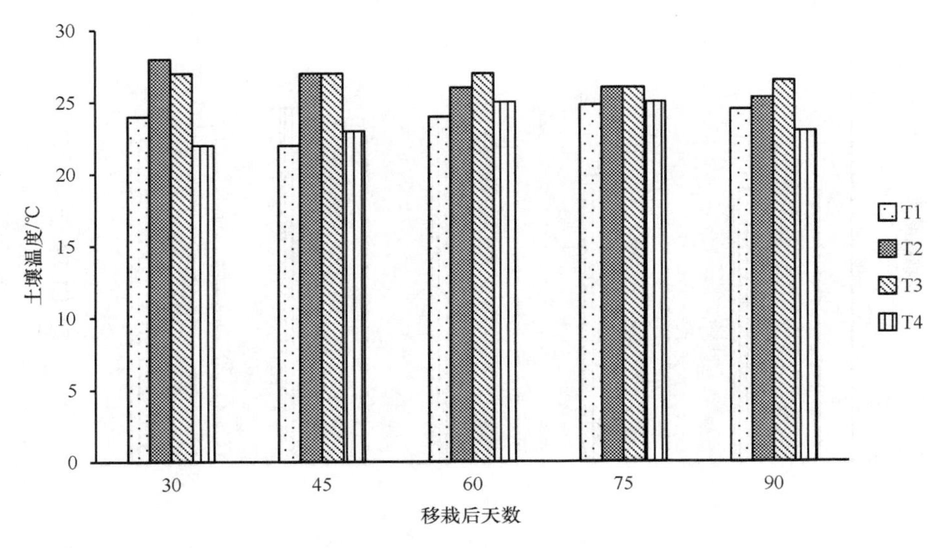

图 8-22　不同覆盖材料对植烟土壤 15cm 土层地温的影响

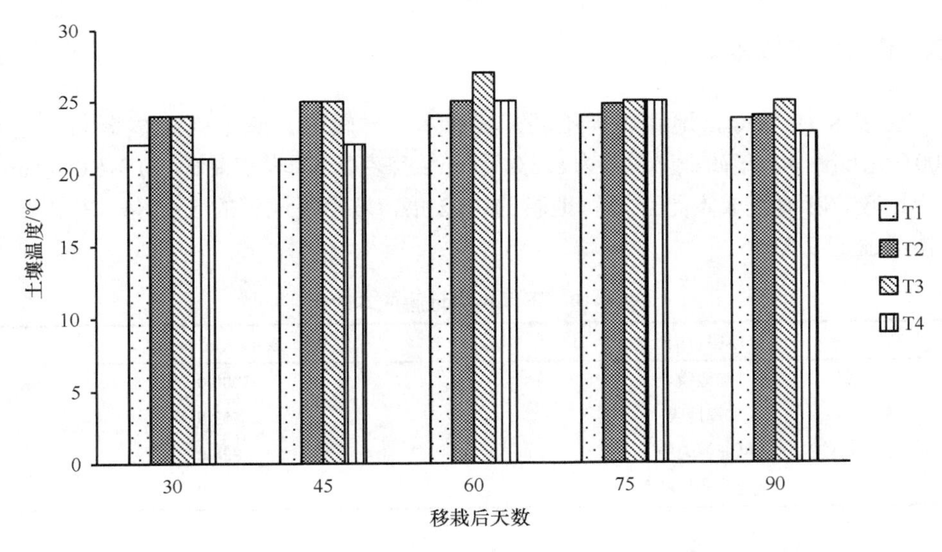

图 8-23　不同覆盖材料对植烟土壤 20cm 土层地温的影响

（五）不同覆盖材料对植烟土壤 25cm 土层地温的影响

由图 8-24 可知，移栽后 30 天，4 个处理 25cm 土层地温分别为 19℃、21℃、22℃、19℃；移栽后 45 天，处理 T3 和处理 T2 地温最高且相同，地温 T1 最低，为 19℃；移栽后 60 天，处理 T3 地温最高，处理 T4 次之，处理 T1 最低；移栽后 75 天，各处理 25cm 土层地温表现为处理 T4>T3>T2>T1；移栽后 90 天，处理 T3 地温最高，为 24℃，处理 T4 地温最低，为 22.6℃。

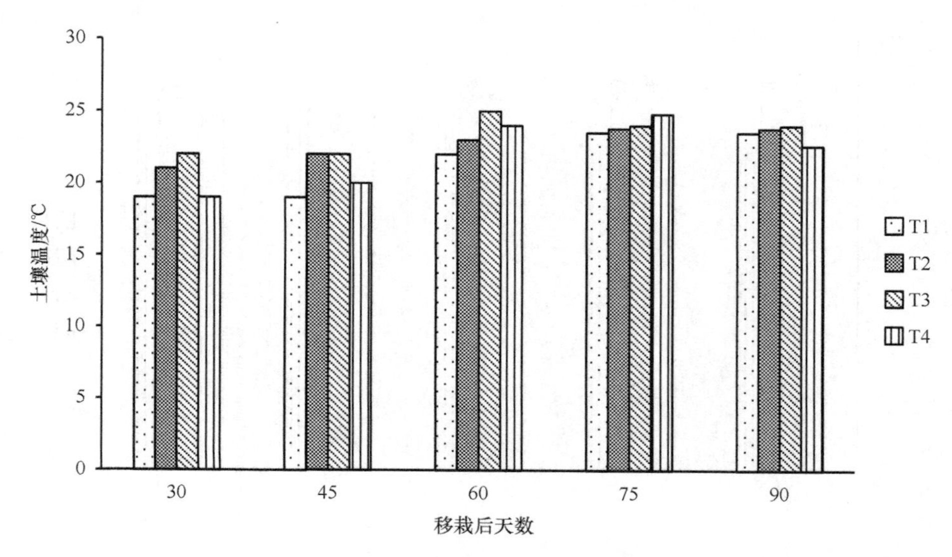

图 8-24　不同覆盖材料对植烟土壤 25cm 土层地温的影响

五、不同地膜成本对比

由表 8-19 可知，地膜种类不同，其成本差异较大，麻地膜成本最高，达到 3000.0 元/hm^2；可降解地膜次之，为 828.0 元/hm^2；黑麦草垄体覆盖最低，为 315.0 元/hm^2。综合比较，麻地膜成本是可降解地膜的 3.62 倍，是常规地膜的 5.42 倍，是黑麦草垄体覆盖的 9.52 倍。

表 8-19　不同种类地膜成本对比

地膜种类	成本/（元/hm^2）
麻地膜	3000.0
常规地膜	553.5
可降解地膜	828.0
黑麦草垄体覆盖	315.0

六、小结

在烟株生长发育期内，覆盖可降解地膜不仅保温效果良好，还可以改善烟株的农艺性状，降低白色污染；黑麦草垄体覆盖在土壤水分保持和降低覆盖使用成本方面作用突出，但是技术操作不好时会影响烟株的生长发育，从而影响烤烟的产量、产值；在烟株生长前期，麻地膜已经从垄体两侧开始降解，由于试验点海拔为 1200m，覆盖地膜相对时间较长，影响了麻地膜的保温效果，没有充分发挥出麻地膜作用，造成烟株发育较差，烟叶产量、产值不高，另外麻地膜成本较高。

综上所述，使用可降解地膜替代常规地膜是一个较好的选择，不仅可以保温保墒，还能促进烟株发育，改善烟叶化学品质，增加农民收入。但是覆盖可降解地膜在土壤保水方面效果不够突出，且覆盖成本也高于常规地膜，如何使地膜的降解规律与烟株生长发育对地膜覆盖的要求更加吻合，都需要进一步改进。

第九章 降低烟草重金属镉含量机制及技术初探

随着工业、城市污染的加剧和农用化学物质种类、数量的增加，土壤重金属污染日益严重。2014 年 4 月 17 日我国环境保护部和国土资源部联合发布了《全国土壤污染状况调查公报》，指出我国重金属污染主要涉及镉、砷、铅等污染物质，其中土壤重金属污染超标率最高的是镉，达到 7.0%。镉作为生物体的非必需元素，生物毒性极强，它可以沿着食物链传递，进而危害人类健康。第二章对基地单元植烟土壤的重金属含量分析表明，部分植烟土壤存在镉含量超标现象，如何缓解镉对烟草生长发育的影响，并降低烟叶镉含量成为当务之急。

第一节 生物炭对酸性土壤烤烟镉累积分配及转运富集特征的影响

重金属污染在土壤污染中面积大，持续时间长。对于烟草，烤烟中的重金属会通过抽吸过程中的烟气进入人体，而烤烟烟叶的重金属与植烟土壤中有效态重金属含量呈正相关。因此，治理植烟土壤的镉污染是降低烟叶镉含量的关键。目前，对土壤镉污染治理方法的研究比较多，主要有工程治理方法、化学法、生物法及农业治理法，其中生物炭作为一种新兴改良剂，成为近年来研究的热点。生物炭是在缺氧条件下经过热解炭化后形成的具有多孔特性富含碳元素的产物，具有良好的孔隙结构和较大的比表面积（李力等，2011），具备很强的吸附能力，因此生物炭或许能够作为一种吸附质来吸附重金属，降低污染物在土壤中的富集，减轻污染程度。生物炭还可以通过提高土壤 pH，降低重金属在土壤中的移动性，对重金属起到固定作用（毕丽君等，2014）。陈坦等（2014）研究表明污泥基生物炭对重金属具有较好的吸附性能，在重金属含量高的矿区土壤附近施用生物炭后，油菜的产量提高且油菜对镉的富集系数降低，还有研究发现在镉污染土壤中施用生物炭后，花生籽粒镉含量降低（曹莹等，2015）。笔者前期研究表明，施用生物炭可以较好地改良植烟土壤碳库，改善烤后烟叶品质（叶协锋等，2015）。在此基础上，利用农业废弃物烟秆炭化的固体产物——烟秆生物炭，作为镉污染土壤的改良剂，研究在不同浓度镉胁迫和不同用量烟秆炭处理下，烤烟各部位镉含量，重点研究生物炭对烤烟镉迁移、转运及富集的影响，以期明确生物炭在烤烟对镉的吸收累积、调控烟草镉含量的效应，为镉污染烟田改良提供技术参考。

采用盆栽试验（每盆装土 25kg），土壤为红壤土，pH 为 4.52，碱解氮含量为 124.32mg/kg，速效磷含量为 10.45mg/kg，速效钾含量为 344.00mg/kg，有效态镉含量为 0.11mg/kg。供试品种为云烟 87。试验设置外源添加镉：0mg/kg（G0）、30mg/kg（G1）、60mg/kg（G2）。外源添加生物炭：0g/kg（T0）、10g/kg（T1）、20g/kg（T2），二因素试验共计 9 个处理，分别为 G0T0、G0T1、G0T2、G1T0、G1T1、G1T2、G2T0、G2T1、G2T2。烟株移栽后 80 天，分别采集土壤和烤烟植株样品用于分析其镉含量。土壤有效态镉测定参照 GB/T 23739—2009，采用 DTPA 浸提剂浸提，用 ICP-OES 电感耦合等离子原子发射光谱仪测定。烟株镉含量采用 GB 5009.15—2014 中干法灰化法，并通过 ICP-OES 电感耦合等离子原子发射光谱仪测定。

一、生物炭对镉污染土壤的影响

（一）生物炭对镉污染土壤 pH 的影响

在镉污染植烟土壤中施加生物炭后，土壤的 pH 变化如图 9-1 所示。镉添加量相同时，随生物炭施用量增加，土壤 pH 呈现增加趋势。其中不施镉处理的土壤 pH 随生物炭施用量的增加增幅最大，处理 G0T1 和 G0T2 的土壤 pH 分别比处理 G0T0 升高了 2.03 和 2.59。施加生物炭 10g/kg 时，土壤 pH 均接近 7；而施加生物炭 20g/kg 时，土壤 pH 均大于 7。土壤被镉污染后，土壤 pH 升高，如处理 G0T0、G1T0 和 G2T0 的土壤 pH 分别是 4.72、5.32、5.14，处理 G1T2 的土壤 pH 最大，为 7.45。

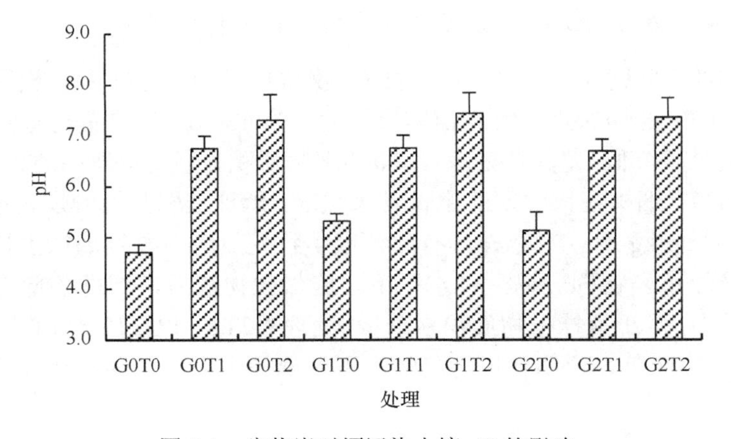

图 9-1　生物炭对镉污染土壤 pH 的影响

（二）生物炭对镉污染土壤有效态镉含量的影响

由图 9-2 可知，外源施加等量镉的土壤中，土壤有效态镉含量随生物炭施用量的增加而降低。未外源施加镉的土壤中，土壤有效态镉含量随生物炭施用量的增加降低幅度较大，处理 G0T1 和 G0T2 分别比处理 G0T0 降低了 35.21%和 57.61%。外源施加镉 60mg/kg 的土壤中，土壤有效态镉含量达到 34.69mg/kg，施加生物炭后，处理 G2T1 和 G2T2 分别比处理 G2T0 降低了 8.52%和 32.55%，说明在镉污染严重的土壤中，施用大量生物炭能明显降低土壤有效态镉含量，缓解土壤镉污染状况。

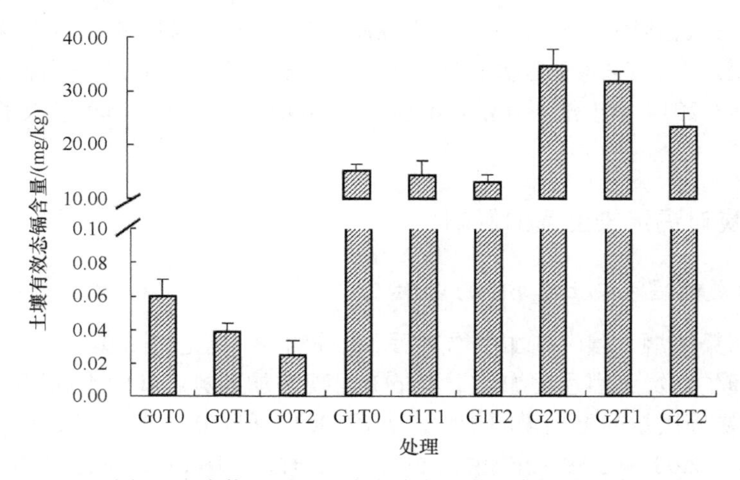

图 9-2　生物炭对镉污染土壤有效态镉含量的影响

二、生物炭对镉污染土壤烟株干物质积累及烟株吸收累积镉的影响

（一）生物炭对镉污染土壤烟株各部位干物质积累量的影响

由表 9-1 可以看出，烟株各部位的干物质积累量均是叶>茎>根。施加生物炭的处理 G0T1 的烟株总干物质积累量最大，为 186.61g。在镉污染土壤中，烟株干物质量显著降低，尤其是处理 G2T0 的干物质积累量是处理 G0T0 的 16.90%，结合处理 G2T0 烟株在该时期的生长发育状况，烟株瘦弱且烟叶变黄明显，说明仅添加镉 60mg/kg 时，对烟株具有致死或半致死效应，导致烟株生长缓慢，干物质积累量较小。在同一镉污染水平下，施加生物炭后，烟株各部位干物质积累量显著升高，对于烟株干物质积累总量，处理 G2T1 和 G2T2 分别是处理 G2T0 的 2.49 倍、3.48 倍，说明在镉污染情况下，施加生物炭使烟株受到的毒害作用减弱。

（二）生物炭对镉污染土壤烟株各部位镉含量的影响

生物炭与镉配施后烟株各部位镉含量的变化如表 9-2 所示。施用生物炭后，烟株各部位镉含量显著降低。未施加镉的处理 G0，烟株各部位镉含量表现为根>

表 9-1　生物炭对镉污染土壤中烟株干物质积累量的影响　　（单位：g）

处理	根	茎	叶	叶			总
				上	中	下	
G0T0	27.09bD	41.02bC	88.65aB	20.2bD	38.79aC	29.66aD	156.76aA
G0T1	32.06aD	49.15aC	105.4aB	29.67aD	42.98aC	32.75aD	186.61aA
G0T2	29.55aD	36.91bC	97.68aB	28.71aD	41.80aC	27.17aD	164.15aA
G1T0	8.00dD	11.00dCD	29.78cB	6.98cD	14.74cCD	8.06cD	48.78dA
G1T1	9.56dD	21.04cC	52.52bB	14.50bD	21.34bC	16.67C	83.11cA
G1T2	14.29cD	29.63cC	58.78bB	15.43bD	19.87bC	23.49bC	102.7bA
G2T0	4.50eCD	6.30eC	17.69dB	3.68dD	8.58dC	5.43dCD	26.49eA
G2T1	9.99dCD	15.73dC	33.33cB	7.67cD	11.68cCD	13.99cC	66.06cA
G2T2	13.62cD	25.29cC	53.24bB	8.49cD	19.58bCD	25.18bC	92.15bA

注：同列不同小写字母表示差异显著（$P<0.05$），大写字母表示差异极显著（$P<0.01$），下同

表 9-2　生物炭对镉污染土壤中烟株各部位镉含量的影响

外源添加镉/（mg/kg）	生物炭施用量/（g/kg）	处理	根/（mg/kg）	茎/（mg/kg）	叶/（mg/kg）		
					上	中	下
0	0	G0T0	6.26aA	4.05aB	1.07aC	1.87aC	4.52aB
	10	G0T1	3.68bA	1.99bB	0.67bC	0.99bC	1.97bB
	20	G0T2	2.49cA	1.25bB	0.40cC	0.63bC	1.23bB
30	0	G1T0	120.15aC	41.54aD	161.35aC	237.87aB	735.09aA
	10	G1T1	48.93bC	18.48bD	50.07bC	70.65bB	318.53bA
	20	G1T2	29.86cC	10.58bD	37.80bC	56.87bB	198.29cA
60	0	G2T0	223.55aC	84.83aD	218.63aC	400.37aB	949.38aA
	10	G2T1	136.96bC	52.21bD	140.40bC	212.11bB	493.18bA
	20	G2T2	90.80cB	26.78cD	78.65cC	106.47cB	267.45cA

茎>下部叶>中部叶>上部叶，外源施加镉的处理 G1，烟株各部位镉含量表现为下部叶>中部叶>上部叶>根>茎，说明镉污染条件下，烟株各部位叶吸收较多的镉，根和茎吸收的镉相对较少。

施用生物炭后，对于烟株上部叶镉含量，处理 G0T1 和 G0T2 分别是处理 G0T0 的 62.62%，37.38%，处理 G1T1 和 G1T2 分别是处理 G1T0 的 31.03%、23.43%，处理 G2T1 和 G2T2 分别是处理 G2T0 的 64.22%、35.97%。对于烟株中部叶镉含量，处理 G0T1 和 G0T2 分别比 G0T0 降低了 47.06%、66.31%，处理 G1T1 和 G1T2 分别比 G1T0 降低了 70.30%、76.09%，处理 G2T1 和 G2T2 分别比 G2T0 降低了 47.02%、73.41%，说明外源施加镉 30mg/kg 时，施用生物炭 10g/kg 能大幅度降低烟株叶片镉含量，而外源施加镉 60mg/kg 时，只有施用生物炭 20g/kg，才能明显降低烟株叶片镉含量。外源添加镉后，叶片中的镉含量显著升高，根和茎的镉含

量增加的数量低于叶片，如处理 G0T0 中，下部叶镉含量是根的 0.72 倍；而处理 G1T0 中，下部叶镉含量是根的 6.12 倍。

（三）生物炭对镉污染土壤烟株各部位镉累积量和分配率的影响

不同处理烟株各部位镉累积量（重金属累积量=植株各部位重金属含量×相应部位生物量），如表 9-3 所示。在添加等量镉条件下，随生物炭施用量的增加，烟株各部位镉累积量显著降低（处理 G2 除外）。烟株各部位镉累积量表现为叶>根>茎，其中处理 G0T2 根和叶镉累积量差异较小。添加镉的处理，烟株叶片镉累积量远远高于根和茎。例如，处理 G1T0 和 G2T0，叶中镉的累积量分别是根的 10.98 倍和 8.94 倍，而对于处理 G0T0，叶中镉的累积量是根的 1.35 倍。施加生物炭 20g/kg 后，处理 G0T2 烟株根、茎、叶中镉的累积量分别是处理 G0T0 的 43.35%、27.69%、31.17%。处理 G1，施加生物炭 10g/kg 后，烟株根、茎、叶中镉的累积量显著降低，施加生物炭 20g/kg 后烟株各部位的镉累积量依然呈降低趋势，但处理 G1T2 与 G1T1 相比，根和叶中的镉累积量差异不显著。对比处理 G0 和 G1（图 9-3），施用生物炭后烟株对镉总累积量降低，而处理 G2 中，烟株对镉的总累积量处理 G2T1 大于处理 G2T0，是由于施加镉 60mg/kg 时，镉的毒害作用对烟株产生致死或半致死效应，处理 G2T0 烟株生长缓慢，干重较小（表 9-1），而施加生物炭后，土壤中有效态镉含量降低，烟株受到的镉毒害作用减缓，生长趋于正常，干物质积累量较大，故吸收累积的镉较多。由土壤有效态镉与烟株各部位镉含量和镉累积量的相关性分析可知（表 9-4），土壤中有效态镉含量与烤烟各部位镉含量均呈极显著相关关系，与烤烟根和各部位叶的镉累积量也呈极显著相关关系，与茎的镉累积量呈显著相关关系。

表 9-3　生物炭对镉污染土壤烟株各部位镉累积量的影响

外源添加镉/（mg/kg）	生物炭施用量/（g/kg）	处理	根/μg	茎/μg	叶/μg	叶/μg		
						上	中	下
0	0	G0T0	169.45aAB	166.33aAB	227.96aA	21.63aD	72.38aC	133.95aB
	10	G0T1	117.99bA	97.69bAB	126.93bA	19.75aD	42.70bC	64.49bB
	20	G0T2	73.45cA	46.05cB	71.06cA	11.39bD	26.21cC	33.46cB
30	0	G1T0	961.70aD	457.00aE	10 558.87aA	1 125.65aD	3 505.67aC	5 927.55aB
	10	G1T1	467.76bE	388.82bE	7 544.62bA	726.21bD	1 507.87bC	5 310.54bB
	20	G1T2	426.51bD	313.61cD	6 369.93bA	583.24bD	1 129.75bC	4 656.94cB
60	0	G2T0	1 050.51bD	534.11bE	9 392.72bA	805.4bE	3 436.94aC	5 150.38bB
	10	G2T1	1 368.56aD	821.35aD	10 452.23aA	1 076.44aD	2 476.68bC	6 899.10aB
	20	G2T2	1 236.49aD	677.13bE	9 486.48bA	667.43cE	2 084.19bC	6 734.86aB

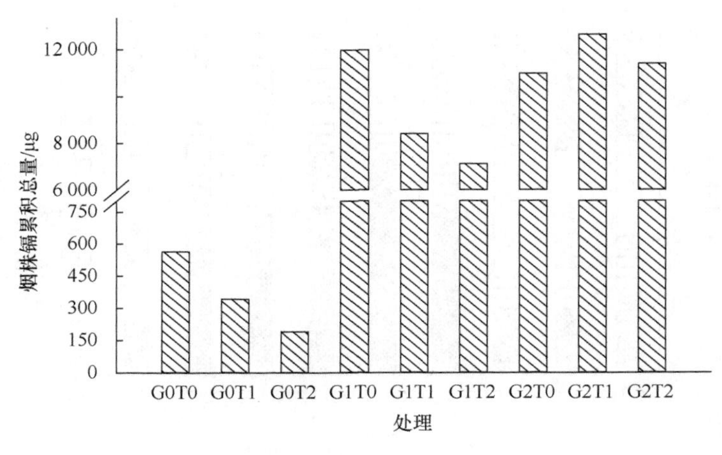

图 9-3　烟株镉累积总量

表 9-4　土壤有效态镉与烟株各部位镉含量和镉累积量的相关性分析

项目	土壤有效态镉	根含量	茎含量	上部叶含量	中部叶含量	下部叶含量	根累积量	茎累积量	上部叶累积量	中部叶累积量	下部叶累积量
土壤有效态镉	1	0.904**	0.897**	0.865**	0.8478**	0.806**	0.919**	0.920*	0.821**	0.841**	0.854**
根含量		1	0.996**	0.979**	0.987**	0.950**	0.817**	0.739*	0.750*	0.910*	0.686*
茎含量			1	0.974**	0.988**	0.947**	0.790*	0.720*	0.737*	0.890*	0.656
上部叶含量				1	0.998**	0.983**	0.819**	0.730*	0.828**	0.962**	0.720*
中部叶含量					1	0.978**	0.757*	0.664	0.753*	0.920**	0.644
下部叶含量						1	0.735*	0.647	0.822**	0.958**	0.697*
根累积量							1	0.973**	0.857**	0.859**	0.891**
茎累积量								1	0.850*	0.780*	0.915**
上部叶累积量									1	0.920*	0.939**
中部叶累积量										1	0.841**
下部叶累积量											1

*和**分别表示 $P<0.05$ 和 $P<0.01$ 显著水平，下同

重金属在烟株各部位的分配率是指烟株不同部位重金属累积量与烟株总累积量的比值。由图 9-4 可知，烤烟对镉的分配率，均是地上部大于根部，施加镉后，90%的镉分配在烟株的地上部。未外源施加镉的处理 G0，镉在烟株根的分配率随生物炭施用量的增加而增加，在茎和各部位叶的分配率呈现相反的变化趋势，处理 G1 和 G2 中，随生物炭施用量的增加，镉在烟株下部叶分配率呈现增加的趋势，镉在中部叶的分配率呈降低趋势，镉在根和茎中的分配率差异不明显。

（四）生物炭对镉污染土壤中烟株各部位镉转运系数的影响

转运系数指植株后一部位中重金属含量与前一部位中重金属含量的比值（包

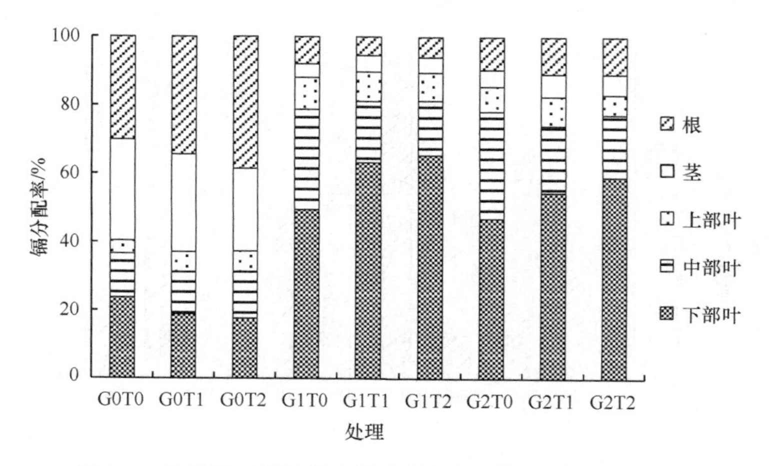

图 9-4　生物炭对镉污染土壤中烟株各部位镉分配率的影响

括根系到茎、茎到叶及根系到叶）。转运系数越大，表明烟株该部位对重金属的转运能力越强。烟株各部位对重金属的转运能力差异很大。从表 9-5 可以看出，施加镉的处理，烟株根到上部叶、中部叶、下部叶的转运系数较大，其中根到下部叶的转运系数最大，处理 G1T2 达到 6.641，根到上部叶和中部叶的转运系数远小于根到下部叶的转运系数。对于未施加镉的处理 G0，根到各部位叶的转运系数均较小，其中根到上部叶的转运系数最小。施用生物炭后有降低根系到上部叶、中部叶、下部叶转运系数的趋势，在镉污染严重时，根到中部叶、下部叶的转运系数随生物炭用量的增加而降低。在镉污染的土壤中，施加生物炭对烟株茎到上部叶、中部叶、下部叶的转运系数没有显著影响。

表 9-5　生物炭对镉污染土壤中重金属在烟株各部位间转运系数的影响

处理	根到上部叶	根到中部叶	根到下部叶	根到茎	茎到上部叶	茎到中部叶	茎到下部叶
G0T0	0.171cE	0.298dD	0.722dBC	0.648aC	0.264cD	2.173aA	0.898aB
G0T1	0.181cE	0.270dDE	0.535dC	0.540bC	0.335cD	2.001aA	1.009aB
G0T2	0.160cE	0.252dD	0.495dDC	0.502bBC	0.318cD	1.989aA	1.013aB
G1T0	1.343aC	1.980aC	6.118aA	0.346cdD	3.884aB	0.175bD	0.057bE
G1T1	1.023aBC	1.444cB	6.510aA	0.378cCD	2.709abB	0.262bD	0.058bE
G1T2	1.266aC	1.905aC	6.641aA	0.355cE	3.571aB	0.186bE	0.053bF
G2T0	0.936aD	1.714bC	4.065bA	0.363cE	2.577abB	0.212bE	0.089bF
G2T1	1.025aC	1.549cBC	3.601cA	0.381cD	2.689abAB	0.246bDE	0.106bE
G2T2	0.866bB	1.173cB	2.946cA	0.295dC	2.937aA	0.251bC	0.100bD

（五）生物炭对镉污染土壤中烟株各部位镉富集系数的影响

富集系数是指作物某一部位中某一元素的浓度与土壤中该元素浓度之比，可代表土壤-作物体系中元素迁移的难易程度。富集系数越高，这种元素在土壤-作物体系中越易迁移；反之，富集系数越低，这种元素越难以迁移（朱维等，2015）。由表 9-6 可知，未外源添加镉的处理烟株各部位对镉的富集系数均较大，其中处理 G0T0 的根部对镉的富集系数达到 103.72，且根>下部叶>茎>中部叶>上部叶。施加镉的处理，下部叶对镉的富集系数较大，茎对镉的富集系数最小，其中处理 G1T2 茎对镉的富集系数最小，为 0.82。因此，在未外源施加镉的土壤中，土壤中的镉相对易迁移至烟株的根部，在镉污染的土壤中，土壤中的镉易迁移到烟株下部叶。添加等量镉的处理中，烟株各部位对镉的富集系数均随生物炭施用量的增加而降低。例如，烟株上部叶对镉的富集系数，处理 G1T1 和 G1T2 分别比处理 G1T0 降低了 67.29%、72.52%，处理 G2T1 和 G2T2 分别比处理 G2T0 降低了 33.97%、46.67%，说明施加生物炭时，降低了烟株各部位对镉的富集能力。

表 9-6　生物炭对烟株各部位镉的富集系数的影响

处理	根	茎	叶		
			上	中	下
G0T0	103.72aA	67.23aB	17.75aD	30.94aC	74.87aB
G0T1	94.16aA	50.86bB	17.03aD	25.42bC	50.39abB
G0T2	97.21aA	48.78bB	15.52bD	24.52bC	48.16bB
G1T0	7.97bC	2.75cD	10.70cBC	15.77cB	48.75bA
G1T1	3.42cdCD	1.29cdD	3.50efCD	4.94eBC	22.26bcA
G1T2	2.32dBC	0.82dC	2.94fBC	4.43eB	15.44cA
G2T0	6.73bC	2.45cD	6.30dC	11.54cB	27.37bcA
G2T1	4.06bcC	1.55cD	4.16eC	6.29dB	14.62cA
G2T2	3.88cC	1.14cdD	3.36fC	4.55eB	11.43dA

三、小结

随着生物炭施用量的增加，土壤 pH 大幅度升高，原因可能是生物炭中的阳离子（Ca^{2+}、K^{+}、Mg^{2+}、Si^{4+}）等经热解生成碱性氧化物或碳酸盐，当生物炭施入土壤后，这些氧化物可与 H^{+}及 Al 单核羟基化合物发生反应，降低土壤可交换性酸，进而提升土壤 pH。土壤中镉的有效性在土壤中的化学形态在很大程度上受土壤 pH 的调节，当土壤 pH 提高时，土壤胶体负电荷增加，H^{+}的竞争能力减弱，氢氧根离子浓度增加，镉离子可与氢氧根离子等结合生成难溶的氢氧化物或碳酸盐及磷酸盐，导致镉的有效性大大降低。同时生物炭具有很大的比表面积，含有丰富的含氧官能团和较高的阳离子交换量，且表面呈负电荷状态，能增加土壤对重金属离子的静电吸附量，含氧官能团与重金属形成稳定的金属络合物，促进污染土壤中的镉由活性较高的可交换态向活性低的残渣态转化，从而降低镉的活性和迁移性。故在添加外源镉的土壤中施用生物炭，土壤有效态镉含量降低，与已有研究棉秆炭对土壤镉影响的结果一致（周建斌等，2008）。

有研究表明，烤烟各部位镉含量与土壤有效态镉浓度有关，该研究中土壤有效态镉含量与烤烟各部位镉含量呈极显著相关关系（Baker et al.，1994）。向镉污染土壤中施加生物炭后，土壤中有效态镉含量显著降低，从而使烟株各部位镉含量降低。镉胁迫下烟株叶片的镉累积量显著增加，而烟株整体对镉累积量随生物炭施用量的增加而降低。未施加镉时，烟株吸收累积的镉主要分配在根和茎，外源施加镉的情况下，镉在烟株下部叶的分配率较大，且随生物炭施用量的增加而增大，镉在烟株中部叶的分配率随生物炭施用量的增加而降低。研究表明，在镉污染的水稻土中添加蚕沙生物炭和水稻秸秆生物炭显著减少了玉米植株中镉的累积，降低了其生物富集系数，抑制了植株根部镉向地上部的转运，降低了玉米植株内镉的转运系数（杨惟薇，2014）。本研究结果也表明，在镉污染土壤中施加生物炭后，烟株各部位对镉的富集系数均降低，但下部叶的富集系数较大，表明在镉污染的情况下，土壤中的镉易迁移到烟株下部叶，在未添加镉的土壤中，土壤中的镉相对易迁移至烟株的根部，且烟株各部位的富集系数均随生物炭施用量的增加而降低。施用生物炭后根系到上部叶、中部叶、下部叶转运系数有降低的趋势，在镉污染严重时，根到中部叶、下部叶的转运系数随生物炭用量的增加而降低。

生物炭可以降低土壤有效态镉含量，从而降低烟叶镉含量和累积量，但是生物炭对土壤重金属的有效性和迁移转化的影响作用机制需进一步研究。同时，本试验中外源添加的镉浓度较高，尤其是添加浓度达到60mg/kg时，已经对烟株产生了致死或半致死效应，因此，应进一步研究外源添加低浓度镉时生物炭的调控效应。

第二节　麝香草酚通过调节谷胱甘肽水平和活性氧平衡诱导烟草幼苗抗镉胁迫机制研究

大量镉通过自然或人为因素被释放到环境中，引起了全世界的关注。在受镉污染的农业环境中，离子态镉（Cd^{2+}）容易被植物吸收，对植物造成毒害并通过食物链对人体健康构成潜在风险。镉胁迫对植物最重要的一个毒性作用就是诱导活性氧（ROS）积累，进一步引发氧化损伤和细胞死亡（Chmielowskabąk et al.，2014）。在植物抗性机制中，谷胱甘肽（GSH）在抗镉毒性方面起到双重作用，第一，GSH可以清除植物体内过量ROS（Hernández et al.，2015）；第二，GSH是植物螯合肽（PCs）合成不可或缺的前体物质，可以协助植物螯合 Cd^{2+}，减轻其对细胞的毒害（Vestergaard et al.，2008）。解决镉诱导的生态毒性的最基本方法是修复土壤，但是由于一些不便利条件（如高成本或耗时）还未被大面积推广应用（Bolan et al.，2014）。目前，在受镉污染环境中，通过外源调控植物内在生理反应是减轻镉毒的重要方法。

麝香草酚（thymol）是百里香植物精油的主要成分，是一种天然的单萜酚，它的临床意义和抗菌活性已被高度认可。麝香草酚可以作为食品添加剂，用来保持果蔬贮藏期的质量（Castillo et al.，2014）。基于美国环境保护署（EPA）对农药项目的评估，麝香草酚被认定具有最小潜在毒性和风险。此外，美国食品药品管理局（FDA）将麝香草酚列为安全物质。因此，麝香草酚有很大的潜力，被开发为生物农药。据报道，麝香草酚可以保护哺乳动物细胞免受环境胁迫的影响（Kim et al.，2014），但它是否及如何调节植物内在生理反应尚不清楚。本试验中，我们研究了麝香草酚对镉胁迫下烟草幼苗表型的缓解效应，并讨论了这些生理反应的机制和意义。

一、试验方法

（一）烟苗培养和处理设计

在培养皿中铺一层滤纸并用水湿润，将烟草种子撒在滤纸上，于光照培养箱中［光辐射 200μmol/（m^2·s），光周期 12h，温度 25℃］培养。在发芽的幼苗中挑选出根长一致的幼苗，用 5～80μmol/L 的 $CdCl_2$ 溶液处理 72h，通过测量烟草幼苗根长，确定能够引起根长下降 50%的 $CdCl_2$ 浓度（EC_{50}）。然后在 EC_{50} 的 $CdCl_2$ 浓度处理下，采用 10～400μmol/L 的麝香草酚进行处理，通过根长测定，筛选出能够有效缓解镉胁迫的最佳麝香草酚浓度。后续试验将采用以下 4 个处理：对照，单独 $CdCl_2$（EC_{50} 浓度）处理，$CdCl_2$（EC_{50} 浓度）+麝香草酚（最佳缓解浓度）组合处理，单独麝香草酚（最佳缓解浓度）处理。在以上 4 个处理方式下，研究烟草幼苗 ROS 累积水平、氧化损伤程度、细胞死亡率等毒性指标，确认麝香草酚对镉胁迫的缓解调控作用，进而研究麝香草酚通过对烟草体内依赖于 GSH 的 PCs 生物合成的调控作用，确定麝香草酚缓解镉毒的分子机制。

（二）根尖总 ROS 检测

用荧光探针 DCFH-DA 检测根尖总 ROS。将处理好的幼苗根尖用 10μmol/L 的 DCFH-DA 进行处理（10min，25℃，避光），然后用去离子水清洗 3 次后在荧光显微镜下（激发光波长 488nm，发射光 525nm）进行成像（ECLIPSE，TE2000-S，Nikon，Melville，NY，USA）。用 Image-Pro Plus 6.0（Media Cybernetics，Inc.，Rockville，MD，USA）对荧光图像的相对密度进行统计。

（三）根尖和叶片 H_2O_2 检测

根尖和叶片 H_2O_2 采用 DAB 染色。将处理好的幼苗根转移到 0.1%的 DAB-HCl 溶液（1mg/ml，pH 3.8）中培养 20min（25℃，光照）。处理结束后，用去离子水清洗 3 遍，直至能清楚观察到深棕色聚合物，染色后的根在体视镜（SteREO Discovery V8，ZEISS，Oberkochen，Germany）下拍照。用刀片将植株茎基部以下部分切掉，然后插入 0.1%的 DAB-HCl 溶液（1mg/ml，pH 3.8）中培养 6h（25℃，光照），使溶液没过茎基部。处理结束后，用 96%乙醇将叶片煮沸 20min 脱去绿色背景，置于体视镜下拍照。

（四）根尖和叶片 O_2^-·检测

根尖和叶片 O_2^-·用 NBT 染色。将处理好的幼苗根转移到 6mmol/L NBT（用 10mmol/L 柠檬酸钠缓冲液配制，pH 6.0）溶液中培养 20min（25℃，光照），然后用去离子水清洗 3 次，直至能清楚观察到深蓝色化合物，染色后的根在体视镜下拍照。用刀片将植株茎基部以下部分切掉，然后插入 6mmol/L NBT（用 10mmol/L 柠檬酸钠缓冲液配制，pH 6.0）溶液中培养 6h（25℃，光照），使溶液没过茎基部。处理结束后，用 96%乙醇将叶片煮沸 20min 脱去绿色背景，置于体视镜下拍照。

（五）根尖和叶片脂质过氧化检测

用 Schiff's 碱检测脂质过氧化。将处理好的幼苗根浸泡在 Schiff's 碱试剂中，时间为 20min。然后用 0.5%（*w*/*v*）$K_2S_2O_5$ 溶液漂洗固定，直到浸泡根尖的红色变鲜亮，染色的根于体视镜下拍照。用刀片将植株茎基部以下部分切掉，然后插入 Schiff's 试剂中浸泡 6h，使溶液没过茎基部。处理结束后，用 0.5%（*w*/*v*）$K_2S_2O_5$ 溶液进行漂洗固定，直到浸泡叶片的红色变鲜亮，然后用 96%乙醇煮沸 20min 脱去绿色背景，置于体视镜下拍照。

（六）丙二醛含量测定

丙二醛（MDA）含量是反映脂质过氧化水平的一项重要指标，采用丙二醛试剂盒（A003；南京建成生物工程研究所，南京，中国）测定叶片和根系中的丙二醛含量。

（七）根尖和叶片细胞死亡检测

用荧光探针 PI 对根尖细胞死亡进行原位检测。将处理好的根置于 2μmol/L 的 PI 溶液中浸染 20min（25℃，避光），然后用去离子水洗 3 次后，置于荧光显微镜下（激发光波长 535nm，发射光 615nm）拍照。

细胞死亡也可以用 Trypan blue 染色进行检测。将处理好的幼苗根在 Trypan

blue 试剂中浸泡 20min，然后用去离子水冲洗 3 次，置于体视镜下观察并拍照。用刀片将植株茎基部以下部分切掉，然后插入 Trypan blue 试剂中浸泡 6h，使溶液没过茎基部。处理结束后用 96%乙醇将叶片煮沸 20min 脱去绿色背景，置于体视镜下观察并拍照。

（八）根尖 Cd^{2+}检测

用荧光探针 Leadmium™Green AM 检测根尖内 Cd^{2+}。将处理好的幼苗根尖在 Leadmium™Green AM 溶液中浸泡 20min（25℃，避光），用去离子水清洗 3 次后在荧光显微镜下（激发光波长 488nm，发射光 525nm）拍照。

（九）根系和叶片 GSH 检测

用荧光探针单氯二胺对根尖 GSH 进行检测。将处理好的根尖放在 100μmol/L 的荧光染料中浸泡 30min（25℃，避光），然后用去离子水清洗 3 次，置于荧光显微镜下（激发光波长 390nm，发射光 478nm）拍照。

根系和叶片 GSH 含量测定参照 GSH 试剂盒（A006-1；南京建成生物工程研究所，南京，中国）。主要原理是二硫代二硝基苯甲酸与巯基化合物反应时能产生一种黄色物质，可以进行比色定量测定。

（十）基因表达分析

采用实时荧光定量 PCR 法定量测定基因表达水平。*GSH1* 基因（accession number SGN-U423511）和 *PCS1* 基因（accession number SGN-U48649）引物序列通过基因组网站（http://solgenomics.net）查询与设计。植物根尖总 RNA 提取采用 Trizol（Invitrogen）试剂盒说明书的方法进行。反转录 PCR 在 42℃下在 25μl 反应液中进行［加入 3μg 的 RNA，0.5μg 的 oligo（dT）引物，12.5nmol 的 dNTP，20 单位的 RNAase 抑制剂及 200 单位的 M-MLV］。第一链 cDNA 作为聚合酶链扩增的模板，产物用 qRT-PCR 分析基因表达量（Real-time 7500，美国 ABI 公司）。引物序列：*GSH1* 上游引物 5′-GAGGATAGGCACTGAACATGAA-3′，下游引物 5′-TCGCTCGGCAATACCATTTAG-3′；*PCS1* 上游引物 5′-GCTGGGTGGGTTCAGATTTA-3′，下游引物 5′-TTCCTTCAGCTCTTGTCAGAAT-3′；*EF1-α*（内参基因）上游引物 5′-ATGATGACGACGATGATGATA-3′，下游引物 5′-GTAAGCCCTTCTTGCTGAACAC-3′。

二、麝香草酚对镉胁迫下烟草幼苗毒性指标的缓解作用

（一）麝香草酚缓解烟草幼苗中由镉引起的生长抑制

$CdCl_2$ 显著抑制了烟草幼苗的根系生长，并呈现出浓度效应。与对照相比，

$CdCl_2$浓度分别在5μmol/L、10μmol/L、20μmol/L、40μmol/L、80μmol/L时，根长分别减少了22.05%、30.04%、42.21%、52.85%和64.14%（图9-5a）。我们选用浓度为20μmol/L的$CdCl_2$进行下一步试验。为了明确麝香草酚对镉胁迫下幼苗根系生长的缓解效果，在20μmol/L $CdCl_2$基础上添加不同浓度的麝香草酚（0～400μmol/L）。在没有镉的情况下，单独麝香草酚对幼苗根系生长有抑制作用。然而，与单独镉处理相比，添加50～200μmol/L麝香草酚能够显著增加根长。当麝香草酚浓度为100μmol/L时，对根系生长缓解效果最好（图9-5b）。在时间进程的试验中，添加100μmol/L麝香草酚能显著恢复幼苗中由镉引起的生长抑制，处理后72h时，麝香草酚+镉处理组根长高于单独镉处理组35.10%，差异显著（图9-5c）。

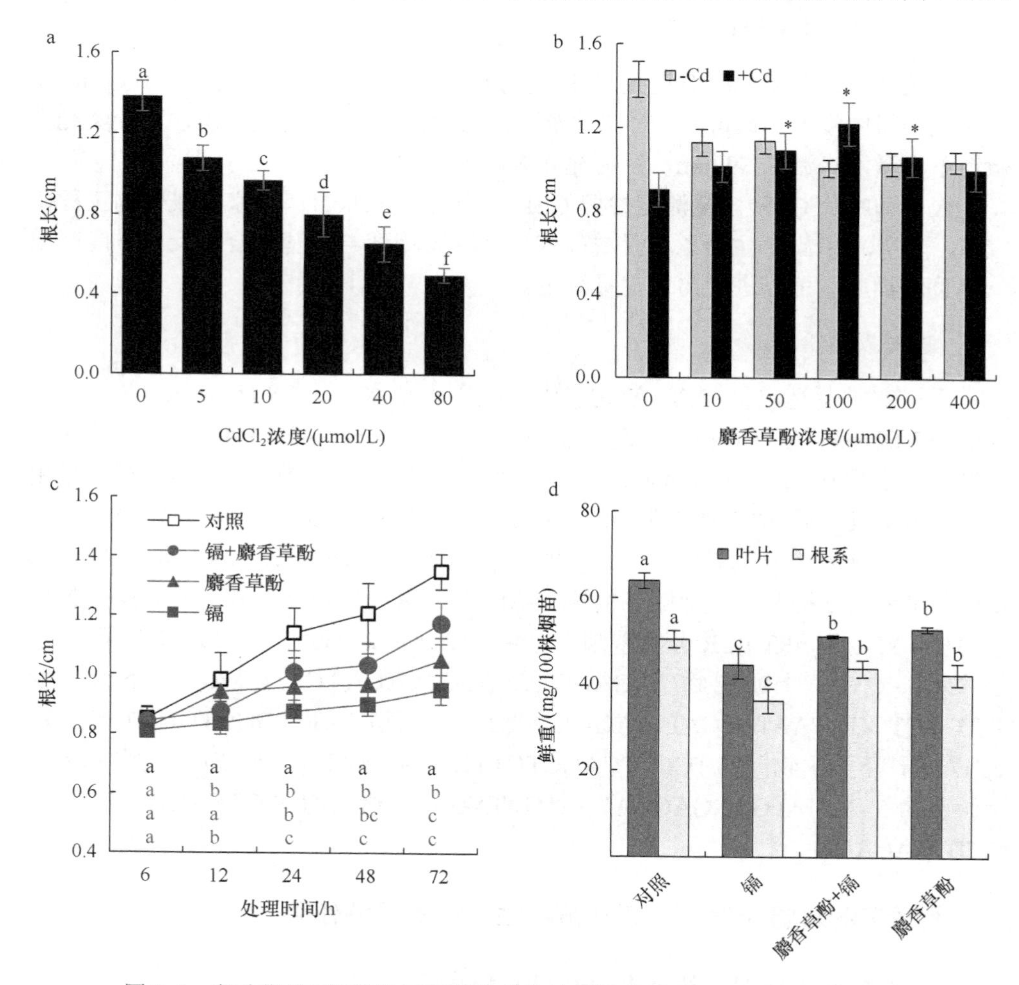

图9-5 麝香草酚对镉胁迫下烟草幼苗生长的影响（彩图请扫封底二维码）

图中不同字母表示各处理间差异显著，小写字母为5%显著水平；*表示两个处理间差异显著。下同此外，麝香草酚显著提高了镉胁迫下烟草幼苗根系和叶片的鲜重（图 9-5d）。麝香草酚对镉胁迫下幼苗生长具有一定的缓解作用，而单独麝香草酚对幼苗生长有轻微的抑制作用（图 9-5b～9-5d）。

（二）麝香草酚抑制烟草幼苗中由镉引起的活性氧（ROS）积累

活性氧类包括过氧化氢（H_2O_2）、超氧阴离子自由基（$O_2^-\cdot$）、羟基自由基（·OH）、过氧化物自由基（ROO·）和烷基自由基（R·）等。活性氧自由基对蛋白质、核酸等生物大分子有很强的破坏作用，会使细胞丧失正常生理机能。与空白对照相比，镉处理组根尖荧光亮度较强，而加入 100μmol/L 麝香草酚后根尖荧光亮度有所减弱（图 9-6a）。荧光密度定量分析表明，镉处理组根尖总 ROS 相对含量显著高于对照（图 9-6b）。与镉处理组相比，麝香草酚+镉处理组根尖总 ROS 相对含量减少了 59.63%（图 9-6b）。单独麝香草酚处理对根尖总 ROS 含量没有明显的影响

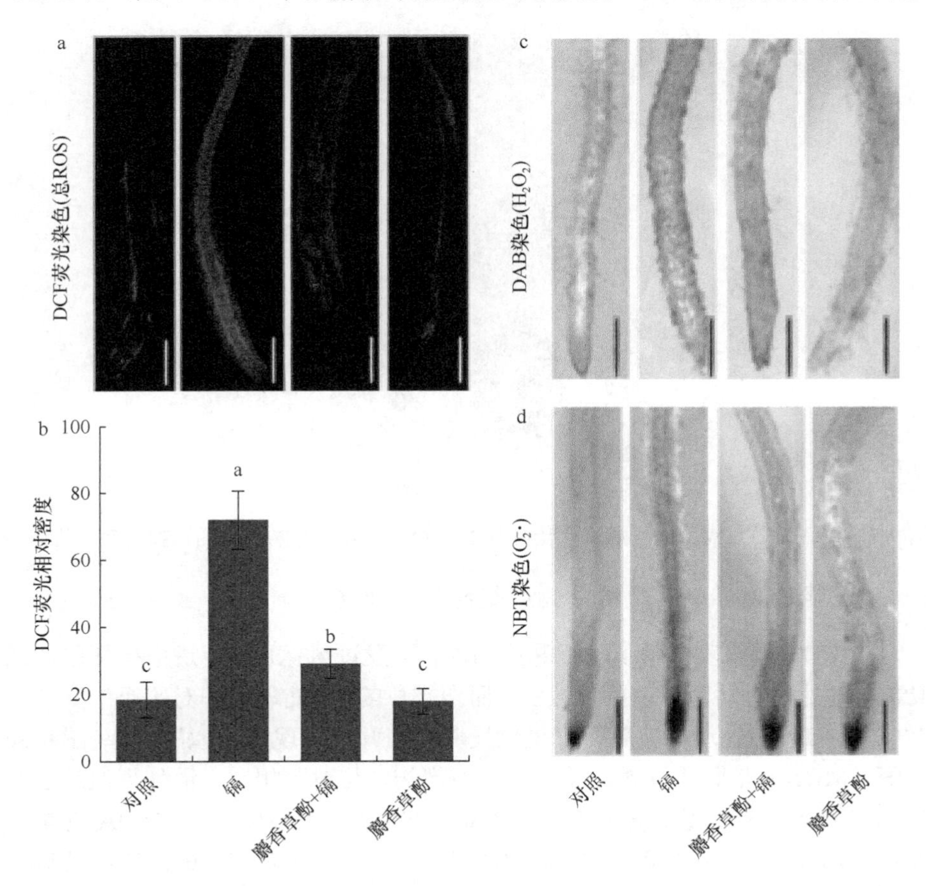

图 9-6　麝香草酚对镉胁迫下烟草幼苗根尖 ROS 含量的影响（彩图请扫封底二维码）

图中线段代表比例尺，长度为 0.5mm。下同

（图 9-6b）。H_2O_2 和 O_2^-·是植物响应环境胁迫的两种典型活性氧。根尖 H_2O_2 采用 DAB 进行化学组织染色，染色后棕褐色越深代表 H_2O_2 含量越高。镉处理组幼苗根尖有大量 H_2O_2 生成，而添加麝香草酚后根尖 H_2O_2 的合成受到抑制（图 9-6c），尤其是根尖上部的分生区（图 9-6c）。根尖 O_2^-·采用 NBT 进行化学组织染色，染色后蓝色越深代表 O_2^-·含量越多。O_2^-·分布于根尖的伸长区（图 9-6d）。麝香草酚减少了镉胁迫下根尖 O_2^-·含量（图 9-6d）。麝香草酚也能降低叶片中由镉引起的 H_2O_2 和 O_2^-·含量（图 9-7）。结果表明，麝香草酚可以抑制烟草幼苗中由镉引起的 ROS 积累。

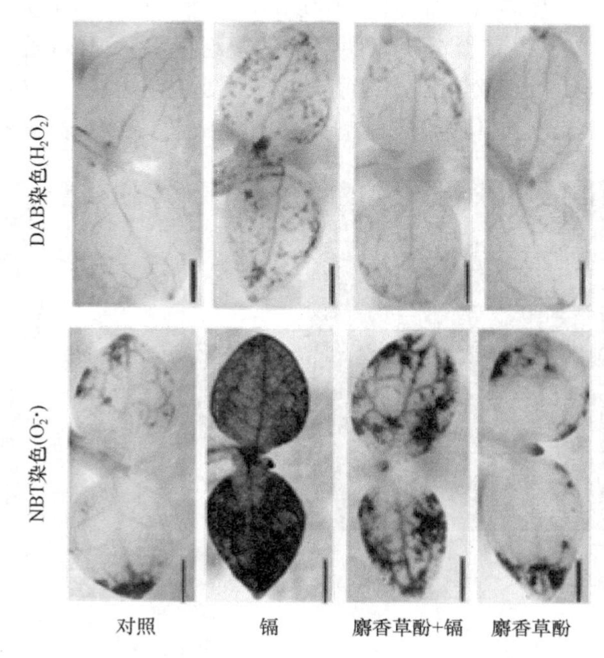

图 9-7　麝香草酚对镉胁迫下烟草幼苗叶片中 H_2O_2 和 O_2^-·的影响（彩图请扫封底二维码）

（三）麝香草酚缓解烟草幼苗中镉引起的氧化损伤

过量 ROS 频繁攻击膜上不饱和脂肪酸，引发过氧化反应，进而破坏膜的结构和功能。镉处理组幼苗叶片染色较深，而麝香草酚+镉处理组和对照组的叶片染色轻微（图 9-8a）。各处理根尖脂质过氧化反应与其叶片表现出相似的规律（图 9-8b）。丙二醛（MDA）是脂质过氧化反应的典型产物，与对照相比，镉处理组幼苗叶片和根系中的 MDA 含量显著增加，加入麝香草酚后叶片和根系中 MDA 含量显著降低，分别降低 29.54%和 39.33%（图 9-8c）。结果表明麝香草酚能够缓解烟草幼苗中镉引起的氧化损伤。

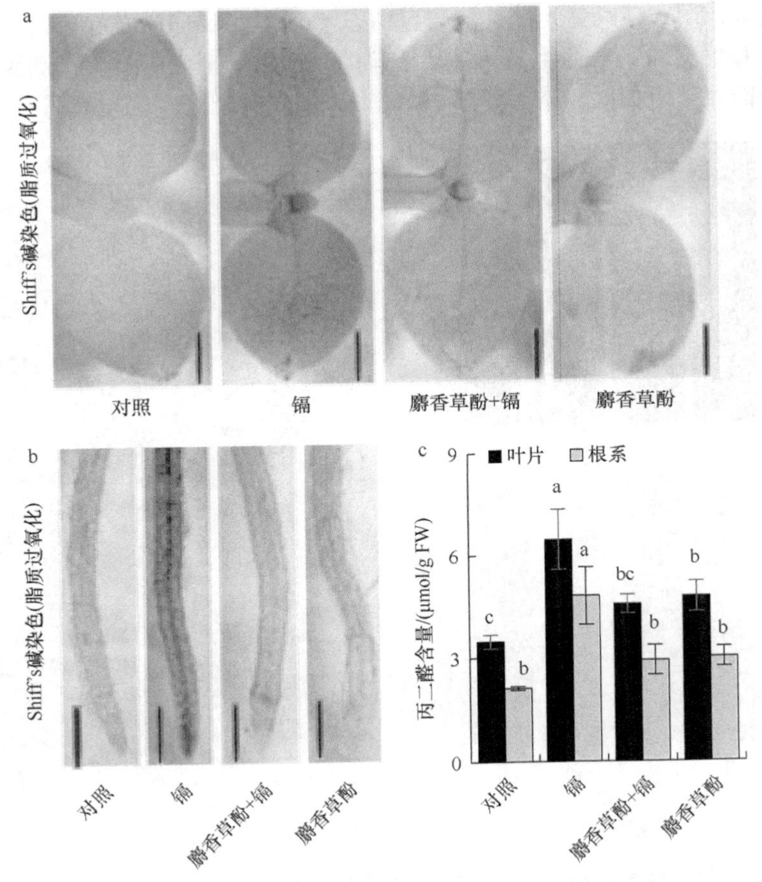

图 9-8　麝香草酚对镉胁迫下烟草幼苗脂质过氧化反应和丙二醛含量的影响
（彩图请扫封底二维码）

（四）麝香草酚缓解烟草幼苗中镉引起的细胞死亡

当损伤因子作用达到一定强度或持续一定时间，受损组织的代谢完全停止，就会引起细胞死亡。镉胁迫下，ROS 会频繁地触发植物细胞死亡，是导致植物细胞中毒的重要因素。经 PI 荧光染色后，镉处理组幼苗根尖红色荧光亮度强于对照组，与镉处理组相比，加入麝香草酚后其荧光亮度有所减弱（图 9-9a）。台盼蓝染色是验证细胞死亡的另一种途径，麝香草酚+镉处理组幼苗根尖和叶片染色程度均低于镉处理组（图 9-9b～图 9-9c）。这表明麝香草酚可以缓解烟草幼苗中由镉引起的细胞死亡。

（五）麝香草酚降低烟草幼苗中自由态 Cd^{2+} 含量

镉是一种毒性很大的重金属元素，主要有+1、+2 两个价态，具有致癌、致畸和致突变等作用。Cd^{2+}荧光探针能与自由态 Cd^{2+}发生反应激发绿色荧光，常用于检测根尖 Cd^{2+}含量。对照组与单独麝香草酚处理组的根尖中没有检测到任何荧光信号。与镉处理组相比，麝香草酚+镉处理组根尖荧光亮度明显减弱（图 9-10a），

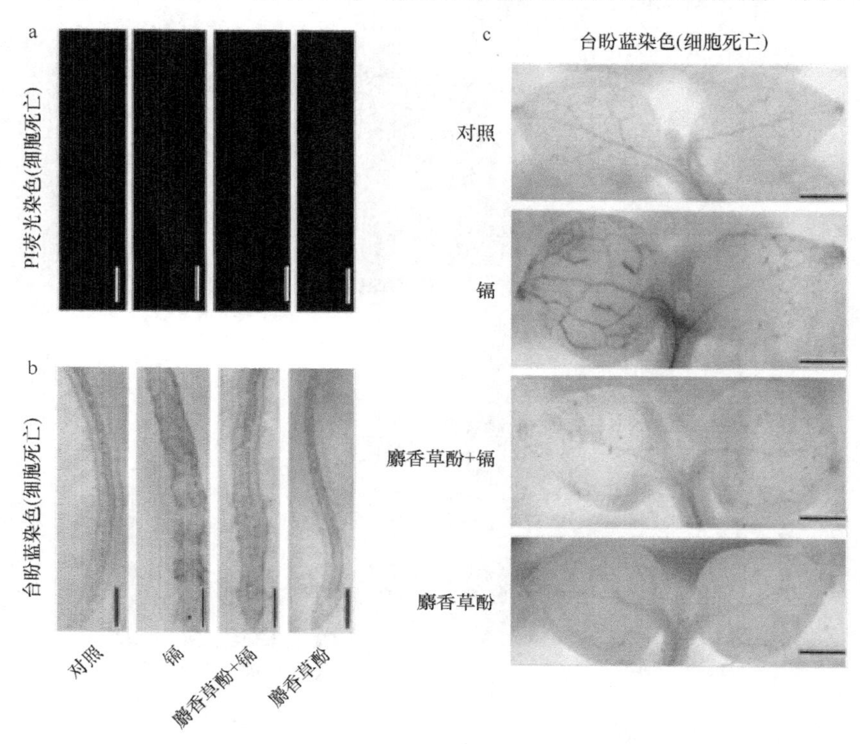

图 9-9　麝香草酚对镉胁迫下烟草幼苗细胞死亡的影响（彩图请扫封底二维码）

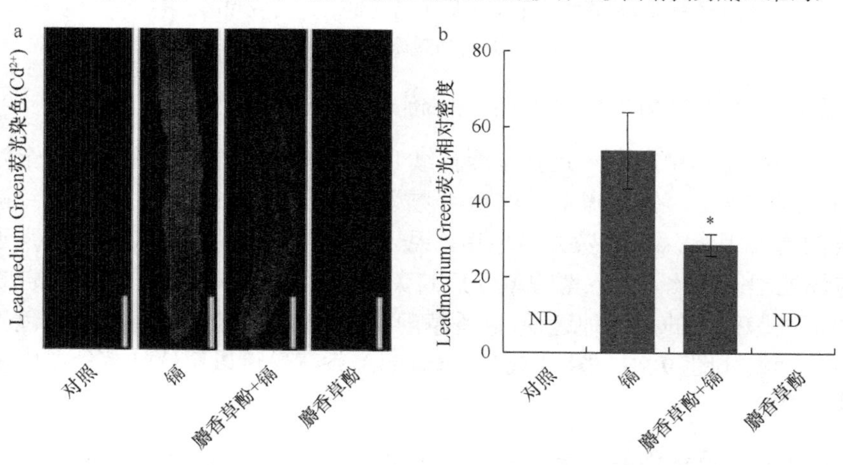

图 9-10　麝香草酚对镉胁迫下烟草幼苗根尖 Cd^{2+}含量的影响（彩图请扫封底二维码）

图 b 中"ND"表示检测不到或不在检出限

荧光相对密度减少了46.59%（图9-10b）。结果表明麝香草酚可以减少烟草幼苗根尖Cd^{2+}含量。

三、麝香草酚对烟草体内依赖于谷胱甘肽的植物螯合肽生物合成的调控作用

（一）麝香草酚增加镉胁迫下烟草幼苗中GSH含量

谷胱甘肽是一种含γ-酰胺键和巯基的三肽，由谷氨酸、半胱氨酸及甘氨酸组成，广泛存在于细胞中的所有细胞器，如内质网、叶绿体、细胞质、线粒体、过氧化物酶体、液泡和质外体，在保护植物细胞免受氧化损伤中起着至关重要的作用（Gill and Tuteja，2010）。镉处理组荧光亮度比对照强，加入麝香草酚后其亮度比镉处理组更强（图9-11a），荧光增强主要体现在根尖上部区域（图9-11a）。荧光密度定量分析显示，与镉处理组相比，麝香草酚+镉处理组根尖GSH相对含量增加了80.45%，二者间差异达显著水平（图9-11b）。对根尖和叶片GSH含量进行测定，结果表明添加麝香草酚能够增加根系和叶片中GSH的含量（图9-11c，

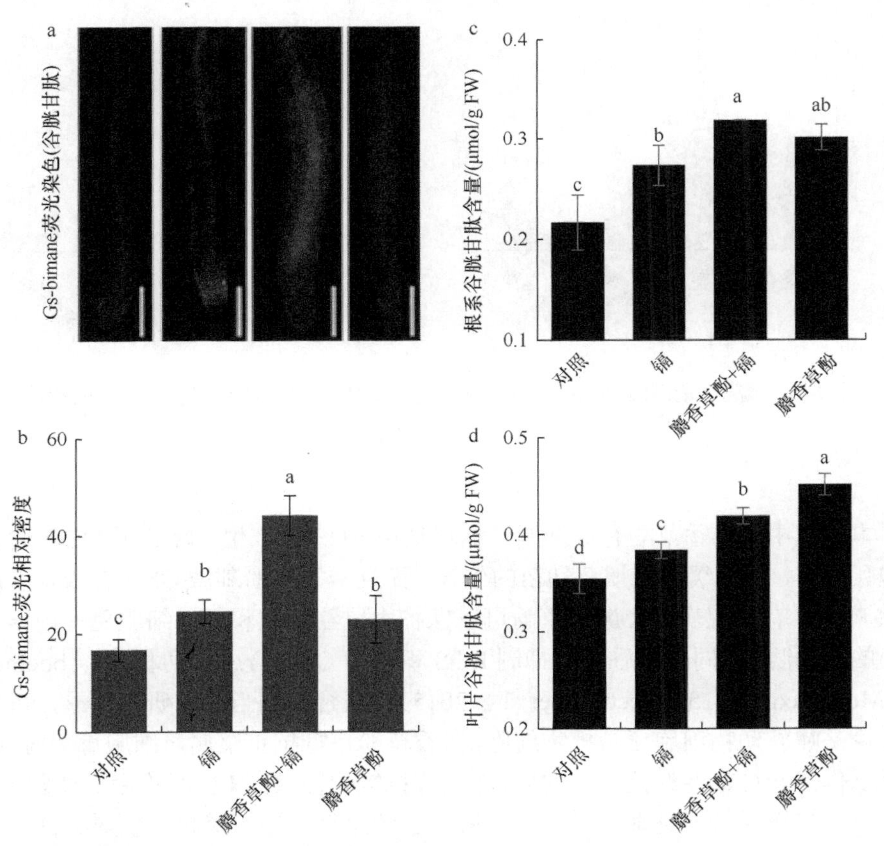

图9-11　麝香草酚对镉胁迫下烟草幼苗GSH含量的影响（彩图请扫封底二维码）

9-11d)。GSH 含量也可能受其他生理代谢或酶的调控，如谷胱甘肽-抗坏血酸循环、谷胱甘肽还原酶、谷胱甘肽-*S*-转移酶等。

(二)麝香草酚增强镉胁迫下烟草幼苗根系中 *GSH1* 和 *PCS1* 的基因表达量

GSH1（γ-谷氨酰半胱氨酸合成酶）与 *PCS1*（植物螯合肽合成酶）在植物体内缓解镉毒方面起着至关重要的作用（Brunetti et al.，2011；Ivanova et al.，2011）。采用实时荧光定量 PCR 法检测各处理烟草幼苗根系中 *GSH1* 和 *PCS1* 的基因表达量。镉处理组 *GSH1* 和 *PCS1* 的基因表达量均显著高于对照，加入麝香草酚后进一步刺激了 *GSH1* 和 *PCS1* 的基因表达，相对于镉处理组，*GSH1* 和 *PCS1* 基因表达量分别上调了 26.94%和 63.71%（图 9-12a，图 9-12b)。麝香草酚能够上调 *GSH1* 的基因表达量，这可能会引起 GSH 含量的增加。

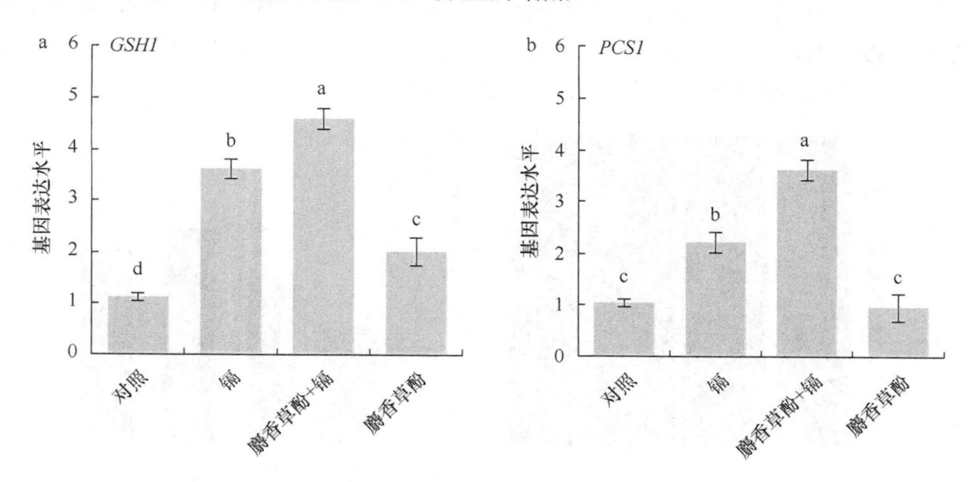

图 9-12　麝香草酚对镉胁迫下烟草幼苗根尖 *GSH1* 和 *PCS1* 基因表达水平的影响

四、小结

本研究中，麝香草酚有效抑制了烟草幼苗 ROS 的产生，降低了 MDA 含量和细胞死亡率，从而缓解了烟草幼苗的生长，而且麝香草酚刺激 GSH 合成也有助于清除 ROS。有研究表明，麝香草酚可以保护大鼠红细胞和肝癌细胞免受由铬与汞引起的氧化胁迫，同时麝香草酚抑制 ROS 积累与 GSH 合成密切相关（Abdelhakim and Mohamed，2015；Shettigar et al.，2015)。结合我们当前的研究结果，可以推测无论是哺乳动物细胞还是植物细胞，麝香草酚在抵抗重金属对细胞毒害时，GSH 都可以作为一种重要的抗氧化物质，而发挥抗氧化性。GSH 核心作用是清除 ROS，另一个关键作用是促进细胞中毒性金属离子的螯合，进而缓解重金属毒性。依赖于 GSH 的 PCs 的合成是植物抵抗重金属毒害的重要途径。PCs 可以螯合有毒的

Cd^{2+}，并将其转移到液泡中，以此来减少自由态 Cd^{2+}对其他细胞器造成伤害（Gallego et al.，2012）。据报道，GSH 含量较低的转基因植物对 Cd^{2+}高度敏感，是因为低含量 GSH 限制了 PCs 的合成（Xiang and Oliver，2001）。本研究中，麝香草酚显著降低了烟草幼苗体内 Cd^{2+}含量，同时 GSH 含量上升，并且 *PCS1* 基因表达量上调。在镉胁迫幼苗中，麝香草酚可能通过两个方面激活 GSH-PCs 通路：第一，麝香草酚刺激 GSH 的生物合成，提供更多 PCs 合成所必需的前体物质；第二，麝香草酚上调 *PCS1* 的基因表达量，直接刺激 PCs 的合成。另外，荧光显微结果表明，GSH 的积累与 Cd^{2+}的减少表现在根系的同一区域。因此，可以推测麝香草酚激活的 GSH-PCs 通路限制了自由态的 Cd^{2+}。

本研究中，添加麝香草酚可以缓解镉胁迫下烟草幼苗的生长，但是与对照相比，单独麝香草酚处理组显示出了轻微的抑制。有研究指出，麝香草酚对一些植物的幼苗生长具有抑制作用（Kordali et al.，2008；Zunino and Zygadlo，2004）。我们还发现，在正常生长条件下，单独麝香草酚处理组烟草幼苗体内 MDA 含量高于对照，而麝香草酚+镉处理组 MDA 含量相对较低，造成这种现象的原因可能是麝香草酚对由镉引起的 ROS 有很强的清除能力，对脂质过氧化反应起到缓解作用，而在这个过程中，麝香草酚克服了自身可能引起脂质过氧化的影响。因此，需要进一步研究来比较和区分胁迫条件下麝香草酚的保护作用和正常条件下麝香草酚可能的抑制作用。

综上所述，麝香草酚可以保护烟草幼苗免遭重金属镉的毒害。GSH 通过协调幼苗体内 ROS 平衡、抑制 Cd^{2+}积累，进而缓解氧化损伤和细胞死亡。麝香草酚促进植物适应镉胁迫的具体机制仍需进一步研究，但是本研究为麝香草酚调节植物生理提供了参考依据。此外，需要在不同的农业环境中将麝香草酚施用在不同的作物上，以此来验证其大田可行性。

第三节　肉桂醛通过减少内源硫化氢含量诱导烟草幼苗抗镉胁迫机制研究

肉桂醛（cinnamaldehyde，CA）是樟属植物精油的重要组成部分，具有抗菌活性（Rothwalter et al.，2013）、抗病毒活性（Hayashi et al.，2007）、抗癌活性（Imai et al.，2002）、抗氧化性和抗炎活性（Yang et al.，2016；Rothwalter et al.，2013）等，其药用价值已被高度认可。在临床医学研究中，肉桂醛能够通过调控哺乳动物细胞内几种重要的信号分子（如 NO 和 Ca^{2+}通道等）对免疫途径进行调控（Raffai et al.，2014；Huang et al.，2015）。由于其抗氧化性和抗菌活性，肉桂醛在维持食品质量方面表现出巨大的潜力。肉桂醛对哺乳动物和微生物的生物活性已被广泛确认，但是对植物抗性生理调节的报道甚少。

植物生长受包括重金属在内等多种环境胁迫的影响。由于人为和自然因素，重金属镉被释放到环境中。离子态镉（Cd^{2+}）无处不在，且容易被植物吸收积累，这会对植物生长发育造成负面影响，并通过食物链对人体构成危害。镉胁迫会诱发 ROS 大量产生，引起氧化损伤，造成细胞死亡，以至于抑制植物的生长发育。

硫化氢（H_2S）不仅是一种有毒的气体分子，在哺乳动物和植物体中还作为一种信号分子来调控生理反应（Li et al.，2011；Lisjak et al.，2013）。在哺乳动物细胞中，H_2S 和肉桂醛能够调控相同的下游信号网络，包括 ROS、NO、Ca^{2+}等（Raffai et al.，2014；Hancock and Whiteman，2016；Munaron et al.，2013），但是 H_2S 与肉桂醛之间的相互作用尚未清楚。在植物细胞中，H_2S 通过 L-半胱氨酸脱硫基酶和 D-半胱氨酸脱硫基酶催化半胱氨酸脱硫而产生。在正常条件或各种环境胁迫条件下，H_2S 被视为一种重要的生理调节物质。曾有研究证明 H_2S 参与植物抵抗镉的生理调节。在重金属胁迫下，H_2S 与其他信号分子（如 NO 和 Ca^{2+}）间相互作用，调节植物体内 ROS 平衡（Zhang et al.，2015；Shi et al.，2014；Fang et al.，2014）。因此，可以推测肉桂醛与 H_2S 之间存在着某种相互作用，调节植物生理过程以响应环境胁迫。

一、试验方法

（一）烟苗培养和处理设计

烟苗培养方式参照本章第二节。在 EC_{50} 的 $CdCl_2$ 浓度处理下，采用 1～80μmol/L 的肉桂醛进行处理，通过根长测定筛选出能够有效缓解镉胁迫的最佳肉桂醛浓度。后续试验将采用以下 4 个处理：对照，单独 $CdCl_2$（EC_{50} 浓度）处理，$CdCl_2$（EC_{50} 浓度）+肉桂醛（最佳缓解浓度）组合处理，单独肉桂醛（最佳缓解浓度）处理。在以上 4 个处理方式下，首先研究肉桂醛对烟草幼苗 ROS 累积、氧化损伤、Cd^{2+}积累等毒性指标的缓解作用。为了验证 H_2S 介导肉桂醛对烟草幼苗体内镉毒的缓解，检测了肉桂醛对 H_2S 分布和 *LCD* 及 *DCD* 基因表达水平的影响。分别用 $CdCl_2$、肉桂醛、硫化氢供体硫氢化钠（NaHS）、硫化氢抑制剂（PAG）、硫化氢清除剂（HT）等（单独或混合处理）处理烟草幼苗，检测各处理 H_2S 含量、根长和细胞死亡。最后，确定肉桂醛与硫化氢信号分子的相互作用和对重金属镉的解毒机制。

（二）根尖总 ROS 检测

参照本章第二节。

（三）根尖 H_2O_2 检测

采用荧光探针 HPF 进行原位检测。将处理好的幼苗根用 5μmol/L 的荧光探针

HPF 进行处理（15min，25℃，避光），再用去离子水清洗 3 次，然后将根尖置于荧光电子显微镜下（激发光波长 490nm，发射光波长 515nm）进行成像。采用 Image-Pro Plus 6.0 对荧光图像的相对荧光密度进行统计分析。

（四）根尖 $O_2^-\cdot$检测

采用荧光探针 DHE 进行原位检测。将处理好的幼苗放入 15μmol/L 的 DHE 溶液中进行染色（15min，25℃，避光），再用去离子水清洗 3 次，然后将根尖置于荧光电子显微镜下（激发光波长 535nm，发射光波长 610nm）观察并拍照。采用 Image-Pro Plus 6.0 对荧光图像的相对荧光密度进行统计分析。

（五）根尖脂质过氧化检测

参照本章第二节。

（六）根尖细胞膜透性检测

用 Evans blue 对根尖进行染色。将处理好的幼苗根尖放入 0.025%（*w*/*v*）Evans blue（用 0.5mmol/L $CaCl_2$ 配制，pH 5.6）中浸泡 10min，再用 0.5 mmol/L $CaCl_2$（pH 5.6）漂洗直至没有蓝色析出，然后于体视镜下拍照。

（七）丙二醛含量的测定

参照本章第二节。

（八）根尖 Cd^{2+}检测

参照本章第二节。

（九）根尖 H_2S 检测

采用荧光探针 WSP-1 进行检测。将处理好的幼苗置于 20mmol/L 的 Hepes-NaOH（含 20μmol/L WSP-1，pH 7.5）缓冲溶液中浸泡 40min（25℃，避光），再用去离子水冲洗 3 次，置于荧光显微镜下（激发光波长 465nm，发射光波长 515nm）进行成像。采用 Image-Pro Plus 6.0 对荧光图像的相对荧光密度进行统计分析。

（十）基因表达分析

植物根尖总 RNA 提取、反转录及实时荧光定量方法参照第二节。*LCD* 基因（XM_016597688.1）和 *DCD* 基因（XM_016611291.1）引物序列通过 NCBI（美国国家生物技术信息中心）查询与设计。引物序列：*DCD* 上游引物 5′-GGTGGCCTACTGGGTTTATATG-3′，下游引物 5′-GCCGTCTTGTCTTGGGATAG-3′；*LCD* 上游引物 5′-GGAGCCATGCTCTAGTGTTAAG-3′，下游引物 5′-CCAATCCTACTCCAG

TGTTTCC-3′；*EF1-α* 上游引物 5′-ATGATGACGACGATGATGATA-3′，下游引物 5′-GTAAGCCCTTCTTGCTGAACAC-3′。

（十一）根尖细胞死亡检测

参照本章第二节。

（十二）聚类分析

采用 Cluster 3.0（http://bonsai.hgc.jp/～mdehoon/software/cluster/）对不同模块进行聚类分析，聚类结果采用 Java Treeview（https://sourceforge.net/projects/jtreeview/）进行可视化作图。

二、肉桂醛对镉胁迫下烟草幼苗毒性指标的缓解作用

（一）肉桂醛缓解烟草幼苗根尖中由镉引起的生长抑制

图 9-13a 中黑色柱形图为加镉处理，白色为对照，与对照相比，镉处理组幼苗根长减少了 40.39%。用不同浓度肉桂醛（1～80μmol/L）处理镉胁迫下烟草幼苗，肉桂醛浓度分别在 5μmol/L、10μmol/L、20μmol/L 和 40μmol/L 时，根长分别增加了 22.58%、29.03%、42.58%和 14.19%（图 9-13a）。肉桂醛浓度在 20μmol/L 时缓解效果最佳，选用此浓度用于下一步试验。20μmol/L 肉桂醛在处理后 24～72h 内对受镉胁迫幼苗有持续的缓解作用（图 9-13b）。此外，添加肉桂醛可以显著增加镉胁迫下幼苗根系的鲜重（图 9-13c）。结果表明，肉桂醛可以缓解镉胁迫下烟草幼苗根系的生长。

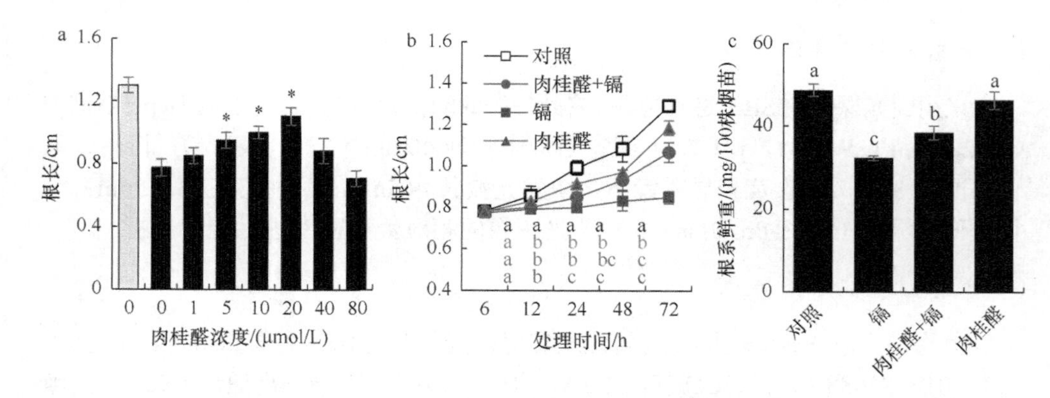

图 9-13　肉桂醛对镉胁迫下烟草幼苗生长发育的影响（彩图请扫封底二维码）

（二）肉桂醛抑制烟草幼苗根尖中由镉引起的活性氧积累

镉处理组根尖荧光亮度强于对照，添加肉桂醛后荧光亮度有所减弱（图

9-14a)。对荧光密度进行定量分析，镉处理组总 ROS 相对含量显著高于对照，添加肉桂醛后总 ROS 相对含量有所降低，与镉处理相比下降了 63.35%（图 9-14b)。单独肉桂醛处理对根尖总 ROS 没有明显的影响（图 9-14b)。

用荧光探针 HPF 检测根尖 H_2O_2，镉胁迫导致根尖 H_2O_2 含量显著增加，镉处理组 H_2O_2 相对含量高达对照的 3.15 倍之多，肉桂醛的添加使 H_2O_2 恢复到对照水平（图 9-14c，图 9-14d)。$O_2^-\cdot$ 用荧光探针 DHE 检测，镉处理组根尖 $O_2^-\cdot$ 相对含量显著高于对照，与镉处理组相比，肉桂醛+镉处理组根尖 $O_2^-\cdot$ 相对含量下降了 55.91%（图 9-14e，图 9-14f)，肉桂醛显著抑制了镉胁迫下幼苗根尖 $O_2^-\cdot$ 的产生。结果表明肉桂醛可以抑制烟草幼苗根尖中由镉引起的 ROS 积累。

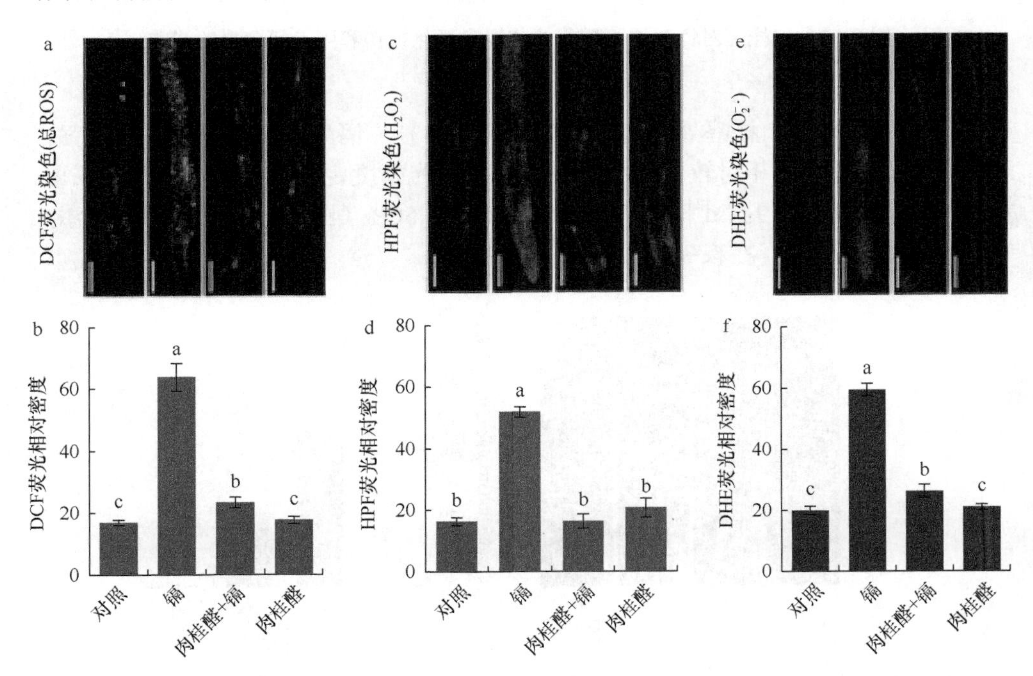

图 9-14　肉桂醛对镉胁迫下烟草幼苗根尖 ROS 含量的影响（彩图请扫封底二维码）

（三）肉桂醛缓解烟草幼苗根尖中由镉引起的氧化损伤

分别用 Shiff's 碱和 Evans blue 检测脂质过氧化反应和细胞膜透性。镉处理组根尖染色程度较深，而肉桂醛+镉处理组根尖染色较轻（图 9-15a，图 9-15b)。与镉处理相比，肉桂醛+镉处理组根尖 MDA 含量降低了 38.26%，差异达显著水平（图 9-15c)。结果表明，肉桂醛可以缓解烟草幼苗根尖中由镉引起的氧化损伤。

（四）肉桂醛抑制烟草幼苗根尖中 Cd^{2+} 积累

Leadmium™ Green AM 可以与 Cd^{2+} 结合发出绿色荧光，用于检测根尖 Cd^{2+}

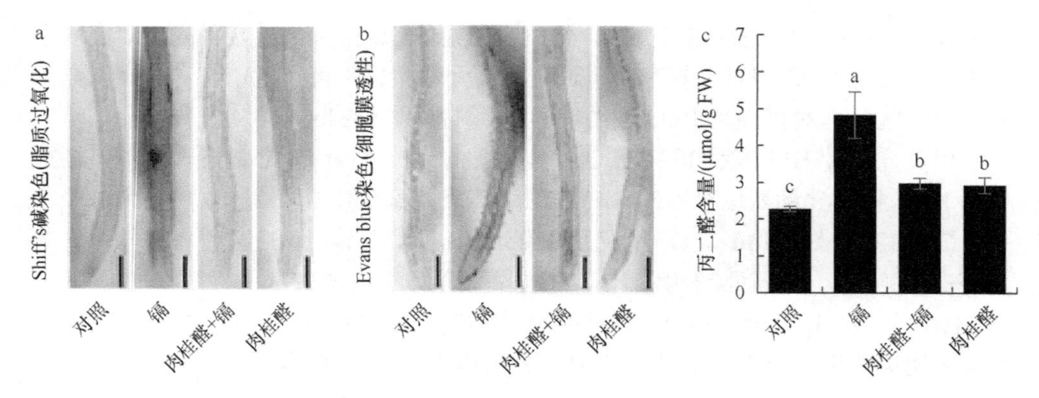

图 9-15　肉桂醛对镉胁迫下烟草幼苗根尖氧化损伤和丙二醛含量的影响
（彩图请扫封底二维码）

含量。对照与单独肉桂醛处理组未检测到荧光信号，镉处理根尖荧光亮度较强，而镉+肉桂醛处理组相对较弱（图 9-16a）。对荧光密度定量分析，与镉处理相比，镉+肉桂醛处理组根尖 Cd^{2+}相对含量相减少了 63.56%（图 9-16b）。结果说明添加肉桂醛可以抑制 Cd^{2+}在根尖的积累。

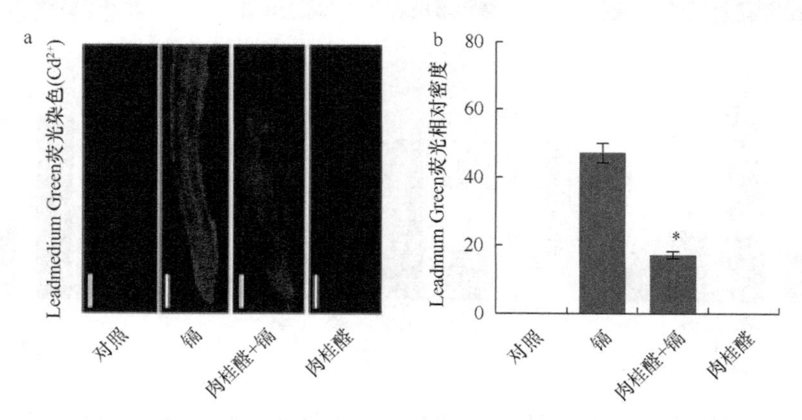

图 9-16　肉桂醛对镉胁迫下烟草幼苗根尖 Cd^{2+}含量的影响（彩图请扫封底二维码）

三、肉桂醛通过调控内源 H_2S 含量缓解烟草幼苗镉胁迫

（一）肉桂醛抑制烟草幼苗根尖中 H_2S 产生

有研究表明，H_2S 能够通过不同路径减少非必需重金属对植物造成的伤害，H_2S 可以通过调整抗氧化酶的活性来降低 ROS 浓度，或者是阻止 Cd^{2+}进入细胞，从而降低镉毒害。用荧光探针 WSP-1 检测根尖 H_2S（图 9-17a）。镉导致根尖 H_2S 含量显著增加，添加肉桂醛后 H_2S 含量恢复到对照水平。在肉桂醛+镉处理组基

础上，添加 NaHS 显著增加了 H_2S 含量。与镉处理相比，镉+PAG 处理组和镉+HT 处理组幼苗根尖 H_2S 含量显著降低，分别降低了 70.93%和 73.37%，但当补充了 NaHS 后，根尖 H_2S 含量又显著升高（图 9-17b）。

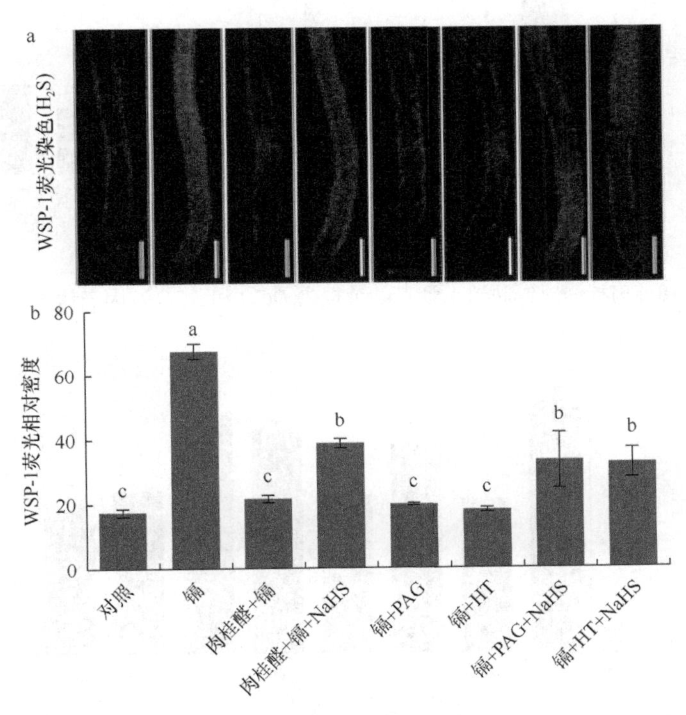

图 9-17 肉桂醛、NaHS、PAG 及 HT 对镉胁迫下烟草幼苗根尖 H_2S 含量的影响
（彩图请扫封底二维码）

为了探索镉与肉桂醛如何影响 H_2S 的产生，用实时荧光定量法测定根尖 *LCD* 和 *DCD* 的基因表达量。与对照相比，镉处理组根尖 *DCD* 的基因表达量上调了 274.61%，添加肉桂醛后 *DCD* 的基因表达量显著下降（图 9-18a）。然而，与对照和肉桂醛+镉处理组相比，镉处理使幼苗根尖 *LCD* 的基因表达量轻微下调。

（二）肉桂醛通过调节 H_2S 含量缓解烟草幼苗根系生长

肉桂醛显著增加了镉胁迫下幼苗根系长度，但当加入 NaHS 后，肉桂醛对根长的缓解作用被减弱。PAG、HT 与肉桂醛表现出相似的作用，均能缓解镉胁迫对根系生长的抑制。在镉+PAG 和镉+HT 的基础上添加 NaHS 会减弱 PAG 和 HT 对根长的缓解作用（图 9-19）。结果表明，H_2S 对镉胁迫下烟草幼苗生长表现出负面作用，而肉桂醛可以通过降低 H_2S 含量来缓解根系的生长抑制。

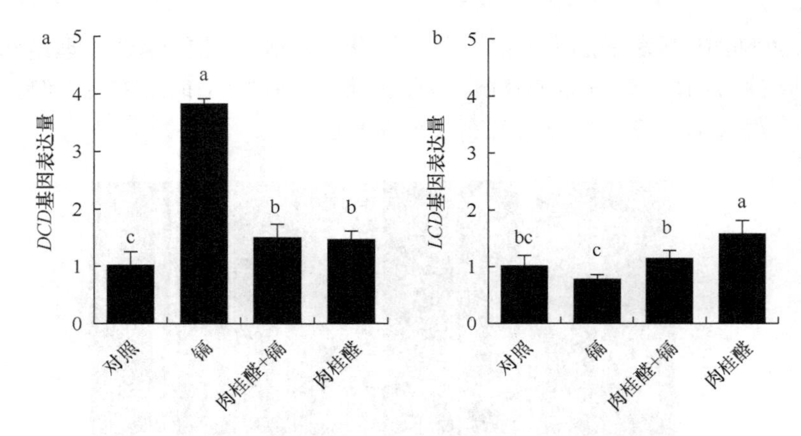

图 9-18　肉桂醛对镉胁迫下烟草幼苗根尖 *DCD* 和 *LCD* 基因表达量的影响

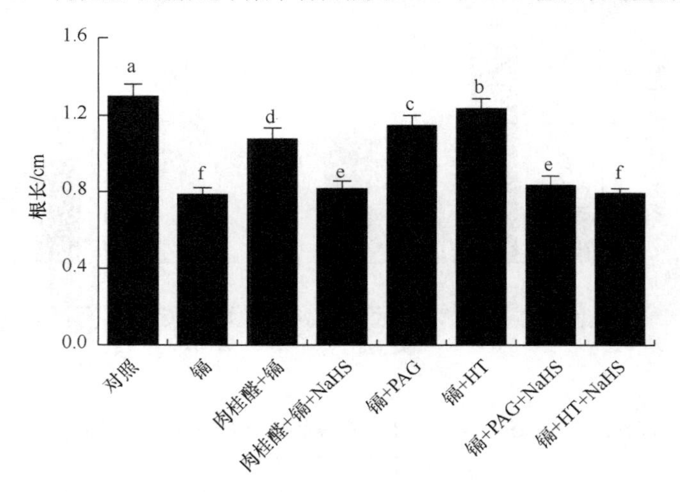

图 9-19　肉桂醛、NaHS、PAG 及 HT 对镉胁迫下烟草幼苗根长的影响

（三）肉桂醛通过调节 H_2S 含量缓解烟草幼苗根尖细胞死亡

用荧光探针 PI 检测根尖细胞死亡。与对照相比，镉处理组相对细胞死亡率显著增加，添加肉桂醛后细胞死亡率相对于镉处理组降低了 49.43%。外源添加 PAG 和 HT 也可以显著降低细胞的相对死亡率，与镉处理组相比分别下降了 65.08%和 53.38%。然而，NaHS 则会减弱肉桂醛、PAG 和 HT 对根尖细胞死亡的缓解作用（图 9-20）。结果表明，H_2S 会触发幼苗根尖细胞死亡，肉桂醛通过降低 H_2S 含量来缓解根尖细胞死亡。

四、肉桂醛与 H_2S 相互作用下生理指标聚类分析

基于获得的根长、硫化氢和细胞死亡数据，对生化指标或不同处理间进行聚

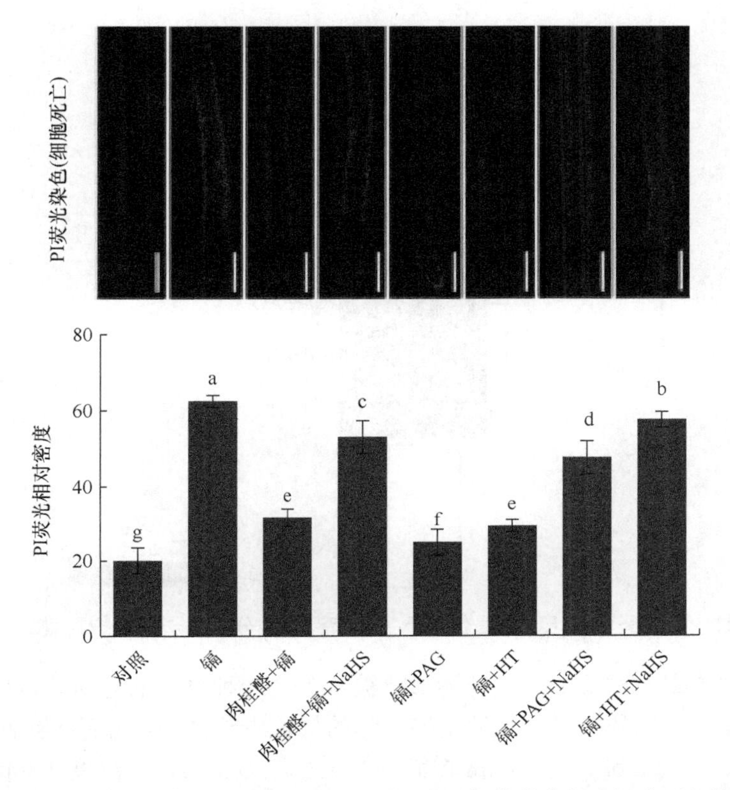

图 9-20　肉桂醛、NaHS、PAG 及 HT 对镉胁迫下烟草幼苗根尖细胞死亡的影响
（彩图请扫封底二维码）

类分析（图 9-21）。对于生化参数，H_2S 和 PI 在同一组，表明它们与不同处理间的根伸长呈现负相关。对于不同处理，肉桂醛+镉、镉+PAG 和镉+HT 在同一组，肉桂醛、PAG 和 HT 均能抑制 H_2S 含量上升，这与缓解生长抑制和细胞死亡密切相关。NaHS 与 PAG、HT、肉桂醛表现出拮抗作用，与镉处理表现出相似的作用。

五、小结

肉桂醛的药用价值已被广泛报道（Ranasinghe et al.，2013），但是肉桂醛对植物内在生理的调节机制尚未清楚。在本研究中，4 条线索可以说明肉桂醛通过减少 H_2S 含量缓解烟草幼苗的镉毒：第一，肉桂醛可以缓解由镉引起的生长抑制、氧化损伤和细胞死亡；第二，镉刺激了根尖 H_2S 的产生，而肉桂醛又将其抑制；第三，PAG 和 HT 表现出与肉桂醛相似的作用，它们可以抑制由镉引起的 H_2S 含量，与此同时幼苗根长得以恢复，根尖细胞死亡率显著降低；第四，肉桂醛、PAG、HT 对烟草幼苗体内镉毒的缓解效应伴随着 NaHS 的加入而减弱。

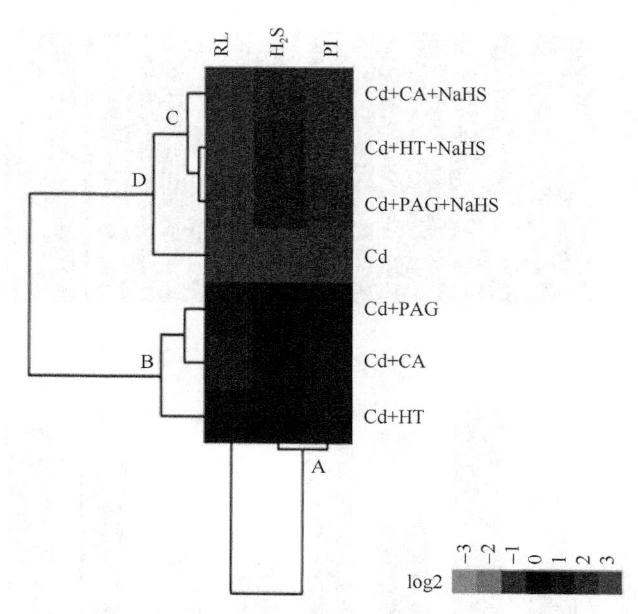

图 9-21　肉桂醛和硫化氢相互作用下生理指标聚类分析（彩图请扫封底二维码）

在植物的毒性试验中，根长测量已被认为是一种可靠的方法。本研究结果表明适当浓度的肉桂醛能显著缓解由镉引起的根长生长抑制，然而，与 20μmol/L 的肉桂醛相比，40μmol/L 的肉桂醛对镉毒的缓解能力变弱，高浓度（80μmol/L）的肉桂醛甚至丧失了对幼苗镉毒的缓解作用。也曾有报道指出了肉桂醛对植物生长表现出不利的影响（Cloyd and Cycholl，2002）。肉桂醛通过其抗氧化性来保护哺乳动物细胞免遭环境胁迫，在植物中，我们发现肉桂醛通过相同的机制来抵抗镉毒。由镉引起的毒性在很大程度上归因于 ROS 在细胞中的积累，过量 ROS 会导致氧化损伤和细胞死亡。本研究中，肉桂醛能减轻由镉引起的脂质过氧化反应和细胞膜透性，原因可能是烟草幼苗体内 ROS 积累受阻。肉桂醛具有清除 ROS 的能力，这有助于减轻由镉引起的细胞毒性。

肉桂醛降低哺乳动物细胞中 ROS 含量与信号分子的调节有关（Kang et al.，2016；Chao et al.，2008；Wang et al.，2014）。近年来，由于 H_2S 在植物生理方面表现出调节作用，引起了广泛的注意。在受镉胁迫的几种植物中发现内源 H_2S 含量升高，但是抑制 H_2S 产生的调节机制很少被关注。本研究中，镉处理导致 *DCD* 基因表达量上调和 H_2S 大量产生，而 PAG 和 HT 抑制了 H_2S 的积累，使其恢复到正常水平。结果说明内源 H_2S 介导镉胁迫下烟草幼苗的生长。我们研究发现依赖于 *DCD* 基因的 H_2S 生成将会导致幼苗根尖产生镉毒。肉桂醛显著降低了幼苗根尖 *DCD* 基因表达量和 H_2S 含量，使幼苗体内镉毒得以缓解。此外，我们发现增加内源 H_2S 含量将会触发根尖细胞死亡，而肉桂醛可以将其抑制。

根尖分生区对根伸长是至关重要的，其活性受复杂的网络信号调节，包括ROS、脱落酸（ABA）、生长素（IAA）、细胞分裂素（CTK）等。在拟南芥中，镉通过抑制 NO 介导的生长素信号分子来影响根尖分生区组织生长（Yuan and Huang，2015）。ROS 在细胞增殖和分化过程中起重要作用，我们发现肉桂醛能够抑制 ROS 在根尖积累，有趣的是，肉桂醛也能够调节哺乳动物细胞的增殖与分化。因此，需要进一步研究来探索肉桂醛对 ROS 的抑制作用是否能够调节镉胁迫下烟草幼苗根尖分生组织的活性。

本研究结果表明，肉桂醛可以赋予植物抵抗镉的能力。肉桂醛通过减轻由镉引起的氧化损伤与细胞死亡，显著缓解了烟草幼苗的根系生长。一般来说，在哺乳动物细胞中，植物源化合物通过增强其抗氧化性清除过量 ROS，从而抵抗胁迫引起的氧化损伤。而我们研究发现，在镉胁迫下的烟草幼苗中，肉桂醛通过调节内源 H_2S 来抑制 ROS 积累。肉桂醛协助植物适应镉胁迫的具体机制仍然难以捉摸，但是本研究为肉桂醛参与植物抗性调节提供了参考依据。在受重金属污染的环境中，肉桂醛在应用于协助植物生长方面有很大的潜力。

第十章　复合盐碱处理对烤烟品种发芽特性的影响

土壤的盐渍化问题一直威胁着人类赖以生存的有限土壤资源。当前，据联合国教育、科学及文化组织（UNESCO）和联合国粮食及农业组织（FAO）不完全统计，全球盐渍土面积已达 $9.5\times10^8hm^2$，我国盐渍化土壤面积约 3693.3 万 hm^2（刘凤岐等，2015），残余盐渍化土壤约 4486.7 万 hm^2，潜在盐渍化土壤为 1733.3 万 hm^2，各类盐碱地面积总计 9913.3 万 hm^2，且随着化肥用量增加、不合理的灌溉，土壤发生次生盐渍化也愈来愈重（杜新民等，2007）。盐碱地（土）是盐化土、碱化土和盐碱土的总称。在土壤分类学上，不同的国家和国际组织对盐碱土的划分采用不同的分类系统。现在，通常用土壤溶液电导率和可交换性钠吸收比率作为划分土壤盐碱化程度的标准（张士功等，2000），具体量化指标见表 10-1。

表 10-1　盐碱土分类的量化指标

土壤类型	盐化土	碱化土	盐碱土	非盐碱土
可交换性钠吸收比率	<15	>15	>15	<15
土壤溶液电导率/（ms/m）	>4	<4	>4	<4
pH	<8.5	>8.5	>8.5	<8.5

盐碱地上盐度是影响植物生存、生长和繁殖的重要环境因子（Uddin et al.，2009）。土壤中盐分过多，土壤溶液浓度和渗透压增大，孔隙度降低，土壤酶活性受到抑制，微生物活动和有机质转化受到影响，养分利用率低，土壤肥力下降（余海英等，2005）。不仅抑制种子发芽（阮松林和薛庆中，2002）、出苗（洪森荣和尹明华，2013），还会影响作物的营养平衡和细胞的正常生理功能。目前，关于烟草耐盐性的研究主要集中在耐盐基因的筛选（张会慧等，2013）及单盐条件下烟草的反应机制（胡庆辉，2012），缺少多个品种在混合盐胁迫下的应答及品种间耐盐性的评价。而种子萌发和幼苗生长是植物生长最敏感的阶段（颜宏等，2008），相关研究学者认为种子发芽率、发芽指数、活力指数等指标可以反映种子萌发期耐盐性的强弱，此阶段的耐盐能力在一定程度上反映了植物整体的耐盐性（李士磊等，2012）。因此，种子萌发期和苗期鉴定耐盐性结果准确、省时省力，是进行植物耐盐性早期鉴定及进行耐盐个体与品种早期选择的基础。

第一节　复合盐处理下不同烤烟品种发芽特性及耐盐性评价

2011 年，笔者对河南省 12 个地市植烟土壤的调查显示土壤盐分离子表聚现象严重，部分土壤出现轻度盐渍化，极个别地区的土壤属于中度盐渍化（叶协锋，2011）。土壤中的致害盐类以中性盐 NaCl 为主，盐分中 Na^+和 Cl^-对植物的危害较重（Guo et al.，2012）。赵莉（2009）对湖南烟区植烟土壤的分析也表明盐分离子主要包括 NO_3^-、K^+、Ca^{2+}、Cl^-、SO_4^{2-}等，可通过施肥灌溉对 NO_3^-、K^+、Ca^{2+}进行调控，但对 SO_4^{2-}效果不明显。考虑到目前我国烟草主要无机肥料有专用复合肥、硝酸钾、硫酸钾等，其中钾肥以硫酸钾为主（朱贵明等，2002），所以多数植烟土壤中均应有大量 SO_4^{2-}残留，并逐渐形成氯化物——硫酸根型盐渍土壤。

为研究不同浓度的复合盐处理对不同品种烤烟种子发芽特性的影响，为烟草品种耐盐性评价和盐渍环境下种植烟草提供一定的理论依据，以全国烟区种植面积较广的云烟 87、K326、红花大金元、云烟 97 和中烟 100 为研究对象（中烟 100 由中国农业科学院烟草研究所提供，其他品种由玉溪中烟种子有限责任公司提供）。实验于中国烟草总公司职工进修学院人工气候室中进行，白天温度为 25℃，夜间温度为 18℃，光照为 150μmol/（m^2·s），光照时长为 13h/天，相对湿度 70%。选取均匀一致饱满的烟草种子，0.2% $CuSO_4$ 溶液消毒 15min 后用去离子水冲洗 3 次，放在铺有脱脂棉及滤纸的消毒培养皿中，脱脂棉及滤纸采用 0、0.2%、0.4%、0.6%、0.8%、1.0%六个浓度的混合盐溶液浸透，其中混合盐溶液 n（NaCl）∶n（Na_2SO_4）=1∶1，每个处理 3 次重复，每个重复 100 粒种子。

每天下午 3 点统计种子发芽粒数（种子发芽以胚根超过种子长度的 1/2 为标准，从置床后第 4 天开始计数，第 14 天计数结束），试验中霉烂的种子用 95%乙醇消毒后放回原处继续观察，严重霉烂的种子将其挑出，避免感染其他种子，并将其记录为未发芽种子。记录发芽势、发芽率，测定发芽率的同时测定苗长，每个处理随机选取 10 株苗，用直尺测定每株幼苗平均长（mm）；5 天之后测定苗的鲜干重，采用万分位天平以其总质量除以种子数，得到每个处理的平均鲜干重（mg）；并计算盐害指数、发芽指数及活力指数（张国伟等，2011），具体公式如下：

发芽率（%）=置床后第 14 天正常发芽种子数/供试种子数×100

发芽势（%）=置床后第 7 天正常发芽种子数/供试种子数×100

盐害指数（%）=（对照发芽率–处理发芽率）/对照发芽率×100

$$GI=\Sigma（n/d）$$

式中，GI 为发芽指数；d 为置床起天数；n 为对应天数时种子发芽粒数。GI 越大，发芽速度越快，活力越高。

$$VI=GI\times S$$

式中，VI 为活力指数；S 为幼苗平均长（mm）。

一、复合盐处理对不同品种发芽情况的影响

图 10-1 描述了计数期内云烟 87 的发芽情况，整体来看，云烟 87 受盐分处理影响不大。尽管盐分浓度不断增大，但各处理的发芽率始终保持在 90%以上。盐处理明显抑制了其前期的发芽数目，延长了其发芽时间。发芽后第 3 天对照的发芽数目平均高达 99，而随盐浓度的增大，完全发芽所用的天数逐渐增多。

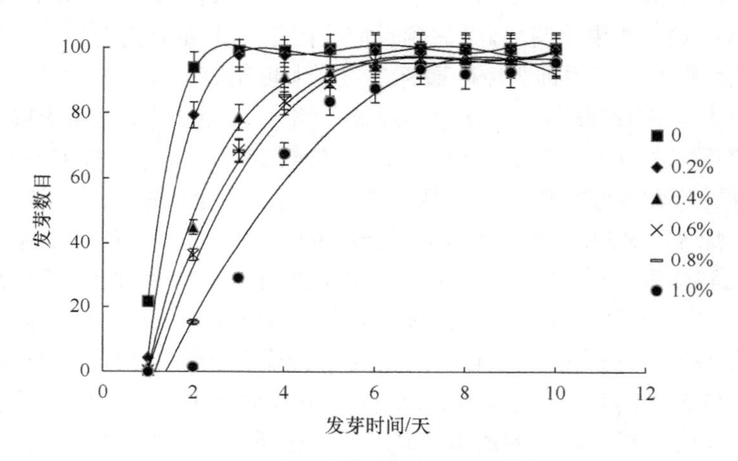

图 10-1　复合盐处理下云烟 87 的发芽情况

复合盐处理下 K326 的发芽情况变化如图 10-2 所示，其对复合盐处理较为敏感。对照发芽势头迅猛，计数第 1 天发芽数平均就达到 96；0.2%处理的发芽率与

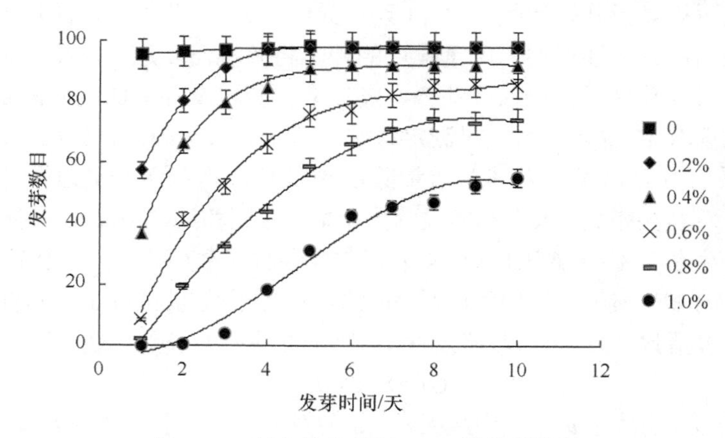

图 10-2　复合盐处理下 K326 的发芽情况

对照相差较小，但计数前两天的发芽数目明显低于对照；0.4%的复合盐处理在整个计数期内对K326的发芽数目均有抑制作用；0.6%、0.8%和1.0%的中高盐处理与0.4%处理的发芽趋势相似，且每天的发芽数随盐浓度的增大而减少，1.0%处理的发芽率较对照降低了43.33%，即不同浓度的盐处理均对K326的发芽产生了抑制作用，且高盐处理抑制效果更强烈。

图10-3是计数期间红花大金元的发芽情况，可以看到盐处理抑制了其发芽势头，0.2%处理计数前两天的发芽数目落后于对照，0.4%、0.6%和0.8%的发芽趋势相差不大，前期较明显低于0.2%处理，但最终均达到了与对照相近的发芽率。1.0%的高盐处理对红花大金元的发芽产生了明显的抑制效果，不仅延长了种子发芽时间，还抑制了其发芽率，但仍达到了82.00%的发芽率。整体来看，中低浓度处理对红花大金元影响较小，高浓度复合盐处理才对其有较为明显的抑制作用。

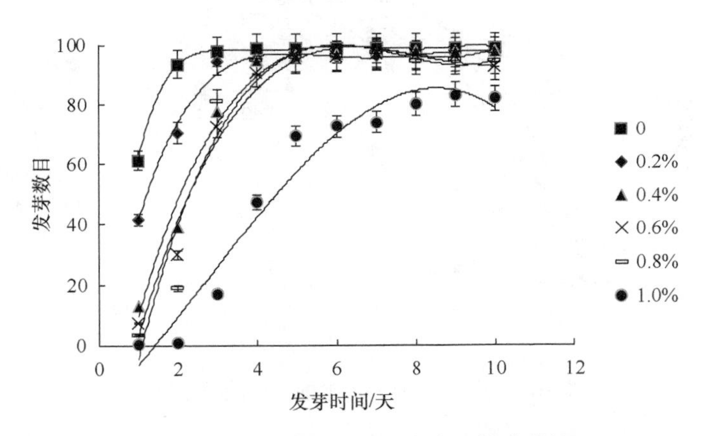

图10-3　复合盐处理下红花大金元的发芽情况

复合盐处理下云烟97的发芽情况如图10-4所示，低盐浓度处理（0.2%、0.4%）未对云烟97的发芽造成明显影响；0.6%的盐处理在一定程度上抑制了云烟97计数期内第2天、第3天的发芽数目，但对其发芽率没有影响；0.8%和1.0%的高盐处理结果相似，表现出一定胁迫作用，抑制了云烟97的发芽，1.0%的盐处理导致部分种子在出苗后死亡，发芽率为75.00%。

图10-5为发芽期间中烟100的发芽情况，各个处理的前期发芽均较为缓慢，但发芽率表现良好。0.2%的盐处理较对照差异不大；0.4%和0.6%的盐处理对中烟100影响较小，发芽率与对照相当；0.8%的盐处理延长了中烟100的发芽时间，但对发芽率无明显影响，达到88.67%；1.0%的高盐处理不仅抑制了中烟100的发芽率和发芽势头，还在计数末期造成萌发后种子的死亡。

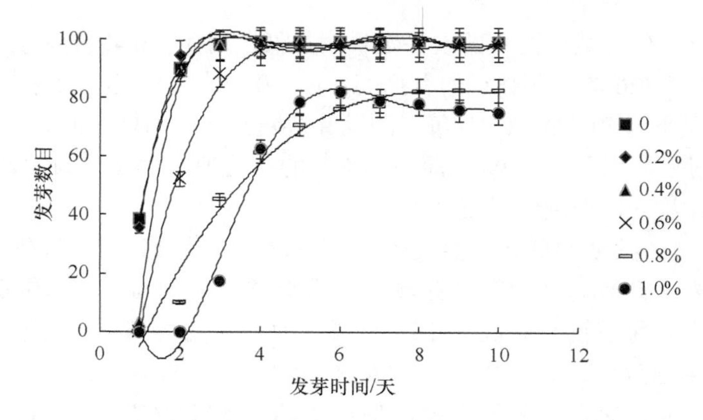

图 10-4　复合盐处理下云烟 97 的发芽情况

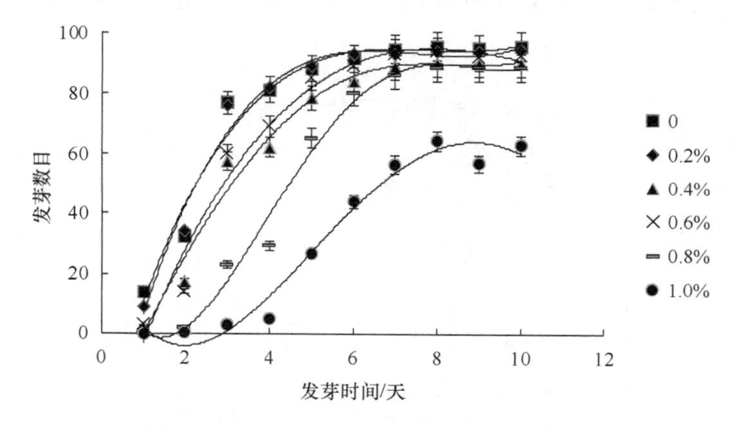

图 10-5　复合盐处理下中烟 100 的发芽情况

整体而言，复合盐处理对各个烟草品种的发芽率影响相对较小，各个品种间表现出差异性。云烟 87 的发芽率在复合盐处理下与对照无明显差异；红花大金元、云烟 97 和中烟 100 的发芽率在高盐处理下才表现出一定的胁迫作用，中低盐处理对其没有明显影响；K326 对复合盐溶液较为敏感，其发芽率在 0.4%时下降明显且之后随盐浓度增大明显降低。

二、复合盐处理对不同品种盐害率、发芽势及发芽指数的影响

（一）复合盐处理对不同品种盐害率的影响

以盐害率为参考（表 10-2），云烟 87 和红花大金元未受到盐分处理的影响，但高盐浓度下红花大金元的盐害率相对较高；K326 对盐分处理耐受性较差，尤其在高盐浓度（1.0%）下盐害率高达 44.06%；云烟 97 和中烟 100 在高盐处理下的盐害率相当，两者在较高盐浓度下才开始受到抑制，不同的是中烟 100 的盐害

率在 0.8%的盐浓度下较对照差异较小，1.0%的盐分浓度处理对其胁迫作用才开始显现。低浓度盐分处理下，各品种的发芽情况良好，根据高盐处理下供试品种的盐害率来判断，耐盐性强弱顺序为云烟 87>红花大金元>云烟 97>中烟 100>K326。

表 10-2　复合盐处理对不同品种盐害率、发芽势及发芽指数的影响

品种	浓度处理/%	盐害率/%	发芽势/%	发芽指数
云烟 87	0		99.00aA	99.71aA
	0.2	0.67aA	97.67aA	93.09aA
	0.4	3.35aA	78.67bAB	81.19bB
	0.6	1.68 aA	68.67bB	77.37bB
	0.8	3.68aA	68.33bB	73.24bB
	1.0	4.12aA	29.00cC	59.87cC
K326	0		97.00aA	113.83aA
	0.2	0.34cC	91.33aA	102.29abAB
	0.4	6.10cBC	80.00aAB	89.53bBC
	0.6	13.22bcBC	52.00bBC	67.62cCD
	0.8	24.75bAB	32.00bCD	50.19dD
	1.0	44.06aA	4.00cD	26.65eE
红花大金元	0		97.67aA	107.00aA
	0.2	1.68aA	94.67aA	97.03abAB
	0.4	1.35aA	78.00abA	84.02bcABC
	0.6	11.11aA	70.33abA	77.72cdBC
	0.8	19.87aA	61.33bA	65.78deCD
	1.0	17.17aA	17.00cB	49.30eD
云烟 97	0		98.00aA	99.71aA
	0.2	0.33bB	97.67aA	93.09aA
	0.4	-0.34bB	98.33aA	81.19bB
	0.6	1.67bB	88.00bA	77.37bB
	0.8	16.78abAB	53.67cB	73.24bB
	1.0	33.89aA	17.50 dC	59.87cC
中烟 100	0		77.00aA	78.99aA
	0.2	1.05bB	76.00aA	78.11aA
	0.4	3.14bB	57.67bB	65.54bA
	0.6	5.58bB	60.00bAB	68.52abA
	0.8	7.32bB	23.00cC	50.91cB
	1.0	34.15aA	3.00dD	27.90dC

注：同列数据后标有不同小写字母表示组间差异达到显著水平（$P<0.05$），大写字母表示组间差异达到极显著水平（$P<0.01$），下同

（二）复合盐处理对不同品种发芽势及发芽指数的影响

复合盐处理对不同烟草品种的发芽情况均有影响，主要表现在发芽势和发芽指数上。由表 10-2 可见，复合盐处理对所有供试品种的发芽势均产生了一定的抑制效果，红花大金元和云烟 97 的发芽势在高盐处理时显著下降，K326 的发芽势在 0.6%时较对照呈现显著差异，而云烟 87 和中烟 100 的发芽势在 0.4%时较对照就呈现显著差异，随盐浓度增大逐渐减小。高盐处理 0.8%增大至 1.0%时，各品种发芽势急剧降低，K326 和中烟 100 的降低幅度甚至达到 87.50%和 86.96%。

云烟 87、K326、云烟 97 和中烟 100 的发芽指数在 0.4%浓度时显著下降，但云烟 87 和云烟 97 的发芽指数始终维持在相对较高水平，中烟 100 的发芽指数较其他品种较低。红花大金元的发芽指数随盐浓度增大而下降，K326 的发芽指数在高盐处理间存在极显著差异。即复合盐处理对所有烟草品种的种子活力均有较大影响，特别是高浓度复合盐处理抑制烟草种子发芽。从发芽势和发芽指数来看，云烟 87 表现最好，红花大金元和云烟 97 次之，K326、中烟 100 相对较弱。

三、复合盐处理对不同品种活力指数及单粒鲜干重的影响

从表 10-3 可以看到，云烟 87、K326 和红花大金元的活力指数均随盐浓度的增加而下降，但不同品种间有所差异。云烟 87 的活力指数在各浓度处理间差异几乎达到显著水平，但在高浓度复合盐处理下仍维持较高的活力指数；K326 的活力指数随盐浓度增加显著下降，低盐处理下表现良好，高盐处理下受到明显抑制；红花大金元整体表现良好，但 1.0%的复合盐处理对其抑制作用较明显；而云烟 97

表 10-3 复合盐处理对不同品种活力指数及鲜干重的影响

品种	浓度处理/%	活力指数	鲜重/（mg/株）	干重/（mg/株）
云烟 87	0	245.29aA	0.70aA	0.11abA
	0.2	228.06bA	0.67abA	0.12aA
	0.4	196.48cB	0.62abcAB	0.08cdAB
	0.6	163.25dC	0.49bcdAB	0.08cdAB
	0.8	126.70eD	0.46cdAB	0.08bcAB
	1.0	113.39eD	0.35dB	0.05dB
K326	0	819.56aA	0.79aA	0.10abA
	0.2	228.11bB	0.78abA	0.14aA
	0.4	176.38cC	0.77abA	0.11abA
	0.6	121.71dD	0.65abcAB	0.09abA
	0.8	85.82eD	0.53bcAB	0.07bA
	1.0	41.83fE	0.40cB	0.07bA

续表

品种	浓度处理/%	活力指数	鲜重/（mg/株）	干重/（mg/株）
红花大金元	0	567.10aA	1.15aA	0.12aA
	0.2	229.00bB	0.79bAB	0.12aA
	0.4	149.56cC	0.71bcB	0.10abcAB
	0.6	118.13dCD	0.62bcB	0.07cB
	0.8	105.24deCD	0.58bcB	0.10abAB
	1.0	77.90eD	0.44cB	0.08bcB
云烟 97	0	253.37bB	0.77abAB	0.15aA
	0.2	318.70aA	0.84aA	0.10bAB
	0.4	277.86bB	0.74abAB	0.11abAB
	0.6	151.01cC	0.60bcB	0.09bB
	0.8	95.79dD	0.57cB	0.08bB
	1.0	60.38eD	0.31dC	0.08bB
中烟 100	0	316.75bB	0.94aA	0.14aA
	0.2	363.21aA	1.00aA	0.13abA
	0.4	144.85cCD	0.66bB	0.11bcAB
	0.6	156.90cC	0.68bB	0.10bcABC
	0.8	111.99dD	0.50bB	0.07cdBC
	1.0	49.10eE	0.24cC	0.06dC

和中烟 100 的活力指数在低浓度处理（0.2%）下较对照有极显著增长，即低浓度复合盐处理提高了云烟 97 和中烟 100 的种子活力。

分析表 10-3 的各品种单粒鲜干重可知，复合盐分处理严重抑制了各个品种的物质积累。云烟 97 和中烟 100 的鲜重在低浓度（0.2%）盐处理下较对照有所增长，但均未达到显著水平，其他品种的鲜重均随盐浓度增大而降低。低浓度盐处理在一定程度上提高了云烟 87 和 K326 的干重，但对其他品种的干物质积累表现出抑制作用，云烟 87 的干重在 0.4%的盐处理下较对照表现出显著差异，0.2%的盐处理则造成云烟 97 的干重显著下降。

四、小结

对于大多数植物，无盐条件下种子的发芽最好（Khan et al.，2000），低浓度盐分延缓种子的萌发（Hardegree and Emmerich，1990），高浓度盐分抑制种子的萌发（颜宏等，2008）。但由于胁迫强度和植物种类的不同，盐分对植物种子萌发的影响存在差异（Croser et al.，2001），对于一些盐生植物，低浓度的盐分则刺激种子的萌发（李海燕等，2004）。本试验中低浓度的复合盐处理提高了部分烤烟品种（云烟 97、中烟 100）的种子活力，促进了部分烤烟品种（云烟 87、K326）的干物质积累，而高浓度的复合盐溶液对供试品种的萌发均有强烈的抑制作用。

一般认为，盐分对种子萌发期的影响主要是限制种子的生理吸水，造成渗透胁迫（Welbaum，1993）或者是离子胁迫（Alfocea et al.，1993），从而对植物的种子产生盐害，但种子吸胀过程中受到盐的伤害不是盐胁迫影响种子萌发的唯一原因，也有学者猜测是盐胁迫引起α-淀粉酶活性降低，导致种子萌发受阻（杨秀玲等，2004）。相关学者认为在种子吸胀初期，膜系统处于不连续状态，盐胁迫造成膜修复困难，甚至加剧了膜结构的破坏（申玉香等，2009）。有学者对烤烟 NC89 施加 350mmol/L 的 NaCl 处理，对其叶肉细胞的超显微结构进行观察，发现随胁迫时间的延长，烤烟叶肉细胞叶绿体受损严重，类囊体内膜系统降解彻底，线粒体内膜系统在处理 8 天后完全降解（王程栋等，2012）。

不同品种间发芽的差异可能与种子的休眠性有关，种子休眠程度因种质不同而不同（孙群等，2007）。即使来源于同一品种，不同植株的烤烟种子抗逆性除了与自身物种遗传特性有关之外，也还与种子自身生物学特性（种子的大小、成熟度、休眠状态等）和母本植株的生存环境密切相关（颜宏等，2008）。低盐（0.2%、0.4%）处理下，云烟 87、红花大金元和云烟 97 表现良好，K326 次之，中烟 100 较弱；0.6%浓度的盐分处理下，云烟 87 表现最佳，云烟 97 相对较好，红花大金元次之，中烟 100、K326 较弱；高盐处理（0.8%、1.0%）下，云烟 87 最好，红花大金元次之，云烟 97 和中烟 100 差异不大，K326 表现不佳。但同一品种在发芽期和幼苗期的耐盐性存在一定差异，这可能与盐胁迫响应基因的时空表达调控有关（韩朝红和孙谷畴，1998），还需要进一步对大田生长期的耐盐性展开试验。

第二节　复合盐碱处理下烤烟品种发芽特性及耐盐性评价

由于盐碱土分布地区生物气候等环境因素的差异，大致可将中国盐碱土分为西北内陆盐碱区、黄河中游半干旱盐碱区、黄淮海平原干旱半干旱洼地盐碱区、东北半湿润半干旱低洼盐碱区及沿海半湿润盐碱区等五大块。盐化土资源作为一种土壤资源，是盐碱地资源的核心部分，但在内陆盐碱地中，由 $NaHCO_3$ 等碱性盐所造成的土壤碱化问题比由 NaCl 和 Na_2SO_4 等中性盐所造成的土壤盐化问题更为严重（蔺吉祥等，2014）。

为探究不同烤烟品种在不同浓度盐碱处理下的发芽特性，对各品种发芽期耐盐特性进行鉴定和评价，以全国烟区种植面积较广的云烟 87、K326、红花大金元、云烟 97 和中烟 100 为研究对象，用 n（NaCl）∶n（Na_2SO_4）∶n（$NaHCO_3$）= 1∶1∶1 的复合盐碱溶液模拟盐碱环境。本次试验所用种子及培养环境、测定方法均与本章第一节保持一致。

一、复合盐碱处理对不同品种发芽情况的影响

图 10-6 为计数期内云烟 87 的发芽情况变化。0.2%、0.4%盐碱处理的种子发芽情况较对照差异较小；0.6%处理在计数 5 天后发芽完全，发芽数目最高时达到 95，但是出苗完全之后开始出现变黄甚至枯死腐烂的种子，导致发芽率下降；0.8%处理的最高发芽数较对照没有显著差别，但相比 0.6%处理，其发芽势头受到了抑制，且出苗之后腐烂情况更严重；1.0%处理的发芽规律与 0.8%处理相似，但受抑制更加明显。从图 10-6 可知，高盐碱浓度不仅降低了云烟 87 的发芽率，且对发芽后的幼苗有强烈抑制作用。

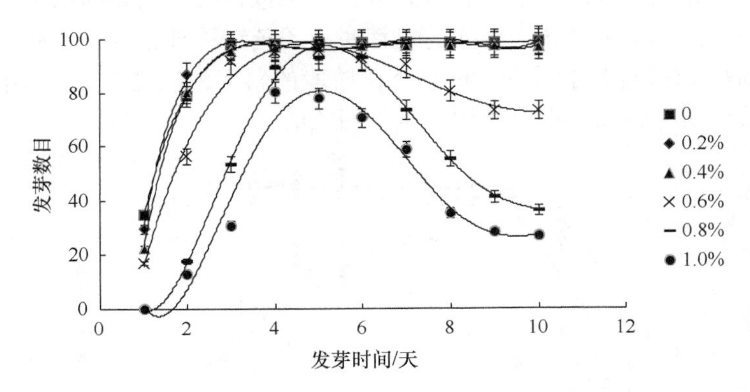

图 10-6　复合盐碱处理下云烟 87 的发芽情况

复合盐碱处理下 K326 的发芽情况变化如图 10-7 所示，其发芽趋势与云烟 87 相似，但整体的前期发芽数目均高于云烟 87。低盐碱处理（0.2%、0.4%）与对照无明显差异，发芽情况良好；0.6%处理前期出苗正常且发芽迅速，计数第 4 天的

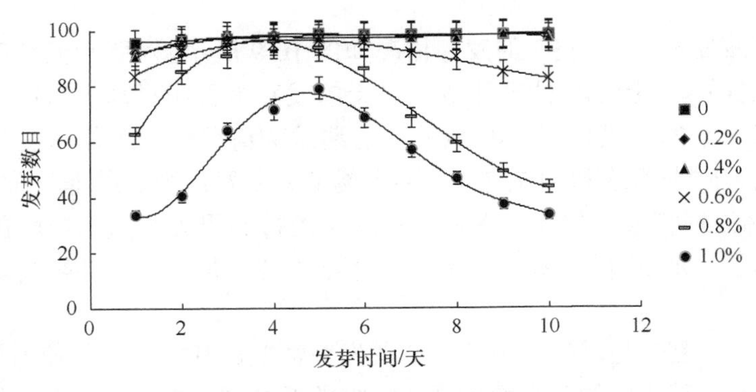

图 10-7　复合盐碱处理下 K326 的发芽情况

发芽数就高达 97，但在后期逐渐出现因盐碱胁迫死亡的种子；0.8%处理的 K326 种子前期出苗缓慢，但仍达到了较高的发芽率，盐碱处理并未对其最高发芽数目造成影响，但高盐碱极大地抑制了幼苗的正常生长，随计数时间的推延，大量萌发后的种子死亡；1.0%的高盐碱处理不仅抑制了 K326 发芽，还延长了其发芽时间，后期与 0.8%处理相似，出现大量萌发后死亡的种子，表现出强烈的胁迫表症。

图 10-8 为计数期内红花大金元的发芽情况，可以看出 0.2%、0.4%的盐碱浓度处理长势相近，发芽情况与对照差别不明显，0.4%处理的起始发芽数目显著高于对照，即 0.4%的盐碱处理在一定程度上缩短了发芽时间；0.6%、0.8%及 1.0%的中高盐碱处理对种子产生了明显的抑制作用，随着盐碱浓度的增大，以上 3 个处理的最大发芽数目依次减小，且达到最大发芽数目的时间逐渐增加，说明中高浓度的盐碱不仅抑制了红花大金元的发芽率，还延缓了种子的发芽时间。此外，0.6%、0.8%及 1.0%处理的发芽曲线在下降阶段的斜率依次增大，说明中高浓度盐碱对萌发后红花大金元的抑制作用是呈正相关的。

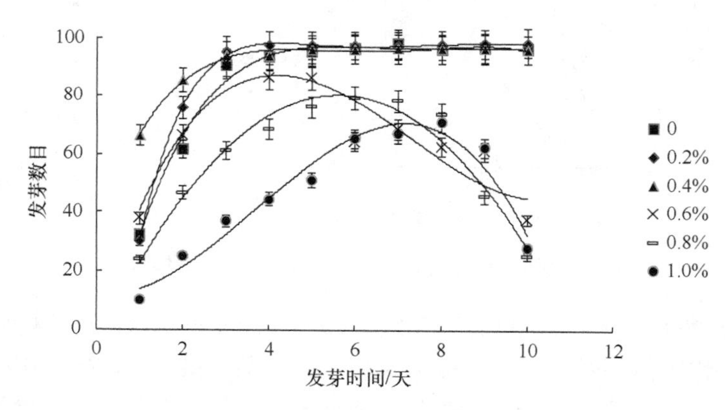

图 10-8　复合盐碱处理下红花大金元的发芽情况

复合盐碱处理下云烟 97 的发芽情况如图 10-9 所示，对照和低浓度处理前期发芽均表现良好，且 0.4%处理计数前 3 天的发芽数目明显高于对照，体现出低盐浓度对其发芽的促进作用；0.6%处理前期发芽情况略低于低浓度处理，但发芽数目在最大时平均达到 91 左右，后期出现部分萌发后死亡的非正常种子；0.8%处理与 0.6%处理相似，但盐碱对萌发后种子的抑制更为强烈；1.0%的高盐碱处理严重抑制了云烟 97 的发芽，且造成发芽不整齐，每日的发芽数目均明显低于其他处理。

图 10-10 为复合盐碱处理中烟 100 的发芽情况，其发芽过程较为平缓，但每日发芽数目随盐碱浓度的升高而下降。0.2%的低盐碱处理对中烟 100 的发芽率没有明显影响，但延缓了发芽时间；0.4%、0.6%处理前期与 0.2%处理相似，0.4%

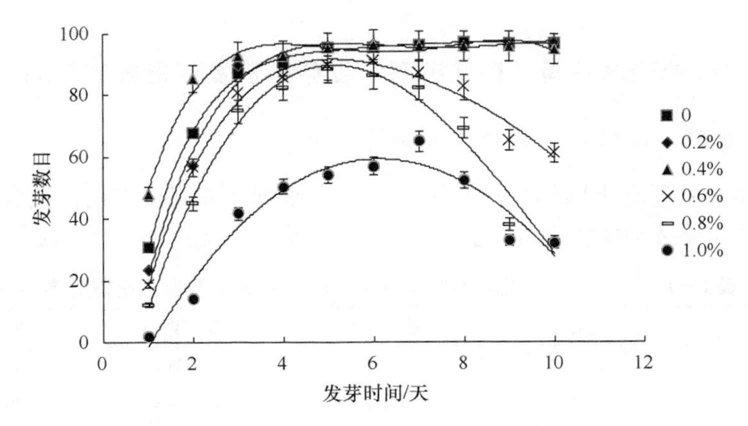

图 10-9　复合盐碱处理下云烟 97 的发芽情况

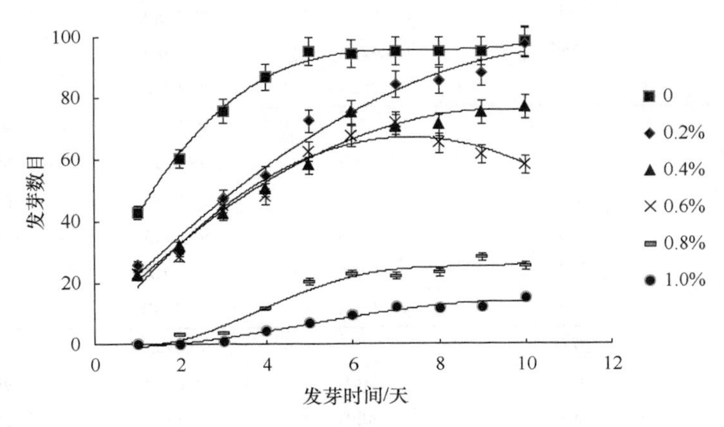

图 10-10　复合盐碱处理下中烟 100 的发芽情况

处理的发芽率较对照降低了 21.67%，但对萌发之后的种子毒害作用不明显，而 0.6%处理在计数后期有大量萌发后的种子死亡，发芽率仅有 58.33%；0.8%和 1.0%处理对中烟 100 的抑制作用非常明显，后期虽没有出现种子腐烂的情况，但一直保持在较低的发芽水平上，并且抑制作用随浓度增大而增大。

整体而言，复合盐碱处理对各个烟草品种发芽率的影响比单独复合盐分处理相对要大，各个品种间表现出差异性。除了中烟 100 的发芽率在 0.4%的盐碱处理下表现出显著下降外，其他品种在 0.2%和 0.4%的低浓度盐碱处理与对照没有显著差异；在 0.6%盐碱处理下所有品种完全发芽之后均有部分幼苗死亡，且造成发芽率显著低于对照；而 0.8%和 1.0%的高浓度处理不仅造成最高发芽数目的下降，还对所有品种的发芽速度及发芽率均有显著抑制效果，其中以中烟 100 的抑制效果最为明显。

二、复合盐碱处理对不同品种盐害率、发芽势及发芽指数的影响

（一）复合盐碱处理对不同品种盐害率的影响

复合盐碱处理对不同品种的发芽均有一定影响，并明显表现在盐害率上。由表 10-4 可知，各品种盐害率表现为随复合盐碱浓度增大而增大的趋势，低浓度盐

表 10-4　复合盐碱处理对不同品种盐害率、发芽势及发芽指数的影响

品种	浓度处理/%	盐害率/%	发芽势/%	发芽指数
云烟 87	0		98.00aA	99.10aA
	0.2	0.67cC	97.33aA	99.00aA
	0.4	2.01cC	95.67aA	95.71aA
	0.6	26.51bB	92.00aA	83.58bB
	0.8	63.42aA	53.33aA	58.53cC
	1.0	73.15aA	30.67bB	44.57dD
K326	0		97.00aA	92.65abA
	0.2	–0.34bB	98.33aA	89.97abA
	0.4	1.01bB	98.00aA	99.85aA
	0.6	15.93bB	95.00aA	78.68bBC
	0.8	55.59aA	91.00aA	67.83cC
	1.0	65.76aA	64.00bB	41.71dD
红花大金元	0		90.67aA	93.04abAB
	0.2	–2.43bB	95.67aA	96.83abA
	0.4	0.00bB	94.33aA	104.27aA
	0.6	60.90aA	91.67aA	77.43bcAB
	0.8	73.70aA	61.33bB	64.88cdBC
	1.0	70.93aA	37.00cC	48.23dC
云烟 97	0		87.00abAB	79.45aA
	0.2	–0.34cC	89.67abA	78.44aA
	0.4	2.06cC	92.67aA	72.99aA
	0.6	36.77bB	80.67bcAB	62.96bB
	0.8	66.32aA	74.67cB	55.69cB
	1.0	67.01aA	41.67dC	40.83dC
中烟 100	0		75.67aA	91.32aA
	0.2	0.68eD	47.67bAB	68.03bB
	0.4	21.96dC	18.67bcBC	59.82cBC
	0.6	40.88cB	26.67cBC	56.35cC
	0.8	74.33bA	3.67cC	15.03dD
	1.0	84.80aA	1.00cC	6.56eD

碱处理时各品种盐害率较小，仅中烟 100 在 0.4%的复合盐碱处理时盐害率差异极显著，且各浓度盐碱处理均造成中烟 100 的盐害率差异显著。K326、红花大金元和云烟 97 的相对盐害率在 0.2%的低盐碱处理下较对照有所减小，但尚未达到显著水平。其中 K326 表现出较好的耐盐碱性，0.6%复合盐碱处理下的盐害率低于其他品种，仅为 15.93%，而中烟 100 的耐盐碱性较差，各浓度盐碱处理均造成中烟 100 的盐害率差异显著，盐浓度为 1.0%时其相对盐害率达到了 84.80%。整体而言，低于 0.4%的盐碱浓度对种子盐害率影响不大，高盐碱胁迫下造成的盐害率较高，K326 的耐受性较好，云烟 97 次之，中烟 100 受盐碱胁迫影响较大。

（二）复合盐碱处理对不同品种发芽势及发芽指数的影响

在不同浓度的复合盐碱处理下，云烟 87 和中烟 100 的发芽势与对照相比均降低，发芽势和发芽指数均随复合盐碱浓度的升高呈下降趋势，中烟 100 的降幅尤为明显。红花大金元的发芽势在高浓度（0.8%）时，处理间才表现出显著差异。在低浓度盐碱处理下，红花大金元、K326 和云烟 97 的发芽势较对照略有升高，且云烟 97 的发芽势升高趋势较为明显。

红花大金元和 K326 的发芽指数在 0.4%盐碱处理下较对照有所增大，0.6%之后随盐碱浓度增大逐渐降低，其他品种的发芽指数均随盐碱浓度增大而下降。对比各个品种的发芽指数，云烟 87、K326 和红花大金元表现良好且基本一致；低盐碱处理下云烟 97 的发芽指数仅略高于中烟 100，但其在中高浓度处理中下降幅度较小；中烟 100 对盐碱处理较为敏感，其发芽指数在 0.2%的低盐碱处理下极显著下降，且在中高盐碱处理下发芽指数较低。

三、复合盐碱处理对不同品种活力指数及单粒鲜干重的影响

从表 10-5 可以看到，各品种种子的活力指数均随盐碱浓度的增加而下降（云烟 87 在 0.4%浓度处理后较 0.2%浓度处理略有增加），但是不同品种间有所差异。云烟 97 种子活力指数变化较为平稳，而云烟 87、K326、红花大金元及中烟 100 的种子活力指数在 0.2%盐碱处理下下降趋势极显著，说明低浓度盐碱对种子的活力指数也有抑制作用。此外，不同品种对高盐碱的耐受力也不尽相同。所有品种的活力指数在高盐碱处理下均随浓度增大而下降，K326 的活力指数随盐碱浓度增大呈阶梯状减少，且每个处理间存在极显著差异，即 K326 易受盐碱的影响，但是在同浓度情况下，其整体表现良好，仍然优于其他品种。当盐碱浓度达到 0.8%时，所有供试品种种子的活力指数均急速下降，高浓度盐碱的抑制作用凸显。

比较表 10-5 中各品种单粒鲜干重可知，盐碱处理严重抑制了各个品种的干物质积累。除了中烟 100 的单粒鲜干重在 0.2%的低浓度盐碱处理下较对照有所增长，其他品种的干物质积累情况均随盐碱浓度的增大而降低。

表 10-5 复合盐碱作用对不同品种活力指数及鲜干重的影响

品种	浓度处理/%	活力指数	鲜重/（mg/株）	干重/（mg/株）
云烟 87	0	609.45aA	0.77aA	0.18aA
	0.2	254.44cB	0.54bA	0.13abAB
	0.4	264.17bB	0.55bA	0.11abcAB
	0.6	158.80dC	0.26cB	0.06bcAB
	0.8	80.18eD	0.09dB	0.05bcAB
	1.0	53.93fE	0.07dB	0.03cB
K326	0	819.56aA	0.79aA	0.28aA
	0.2	262.24bB	0.67aAB	0.23abAB
	0.4	221.51cC	0.53bB	0.12bcAB
	0.6	162.35dD	0.23cC	0.10bcAB
	0.8	122.63eE	0.09dD	0.03cAB
	1.0	81.52fF	0.07dD	0.02cB
红花大金元	0	817.83aA	0.81aA	0.18aA
	0.2	300.17bB	0.77aA	0.09bB
	0.4	232.52bBC	0.72aA	0.09bB
	0.6	119.24cCD	0.22bB	0.09bB
	0.8	94.08cD	0.18bB	0.05bB
	1.0	61.73cD	0.06bB	0.04bB
云烟 97	0	168.62aA	0.64aA	0.15aA
	0.2	147.55bA	0.55aA	0.10bB
	0.4	120.81cB	0.48aAB	0.08bcBC
	0.6	111.73cB	0.23bBC	0.10bBC
	0.8	87.49dC	0.18bcC	0.06cC
	1.0	60.89eD	0.06cC	0.04cC
中烟 100	0	166.20aA	0.30aAB	0.06aA
	0.2	111.57bB	0.38aA	0.08aA
	0.4	72.38cC	0.23abAB	0.06aA
	0.6	80.02cC	0.20abAB	0.05aA
	0.8	19.39dD	0.09bB	0.05aA
	1.0	9.58eD	0.07bB	0.03aA

四、小结

低浓度的复合盐碱促进部分烤烟品种（K326、红花大金元、云烟 97）发芽，提高中烟 100 的鲜干物质积累，0.6%的盐碱浓度是所有供试烟草种子的初始胁迫浓度，而高浓度的盐碱溶液对供试品种的萌发均有强烈的抑制作用。K326、云烟 87 和云烟 97 在高盐碱处理下在发芽最多时达到了近乎完全发芽，但发芽率仅保持在 30%左右，由此推测盐碱胁迫在萌发时期的抑制作用不是影响云烟 87、云烟 97 出苗的主要因素。发芽之后，破除种皮保护之后的种子更易受到盐碱的胁迫，其抑制主要表现在渗透胁迫、离子毒害和离子吸收的不平衡方面（Caines and Shennan，1999）。

一般认为，中性盐 NaCl 和 Na_2SO_4 的胁迫作用因素主要是以 Na^+为主的离子效应和由高浓度盐分造成水势下降的渗透效应，既有 Na^+的离子伤害又有高浓度所形成渗透胁迫带来的生理干旱，而碱性盐 $NaHCO_3$ 则在盐碱胁迫的基础上额外附加 pH 胁迫（蔺吉祥等，2014）。但有关学者通过模拟盐、碱环境对向日葵种子萌发及幼苗生长的影响进行研究，提出盐浓度是影响水势的主要因素（刘杰等，2008），尽管碱胁迫具有高 pH，但是相同浓度的盐胁迫与碱胁迫水势差异并不大，而盐浓度越高，水势越低（Guo et al.，2009），进而造成种子吸水困难，水分的不足也进一步影响了萌发所需酶与结构蛋白的合成（刘杰等，2008）。高战武等（2014）通过调整复合盐碱胁迫的碱性盐比例与整体盐浓度，燕麦种子表现出的发芽率、发芽势的方差分析结果也证实了这一观点。

此外，不同品种对于盐碱的耐受力不同。在低盐碱（0.2%、0.4%）条件下，红花大金元、云烟 87 和 K326 表现相似且良好，云烟 97 次之，中烟 100 表现不佳；中盐碱（0.6%）条件下，K326 和云烟 87 表现较好，云烟 97 次之，红花大金元和中烟 100 的种子活力差异较小，但红花大金元发芽率较低，而中烟 100 发芽缓慢；在高盐碱（0.8%、1.0%）条件下，根据各品种的发芽长势情况，从高到低排序为 K326>云烟 97>云烟 87>红花大金元>中烟 100。

对比在高复合盐胁迫下的发芽情况，相同浓度下，各品种的盐碱耐受力均低于复合盐耐受力，但 K326 的盐碱耐受力排名相对高于复合盐处理，即相同浓度下的盐碱处理对烤烟的伤害作用要大于单纯的盐胁迫，而 K326 的耐盐碱能力相对较强。王黎黎（2010）通过对碱蓬的试验证明，盐碱胁迫之间及不同部位之间在离子平衡机制方面所存在的主要差异在于阴离子来源不同，差异主要体现在植株体内有机酸、NO_3^-和 Cl^-三者对阴离子贡献率的变化上，由此推测 K326 在高 pH 胁迫下的离子平衡机制更加完善，具体的调节机制还需要进一步研究。

第十一章 植物源提取物对烟草部分病害的防治机制初探

随着烟草种植年限的增加，病虫害的发生和土壤生态系统的破坏越来越严重，不仅影响了烟叶的产量和质量，还直接影响到烟农的经济收入，从而影响到烟叶的种植、面积的稳定及工业原料的稳定性，进而影响产业发展，已成为不争事实。

目前，烟草的主要病虫害有以下几种：病毒病害，如普通花叶病（沈建国等，2007；吴艳兵等，2008；张正坤等，2008）；真菌病害，如黑胫病、根黑腐病、炭疽病、赤星病、白粉病；细菌病害，如野火病、角斑病、青枯病；主要虫害，如烟蚜、烟青虫。虽然人们已从筛选抗性品种、加强栽培措施等方面进行病虫害综合防治（李兴红等，2003；申莉莉等，2007），但目前对烟草病虫害的防治主要还是依靠化学杀菌剂，而化学杀菌剂的长期使用不但会产生农药残留，且随着化学农药的逐年使用病虫害的抗药性和耐药性也在逐渐增加，同时化学杀菌剂的长期使用会造成环境污染和土壤生态系统的破坏。有鉴于此，本研究通过使用植物源提取物丁香酚、肉桂醛和麝香草酚，增强烟草免疫能力，以提高其抗病性，这样可有效保障烟区正常运行，提高水、肥、药一体的使用率；预防、延缓、减轻烟区病虫害加重发生的风险，调节土壤生态系统。同时通过对烟区进行预防，一方面将有效减轻病虫害的产生，减少化学农药的使用；另一方面可有效保障烟草品质，促进烟区的可持续发展。

第一节 丁香酚激活烟草免疫抗烟草花叶病毒病研究

天然化合物丁香酚（4-烯丙基-2-甲氧基苯酚）是丁香（*Syzygium aromaticum*）及丁香罗勒（*Ocimum gratissimum*）的主要成分，具有抗菌消炎、解热麻醉、防腐、驱蚊等药理作用（石淑珍等，2003；韩群鑫等，2006；曲晓等，2011），在医药方面研究应用较多，近年研究发现丁香酚对食品微生物和植物病原菌有抑制作用（陈浩等，2009；付鸣佳等，2003）。本研究团队在实验室发现该化合物对烟草花叶病毒病具有良好的防治效果，为探索丁香酚对烟草花叶病毒病的防控机制，以烟草为供试植物，以烟草花叶病毒（tobacco mosaic virus，TMV）为接种病毒（耿召良等，2011），研究了丁香酚处理烟草后活性氧含量、防御酶（PAL、POD、SOD）活性、叶绿素含量、膜质过氧化产物丙二醛（MDA）含量等变化，以及对 *NPR1*

转录影响和植物叶片水杨酸（SA）积累（车海彦等，2004）、诱导病程相关蛋白（*PR-1*、*PR-3*、*PR-5*）基因表达情况，初步探讨丁香酚诱导烟草抗烟草花叶病毒病的作用机制，旨在为丁香酚防治作物病毒病提供理论基础。

将营养土和土以 3∶1 混合，装于花盆中。用水充分浸湿，把烟草种子均匀撒在上面之后，覆一层薄土，以保证烟草种子与土充分接触，并加盖薄膜，放于可控温室内。大约 1 周后观察出苗情况，出苗后取下薄膜。待长至 3 叶期移植于小花盆中，每盆 1 棵。试验用苗均放置于 25℃温室中，光照和黑暗循环为 12h/12h。烟草幼苗长至 5～6 叶时接种烟草花叶病毒（TMV）。取 1g 发病植株新鲜叶片，加入 0.01mol/L（pH 7.0）PBS 缓冲液 10ml 研磨成浆，采用摩擦法接种于烟草倒四叶、倒五叶，取样叶片为倒二叶、倒三叶。

一、丁香酚对烟草叶片超氧阴离子（O_2^-）产生的影响

通过 O_2^-原位检测来反映 O_2^-在叶片中的产生及分布情况，染色越深表明 O_2^-产生量越大。图 11-1 反映了处理 12h 后各处理的 O_2^-产生情况，只接种 TMV 的处理

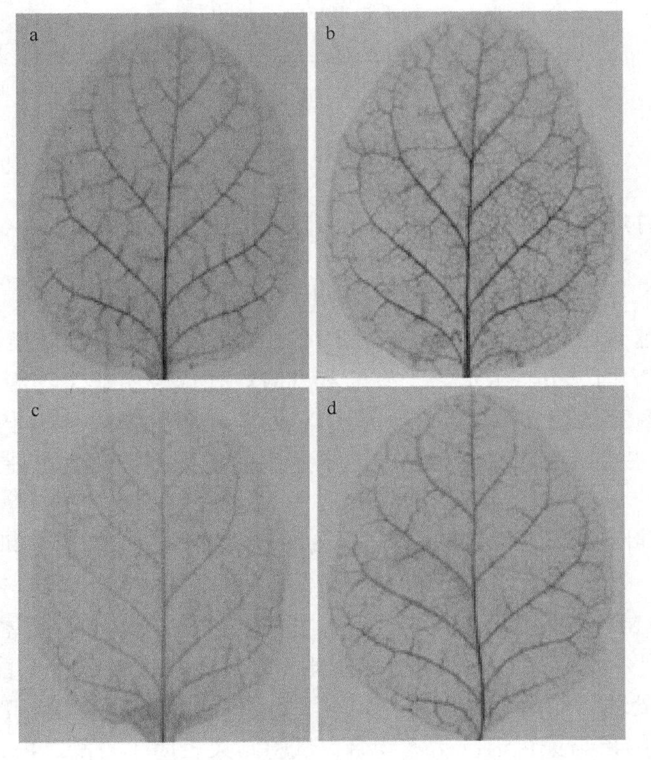

图 11-1　处理 12h 后 O_2^-染色（彩图请扫封底二维码）

a. 清水；b. TMV；c. 400μg/ml 丁香酚；d. 400μg/ml 丁香酚+TMV

比清水、丁香酚、丁香酚+TMV 处理产生的 O_2^-多，丁香酚处理产生的 O_2^-最少，丁香酚+TMV 次之，这可能与丁香酚抗氧化功能有关。TMV 侵染造成 O_2^-的大量产生，是植物抵抗外来病原侵染的正常应激反应；丁香酚+TMV 染色较清水产生的 O_2^-少，这可能与丁香酚抗氧化功能有关。丁香酚的抗氧化功能能够清除部分 O_2^-，从而减少因病毒侵染带来的伤害。

测定烟草叶片产生 O_2^-量的情况，进一步探讨 O_2^-响应时间及响应量的差异。处理 3h 后测定各处理之间量没有变化。处理 12h 各处理之间差异明显，TMV、丁香酚+TMV 处理与清水呈显著差异，TMV、丁香酚+TMV 处理与丁香酚呈显著差异，丁香酚处理与清水呈显著差异（图 11-2）。测定结果与染色情况基本吻合。

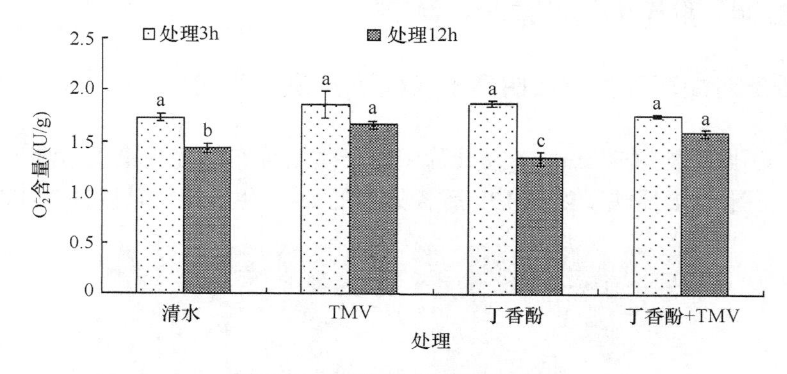

图 11-2 处理 3h 和 12h O_2^- 含量

二、丁香酚对烟草叶片过氧化氢（H_2O_2）产生的影响

通过 H_2O_2 原位检测来反映 H_2O_2 在叶片中的产生及分布情况，染色越深表明 H_2O_2 产生量越大。H_2O_2 原位染色如图 11-3 所示，处理 12h 后染色结果为丁香酚+TMV>TMV>丁香酚>清水。丁香酚和 TMV 处理表明非生物因素和生物因素均能够诱导 H_2O_2 大量产生，丁香酚+TMV 处理表明生物因素和非生物因素双重因子诱导下产生的 H_2O_2 的量比单一因子产生的量都多，两者可能有协同增效的作用。

测定烟草叶片产生 H_2O_2 量的情况，进一步探讨 H_2O_2 响应时间及响应量的差异（图 11-4）。处理 3h 后，丁香酚+TMV、丁香酚、TMV 处理均与清水呈显著差异，丁香酚+TMV、丁香酚、TMV 处理之间差异不显著，说明丁香酚、TMV 均能够在很大程度上诱导 H_2O_2 快速、大量地产生。处理 12h 后，丁香酚+TMV、丁香酚、TMV 处理均与清水呈显著差异，丁香酚+TMV、丁香酚、TMV 处理之间差异不显著，结果与染色情况基本吻合。试验结果表明丁香酚、TMV 均能够在很大程度上诱导 H_2O_2 快速、大量产生。

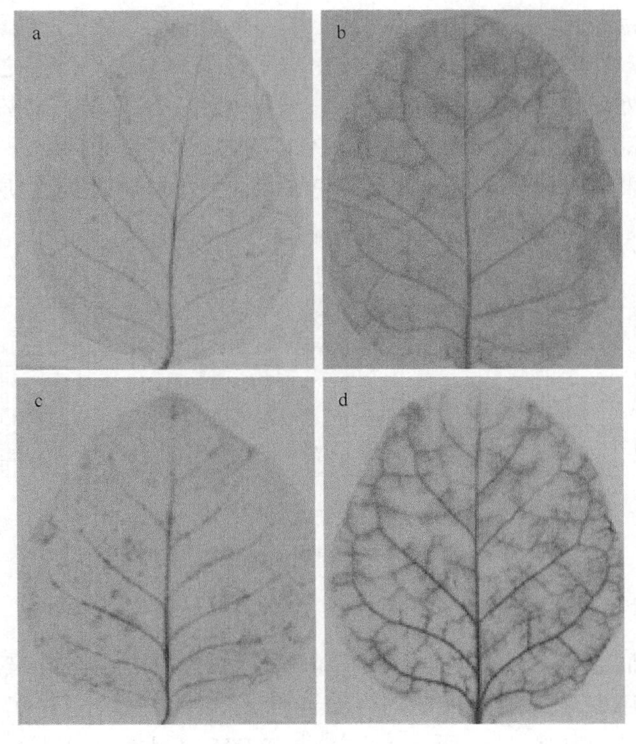

图 11-3　处理 12h 后 H_2O_2 染色（彩图请扫封底二维码）

a. 清水；b. TMV；c. 400μg/ml 丁香酚；d. 400μg/ml 丁香酚+TMV

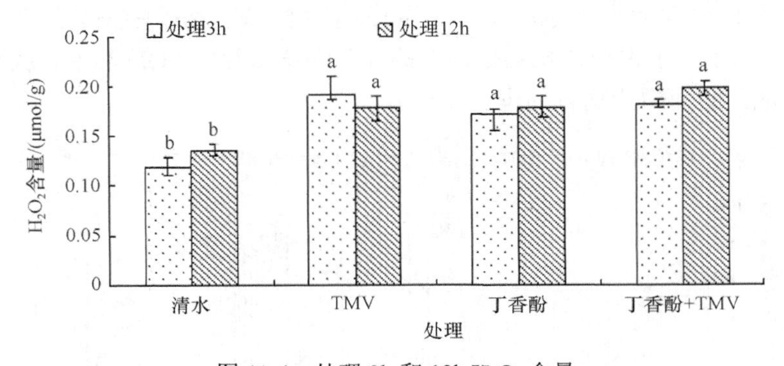

图 11-4　处理 3h 和 12h H_2O_2 含量

三、丁香酚对烟草中防御酶活性的影响

（一）丁香酚对苯丙氨酸酶（PAL）活性的影响

丁香酚对 PAL 活性的影响如图 11-5 所示。各处理组均在 12h 时 PAL 活性达到最大，随着处理时间的延长酶活性逐渐降低，但丁香酚+TMV 处理组降低的趋

势稍慢。处理后 12h，丁香酚+TMV 处理组与清水间差异显著；处理后 24h，丁香酚与接种 TMV 处理组及清水之间、清水与丁香酚+TMV 处理组之间、丁香酚与丁香酚+TMV 处理组之间的差异均显著。结果表明，丁香酚+TMV 处理能够显著提高 PAL 活性，并保持较长时间。由于 PAL 参与木质素、植保素和酚类物质的合成，这些现象表明丁香酚可能通过提高 PAL 活性，诱导抗病毒物质产生。

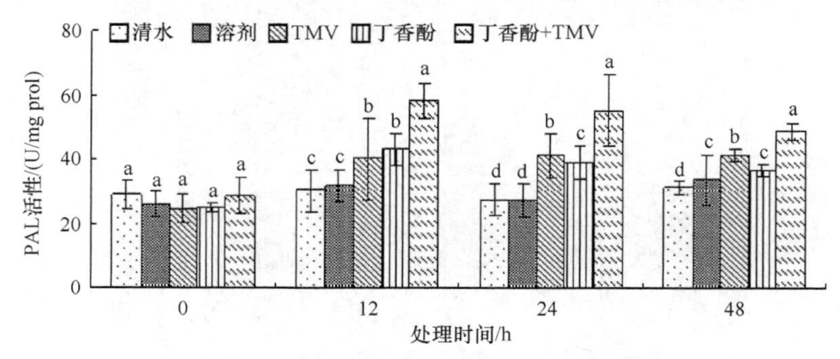

图 11-5　不同处理烟草叶片中 PAL 活性变化

（二）丁香酚对 POD 活性的影响

POD 及其同工酶在植物防御体系中起到很重要的作用。POD 不仅参与木质素的聚合过程，还参与细胞内重要的内源活性氧清除。试验探讨了丁香酚处理对 POD 活性的影响。如图 11-6 所示，仅接种 TMV、丁香酚、丁香酚+TMV 处理组 POD 活性均在处理后 12h 达到最高值，且均与清水间差异显著。处理后 24h，3 个处理组的 POD 活性与清水间均差异显著，丁香酚和丁香酚+TMV 处理组间差异显著。结果表明，丁香酚+TMV 处理能够提高烟草叶片中 POD 活性，从而促进木质素的合成，进而阻止病毒的进一步扩散。

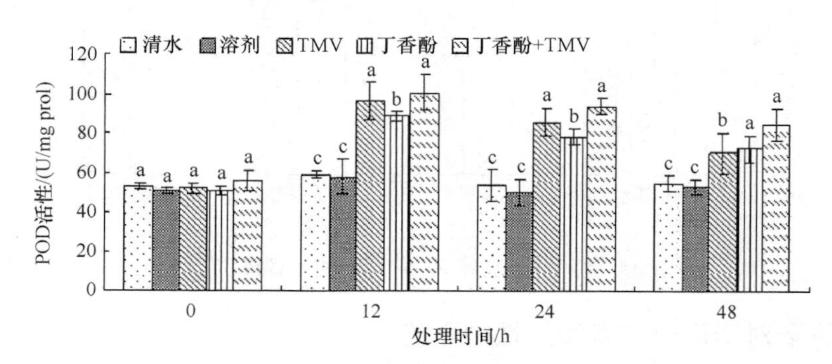

图 11-6　不同处理烟草叶片中 POD 活性变化

（三）丁香酚对 SOD 活性的影响

处理后 24h，各处理组 SOD 活性均达到最高，之后逐渐降低（图 11-7）。0h

时各处理组之间无显著差异；12h 时丁香酚+TMV 处理组与其他各处理间差异显著；12h、24h 和 48h 时，丁香酚+TMV 处理组与清水间差异显著。结果表明，丁香酚+TMV 处理提高了 SOD 活性，这可能与丁香酚能够提高 SOD 活性、清除植物叶片中过量的活性氧、减少活性氧对叶片的伤害有关。

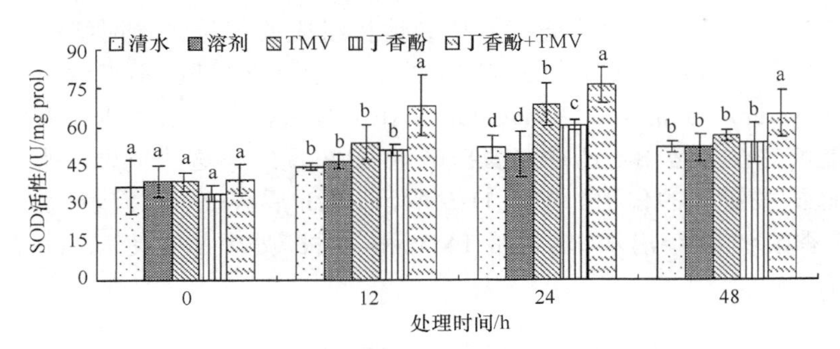

图 11-7　不同处理烟草叶片中 SOD 活性变化

（四）丁香酚对 SOD 同工酶、POD 同工酶的影响

从图 11-8a 可看出，各处理均有 4 条谱带，表明丁香酚处理并未诱导出新的 SOD 同工酶，但是各处理间谱带存在差异：仅接种 TMV 和丁香酚处理组间谱带基本相同；丁香酚+TMV 处理组比仅接种 TMV 和丁香酚处理组同工酶 2 的活性稍高，表明不同处理 SOD 的差异主要源于谱带 2 的差异。从图 11-8b 可看出，各处理组间谱带 1～4 无明显差异；丁香酚+TMV 处理组出现了谱带 5，而仅接种 TMV 和丁香酚处理组则未见到该谱带。此结果进一步验证了丁香酚+TMV 处理可使 POD 活性升高。

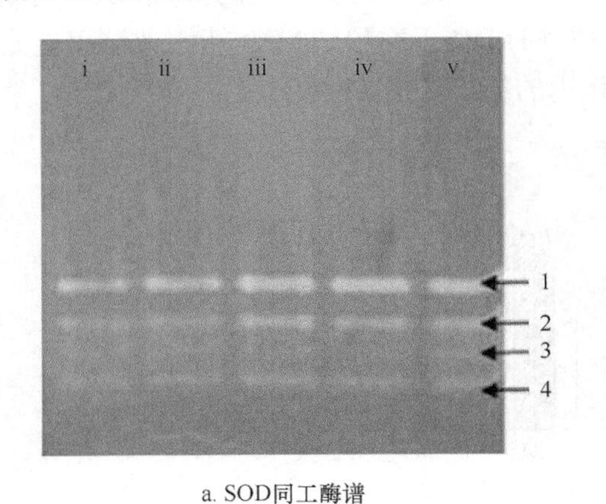

a. SOD同工酶谱

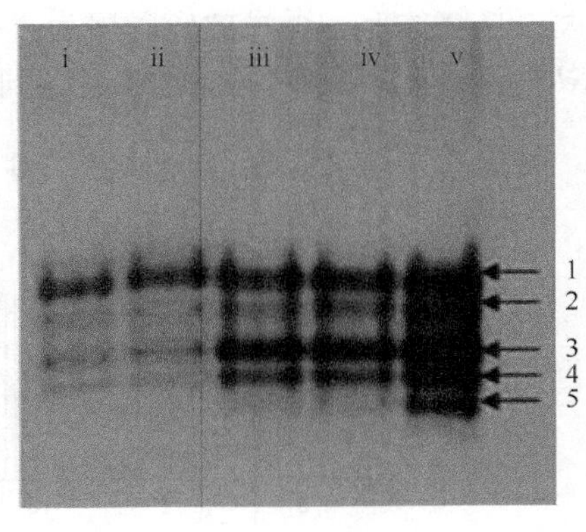

b. POD同工酶谱

图 11-8　处理 24h 后 SOD 和 POD 的同工酶谱（彩图请扫封底二维码）

i. 清水；ii. 溶剂；iii. TMV；iv. 丁香酚；v. 丁香酚+TMV

四、丁香酚对 *NPR1* 转录影响及植物叶片水杨酸（SA）积累的影响

（一）丁香酚对 *NPR1* 转录影响

NPR1 是由各类已知抗病信号传导途径组成的信号传导网络的关键交叉点，参与各类型抗病性的调控。*NPR1* 的缺失导致 *PR* 基因不表达及系统性获得抗性（systemic acquired resistance，SAR）丧失，若将 *NPR1* 基因导入突变株，则能够完全恢复 SA 诱导突变株产生 SAR 反应。这些结果表明 *NPR1* 在 SAR 中起到关键性的作用。如图 11-9 所示，12h 后 *NPR1* 基因表达：丁香酚+TMV>丁香酚>TMV>清水。这说明 TMV 和丁香酚处理都能使 *NPR1* 基因表达上调。

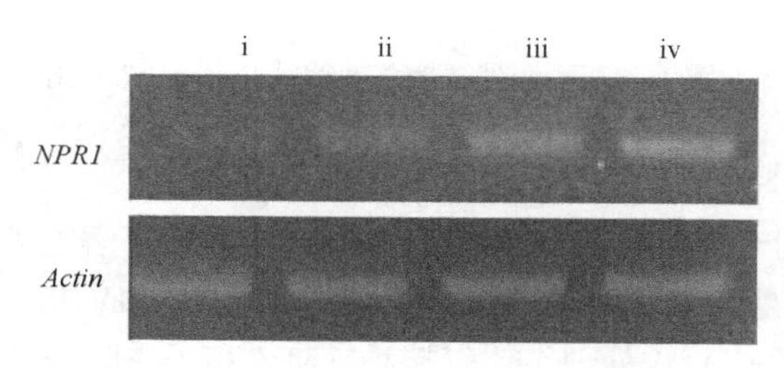

图 11-9 处理 12h 后 *NPR1* 基因表达

i. 清水；ii. TMV；iii. 丁香酚；iv. 丁香酚+TMV

（二）丁香酚对 SA 积累的影响

不同处理之间随着处理后时间的延长，SA 含量逐渐增大，在处理后 96h 达到最大。从整体上，诱导效应顺序为丁香酚+TMV>丁香酚>TMV>清水。这可能是受双重因子（即丁香酚和 TMV）共同作用的结果（图 11-10）。

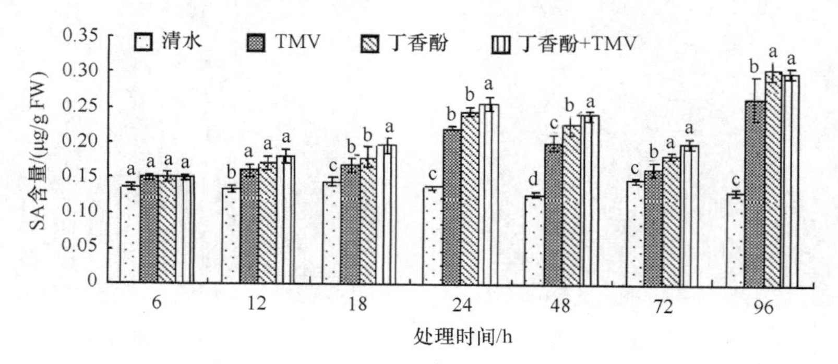

图 11-10 不同处理的植物叶片中 SA 含量的比较

五、丁香酚对诱导病程相关蛋白基因的表达情况

病程相关蛋白基因（*PR-1*、*PR-3*、*PR-5*）的表达则是植物系统性获得抗性产生的标志。为进一步研究丁香酚是否能够诱导抗病基因的表达，用 PCR 方法检测了抗病基因的表达情况。从图 11-11 可看出，各处理组 *PR-3* 和 *PR-5* 基因表达水平从高到低的顺序为丁香酚+TMV>丁香酚>TMV>清水；TMV 与丁香酚处理组 *PR-1* 基因表达水平相当，丁香酚+TMV 处理组则大于前二者；清水中 *PR-1*、*PR-5* 无表达，*PR-3* 表达水平较低。

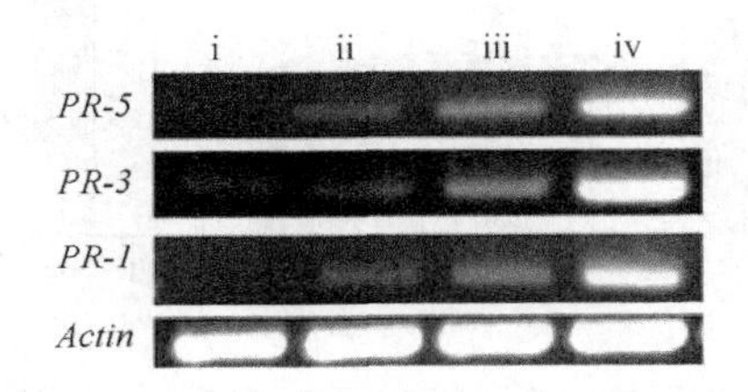

图 11-11 处理 24h 后抗病基因表达情况

i. 清水；ii. TMV；iii. 丁香酚；iv. 丁香酚+TMV

六、丁香酚对烟草花叶病毒外壳蛋白基因（*CP*）和 RNA 复制酶基因（*RdRp*）表达的影响

病毒外壳蛋白（*CP*）不但能够保护病毒基因组，而且与病毒在寄主体内细胞间转移有关；*RdRp* 是 TMV 复制不可缺少的酶，因此，研究 *CP* 和 *RdRp* 基因表达有很重要的作用。如图 11-12 所示，处理后 96h 检测 *CP* 和 *RdRp* 基因表达显示，TMV 处理两种基因正常表达，而丁香酚+TMV 处理对两种基因表达有不同程度的抑制作用。这可能是丁香酚诱导了烟草抗病毒，使得两种基因的表达产生了抑制作用。

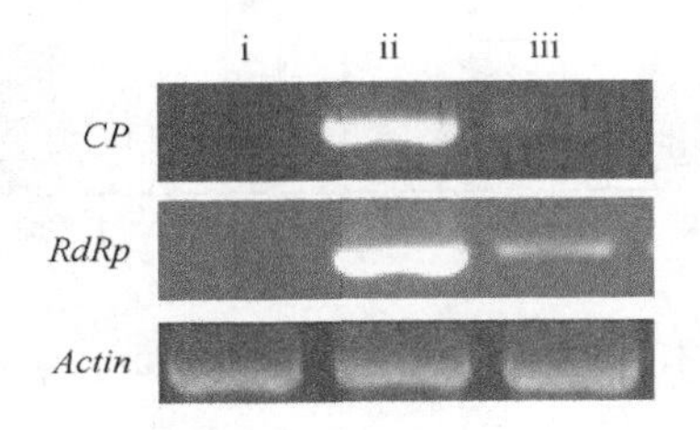

图 11-12 处理 96h 后对烟草花叶病毒 *CP* 基因和 *RdRp* 基因的影响

i. 清水；ii. TMV；iii. 丁香酚+TMV

七、丁香酚对叶绿素含量和膜质过氧化产物丙二醛（MDA）的影响

病毒的侵染破坏使叶绿素含量降低，影响光合作用。叶绿素含量高，光合作

用强，抗病能力也强。从图 11-13 可看出，处理后 14 天，丁香酚、丁香酚+TMV 处理组叶绿素含量较高，且与清水差异显著；而仅接种 TMV 组叶绿素含量最低，其与清水、丁香酚、丁香酚+TMV 处理组均差异显著。试验表明，丁香酚处理可提高烟草叶片中叶绿素的含量，而仅接种 TMV 则会降低其含量。

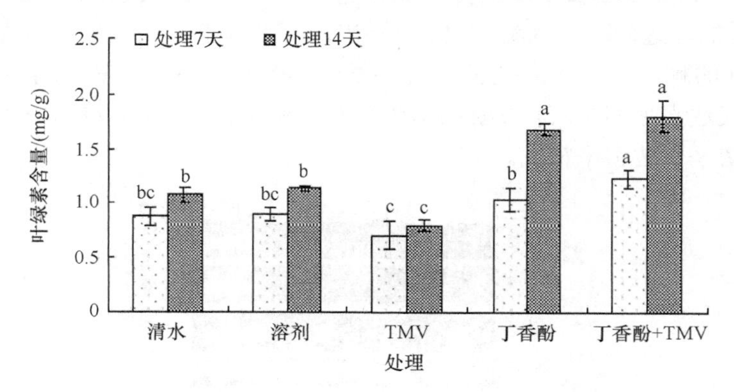

图 11-13　不同处理 7 天和 14 天时烟草叶片中叶绿素含量

处理后 7 天和 14 天时烟草叶片中 MDA 含量的变化见图 11-14。处理后 7 天时，各处理组 MDA 含量从大到小顺序为 TMV>丁香酚+TMV>丁香酚>清水，各处理组与清水间差异显著。处理后 14 天时，仅接种 TMV 处理组 MDA 的含量最高，并与其余各处理组差异显著。这表明接种 TMV 可能会造成植株细胞严重的膜脂过氧化反应，而丁香酚处理可缓解该反应，因而对叶片具有保护作用。

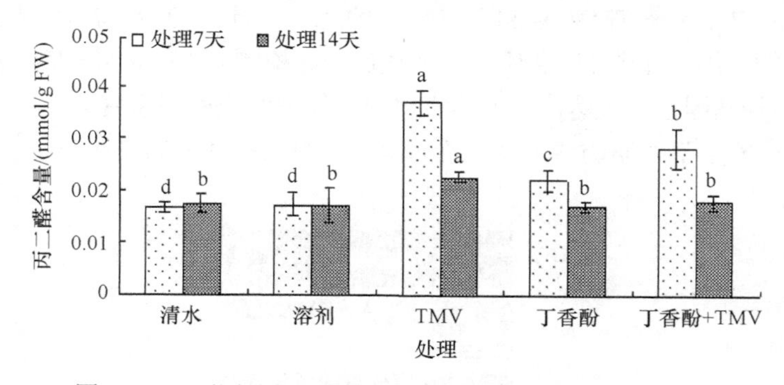

图 11-14　不同处理 7 天和 14 天时烟草叶片中 MDA 含量

八、小结

丁香酚处理能够不同程度地提高 PAL、SOD、POD 活性，SOD 同工酶、POD 同工酶分别与 SOD、POD 的活性一致，这说明喷施丁香酚可以提高烟草体内一系列与抗病性有关的防御酶（张宏波和洪波，2001；李巧如等，2001），激发植株体内产生防卫反应（张芳侠等，2003），并可能促进了植保素、醌类物质、单宁和木质素等与抗病性有关物质的合成（高保栓等，2004；张文华等，2005），提高烟草植株清除活性氧的能力（周建新和许华，2000），减少病毒侵染造成的代谢平衡失调，提高对病毒侵染的抵抗能力（杜春梅等，2004）。

丁香酚处理能够增强 *NPR1* 基因的表达，这可能为接下来抗病信号的传导奠定基础。同时能够提高叶片中水杨酸的含量，通过丁香酚处理能够提高抗病基因 *PR-1*、*PR-3*、*PR-5* 的表达量，从而为可能增强植株自身对烟草花叶病毒的抗病性奠定基础。丁香酚处理组能够抑制烟草花叶病毒 *CP* 基因和 *RdRp* 基因的转录，增加叶绿素的含量，减少 MDA 的破坏。这可能是由于丁香酚诱导了烟草系统性获得抗性的产生，阻止了病毒扩散和长距离运输，减轻了 TMV 对叶绿素的破坏，缓解因 TMV 侵染引起的膜质过氧化产物 MDA 的破坏作用。

本节以系统性获得抗性中的水杨酸信号转导途径为依据，阐述了丁香酚对烟草抗花叶病毒诱导作用的初步机制：①丁香酚能够诱发烟草叶片产生“氧暴现象”，ROS 中的 H_2O_2 最为明显；②丁香酚能够提高防御酶（PAL、POD、SOD）的活性；③丁香酚可能通过 SA 途径诱导烟草产生对 TMV 的系统性获得抗性；④烟草系统性获得抗性产生之后对 TMV 复制和转移可能有抑制作用，减轻了 TMV 对叶绿素的破坏，缓解了因 TMV 侵染引起的膜质过氧化产物 MDA 的破坏作用。

第二节 丁香酚诱导烟草免疫的基因表达谱研究

为进一步研究丁香酚如何诱导烟草产生免疫花叶病毒病，本文通过丁香酚对烟草处理、纯化 RNA 进行烟草基因芯片杂交，通过全基因组序列检测来判断丁香酚对烟草体内哪些基因产生重要影响，从而阐明丁香酚通过诱导烟草体内哪些基因使得烟草可以有效抵御花叶病毒病的入侵或入侵后进行的自我修复。

采用 400μg/ml 丁香酚喷施处理烟草叶片，12h 后取叶片，采用 Trizol 法提取总 RNA。每个处理采取 4 次独立的生物学重复，包括对照（CK1、CK2、CK3、CK4）和 40μg/ml 丁香酚处理（S1、S2、S3、S4）。采用 NucleoSpin® RNA clean-up 试剂盒（MACHEREY-NAGEL，Germany）对总 RNA 进行过柱纯化，最后用分光光度计定量，1.2%甲醛变性胶电泳检测 RNA 纯度。RNA 样品保存于液氮中，用于后续的烟草基因芯片杂交。采用 Agilent mRNA 单通道表达谱芯片进行表达谱检测分析。

一、基因芯片检测丁香酚处理后对烟草叶片的表达谱影响

由于丁香酚处理 12h 能够显著激活烟草的水杨酸防御途径，为了进一步明确

丁香酚对烟草免疫系统的全面调控，采用基因芯片检测了丁香酚处理后烟草叶片的表达谱变化。对照和处理各自取4个独立的样品重复，聚类分析显示对照组（CK1～CK4）和处理组（S1～S4）分别聚到一组，说明样品具有较好的重复性（图11-15）。具体来看，对照组中CK1和CK2被归到一组，两者重复性较好，CK3和CK4被归到一组，两者具有较好的重复性，而处理组中S1和S2被归到一组，两者重复性较好。

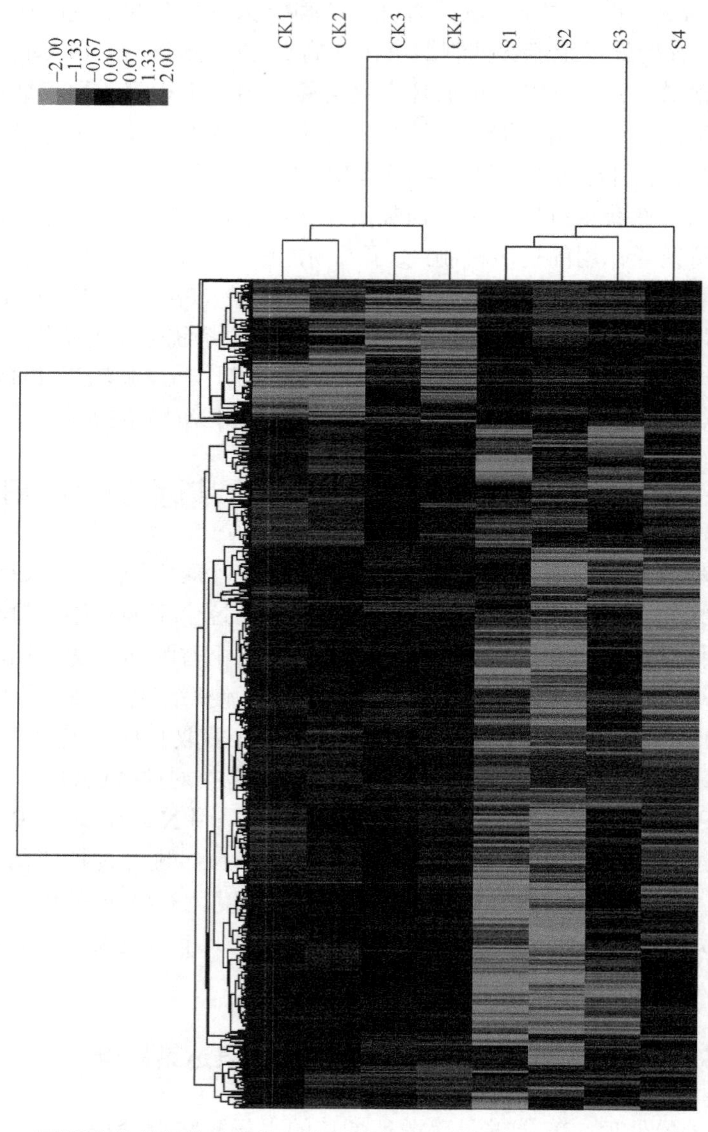

图11-15 丁香酚处理烟草叶片基因芯片重复性聚类分析（彩图请扫封底二维码）

二、丁香酚处理后对差异表达基因的筛选

如图 11-16 所示，对差异表达基因进行了筛选，筛选标准为丁香酚处理后比对照上调或下调 2 倍以上的基因（在 $P<0.05$ 水平差异显著）。差异基因表达谱分析结果显示，在检测到的 30 003 个基因中，有 128 个基因显著上调，611 个基因显著下调。我们对上调基因较为感兴趣，针对上调的 128 个基因分析显示，变化倍数（FC）超过 10 倍的有 9 个，占总上调基因数目的 7%；变化倍数在 5～10 倍的有 22 个，占总上调基因数目的 17%；变化倍数在 2～5 倍的占大多数，有 97 个，占总上调基因数目的 76%（图 11-17）。

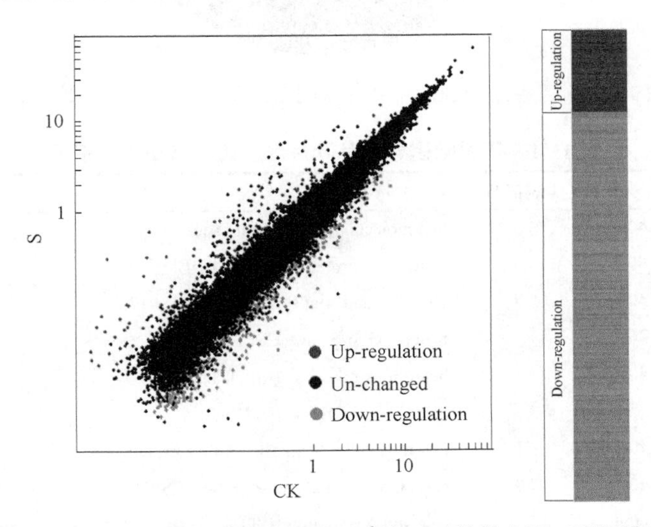

图 11-16　丁香酚处理烟草叶片基因芯片差异基因表达双对数散点图（彩图请扫封底二维码）
Up-regulation 表示处理后表达上调的基因，Un-changed 表示处理后表达不变的基因，
Down-regulation 表示处理后表达下调的基因

显著性功能富集分析结果显示，有 2 条显著性 GO［基因本体，是一个有向无环图（DAG）型本体］的生物过程富集，一个是胁迫响应相关（GO：0006950//response to stress），另一个是基因表达相关（GO：0010467//gene expression），而 KEGG 分析无显著性富集结果，这表明丁香酚处理显著调控了植物对胁迫的响应。

三、丁香酚处理后对烟草叶片内上调功能基因的影响

通过对所有上调基因在 NCBI 中进行逐条的 BLAST 检索，除未知功能的基因以外，总共检索到已知功能基因 79 个（表 11-1）。其中，占大部分的是热激蛋白类（heat shock protein，HSP or HSC），总共有 34 个；其次是谷胱甘肽-*S*-转移酶

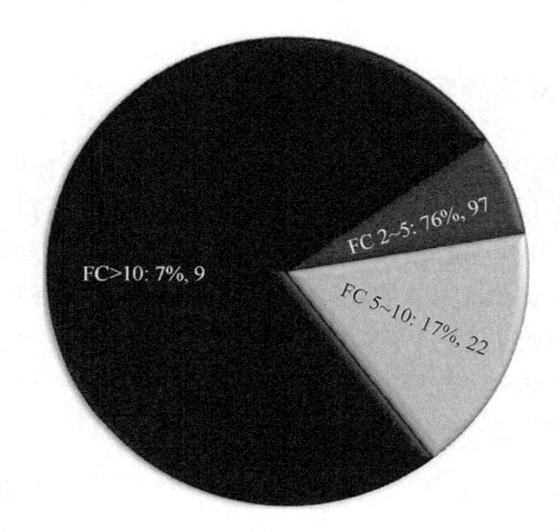

图 11-17 丁香酚处理烟草叶片基因芯片基因表达上调倍数分布图

表 11-1 丁香酚诱导烟草叶片内上调的已知功能基因

序号	靶标编号	上调倍数	功能
1	TA12102_4097	55.6	low molecular weight heat shock protein
2	TA12009_4097	16.6	heat shock protein，HSP20.1
3	TA15542_4097	13.7	class II small heat shock protein HSP17.6
4	TA15509_4097	11.1	heat shock protein，HSP83
5	TA12009_4097	9.9	heat shock protein，HSP20.1
6	X63106	9.5	heat shock protein，HSP70
7	TA12103_4097	8.1	low molecular weight heat shock protein
8	TA13599_4097	7.9	class II small heat shock protein HSP17.6
9	TA15066_4097	6.7	heat shock protein，HSP82
10	X63195	6.3	heat shock protein，HSP82
11	TA12103_4097	4.5	low molecular weight heat shock protein
12	TC116259	3.8	heat shock cognate 70kDa protein
13	TC86168	3.1	heat shock cognate 70kDa protein
14	TA15313_4097	3.0	heat shock protein 101kDa
15	TA17088_4097	2.9	heat shock protein，HSP70
16	TA15314_4097	2.6	heat shock protein 101kDa
17	TA12519_4097	2.3	mitochondrial small heat shock protein
18	TA11800_4097	2.3	heat shock cognate，HSC70 kDa
19	EB430190	10.6	heat shock protein，HSP82
20	EB437833	9.5	heat shock protein，HSP82
21	EB436297	8.9	class II heat shock protein-like，17.3kDa
22	EB430787	7.1	class II heat shock protein-like，18.8kDa

续表

序号	靶标编号	上调倍数	功能
23	EB678931	6.8	class I heat shock protein-like，17.8kDa
24	EB429314	6.5	small heat shock protein，chloroplastic-like
25	EB437920	6.9	class II heat shock protein-like，17.3kDa
26	EB430787	5.7	class II heat shock protein-like，18.8kDa
27	DV999795	4.3	class II heat shock protein-like，18.8kDa
28	EB429369	4.1	class IV heat shock protein-like，22kDa
29	EB429028	2.7	heat shock cognate，HSC 70kDa
30	EB437412	2.7	class I heat shock protein-like，17.4kDa
31	FG196002	2.6	heat shock cognate 70kDa protein 2-like
32	EB437412	2.5	class I heat shock protein-like，17.4kDa
33	EB426347	2.0	small heat shock protein，chloroplastic-like
34	EB430616	2.0	class I heat shock protein-like，17.6kDa
35	D10524	5.6	glutathione S-transferase，GST
36	TA17359_4097	4.6	glutathione S-transferase，GST
37	TA13893_4097	2.9	glutathione S-transferase，GST
38	TC107375	2.5	glutathione S-transferase，GST
39	EB443541	6.7	glutathione S-transferase，GST
40	TA16681_4097	2.4	glutathione S-transferase，GST
41	BP192557	6.0	auxin-induced protein PCNT115
42	FG161699	3.3	auxin-induced protein PCNT115-like
43	AF190634	2.4	salicylic acid glucosyltransferase，SA-Gtase
44	AB125233	2.4	gibberellin 2-oxidase 2，GA2ox2
45	BP531415	10.3	hemoglobin
46	EB434774	2.8	homeobox-leucine zipper protein，ATHB-7
47	D29680	9.6	Al- and Pi starvation-responsive，api2
48	AM796964	2.2	heat stress transcription factor A-6b-like
49	DV158782	2.0	pathogenesis-related protein STH-2-like
50	FG643472	2.9	low affinity sulfate transporter 3-like
51	EH618843	2.0	inorganic phosphate transporter 1-4-like
52	TA12722_4097	2.1	allyl alcohol dehydrogenase
53	BP532705	5.8	aldo/keto reductase AKR
54	AM851013	39.7	cinnamyl alcohol dehydrogenase
55	Z48603	6.2	TATA box binding protein（TBP）-associated factor subunit 3，TAF-3
56	TA18247_4097	3.5	C-7 protein
57	AJ299254	3.3	DNAJ protein
58	AB049335	2.6	dehydrin

续表

序号	靶标编号	上调倍数	功能
59	EC391407	2.4	histidine kinase 1
60	TA15420_4097	2.2	polyubiquitin
61	EB427875	14.1	endo-1，3；1，4-β-D-glucanase-like
62	FS413389	3.7	ninja-family protein AFP3-like
63	FG132992	3.5	aarF domain-containing protein kinase
64	DV159065	2.7	late embryogenesis abundant protein Dc3-like
65	FG643494	2.4	perakine reductase-like
66	EB679742	2.1	chaperone protein ClpB1
67	EH666240	2.1	box C/D snoRNA protein 1
68	FG158680	2.1	（guanine（10）-N2）-methyltransferase homolog
69	DV999580	2.1	UPSTREAM OF FLC
70	EB430890	2.1	malate dehydrogenase，cytoplasmic-like
71	DV161610	2.1	lipoamide acyltransferase component of branched-chain α-keto acid dehydrogenase complex
72	EB682146	2.1	SNF1-related protein kinase regulatory subunit β-1
73	EB682146	2.1	SNF1-related protein kinase regulatory subunit β-1
74	DV161560	2.1	ATP-dependent RNA helicase DHX36
75	EB442335	2.1	zeaxanthin epoxidase，chloroplastic-like
76	FG168265	2.0	low-specificity L-threonine aldolase 1
77	FG139424	2.0	β-galactosidase 8
78	FG160166	2.0	EXECUTER 1，chloroplastic
79	HO846552	2.0	pseudouridine synthase A，mitochondrial

注：阴影部分依次表示三大类功能基因：热激蛋白类、激素响应类、转运蛋白类

类（glutathione S-transferase，GST），有6个；激素响应类蛋白有3类，即生长素诱导蛋白（auxin-induced protein）、水杨酸糖苷转移酶（salicylic acid glucosyltransferase，SGT）、赤霉素氧化酶（gibberellin 2-oxidase 2，GA2ox2）。另外，还有许多病害和胁迫响应基因，如 hemoglobin、homeobox-leucine zipper protein、pathogenesis-related protein STH-2-like、Al- and Pi starvation-responsive api2 等，以及转运蛋白类，如 low affinity sulfate transporter 3-like、inorganic phosphate transporter 1-4-like 等。还有醇醛代谢类，如 allyl alcohol dehydrogenase、aldo/keto reductase AKR、cinnamyl alcohol dehydrogenase。

热激蛋白类（HSP）在植物响应环境胁迫中发挥着重要作用。HSP 几乎可以参与所有细胞器中的蛋白质折叠、运输、降解等过程。有研究显示，植物中的 HSP70、HSP80、HSP90 等在响应病毒侵染方面发挥重要作用，如 HSP90 可以作为 MAP kinase 和 TMV resistance gene *N* 的上游调控信号来调控烟草对 TMV 的抗

性。本研究结果中显示，HSP 类基因是受丁香酚诱导最多的一类，上调倍数从 2 倍到 56 倍不等，且其中小分子量到大分子量的种类分布非常广泛，说明丁香酚通过调控 HSP 在抗病毒侵染方面的作用极大。

谷胱甘肽-*S*-转移酶类（GST）的催化功能是将植物体内谷胱甘肽中的巯基转移到特定底物上，并在植物抵抗氧化胁迫方面发挥关键作用。TMV 侵染可以显著诱导 GST 的活性。本氏烟中的 GST4 可以绑定病毒 RNA，并将 GSH 中的巯基转移到病毒复制酶复合体中，从而抑制病毒的早期侵染。本研究中，丁香酚不但可以诱导烟草 6 种 GST 的显著上调（2.4～6.7 倍），而且这种上调在 12h 内即可达到，说明丁香酚对病毒的早期预防效果很可能源自于诱导 GST 基因的表达。

四、小结

丁香酚可以诱导一系列植物激素信号调控基因的表达，其中值得注意的是水杨酸糖苷转移酶。SGT 可以催化水杨酸的糖苷化生成 SA O-β-glucoside（GSA）。虽然自由态水杨酸是植物抗病的关键信号分子，但目前越来越多的研究认为水杨酸的变体可能发挥的作用更大，如水稻中的水杨酸磺基转移酶 *STV11* 是水稻抗条纹叶枯病毒的主效基因，一方面 *STV11* 的催化产物磺基水杨酸的抗病毒效果优于游离态水杨酸；另一方面磺基水杨酸也可以作为信号分子，反馈调控水杨酸的合成，从而进一步增强了抗病性。另外，遗传学证据显示，水稻中的 *OsSGT1* 发挥了同样的作用，其产物 GSA 同样可以反馈调控水杨酸信号，增加对稻瘟病的抗性。TMV 侵染可以显著诱导烟草 *SGT* 基因的表达、SA 和 GSA 含量的显著上升。辣椒中的 *SGT1* 基因沉默，可以观察到显著降低的 SA 水平、减弱的 HR 反应和增强的 TMV 敏感性。因此，我们推测丁香酚通过诱导 *SGT* 的表达可能是其抵抗 TMV 侵染的有途径之一。

丁香酚可以诱导烟草体内硫转运蛋白基因（low affinity sulfate transporter 3-like）的表达。已有研究结果表明，外源供硫可以通过调控烟草体内谷胱甘肽的代谢来提升对 TMV 的抗性，也可显著提高烟草体内谷胱甘肽的含量和 GST 的活性。由此，我们认为丁香酚对 GST 的诱导效应很可能源自于通过诱导硫转运蛋白基因的表达，进而增加了烟草对硫的吸收。

第三节　肉桂醛对立枯病的抑菌机制

肉桂醛（cinnamaldehyde，CA）是樟属中肉桂树叶和树皮中的主要成分，是提取于肉桂的一种天然醛，为无色至微黄色油状液体，具有很好地抑制霉菌的效果（Cheng et al.，2008；Hu et al.，2011），抗菌作用力强（王帆等，2011），可有效地杀灭细菌、真菌，在香料、制药、日用化学品及食品加工等方面都有广泛应用（章明美等，2004；钟少枢等，2009）。肉桂醛已经被证明具有很强的抗菌活性（薛延丰等，2014a，2014b）。本实验室团队将天然化合物肉桂醛成功开发成 2%水乳剂，通过实验室前期研究发现，肉桂醛对烟草立枯病菌丝有很好的抑制作用。本文通过肉桂醛处理，研究了对立枯病菌丝的生长及细胞膜的通透性和活性氧产生的影响，为在田间的使用及生物农药的开发提供理论依据。

采用 PDA 固体培养基对田间分离的烟草立枯丝核菌进行平板培养。将不同浓度的肉桂醛加入培养基中，立枯丝核菌接种于平板培养基中心，28℃恒温培养箱中培养 3 天。采用十字交叉法测定立枯丝核菌在不同浓度肉桂醛平板上的菌落直径，用 DPS 数据处理软件计算肉桂醛对立枯丝核菌菌丝径向生长的抑制中浓度（EC_{50}）。其他相关生化指标测定采用加入肉桂醛的 PDA 液体培养基培养立枯丝核菌。

一、肉桂醛对立枯丝核菌的抑制效应

采用 0.2～0.8mmol/L 的肉桂醛处理立枯丝核菌，菌落直径测定结果显示，随着肉桂醛处理浓度的升高，菌落直径逐渐降低，通过回归曲线计算得出肉桂醛对立枯丝核菌 50%抑制率浓度约为 0.2706mmol/L（图 11-18）。后续试验中均采用此 EC_{50} 值进行。

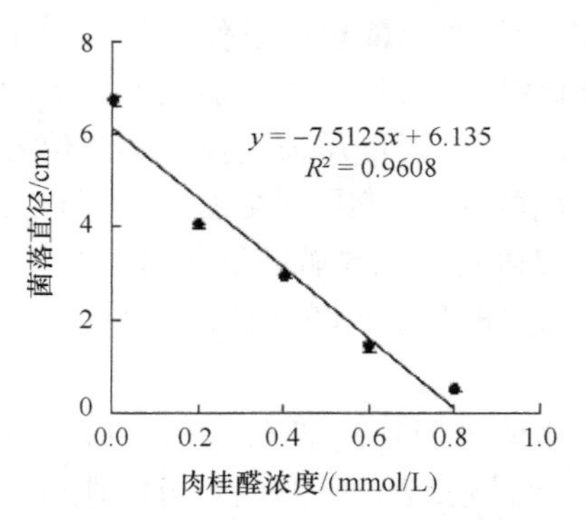

图 11-18　肉桂醛对立枯丝核菌的抑菌效应

二、肉桂醛诱导立枯丝核菌内氮氧化物（NO_x）介导的活性氧（ROS）暴发

借鉴肉桂醛诱导人体病原菌氧化损伤的研究成果，采用原位标记方法检测了肉桂醛对立枯丝核菌体内 ROS 的诱导效应。DCFH-DA 能够将细胞体内 ROS 标记为绿色荧光，荧光越亮则 ROS 含量越高。结果显示，0.27mmol/L 肉桂醛处理能够诱导立枯丝核菌体内 ROS 的快速大量产生（2～25min）（图 11-19）。已知由 *nox* 基因编码的 NADPH 氧化酶是生物体受到外界胁迫后 ROS 的主要来源之一。为了确定肉桂醛是否通过 NO_x 诱导立枯丝核菌体内 ROS 的过量产生，采用 NO_x 的三

种抑制剂（IMZ、PY、DPI）进行了研究。结果显示，田间 3 种抑制剂都能够显著缓解肉桂醛对 ROS 的诱导效应（图 11-20），说明 NO_x 可能是肉桂醛诱导立枯丝核菌 ROS 产生的重要来源。

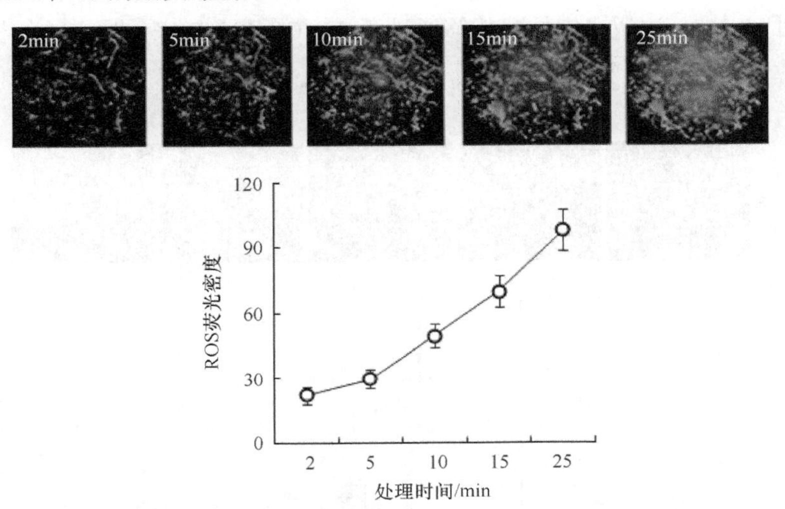

图 11-19　肉桂醛诱导立枯丝核菌内 ROS 的过量产生（彩图请扫封底二维码）

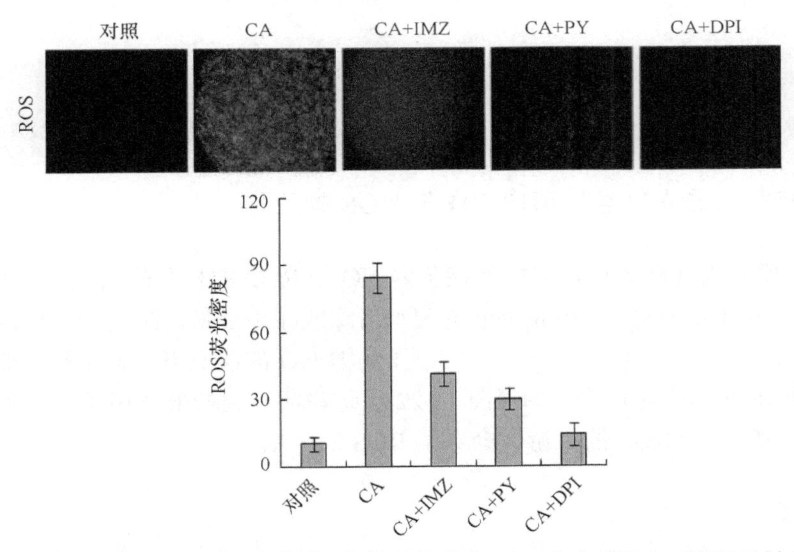

图 11-20　NO_x 抑制剂对肉桂醛诱导立枯丝核菌内 ROS 产生的影响（彩图见封三）

三、肉桂醛诱导立枯丝核菌内一氧化氮合酶（NOS）与硝酸还原酶（NR）介导的 NO 产生

通过检测 DAF-FM 与内源 NO 结合产生绿色光，0.27mmol/L 肉桂醛处理能够

诱导立枯丝核菌体内 NO 的大量产生，而添加 NO 清除剂 cPTIO 后，NO 荧光显著降低（图 11-21）。生物体内 NOS 与 NR 是产生 NO 的主要酶类。分别添加 NOS 抑制剂（L-NMMA）和 NR 抑制剂（Tungstate）后能够显著降低肉桂醛诱导的 NO 产生（图 11-21），这说明肉桂醛能够通过激活 NOS 和 NR 来诱导立枯丝核菌体内 NO 的产生。

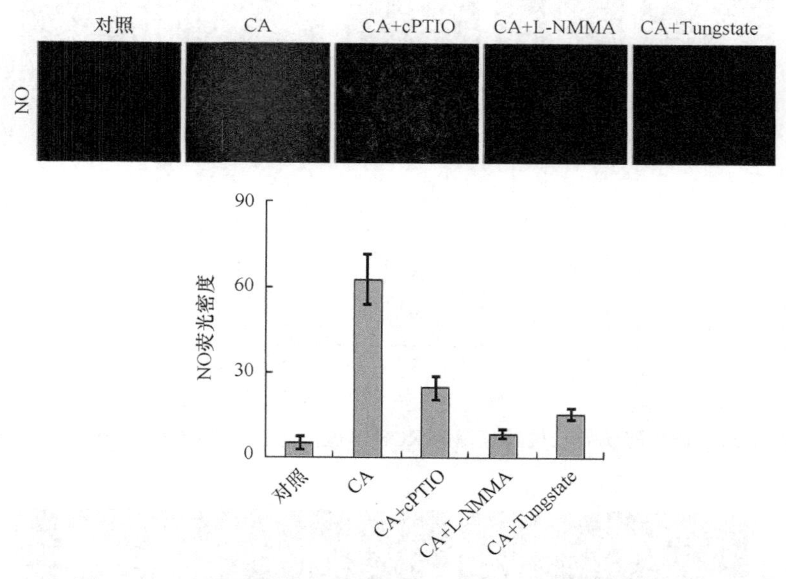

图 11-21　肉桂醛诱导立枯丝核菌内 NO 产生（彩图见封三）

四、肉桂醛诱导立枯丝核菌内 NO 与 ROS 的互作

为了明确肉桂醛处理后立枯丝核菌内 NO 与 ROS 的相互作用关系，我们分别采用 cPTIO、L-NMMA、Tungstate 处理来清除或减少过量产生的 NO 后，检测了菌体内 ROS 的水平。结果显示，在抑制了内源 NO 的情况下，肉桂醛处理后立枯丝核菌内 ROS 水平也明显下降（图 11-22），这说明在肉桂醛作用于立枯丝核菌的过程中，NO 位于 ROS 的上游，介导了 ROS 的产生。

五、小结

肉桂醛对立枯丝核菌表现出明显的抑菌效应，这可能与其诱导菌体内大量的 ROS 产生有关。这与肉桂醛对人体病原菌的作用方式类似，即肉桂醛通过 ROS 诱发的氧化损伤导致细胞膜迅速破裂。NO 作为一种保护性信号分子来清除 ROS 的功能在动植物中已有大量报道，然而在微生物中的研究却甚少。本研究揭示了

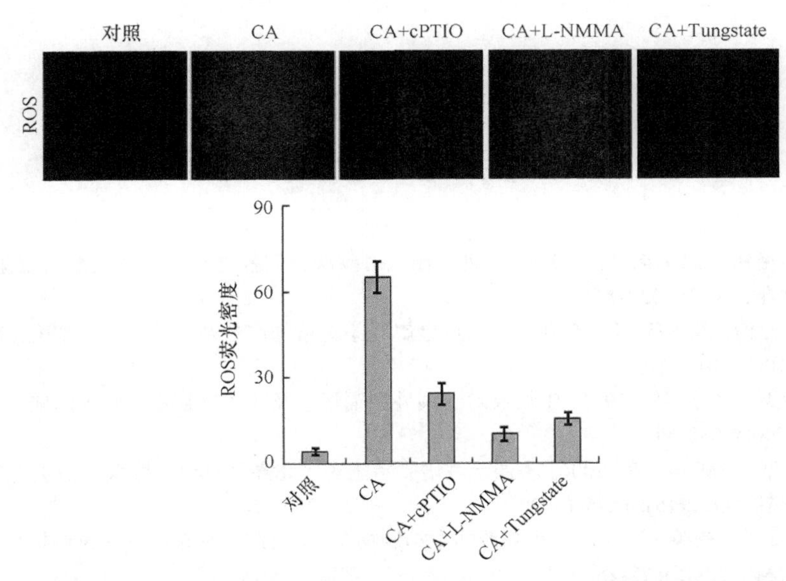

图 11-22　添加 NO 清除剂和抑制剂对肉桂醛诱导立枯丝核菌内 NO 产生的影响
（彩图请扫封底二维码）

NO 在立枯丝核菌响应肉桂醛处理中的作用，即作为一种伤害信号介导 ROS 的产生，这说明 NO 在微生物与高等动植物中的作用可能有很大差别。后续研究将深入研究 NO 这种新型作用模式的分子机制，为肉桂醛可能应用于防治烟草立枯病提供理论支撑。

参 考 文 献

毕丽君, 侯艳伟, 池海峰, 等. 2014. 生物炭输入对碳酸钙调控油菜生长及重金属富集的影响. 环境化学, 33(8): 1334-1341.

毕淑芹, 谢建治, 刘树庆, 等. 2006. 土壤重金属污染对植物产量及品质的影响研究. 河北农业科学, 10(2): 107-110.

曹莹, 邸佳美, 沈丹, 等. 2015. 生物炭对土壤外源镉形态及花生籽粒富集镉的影响. 生态环境学报, 24(4): 688-693.

曹志平, 胡诚, 叶钟年, 等. 2006. 不同土壤培肥措施对华北高产农田土壤微生物生物量碳的影响. 生态学报, 26(5): 1486-1493.

车海彦, 吴云锋, 杨英, 等. 2004. 植物源病毒抑制物 WCT-Ⅱ防治烟草花叶病毒的机理初探. 热带农业科学, 24(5): 22-25.

陈国潮, 何振立. 1998. 红壤不同利用方式下的微生物量研究. 土壤通报, 29(6): 276-278.

陈海燕, 高雪, 韩峰. 2006. 贵州省常用化肥重金属含量分析及评价. 耕作与栽培, (4): 18-19.

陈浩, 胡梁斌, 王春梅, 等. 2009. 植物源抗病毒剂 20%丁香酚 AS 防治西葫芦病毒病药效试验. 江西农业学报, 21(12): 112-113.

陈静, 黄占斌. 2014. 腐植酸在土壤修复中的作用. 腐植酸, (4): 30-34.

陈留美, 吕家珑, 桂林国, 等. 2006. 新垦淡灰钙土微生物生物量碳、氮、磷及玉米产量的研究. 干旱地区农业研究, 24(2): 48-51.

陈坦, 韩融, 王洪涛, 等. 2014. 污泥基生物炭对重金属的吸附作用. 清华大学学报(自然科学版), 54(8): 1062-1067.

程亮, 张保林, 王杰, 等. 2011. 腐植酸肥料的研究进展. 中国土壤与肥料, (5): 1-6.

储刘专, 黄树立, 孔伟, 等. 2011. 绿肥翻压利用对干旱年份烤烟生长发育的促进作用. 华中农业大学学报, 30(3): 337-341.

崔萌. 2008. 水分状况对有机物料碳在红壤水稻土中分解和分布的影响. 南京: 南京农业大学硕士学位论文.

戴冕. 2000. 我国主产烟区若干气象因素与烟叶化学成分关系的研究. 中国烟草学报, 6(1): 27-34.

邓小华, 杨丽丽, 陆中山, 等. 2013. 湘西烟叶质量风格特色感官评价. 中国烟草学报, 19(5): 22-27.

窦森. 2010. 土壤有机质. 北京: 科学出版社: 20.

杜春梅, 吴元华, 赵秀香, 等. 2004. 天然抗植物病毒物质的研究进展. 中国烟草学报, 10(1): 34-40.

杜文, 谭新良, 易建华, 等. 2007. 用烟叶化学成分进行烟叶质量评价. 中国烟草学报, 13(3): 25-31.

杜新民, 吴忠红, 张永清, 等. 2007. 不同种植年限日光温室土壤盐分和养分变化研究. 水土保持学报, 21(2): 78-80.

段舜山, 蔡昆争, 王晓明. 2000. 鹤山赤红壤坡地幼龄果园间作牧草的水土保持效应. 草业科学, 17(6): 12-17.
付利波, 王毅, 杨跃, 等. 2005. 利用烟田套作调控高肥力土壤烤烟生产. 植物营养与肥料学报, 11(1): 128-132.
付鸣佳, 吴祖建, 林奇英, 等. 2003. 金针菇中一种抗病毒蛋白的纯化及其抗烟草花叶病毒特性. 福建农林大学学报(自然科学版), 32(1): 84-88.
高保栓, 王宁, 黄丽华, 等. 2004. 正交实验优选丁香挥发油提取工艺研究. 时珍国医国药, 15(11): 734-735.
高家合. 2006. 腐殖酸对烤烟生长的影响研究. 中国农学通报, 22(8): 328-330.
高战武, 蔺吉祥, 邵帅, 等. 2014. 复合盐碱胁迫对燕麦种子发芽的影响. 草业科学, 31(3): 451-456.
耿召良, 商胜华, 陈兴江, 等. 2011. 植物源抗烟草花叶病毒天然产物研究进展. 中国烟草科学, 32(1): 84-91.
韩朝红, 孙谷畴. 1998. NaCl 对吸胀后水稻的种子发芽和幼苗生长的影响. 植物生理学报, 34(5): 339-342.
韩锦峰, 汪耀富, 钱晓刚. 2003. 烟草栽培生理. 北京: 中国农业出版社: 163-184.
韩群鑫, 黄寿山, 陈杰林. 2006. 丁香应用技术的研究进展. 生物灾害科学, 29(1): 24-26.
韩晓日, 郑国砥, 刘晓燕, 等. 2007. 有机肥与化肥配合施用土壤微生物生物量氮动态、来源和供氮特征. 中国农业科学, 40(4): 765-772.
贺万华, 曹兴洪, 范康君, 等. 2007. 卷烟制丝和卷制过程中主要质量指标与消耗指标的关系及评价方法. 中国烟草学报, 13(5): 17-22.
洪森荣, 尹明华. 2013. 红芽芋驯化苗对盐胁迫的光合及生理响应. 西北植物学报, 33(12): 2499-2506.
侯艳伟, 池海峰, 毕丽君. 2014. 生物炭施用对矿区污染农田土壤上油菜生长和重金属富集的影响. 生态环境学报, 23(6): 1057-1063.
胡诚, 曹志平, 叶钟年, 等. 2006. 不同的土壤培肥措施对低肥力农田土壤微生物生物量碳的影响. 生态学报, 26(3): 808-814.
胡庆辉. 2012. 盐与干旱胁迫诱导烤烟叶片细胞程序性死亡及多酚含量变化的研究. 北京: 中国农业科学院硕士学位论文.
胡荣海. 2007. 云南烟草栽培学. 北京: 科学出版社.
黄国锋, 钟流举, 张振钿, 等. 2003. 有机固体废弃物堆肥的物质变化及腐熟度评价. 应用生态学报, 14(5): 813-818.
黄文昭, 赵秀兰, 朱建国, 等. 2007. 土壤碳库激发效应研究. 土壤通报, 38(1): 149-154.
吉书文, 腾兆波. 1997. 烟草物理检测. 郑州: 河南科学技术出版社: 188-209.
孔文杰. 2011. 有机无机肥配施对蔬菜轮作系统重金属污染和产品质量的影响. 植物营养与肥料学报, 17(4): 977-984.
李承强, 魏源送, 樊耀波, 等. 1999. 堆肥腐熟度的研究进展. 环境工程学报, 2(6): 1-12.
李春俭, 张福锁, 李文卿, 等. 2007. 我国烤烟生产中的氮素管理及其与烟叶品质的关系. 植物营养与肥料学报, 13(2): 331-337.
李贵才, 韩兴国, 黄建辉, 等. 2001. 森林生态系统土壤氮矿化影响因素研究进展. 生态学报, 21(7): 1187-1195.

李海燕, 丁雪梅, 周婵, 等. 2004. 盐胁迫对三种盐生禾草种子萌发及其胚生长的影响. 草地学报, 12(1): 45-50.

李力, 刘娅, 陆宇超, 等. 2011. 生物炭的环境效应及其应用的研究进展. 环境化学, 30(8): 1411-1421.

李巧如, 刘宗智. 2001. 丁香提取物抗菌机理的探讨. 西北药学杂志, 16(6): 261-263.

李士磊, 霍鹏, 高欢欢, 等. 2012. 复合盐胁迫对小麦萌发的影响及耐盐阈值的筛选. 麦类作物学报, 32(2): 260-264.

李霞, 陶梅, 肖波, 等. 2011. 免耕和草篱措施对径流中典型农业面源污染物的去除效果. 水土保持学报, 25(6): 221-224.

李兴红, 贾月梅, 商振清, 等. 2003. VA 系统诱导烟草对 TMV 抗性与细胞内防御酶系统的关系. 河北农业大学学报, 26(4): 21-24.

李学坚, 黄海滨. 2000. 微波浸提技术提取丁香油的研究. 广西中医药, 23(3): 49-50.

李月臣, 刘春霞, 赵纯勇, 等. 2008. 三峡库区重庆段水土流失的时空格局特征. 地理学报, 63(5): 502-513.

蔺吉祥, 高战武, 王颖, 等. 2014. 盐碱胁迫对紫花苜蓿种子发芽的协同影响. 草地学报, 22(2): 312-318.

刘凤歧, 刘杰淋, 朱瑞芬, 等. 2015. 4 种燕麦对 NaCl 胁迫的生理响应及耐盐性评价. 草业学报, 24(1): 183-189.

刘国顺, 罗贞宝, 王岩, 等. 2006. 绿肥翻压对烟田土壤理化性状及土壤微生物量的影响. 水土保持学报, 20(1): 95-98.

刘国顺. 2003a. 国内外烟叶质量差距分析和提高烟叶质量技术途径探讨. 中国烟草学报, 9(S1): 54-58.

刘国顺. 2003b. 烟草栽培学. 北京: 中国农业出版社.

刘杰, 张美丽, 张义, 等. 2008. 人工模拟盐、碱环境对向日葵种子萌发及幼苗生长的影响. 作物学报, 34(10): 1818-1825.

刘丽, 张晓兵, 许自成, 等. 2007. 烤烟拉力与主要化学成分的关系研究. 郑州轻工业学院学报(自然科学版), 22(4): 1-3.

刘添毅, 熊德中. 2000. 烤烟有机肥与化肥配合施用效应的探讨. 中国烟草科学, 21(4): 23-26.

刘新民, 杜咏梅, 程森, 等. 2012. 烤烟烟丝填充值与其理化指标和感官品质的关系. 中国烟草科学, 33(5): 74-78.

娄翼来, 关连珠, 王玲莉, 等. 2007. 不同植烟年限土壤 pH 和酶活性的变化. 植物营养与肥料学报, 13(3): 531-534.

卢金伟, 李占斌. 2002. 土壤团聚体研究进展. 水土保持研究, 9(1): 81-85.

鲁黎明, 朱靓, 雷强, 等. 2012. 四川烤烟主产区烟叶感官质量及主要化学成分分析. 草业学报, 21(4): 88-97.

路磊, 李忠佩, 车玉萍. 2006. 不同施肥处理对黄泥土微生物生物量碳氮和酶活性的影响. 土壤, 38(3): 309-314.

马冬云, 郭天财, 宋晓, 等. 2007. 尿素施用量对小麦根际土壤微生物数量及土壤酶活性的影响. 生态学报, 27(12): 5222-5228.

毛多斌, 马宇平, 梅业安, 等. 2001. 卷烟配方和香精香料. 北京: 化学工业出版社: 44-88.

彭艳, 周冀衡, 张建平, 等. 2011. 不同品种烤烟有机酸组成含量分析. 云南农业大学学报(自然科学版), 26(5): 652-655.
秦松, 王正银, 石俊雄. 2006. 贵州省不同香气类型烟叶质量特征研究. 中国农业科学, 39(11): 2319-2326.
邱莉萍, 刘军, 王益权, 等. 2004. 土壤酶活性与土壤肥力的关系研究. 植物营养与肥料学报, 10(3): 277-280.
曲晓, 金启安, 温海波, 等. 2011. 丁香酚对斜纹夜蛾的杀虫活性研究. 热带农业科学, 31(3): 17-19.
阮松林, 薛庆中. 2002. 盐胁迫条件下杂交水稻种子发芽特性和幼苗耐盐生理基础. 中国水稻科学, 16(3): 281-284.
申莉莉, 王凤龙, 钱玉梅, 等. 2007. 拮抗细菌对烟草花叶病毒(TMV)的抑制作用研究. 中国烟草科学, 28(5): 9-11.
申玉香, 乔海龙, 陈和, 等. 2009. 几个大麦品种(系)的耐盐性评价. 核农学报, 23(5): 752-757.
沈宏, 曹志洪, 徐志红. 2000. 施肥对土壤不同碳形态及碳库管理指数的影响. 土壤学报, 37(2): 166-173.
沈建国, 张正坤, 吴祖建, 等. 2007. 臭椿抗烟草花叶病毒活性物质的提取及其初步分离. 中国生物防治学报, 23(4): 348-352.
石俊雄. 2002. 基追肥比例和施肥方法对烤烟产质量的影响. 贵州农业科学, 30(B11): 19-22.
石淑珍, 刘增加, 杨银书, 等. 2003. 丁香驱避剂驱蚊效果现场观察. 医学动物防制, 19(1): 18-19.
史宏志, 韩锦峰, 王彦亭, 等. 1998. 不同氮量和氮源下烤烟精油成分含量与香吃味的关系. 中国烟草科学, 19(2): 1-5.
史宏志, 刘国顺. 1998. 烟草香味学. 北京: 中国农业出版社: 10-17.
史宏志, 张建勋. 2004. 烟草生物碱. 北京: 中国农业出版社: 73-82.
佀国涵, 吴文昊, 梅东海, 等. 2011. 不同光叶紫花苕子翻压量对烤烟产量和品质的影响. 中国烟草科学, 32(S1): 82-86.
宋军, 于廉君, 李鹤玉, 等. 1996. 丁香酚抗真菌作用的实验研究. 中国皮肤性病学杂志, 10(4): 203-204.
宋日, 吴春胜, 牟金明, 等. 2002. 玉米根茬留田对土壤微生物生物量碳和酶活性动态变化特征的影响. 应用生态学报, 13(3): 303-306.
孙群, 王建华, 孙宝启. 2007. 种子活力的生理和遗传机理研究进展. 中国农业科学, 40(1): 48-53.
孙铁军, 刘素军, 肖春利, 等. 2007. 草地雀麦刈割对坡地水土流失的影响. 水土保持学报, 21(4): 34-37.
谭廷华, 何西利. 1996. 丁香酚对氧自由基的清除作用. 西北药学杂志, 11(1): 30-31.
唐玉姝, 慈恩, 颜廷梅, 等. 2008. 太湖地区长期定位试验稻麦两季土壤酶活性与土壤肥力关系. 土壤学报, 45(5): 1000-1006.
唐远驹. 2004. 试论特色烟叶的形成和开发. 中国烟草科学, 25(1): 10-13.
王程栋, 王树声, 胡庆辉, 等. 2012. NaCl 胁迫对烤烟叶肉细胞超微结构的影响. 中国烟草科学, 33(2): 57-61.
王帆, 杨静东, 王春梅, 等. 2011. 肉桂醛对大肠杆菌和绿脓杆菌的作用机制. 江苏农业学报, 27(4): 888-892.
王光华, 金剑, 韩晓增, 等. 2007a. 不同土地管理方式对黑土土壤微生物生物量碳和酶活性的影响. 应用生态学报, 18(6): 1275-1280.

王光华, 齐晓宁, 金剑, 等. 2007b. 施肥对黑土农田土壤全碳、微生物生物量碳及土壤酶活性的影响. 土壤通报, 38(4): 661-666.

王继伟, 雷新云, 严衍录, 等. 1995. 感染烟草花叶病毒(TMV)的烟叶在显症前的荧光光谱变化. 植物保护学报, 22(3): 269-274.

王建民, 杜阅光, 闫克玉, 等. 2008. 烟叶配伍性与水溶性总糖含量差值的关系. 烟草科技, 41(1): 5-7.

王黎黎. 2010. 盐碱胁迫下与渗透调节和离子平衡相关溶质在碱蓬体内动态积累与分布特征. 长春: 东北师范大学硕士学位论文.

王丽红, 孙飞, 陈春梅, 等. 2013. 酸化土壤铝和镉对水稻幼苗根系生长的复合影响. 农业环境科学学报, 32(12): 2511-2512.

王丽宏, 杨光立, 曾昭海, 等. 2008. 稻田冬种黑麦草对饲草生产和土壤微生物效应的影响(简报). 草业学报, 17(2): 157-161.

王美, 李书田. 2014. 肥料重金属含量状况及施肥对土壤和作物重金属富集的影响. 植物营养与肥料学报, 20(2): 466-480.

王瑞新. 2003. 烟草化学. 北京: 中国农业出版社.

王彦辉, Rade. 1999. 环境因子对挪威云杉林土壤有机质分解过程中重量和碳的气态损失影响及模型. 生态学报, 3(5): 641.

王以慧. 2011. 近红外快速检测技术辅助卷烟配方设计初步研究. 北京: 中国农业科学院硕士学位论文.

王玉军, 窦森, 李业东, 等. 2009. 鸡粪堆肥处理对重金属形态的影响. 环境科学, 30(3): 913-917.

吴景贵, 姜岩. 1999. 玉米植株残体还田后土壤胡敏酸理化性质变化的动态研究. 中国农业科学, 32(1): 63-68.

吴艳兵, 颜振敏, 谢荔岩, 等. 2008. 天然抗烟草花叶病毒大分子物质研究进展. 微生物学通报, 35(7): 1096-1101.

武丽, 徐晓燕, 朱小茜, 等. 2008. 我国不同生态烟区烤烟的部分化学成分和多酚类物质含量的比较. 华北农学报, 23(增刊): 153-156.

武雪萍, 刘国顺, 朱凯, 等. 2004. 外源氨基酸对烟叶氨基酸含量的影响. 中国农业科学, 37(3): 357-361.

武雪萍, 刘增俊, 赵跃华, 等. 2005. 施用芝麻饼肥对植烟根际土壤酶活性和微生物碳、氮的影响. 植物营养与肥料学报, 11(4): 541-546.

夏明静, 吴承龙. 2001. 22 种抗菌消失中药有效成分对痤疮丙酸杆菌的抑制作用. 中华皮肤科杂志, 34(6): 435-436.

徐华勤, 章家恩, 冯丽芳, 等. 2010. 广东省典型土壤类型和土地利用方式对土壤酶活性的影响. 植物营养与肥料学报, 16(6): 1464-1471.

徐谦. 1996. 我国化肥和农药非点源污染状况综述. 生态与农村环境学报, 12(2): 39-43.

徐阳春, 沈其荣, 冉炜. 2002. 长期免耕与施用有机肥对土壤微生物生物量碳、氮、磷的影响. 土壤学报, 39(1): 89-96.

许月蓉. 1995. 不同施肥条件下潮土中微生物量及其活性. 土壤学报, 32(3): 349-352.

薛超群, 尹启生, 王广山, 等. 2008. 烤烟烟叶物理特性的变化及其与评吸质量的关系. 烟草科技, 49(7): 52-55.
薛延丰, 陈健, 张猛, 等. 2014a. 利用生理生化参数评价肉桂醛浸种对辣椒种子萌发可行性初步研究. 西南农业学报, 27(1): 225-230.
薛延丰, 陈健, 张猛, 等. 2014b. 肉桂醛对辣椒生物量和品质影响及辣椒疫病防控效果初探. 西南农业学报, 27(2): 781-787.
闫克玉, 王建民, 屈剑波, 等. 2001. 河南烤烟评吸质量与主要理化指标的相关分析. 烟草科技, 34(10): 5-9.
颜宏, 矫爽, 赵伟, 等. 2008. 不同大小碱地肤种子的萌发耐盐性比较. 草业学报, 17(2): 26-32.
杨惟薇. 2014. 生物炭对镉污染土壤的修复研究. 南宁: 广西大学硕士学位论文.
杨秀玲, 郁继华, 李雅佳, 等. 2004. NaCl 胁迫对黄瓜种子萌发及幼苗生长的影响. 甘肃农业大学学报, 39(1): 6-9.
叶协锋, 李志鹏, 于晓娜, 等. 2015. 生物炭用量对植烟土壤碳库及烤后烟叶质量的影响. 中国烟草学报, 21(5): 33-41.
叶协锋, 刘红恩, 孟琦, 等. 2013. 不同类型烟秸秆化学组分分析. 烟草科技, 10(10): 76-79.
叶协锋, 杨超, 王永, 等. 2008. 翻压黑麦草对烤烟产、质量影响的研究. 中国农学通报, 24(12): 196-199.
叶协锋. 2011. 河南省烟草种植生态适宜性区划研究. 咸阳: 西北农林科技大学博士学位论文.
尹宝军, 高保昌. 1999. 氨基酸混合物对烤烟产质影响的研究初报. 中国烟草科学, 3(4): 34-36.
尹启生, 陈江华, 王信民, 等. 2003. 2002 年度全国烟叶质量评价分析. 中国烟草学报, 9(S1): 59-70.
于建军. 2009. 卷烟工艺学. 北京: 中国农业出版社.
于水强, 窦森, 张晋京, 等. 2005. 不同氧气浓度对玉米秸秆分解期间腐殖物质形成的影响. 吉林农业大学学报, 27(5): 528-533.
余海英, 李廷轩, 周健民. 2005. 设施土壤次生盐渍化及其对土壤性质的影响. 土壤, 37(6): 581-586.
俞巧钢, 叶静, 马军伟, 等. 2012. 山地果园套种绿肥对氮磷径流流失的影响. 水土保持学报, 26(2): 6-10.
袁仕豪, 易建华, 蒲文宣, 等. 2008. 多雨地区烤烟对基肥和追肥氮的利用率. 作物学报, 34(12): 2223-2227.
曾敏, 廖柏寒, 曾清如, 等. 2006. 重金属污染土壤清洗导致几种营养元素流失的研究. 水土保持学报, 20(1): 25-29.
张芳侠, 张丽军, 张小燕. 2003. 正交试验法优选丁香挥发油的提取工艺. 西北药学杂志, 18(3): 109.
张国伟, 路海玲, 张雷, 等. 2011. 棉花萌发期和苗期耐盐性评价及耐盐指标筛选. 应用生态学报, 22(8): 2045-2053.
张宏波, 洪波. 2001. 乙醇回流提取丁香酚的新方法. 吉林大学学报(理学版), 2(2): 106-108.
张会慧, 田祺, 刘关君, 等. 2013. 转 *2-CysPrx* 基因烟草抗氧化酶和 PSII 电子传递对盐和光胁迫的响应. 作物学报, 39(11): 2023-2029.
张洁, 姚宇卿, 金轲, 等. 2007. 保护性耕作对坡耕地土壤微生物生物量碳、氮的影响. 水土保持学报, 21(4): 126-129.
张金波, 宋长春. 2004. 土壤氮素转化研究进展. 吉林农业科学, 29(1): 38-43.

张士功, 邱建军, 张华. 2000. 我国盐渍土资源及其综合治理. 中国农业资源与区划, 21(1): 52-56.

张文华. 2005. 超临界 CO_2 萃取丁香挥发油的实验研究. 化工科技, 13(6): 18-20.

张晓艳, 王立, 黄高宝, 等. 2008. 道地药材保护性耕作对坡耕地土壤侵蚀的影响. 水土保持学报, 22(2): 58-61.

张正坤, 沈建国, 谢荔岩, 等. 2008. 鸦胆子素D对烟草抗烟草花叶病毒的诱导抗性和保护作用. 科技导报, 26(8): 31-36.

章家恩, 刘文高, 胡刚. 2002. 不同土地利用方式下土壤微生物数量与土壤肥力的关系. 土壤与环境, 11(2): 140-143.

章明美, 杨小明, 谢吉民, 等. 2004. 15 种生药提取物抑制痤疮致病菌的活性筛选. 江苏大学学报(医学版), 14(3): 188-190.

章智明, 黄占斌, 单瑞娟. 2013. 腐植酸对土壤改良作用探讨. 环境与可持续发展, 38(3): 109-111.

赵莉. 2009. 湖南植烟土壤盐分表聚及其调控措施研究. 长沙: 湖南农业大学硕士学位论文.

中华人民共和国国家烟草专卖局. 2004. YC/T 142—1998 烟草农艺性状调查方法. 北京: 中国标准出版社.

中华人民共和国国家质量监督检验检疫总局, 中国国家标准化管理委员会. 2009. GB/T 23349—2009 肥料中砷、镉、铅、铬、汞生态指标. 北京: 中国标准出版社.

中华人民共和国环境保护部. 1987. 城镇垃圾农用控制标准: GB 8172—87. 北京: 中国标准出版社.

中华人民共和国环境保护部. 2005. 农田灌溉水质标准: GB 5084—2005. 北京: 中国标准出版社.

中华人民共和国环境保护部. 2005. 土壤环境质量标准: GB 15618—2005. 北京: 中国标准出版社.

中华人民共和国环境保护部. 2012. 环境空气质量标准: GB 3095—2012. 北京: 中国标准出版社.

中华人民共和国农业部. 2012. 有机肥料: NY 525—2012. 北京: 中国标准出版社.

中华人民共和国农业部. 2013. 绿色食品　产地环境标准: NY/T 391—2013. 北京: 中国标准出版社.

中华人民共和国卫生部. 2012. 粪便无害化卫生要求: GB 7959—2012. 北京: 中国标准出版社.

钟少枢, 吴克刚, 柴向华, 等. 2009. 七种单离食用香料对食品腐败菌抑菌活性的研究. 食品工业科技, 4(5): 68-71.

周冀衡, 朱小平, 王彦亭, 等. 1996. 烟草生理与生物化学. 合肥: 中国科学技术大学出版社: 89-145.

周建斌, 邓丛静, 陈金林, 等. 2008. 棉秆炭对镉污染土壤的修复效果. 生态环境, 17(5): 1857-1860.

周建新, 许华. 2000. 丁香油抑菌效果与抑菌成分的研究. 食品工业, (3): 24-25.

周瑞莲, 张普金, 徐长林. 1997. 高寒山区火烧土壤对其养分含量和酶活性的影响及灰色关联分析. 土壤学报, 34(1): 89-96.

周文新, 陈冬林, 卜毓坚, 等. 2008. 稻草还田对土壤微生物群落功能多样性的影响. 环境科学学报, 28(2): 326-330.

朱贵明, 何命军, 石屹, 等. 2002. 对我国烟草肥料研究与开发工作的思考. 中国烟草科学, 23(1): 19-20.

朱维, 刘丽, 吴燕明, 等. 2015. 组配改良剂对土壤-蔬菜系统铅镉转运调控的场地研究. 环境科学, 36(11): 4277-4282.

朱兆良，文启孝. 1992. 中国土壤氮素. 南京: 江苏科技出版社: 22-28.

朱尊权. 2000. 烟叶的可用性与卷烟的安全性. 烟草科技, 33(8): 3-6.

Abdelhakim Y M, Mohamed W A M. 2015. Assessment of the role of thymol in combating chromium (VI)-induced oxidative stress in isolated rat erythrocytes *in vitro*. Toxicological & Environmental Chemistry, 98(10): 1227-1240.

Alfocea F P, Estañ M T, Caro M, et al. 1993. Response of tomato cultivars to salinity. Plant and Soil, 150(2): 203-211.

Atkinson C J, Fitzgerald J D, Hipps N A. 2010. Potential mechanisms for achieving agricultural benefits from biochar application to temperate soils: a review. Plant and Soil, 337(1): 1-18.

Baker A J M, Rreeves R D, Hajar A S M. 1994. Heavy metal accumulation and tolerance in British population of the metallophyte *Thlaspi caerulescens* J & C Presl (Brassicaceae). New Phytologist, 127(1): 61-68.

Bolan N, Kunhikrishnan A, Thangarajan R, et al. 2014. Remediation of heavy metal (loid)s contaminated soils—to mobilize or to immobilize. Journal of Hazardous Materials, 266(4): 141-166.

Brunetti P, Zanella L, Proia A, et al. 2011. Cadmium tolerance and phytochelatin content of *Arabidopsis* seedlings over-expressing the phytochelatin synthase gene *AtPCS1*. Journal of Experimental Botany, 62(15): 5509-5519.

Bruun S, Elzahery T, Jensen L. 2009. Carbon sequestration with biochar - stability and effect on decomposition of soil organic matter. Earth and Environmental Science, 6(24): 242010.

Caines A M, Shennan C. 1999. Interactive effects of Ca^{2+}, and NaCl salinity on the growth of two tomato genotypes differing in Ca^{2+}, use efficiency. Plant Physiology & Biochemistry, 37(7-8): 569-576.

Campbell C A, Zentner R P, Knipfel J E, et al. 1991. Thirty-year crop rotations and management practices effects on soil and amino nitrogen. Soil Science Society of America Journal, 55(3): 739-745.

Castillo S, Pérez-Alfonso C O, Martínez-Romero D, et al. 2014. The essential oils thymol and carvacrol applied in the packing lines avoid lemon spoilage and maintain quality during storage. Food Control, 35(1): 132-136.

Chao L K, Hua K F, Hsu H Y, et al. 2008. Cinnamaldehyde inhibits pro-inflammatory cytokines secretion from monocytes/macrophages through suppression of intracellular signaling. Food & Chemical Toxicology, 46(1): 220-231.

Cheng C H, Lehmann J, Engelhard M H. 2008. Natural oxidation of black carbon in soils: changes in molecular form and surface charge along a climosequence. Geochimica Et Cosmochimica Acta, 72(6): 1598-1610.

Cheng S S, Liu J Y, Chang E H, et al. 2008. Antifungal activity of cinnamaldehyde and eugenol congeners against wood-rot fungi. Bioresource Technology, 99(11): 5145-5149.

Chmielowskabąk J, Gzyl J, Rucińskasobkowiak R, et al. 2014. The new insights into cadmium sensing. Frontiers in Plant Science, 5: 245.

Cloyd R A, Cycholl N L. 2002. Phytotoxicity of selected insecticides on greenhouse-grown herbs. Hortscience A Publication of the American Society for Horticultural Science, 37(4): 671-672.

Contina M, Pituelloa C, Nobilia M De. 2010. Organic matter mineralization and changes in soil biophysical parameters following biocharamendment//González-Pérez J A, González-Vila F J, Almendros G. Advances in Natural Organic Matter and Humicsubtances Research, Proceedings

Vol 2. 2008—2010 XV Meeting of the International Humic Substances Society. Pureto de la Cruz, Tenerife, Canary Inslands: 85-388.

Croser C, Renault S, Franklin J, et al. 2001. The effect of salinity on the emergence and seedling growth of piceamariana, piceaglauca, and pinusbanksiana. Environmental Pollution, 115(1): 9-16.

Deenik J L, McClellan A T, Uehara G. 2009. Biochar volatile matter content effects on plant growth and nitrogen and nitrogen transformations in a tropical soil. Western Nutrient Management Conference, Vol. 8. Salt Lake City, UT, USA: 26-31.

Edwards A P, Bremner J M. 2006. Microaggregates in soils. European Journal of Soil Science, 18(1): 64-73.

Falchini L, Naumova N, Kuikman P J, et al. 2003. CO_2 evfolution and denaturing gradient gel electrophoresis profiles of bacterial communities in soil following addition of low molecular weight substrates to simulate root exudation. Soil Biology & Biochemistry, 35(6): 775-782.

Fang H, Jing T, Liu Z, et al. 2014. Hydrogen sulfide interacts with calcium signaling to enhance the chromium tolerance in *Setaria italica*. Cell Calcium, 56(6): 472-481.

Fillery I R P, Vlek P L G. 1986. Reappraisal of the significance of ammonia volatilization as an N loss mechanism in flooded rice fields. Nutrient Cycling in Agroecosystems, 9(1): 79-98.

Fioretto A, Musacchio A, Andolfi G, et al. 1998. Decomposition dynamics of litters of various pine species in a Corsican pine forest. Soil Biology & Biochemistry, 30(6): 721-727.

Fontaine S, Mariotti A, Abbadie L. 2003. The priming effect of organic matter: a question of microbial competition? Soil Biology & Biochemistry, 35(6): 837-843.

Gallego S M, Pena L B, Barcia R A, et al. 2012. Unraveling cadmium toxicity and tolerance in plants: insight into regulatory mechanisms. Environmental & Experimental Botany, 83(5): 33-46.

Gheorghe C, Marculescu C, Badea A, et al. 2009. Effect of Pyrolysis Conditions on Bio-Char Production from Biomass, Proceedings of the 3rd WSEAS Int. Conf. on RENEWABL ENERGY SOURCES: 239-241.

Gill S S, Tuteja N. 2010. Reactive oxygen species and antioxidant machinery in abiotic stress tolerance in crop plants. Plant Physiology & Biochemistry, 48(12): 909-930.

Guo H J, Tao H U, Fu J M. 2012. Effects of saline sodic stress on growth and physiological responses of loliumperenne. Acta Prataculturae Sinica, 21(1): 118-125.

Guo J H, Liu X J, Zhang Y, et al. 2010. Significant acidification in major chinese croplands. Science, 327(5968): 1008-1010.

Guo R, Shi L, Yang Y. 2009. Germination, growth, osmotic adjustment and ionic balance of wheat in response to saline and alkaline stresses. Soil Science and Plant Nutrition, 55(5): 667-679.

Hancock J T, Whiteman M. 2016. Hydrogen sulfide signaling: interactions with nitric oxide and reactive oxygen species. Annals of the New York Academy of Sciences, 1365(1): 5-14.

Hardegree S P, Emmerich W E. 1990. Partitioning water potential and specific salt effects on seed germination of four grasses. Annals of Botany, 66(5): 1608-1613.

Hayashi K, Imanishi N, Kashiwayama Y, et al. 2007. Inhibitory effect of cinnamaldehyde, derived from Cinnamomi cortex, on the growth of influenza A/PR/8 virus *in vitro* and *in vivo*. Antiviral Research, 74(1): 1-8.

Hernández L E, Sobrino-Plata J, Montero-Palmero M B, et al. 2015.Contribution of glutathione to the control of cellular redox homeostasis under toxic metal and metalloid stress. Journal of Experimental Botany, 66(10): 2901-2911.

Hidetoshi A, Benjamink S, Haefelem S, et al. 2009. Biochar amendment techniques for upland rice production in northern Laos: 1. soil physical properties, leaf spad and grain yield. Field Crops

Research, 111(S1-2): 81-84.

Hirai M F, Chanyasak V, Kubota H. 1983. Standard measurement for compost maturity. Biocycle, 24(6): 54-56.

Hockaday W C. 2006. The organic geochemistry of charcoal black carbon in the soils of the University of Michigan Biological Station. Columbus: Ohio State University, Ph.D. Dissertation.

Hu L B, Zhou W, Yang J D, et al. 2011. Cinnamaldehyde induces pcd-like death of microcystis aeruginosa, via reactive oxygen species. Water, Air & Soil Pollution, 217(1): 105-113.

Huang J S, Lee Y H, Chuang L Y, et al. 2015. Cinnamaldehyde and nitric oxide attenuate advanced glycation end products-induced the Jak/STAT signaling in human renal tubular cells. Journal of Cellular Biochemistry, 116(6): 1028-1038.

Imai T, Yasuhara K, Tamura T, et al. 2002. Inhibitory effects of cinnamaldehyde on 4-(methylnitrosamino)-1-(3-pyridyl)-1-butanone-induced lung carcinogenesis in *rasH2* mice. Cancer Letters, 175(1): 9-16.

Ivanova L A, Ronzhina D A, Ivanov L A, et al. 2011. Over-expression of *gsh1*, in the cytosol affects the photosynthetic apparatus and improves the performance of transgenic poplars on heavy metal-contaminated soil. Plant Biology, 13(4): 649-659.

Kang L L, Zhang D M, Ma C H, et al. 2016. Cinnamaldehyde and allopurinol reduce fructose-induced cardiac inflammation and fibrosis by attenuating CD36-mediated TLR4/6-IRAK4/1 signaling to suppress NLRP3 inflammasome activation. Scientific Reports, 6: 27460.

Karaivazoglou N A, Papakosta D K, Divanidis S. 2005. Effect of chloride in irrigation water and form of nitrogen fertilizer on virginia (flue-cured) tobacco. Field Crops Research, 92(1): 61-74.

Khan M A, Ungar I A, Showalter A M. 2000. The effect of salinity on the growth, water status, and ion content of a leaf succulent perennial halophyte, suaedafruticosa (l.) forssk. Journal of Arid Environments, 45(1): 73-84.

Kim Y S, Hwang J W, Kang S H, et al. 2014. Thymol from *Thymus quinquecostatus* Celak. protects against tert-butyl hydroperoxide-induced oxidative stress in chang cells. Journal of Natural Medicines, 68(1): 154-162.

Kissel D E, Brewer H L, Arkin G F. 1977. Design and test of a field sampler for ammonia volatilization. Soil Science Society of America Journal, 41(6): 1133-1138.

Kolb S E, Fermanich K J, Dornbush M E. 2009. Effect of charcoal quantity on microbial biomass and activity in temperate soils. Soil Science Society of America Journal, 73(4): 1173-1181.

Kordali S, Cakir A, Ozer H, et al. 2008. Antifungal, phytotoxic and insecticidal properties of essential oil isolated from Turkish Origanumacutidens, and its three components, carvacrol, thymol and p-cymene. Bioresource Technology, 99(18): 8788-8795.

Lehmann J D, Joseph S. 2009. Biochar for environmental management: science and technology. Science and Technology; Earthscan, 25(1): 15801-15811.

Lehmann J, Sohi S. 2008. Comment on "fire-derived charcoal causes loss of forest humus". Science, 320(5876): 629.

Li L, Rose P, Moore P K. 2011. Hydrogen sulfide and cell signaling. Pharmacology and Toxicology, 51(51): 169-187.

Lisjak M, Teklic T, Wilson I D, et al. 2013. Hydrogen sulfide: environmental factor or signalling molecule? Plant Cell & Environment, 36(9): 1607-1616.

Morel T, Colin F, Germon J C, et al. 1985. Methods for the evaluation of the maturity of municipal refuse compost//Gasser J K R. Composting of Agricultural and Other Wastes. London: Elsevier Applied Science Publishers: 56-72.

Munaron L, Avanzato D, Moccia F, et al. 2013. Hydrogen sulfide as a regulator of calcium channels.

Cell Calcium, 53(2): 77-84.

Ogawa M. 1994. Symbiosis of people and nature in the tropics. Farming Japan, 28(5): 10-34.

Pfeifer P. 1984. Erratum: Chemistry in noninteger dimensions between two and three. I. Fractal theory of heterogeneous surfaces. Journal of Chemical Physics, 80(7): 3558-3565.

Potthoff M, Loftfield N, Buegger F, et al. 2003. The determination of ja: math in soil microbial biomass using fumigation-extraction. Soil Biology & Biochemistry, 35(7): 947-954.

Raffai G, Kim B, Park S, et al. 2014. Cinnamaldehyde and cinnamaldehyde-containing micelles induce relaxation of isolated porcine coronary arteries: role of nitric oxide and calcium. International Journal of Nanomedicine, 9(1): 2557-2566.

Ranasinghe P, Pigera S, Premakumara G S, et al. 2013. Medicinal properties of 'true' cinnamon (*Cinnamomum zeylanicum*): a systematic review. BMC Complementary and Alternative Medicine, 13(1): 1-10.

Rothwalter F, Moskovskich A, Gomezcasado C, et al. 2013. Immune suppressive effect of cinnamaldehyde due to inhibition of proliferation and induction ofapoptosis in immune cells: implications in cancer. PLoS ONE, 9(10): e108402.

Shettigar N B, Das S, Rao N B, et al. 2015. Thymol, a monoterpene phenolic derivative of cymene, abrogates mercury-induced oxidative stress resultant cytotoxicity and genotoxicity in hepatocarcinoma cells. Environmental Toxicology, 30(8): 968-980.

Shi H, Ye T, Chan Z. 2014. Nitric oxide-activated hydrogen sulfide is essential for cadmium stress response in bermudagrass [*Cynodon dactylon* (L). Pers.]. Plant Physiology & Biochemistry, 74(136): 99-107.

Singh J, Raghubanshi A S, Singh R S, et al. 1989. Microbial biomass acts as a source of plant nutrients in dry tropical forest and savanna. Nature, 338(338): 499-500.

Six J, Elliott E T, Paustian K. 2000. Soil structure and soil organic matter: II. A normalized stability index and the effect of mineralogy. Soil Science Society of America Journal, 64(3): 1042-1049.

Soumaré M, Tack F M G, Verloo M G. 2003. Effects of a municipal solid waste compost and mineral fertilization on plant growth in two tropical agricultural soils of Mali. Bioresource Technology, 86(1): 15-20.

Steinbeiss S, Gleixner G, Antonietti M. 2009. Effect of biochar amendment on soil carbon balance and soil microbial activity. Soil Biology & Biochemistry, 41(6): 1301-1310.

Steiner C, Das K C, Garcia M, et al. 2008. Charcoal and smoke extract stimulate the soil microbial community in a highly weathered xanthic Ferralsol. Pedobiologia, 51(5-6): 359-366.

Steiner C, Teixeira W G, Lehmann J, et al. 2007. Long term effects of manure, charcoal and mineral fertilization on crop production and fertility on a highly weathered Central Amazonian upland soil. Plant and Soil, 291(1): 275-290.

Uddin M K, Juraimi A S, Ismail M R, et al. 2009. Growth response of eight tropical turfgrass species to salinity. African Journal of Biotechnology, 8(21): 5799-5806.

Vestergaard M, Matsumoto S, Nishikori S, et al. 2008. Chelation of cadmium ions by phytochelatin synthase: role of the cysteine-rich C-terminal. Analytical Sciences the International Journal of the Japan Society for Analytical Chemistry, 24(2): 277-281.

Vuorinen A H, Saharinen M H. 1997. Evolution of microbiological and chemical parameters during manure and straw co-composting in a drum composting system. Agriculture Ecosystems & Environment, 66(1): 19-29.

Wang F, Pu C, Zhou P, et al. 2014. Cinnamaldehyde prevents endothelial dysfunction induced by high glucose by activating *nrf2*. Cellular Physiology & Biochemistry International Journal of Experimental Cellular Physiology Biochemistry & Pharmacology, 36(1): 315-324.

Wardle D A, Nielsson M C, Zackrisson O. 2008. Fire-derived charcoal causes loss of forest humus. Science, 320(5876): 629.

Welbaum G E. 1993. Water relations of seed development and germination in muskmelon (*Cucumis melo* L.) viii. development of osmotically distended seeds. Journal of Experimental Botany, 44(265): 1245-1252.

Xiang C, Oliver D J. 2001. The biological functions of glutathione revisited in arabidopsis transgenic plants with altered glutathione levels. Plant Physiology, 126(2): 564-574.

Yang D, Liang X C, Shi Y, et al. 2016. Anti-oxidative and anti-inflammatory effects of cinnamaldehyde on protecting high glucose-induced damage in cultured dorsal root ganglion neurons of rats. Chinese Journal of Integrative Medicine, 22(1): 19-27.

Yoder R E. 1936. A direct method of aggregate analysis of soils and a study of the physical nature of erosion losses. Agronomy Journal, 28(5): 337-351.

Yoshizawa S, Tanaka S. 2008. Acceleration of composting of food garbage and livestock waste by addition of biomass charcoal powder. Asian Environmental Research, 1: 45-50.

Yuan H M, Huang X. 2015. Inhibition of root meristem growth by cadmium involves nitric oxide-mediated repression of auxin accumulation and signalling in *Arabidopsis*. Plant Cell & Environment, 39(1): 941-942.

Zhang L, Pei Y, Wang H, et al. 2015. Hydrogen sulfide alleviates cadmium-induced cell death through restraining ROS accumulation in roots of *Brassica rapa* L. ssp. *pekinensis*. Oxidative Medicine & Cellular Longevity, 2015: 1-11.

Zunino M P, Zygadlo J A. 2004. Effect of monoterpenes on lipid oxidation in maize. Planta, 219(2): 303-309.

Zwieten L V, Kimber S, Morris S, et al. 2010. Effects of biochar from slow pyrolysis of papermill waste on agronomic performance and soil fertility. Plant and Soil, 327(1): 235-246.

附录 生态优质烟叶生产技术规程

第 1 部分：产地环境条件

1 范围

本部分规定了生态烟叶的术语和定义、产地环境质量要求和监测方法。

本部分适用于生态优质烟叶产地环境的选择。

2 规范性引用文件

下列文件对于本文件的应用是必不可少的。凡是注日期的引用文件，仅所注日期的版本适用于本文件。凡是不注日期的引用文件，其最新版本（包括所有的修改单）适用于本文件。

GB 3095—2012 环境空气质量标准

GB 5084—2005 农田灌溉水质标准

GB 15618—1995 土壤环境质量标准

NY/T 391—2013 绿色食品 产地环境质量标准

3 术语和定义

下列术语和定义适用于本文件。

生态烟叶。指遵循可持续发展原则，参照国家有关标准和要求，充分利用自然生态优势条件，优化烟区生态布局，将生态农业发展战略和发展理念应用于烟叶生产，在控制外源污染，优化肥、药使用技术，提高资源利用效率，构建土壤保育技术体系和保护生态环境的基础上，所生产的具有地方特色的优质烟叶。

4 产地环境要求

4.1 种植地选择

4.1.1 应选择在无污染和生态条件良好的地区。

4.1.2 应远离工厂、矿区和公路、铁路干线，避开工业和城市污染源的影响。

4.1.3 应具有可持续的生产能力。

4.2　空气质量

应符合 NY/T 391—2013 的规定。含量不应超过附表 1-1 所列的指标要求。

附表 1-1　空气中各项污染物的指标要求（标准状态）

项目	指标	
	日平均	1 小时平均
总悬浮颗粒物（TSP）/（mg/m^3），≤	0.30	—
二氧化硫（SO_2）/（mg/m^3），≤	0.15	0.50
二氧化氮（NO_2）/（mg/m^3），≤	0.08	0.20
氟化物（F），≤	$7\mu g/m^3$	$20\mu g/m^3$

注：日平均，指任何一日的平均浓度；1 小时平均，指任何一小时的平均浓度

4.3　农田灌溉水质量

应符合 NY/T 391—2013 的规定。农田灌溉水中各项污染物的浓度限值如附表 1-2 所示。

附表 1-2　农田灌溉水中各项污染物的浓度限值

项目	浓度限值
pH	5.5～8.5
总汞/（mg/L）	0.001
总镉/（mg/L）	0.005
总砷/（mg/L）	0.05
总铅/（mg/L）	0.1
六价铬/（mg/L）	0.1
氟化物/（mg/L）	2.0

4.4　土壤质量

4.4.1　污染物限量

生态烟叶产地不同土壤中各项污染物含量应符合 NY/T 391—2013 的规定，不超过附表 1-3 所列的限值。

附表 1-3　土壤中各项污染物的含量限值

耕作条件	旱田			水田		
	pH<6.5	6.5≤pH≤7.5	pH>7.5	pH<6.5	6.5≤pH≤7.5	pH>7.5
总镉/（mg/kg），≤	0.30	0.30	0.40	0.30	0.30	0.40
总汞/（mg/kg），≤	0.25	0.30	0.35	0.30	0.40	0.40

续表

耕作条件	旱田			水田		
	pH<6.5	6.5≤pH≤7.5	pH>7.5	pH<6.5	6.5≤pH≤7.5	pH>7.5
总砷/（mg/kg），≤	25	20	20	20	20	15
总铅/（mg/kg），≤	50	50	50	50	50	50
总铬/（mg/kg），≤	120	120	120	120	120	120
总铜/（mg/kg），≤	50	60	60	50	60	60

注：水旱轮作用的标准值取严不取宽

4.4.2 禁用土壤条件

土壤条件为下列情况之一的，不能选择为生态烟叶生产种植地：

a）耕作层土壤氯含量>30mg/kg。

b）pH<5.0 或 pH>7.0。

5 监测方法

5.1 空气环境质量的采样和分析

按照 GB 3095—2012 的规定进行。

5.2 农田灌溉水质的采样和分析

按照 GB 5084—2005 的规定进行。

5.3 土壤环境质量的采样和分析

按照 GB 15618—1995 的规定进行。

第2部分：农药使用准则

1　范围

本部分规定了生态优质烟叶生产中允许使用的农药种类和使用准则。

本部分适用于生态优质烟叶生产农药的使用和控制。

2　规范性引用文件

下列文件对于本文件的应用是必不可少的。凡是注日期的引用文件，仅所注日期的版本适用于本文件。凡是不注日期的引用文件，其最新版本（包括所有的修改单）适用于本文件。

GB/T 8321　农药合理使用准则

NY/T 393—2013　绿色食品　农药使用准则

NY 686—2003　磺酰脲类除草剂合理使用准则

HJ 556—2010　农药使用环境安全技术导则

GB 12475—2006　农药贮运、销售和使用的防毒规程

3　术语和定义

NY/T 393—2013 中界定的以及下列术语和定义适用于本文件。为了便于使用，以下重复列出了NY/T 393—2013中的某些术语和定义。

3.1　生物源农药

直接利用生物活体或生物代谢过程中产生的具有生物活性的物质或从生物体提取的物质作为防治病虫草害的农药。

3.2　矿物源农药

有效成分起源于矿物的无机化合物和石油类农药。

3.3　有机合成农药

由人工研制合成，并由有机化学工业生产的商品化的一类农药，包括中等毒和低毒类杀虫杀螨剂、杀菌剂、除草剂。

4　有害生物防治原则

4.1　以保持和优化农业生态系统为基础，建立有利于各类天敌繁衍和不利于病虫

草害滋生的环境条件，提高生物多样性，维持农业生态系统的平衡。

4.2　优先采用农业措施，如抗病虫品种、培育壮苗、加强栽培管理、中耕除草、耕翻晒垡、清洁田园、轮作倒茬、间作套种等。

4.3　尽量利用物理和生物措施，如用灯光、色彩诱杀害虫，机械捕捉害虫，释放害虫天敌，机械或人工除草等。

4.4　必要时，合理使用低风险农药。如没有足够有效的农业、物理和生物措施，在确保人员、产品和环境安全的前提下，配合使用低风险的农药。

5　防止污染环境的技术措施

5.1　防止污染土壤的技术措施

5.1.1　根据土壤类型、作物生长特性、生态环境及气候特征，合理选择农药品种，减少农药在土壤中的残留。

5.1.2　节制用药。结合病虫草害发生情况，科学控制农药使用量、使用频率、使用周期等，减少进入土壤的农药总量。

5.1.3　改变耕作制度，提高土壤自净能力。采用土地轮休、水旱轮换、深耕暴晒、施用有机肥料等农业措施，提高土壤对农药的环境容量。

5.1.4　科学利用生物技术，加快农药安全降解。施用具有农药降解功能的微生物菌剂，促进土壤中残留农药的降解。

5.2　防止污染地下水的技术措施

5.2.1　具有以下性质的农药品种易对地下水产生污染：水溶性>30mg/L、土壤降解半衰期>3 个月、在土壤中极易移动、易淋溶的农药品种。

5.2.2　地下水位小于 1m 的地区，淋溶性或半淋溶性土壤地区，或年降水量较大的地区，不宜使用水溶性大、难降解、易淋溶、水中迟留性很稳定的农药品种。

5.2.3　根据土壤性质施药。渗水性强的砂土或砂壤土不宜使用水溶性大、易淋溶的农药品种，使用脂溶性或缓释性农药品种时，也应减少用药种类、用药量和用药次数。

5.2.4　实施覆水灌溉时，应避免用水溶性大、水中迟留性很稳定的农药品种。

5.3　防止污染地表水的技术措施

5.3.1　具有以下性质的农药品种易对地表水产生污染：水溶性>30mg/L、吸附系数 $K_d<5$、在土壤中极易移动、水中迟留性很稳定的农药品种。

5.3.2　地表水网密集区的种植区，不宜使用易移动、难吸附、水中迟留性很稳定的农药品种。

5.3.3　加强田间农艺管理措施。不宜雨前施药或施药后排水，减少含药浓度较高的田水排入地表水体。

5.3.4　农田排水不应直接进入饮用水源水体。避免在小溪、河流或池塘等水源中清洗施药器械；清洗过施药器械的水不应倾倒入饮用水水源、渔业水域、居民点等地。

5.4　防止危害非靶标生物的技术措施

5.4.1　根据不同的土壤特性、气候及灌溉条件等，选用不同的除草剂品种。含氯磺隆、甲磺隆的农药产品宜在长江流域及其以南地区的酸性土壤（pH<7）稻麦轮作区的小麦田使用。

5.4.2　含有氯磺隆、甲磺隆、胺苯磺隆、氯嘧磺隆、单嘧磺隆等有效成分的除草剂品种，按照 NY 686—2003 等相关标准和规定正确使用。

5.4.3　调整种植结构，采用适宜的轮作制度，合理安排后茬作物。对使用长残效除草剂品种及添加其有效成分混合制剂的地块，不宜在残效期内种植敏感作物。

5.4.4　鼓励使用有机肥，接种有效微生物，加速土壤中杀虫剂和除草剂的降解速度，减少对后茬作物的危害影响。

5.4.5　灭生性除草剂用于农田附近铁路、公路、仓库、深林防火道等地除草时，选择合理农药品种，采用适当的施药技术，建立安全隔离带。

5.5　防止危害有益生物的技术措施

5.5.1　使用农药应当注意保护有益生物和珍稀物种。

5.5.2　对水生生物剧毒、高毒，和（或）生物富集性高的农药品种，不宜在水产养殖塘及其附近区域或其他需要保护水环境地区使用。在农田和受保护的水体之间建立缓冲带，减少农药因漂移、扩散、流失等进入水体。

5.5.3　对鸟类高毒的农药品种，不宜在鸟类自然保护区及其附近区域或其他需要保护鸟类的地区使用。使用农药种子包衣剂或颗粒剂时，应用土壤完全覆盖，防止鸟类摄食中毒。

5.5.4　对蜜蜂剧毒、高毒的农药品种，不宜在农田作物（如油菜、紫云英等）、果树（枣、枇杷等）和行道树（洋槐树、椴树等）等蜜源植物花期时使用。

6　防止污染环境的管理措施

6.1　防止农药使用污染环境的管理措施

6.1.1　推行有害生物综合管理措施，鼓励使用天敌生物、生物农药，减少化学农药使用量。

6.1.2　推行农药减量增效使用技术、良好农业规范技术等，鼓励施药器械、施药技术的研发与应用，提高农药施用效率。
6.1.3　鼓励烟草行业和农业技术推广服务机构开展统防统治行动，鼓励专业人员指导农民科学用药。
6.1.4　加强农药使用区域的环境监测，即使掌握农药使用后的环境风险。
6.1.5　加强宣传教育和科普推广，提高公众对不合理使用农药所产生危害的认识。

6.2　防止农药废弃物污染环境的管理措施

6.2.1　按照法律、法规的有关规定，防止农药废弃物流失、渗漏、扬散或者其他方式污染环境。
6.2.2　农药废弃物不应擅自倾倒、堆放。对农药废弃物的容器和包装物以及收集、贮存、运输、处置危险废物的设施、场所，应设置危险废弃物识别标志，并按照《危险化学品安全管理条例》《废弃危险化学品污染环境防治办法》等相关规定进行处置。
6.2.3　不应将农药废弃包装物作为他用；完好无损的包装物可由销售部门或生产厂统一回收。
6.2.4　不应在易对人、畜、作物和其他植物，以及食品和水源造成危害的地方处置农药废弃物。
6.2.5　因发生事故或者其他突发性事件，造成非使用现场农药溢漏时，应立即采取措施消除或减轻对环境的危害影响。

7　农药使用准则

7.1　所选用的农药应符合相关的法律法规，获得国家农药登记许可。同时，是NY/T 393—2013 和国家烟草行政管理部门当年推荐的共同允许使用的农药类产品。
7.2　NY/T 393—2013 允许使用的生产资料农药类产品不能满足植保的情况下，可以使用以下农药：

a）中等毒性以下生物源农药。

b）矿物源农药中的硫制剂、铜制剂。

c）按照 GB/T 8321 的要求有限度地使用部分有机合成农药，使用中还应遵循以下规定：

——应选用上述标准中列出的低毒农药和中等毒性农药；

——不可使用剧毒、高毒、高残留或具有“三致”毒性（致癌、致畸、致突变）的农药。

——每种有机合成农药（含A级绿色食品生产资料农药类的有机合成产品）在烤烟的生长期内只可使用一次。

7.3　应选择对主要防治对象有效的低风险农药品种，提倡兼治和不同作用机理农药交替使用。

7.4　农药剂型宜选用悬浮剂、微囊悬浮剂、水剂、水乳剂、微乳剂、颗粒剂、水分散粒剂和可溶性粒剂等环境友好型剂型。

7.5　应在主要防治对象的防治适期，根据有害生物的发生特点和农药特性，选择适当的施药方式，但不宜采用喷粉等风险较大的施药方式。

7.6　应按照农药产品标签或GB/T 8321和GB 12475—2006的规定使用农药，控制施药剂量（或浓度）、喷药次数和安全间隔期。

7.7　农药在烟叶中的最终残留应符合国家和烟草行业有关标准和要求。

7.8　不使用高毒高残留农药防治烟叶贮藏期病虫害。

7.9　不使用基因工程技术生产的农药产品及制剂。

第3部分：肥料使用准则

1 范围

本部分规定了生态优质烟叶生产中允许使用肥料种类及使用准则。

本部分适用于生态优质烟叶生产肥料的使用和控制。

2 规范性引用文件

下列文件对于本文件的应用是必不可少的。凡是注日期的引用文件，仅所注日期的版本适用于本文件。凡是不注日期的引用文件，其最新版本（包括所有的修改单）适用于本文件。

GB/T 6274—2016 肥料和土壤调理剂 术语

GB/T 17419—1998 含氨基酸叶面肥料

GB/T 17420—1998 微量元素叶面肥料

GB 20287—2006 农用微生物菌剂

GB 7959—2012 粪便无害化卫生要求

GB 8172—87 城镇垃圾农用控制标准

GB/T 23349—2009 肥料中砷、镉、铅、铬、汞生态标准

NY/T 394—2013 绿色食品 肥料使用准则

NY 227—1994 微生物肥料

NY 884—2012 生物有机肥

NY 525—2012 有机肥料

NY/T 798—2015 复合微生物肥料

NY 1106—2010 含腐植酸水溶肥料

NY 1429—2010 含氨基酸水溶肥料

3 术语和定义

GB/T 6274—2016、NY/T 394—2013、NY 227—1994、NY 884—2012 中界定的以及下列术语和定义适用于本文件。为了便于使用，以下重复列出了某些术语和定义。

3.1 肥料和土壤调理剂

用于保持或改善植物营养和土壤物理化学性质以及生物活性的各种物料，可

以单独或一起使用。

3.2 肥料

以提供植物养分为其主要功效的物料。

3.3 无机（矿质）肥料

标明养分呈无机盐形式的肥料，由提取、物理和（或）化学工业方法制成。

3.4 有机肥料

主要来源于植物和（或）动物、施于土壤以提供植物营养为其主要功效的含碳物料。

3.5 土壤调理剂

加入土壤中用于改善土壤的物理和（或）化学性质，及（或）其生物活性的物料。

3.6 农家肥料

就地取材，主要由植物和（或）动物残体、排泄物等富含有机物的物料制作而成的肥料。包括秸秆肥、绿肥、厩肥、堆肥、沤肥、沼肥、饼肥等。

3.6.1 秸秆

以麦秸、稻草、玉米秸、豆秸、油菜秸等作物秸秆直接还田作为肥料。

3.6.2 绿肥

新鲜植物体作为肥料就地翻压还田或异地施用。主要分为豆科绿肥和非豆科绿肥两大类。

3.6.3 厩肥

圈养牛、马、猪、鸡、鸭等畜禽的排泄物与秸秆等垫料发酵腐熟而成的肥料。

3.6.4 堆肥

动植物的残体、排泄物等为主要原料，堆制发酵腐熟而成的肥料。

3.6.5 沤肥

动植物残体、排泄物等有机物料在淹水条件下发酵腐熟而成的肥料。

3.6.6 沼肥

动植物残体、排泄物等有机物料经沼气发酵后形成的沼液和沼渣肥料。

3.6.7 饼肥

含油较多的植物种子经压榨去油后的残渣制成的肥料。

3.7 微生物肥料

含有特定微生物活体的制品，应用于农业生产，通过其中所含微生物的生命活动，增加植物养分的供应量或促进植物生长，提高产量，改善农产品品质及农业生态环境的肥料。可分成五类：根瘤菌肥料、固氮菌肥料、磷细菌肥料、硅酸盐细菌肥料、复合微生物肥料。

3.8 生物有机肥

指特定功能微生物与主要以动植物残体（如畜禽粪便、农作物秸秆等）为来源并经无害化处理、腐熟的有机物料复合而成的一类兼具微生物肥料和有机肥效应的肥料。

3.9 叶面肥料

喷施于植物叶片并能被其吸收利用的肥料，叶面肥料中不得含有化学合成的生长调节剂。包括含微量元素的叶面肥和含植物生长辅助物质的叶面肥料等。

4 肥料使用原则

4.1 持续发展原则

烟草生产中所使用的肥料应对环境无不良影响，有利于保护生态环境，保持或提高土壤肥力及土壤生物活性。

4.2 安全优质原则

烟草生产中应使用安全、优质的肥料产品，生产安全、优质的烟叶。肥料的使用应对烟草不产生不良后果。

4.3 化肥减控原则

在保障植物营养有效供给的基础上减少化肥用量，兼顾元素之间的比例平衡，无机氮素用量不得高于当季作物需求量的一半。

4.4 有机为主原则

烟草生产过程中肥料种类的选取应以农家肥料、有机肥料、微生物肥料为主，化学肥料为辅。

5 允许使用肥料种类

5.1 NY/T 394—2013 允许使用的肥料种类。

5.2 本部分所规定的农家肥料。

5.3 在使用本部分中 3.3、3.6、3.7 和 3.8 所规定肥料仍不能满足生态烟叶生产需要的情况下，可以使用有机氮与无机氮总量之比不低于 1∶1 的本部分所规定的商品肥料。

5.4　含氮较高的肥料应对环境和烤烟品质不产生不良后果方可使用。

6　不应使用的肥料种类

6.1　添加有稀土元素的肥料。

6.2　成分不明确的、含有安全隐患成分的肥料。

6.3　未经发酵腐熟的人畜粪尿。

6.4　生活垃圾、污泥和含有有害物质（如毒气、病原微生物、重金属等）的工业垃圾。

6.5　转基因品种（产品）及其副产品为原料生产的肥料。

6.6　国家法律法规规定不得使用肥料。

7　肥料使用规定

7.1　所用商品肥料的重金属含量应符合 GB/T 23349—2009 的要求。

7.2　可使用农家肥料，但肥料的重金属限量指标应符合 NY 525—2012 的要求，粪大肠菌群数、蛔虫卵死亡率应符合 NY 884—2012 的要求。宜使用秸秆和绿肥，配合施用具有生物固氮、腐熟秸秆等功效的微生物肥料。

7.3　有机肥料应达到 NY 525—2012 的技术指标，主要以基肥施入，用量视地力和目标产量而定，可配施农家肥料和微生物肥料。

7.4　微生物肥料应符合 GB 20287—2006 或 NY 884—2012 或 NY/T 798—2015 的要求，可用于基肥或追肥。

7.5　根据土壤障碍因素，可选用土壤调理剂改良土壤。

7.6　叶面肥料质量应符合 GB/T 17419—1998 或 GB/T 17420—1998 的要求，按使用说明书使用。

8　其他规定

8.1　生产生态优质烟叶的农家肥无论采用何种原料（包括畜禽粪尿、秸秆、杂草、泥炭等）制作堆肥，应高温发酵，杀灭各种寄生虫卵和病原菌、杂草种子。其中，高温堆肥卫生标准符合 GB 7959—2012 的要求，高温堆肥重金属含量标准符合 GB 8172—87 的要求。

8.2　商品肥料及新型肥料应通过国家有关部门的登记认证及生产许可，质量指标达到有关国家标准的要求后方能使用。

8.3 因施肥造成土壤污染、水源污染，或影响烤烟生长时，应停止施用该肥料，并按管理要求向专门管理机构报告。

第 4 部分：烟用有机肥腐熟发酵技术规程

1　范围

本部分规定了生态优质烟叶生产中有机肥腐熟发酵的技术规程。

本部分适用于生态优质烟叶生产肥料的使用和控制。

2　规范性引用文件

下列文件对于本文件的应用是必不可少的。凡是注日期的引用文件，仅所注日期的版本适用于本文件。凡是不注日期的引用文件，其最新版本（包括所有的修改单）适用于本文件。

GB/T 6274—2016　肥料和土壤调理剂　术语

GB 20287—2006　农用微生物菌剂

GB 7959—2012　粪便无害化卫生要求

GB 8172—87　城镇垃圾农用控制标准

NY/T 394—2013　绿色食品　肥料使用准则

NY 227—1994　微生物肥料

NY 884—2012　生物有机肥

NY 525—2012　有机肥料

NY/T 798—2015　复合微生物肥料

3　术语和定义

烟用有机肥。以主要来源于植物和（或）动物的作物秸秆、畜禽粪便、油枯等农业有机废弃物为主要原料，经过高温发酵腐熟、实现无害化后制成的，施用于植烟土壤以提供烟草营养为其主要功能的含碳物料。

4　原辅料配比技术规程

4.1　原料及辅料

4.1.1　原料：作物秸秆（玉米、水稻、油菜）、腐殖酸、畜禽粪便、油枯等。

4.1.2　辅料：BM 发酵菌种。

4.2　原辅料要求

作物秸秆水分 10%以下、切成 5～10cm 长；细碎度为 3～5mm 的稻糠、油枯、麦麸等菌剂辅料；畜禽粪便水分控制在85%以下，原料不得夹杂有其他较明显的杂质。菌种活菌数保证 2×10^8cfu/g，杂菌率≤30%。

4.3 配比工艺要求

4.3.1 原辅料：C/N 控制在 23～28。

4.3.2 含水量：原料配比含水量控制在 40%～60%。

4.3.3 容重控制在 0.4～0.8g/cm^3。

5 堆肥发酵生产技术规程

5.1 主要工艺流程

前处理→主发酵→后熟发酵→后加工。

5.2 主要工艺条件

5.2.1 前处理的原料要求参见原辅料配比工艺规程。

5.2.2 高效的微生物菌剂。添加菌剂后将菌剂与原辅料混匀，并使堆肥的起始微生物含量达 10^6 cfu/g 以上。

5.2.3 堆高大小：自然通风时，高度 1.0～1.5m，宽 1.5～3.0m，长度根据场地尺寸进行调整。

5.2.4 温度变化：完整的堆肥过程由低温、中温、高温和降温四个阶段组成。堆肥温度一般在 50～60℃，最高时可达 70～80℃。温度由低向高逐渐升高的过程，是堆肥无害化的处理过程。堆肥在高温（45～65℃）维持 10 天，病原菌、虫卵、草籽等均可被杀死。

5.2.5 翻堆：堆肥温度上升到 60℃以上，保持 48h 后开始翻堆（但当温度超过 70℃时，须立即翻堆），翻堆时务必均匀彻底，将底层物料尽量翻入堆中上部，以便充分腐熟，视物料腐熟程度确定翻堆次数。

5.3 场地选择

5.3.1 发酵地点应选择在向阳、地势较高、避开风口的地方，尽量不选水泥地面。

5.3.2 在所选场地上建一个发酵平台，根据发酵量起若干条土垄，垄高 15cm，垄宽 20cm，沟与沟之间距离 20cm 为宜。将整个秸秆、竹棍、废板条横铺在垄上，以便承受发酵物，同时也便于通风供氧。不方便起垄时可依据原料的多少将所选发酵地整平，然后将较长的秸秆、树枝杂草等铺在地面上，形成一个堆积的平台。

5.4 发酵操作步骤

5.4.1 首先把一份粪便（约 200kg）平铺在发酵平台旁边的地面上，将一份预处理过的 BM 菌剂（20g）均匀地撒在粪便上（对存放时间超过半年的堆肥要先将油枯或尿素撒到粪便上，然后再将一份预处理过的 BM 菌剂均匀撒到上面）。

5.4.2 对水分较大的粪便（含水量大于 60%），用辅料撒入水分较高的粪便上，以降低水分，增加透气性。

5.4.3 对含水量低的粪便（低于 60%），应加新鲜的粪便或撒水，这样做的目的是将发酵物的水分调节到 60%左右，测试的方法是手握成团，指弹则散。

5.4.4 然后进行搅拌，把粪便、菌剂、辅料充分搅拌均匀，搅拌一次后，用手测试一下发酵物的含水量，含水量以 60%为宜，将搅拌好的发酵物堆积到建筑好的发酵平台上。

5.4.5 较稀的粪水或圈粪，在建筑好的发酵平台上先铺一层 5～10cm 厚的辅料（秸秆、落叶、青草等），再均匀地撒一层稀粪水或圈粪，粪便上再撒一层预处理好的 BM 菌剂一份，以此类推，层层堆放。

5.4.6 如此类推，依次是第二层、第三层，直到把所有的粪便处理完毕，堆放高度以 1～1.2m 为宜，宽以 1.5～2m 为宜，长度不限，发酵物的体积不少于 1.5cm^3，发酵初期，如遇大雨用油布覆盖。

5.5 发酵温度测试和翻堆

5.5.1 在发酵过程中温度控制非常重要，温度过低达不到腐熟的标准，温度过高堆肥的养分容易损失，一般温度不要超过 65℃，所以在发酵时温度要控制得当。准备一个长度大于 30cm 的金属杆温度计，温度计插入堆肥内至少要 30cm，才能准确地测量发酵温度。

5.5.2 在 BM 菌剂的作用下，发酵腐熟温度逐渐升高，一般在夏秋季节 24h，冬春季节 48h，温度可达 50℃以上。温度达到 50℃以后，第 5 天翻堆一次，有利于透气、散热、腐熟均匀。以后每隔 7 天左右翻一次堆。发酵物升温至 50℃以上、保持 10 天左右或 55℃以上、保持 5～7 天即可达到无害化处理标准。

6 有机肥发酵注意事项

6.1 堆积时要保持发酵物蓬松，不要用铁锹拍打，不要用脚踩。

6.2 粪便处理量小或天气干燥、风大顶部要覆盖秸秆等透气物，以减少水分的蒸发散失。

6.3 如果当地经常阴雨或空气湿度较大，空气湿度在 80%以上，要多加辅料，适当调低堆肥的含水量，如降到50%。可在发酵平台上铺上一层炉渣。当发酵物堆好后，在发酵物上盖些树枝，树枝上面覆盖薄膜，但不要盖严。这样既不影响发酵堆水分蒸发又可预防雨水冲刷。

6.4 由于麦秸秆等辅料表面有一层蜡质，水分不易渗入，应在发酵物堆积时铺一层麦秸，撒一层细土或炉渣，再撒一层油枯和菌剂，保持一定水分，使发酵物能够充分腐熟。

6.5 发酵物在发酵过程中，如遇中雨或大雨，则必须覆盖，小雨则不必。

6.6 若在堆肥表面覆盖一层10cm左右的细碎秸秆或撒一层过磷酸钙，可以减少氨气的蒸发，避免养分的损失。

6.7 畜禽粪便存放时间半年以上或厩肥中秸秆、杂草较多，粪便较少，可适当加2%～4%的菜籽粕、0.5%～1%的尿素或20%左右的新鲜粪便，调节C/N，加快发酵速度，提高肥料质量。

6.8 针对高海拔地区寒冷、潮湿、阴雨的气候特点，可调整菌种配比比例，增加中低温分解菌，将腐熟作为重点，温度保持在50℃以上，7～10天就可达到无害化处理。

6.9 如果发酵物温度升不上去：①检查水分含量是否偏低，低则加水至适量；②检查水分含量是否偏高，若高则添加辅料，降低水分，增加透气性；③是否粪便存放时间过长，过长则需用加油枯、尿素或新鲜粪便。

6.10 如果堆肥表层干燥，可调节水分至60%。

7 有机肥发酵腐熟标准判断

7.1 腐熟后的有机肥，为黄褐色或灰褐色，蓬松，部分辅料可用手搓烂，表层下部可见白色的菌丝。

7.2 无生粪便，无蛆虫、无臭味，带有轻微的氨味。

8 有机肥生产过程考核

8.1 操作人员应确实依照生产工艺流程和作业指导书进行操作，严格控制生产过程中的关键环节，准确把握好温度、湿度、流量，确保每个环节质量达标。

8.2 质检人员对每批次的产品进行检验，并做好原始记录和存档。

8.3 负责质量管理的人员要经常对生产过程进行巡回检查，发现问题及时矫正。

9 高温堆肥卫生标准及要求（GB 7959—2012）

高温堆肥卫生标准及要求详见附表4-1。

10　高温堆肥重金属含量标准限值（GB 8172—87）

高温堆肥重金属含量标准限值详见附表 4-2。

附表 4-1　高温堆肥卫生标准及要求

编号	项目		卫生标准及要求
1	温度与持续时间	人工	堆温≥50℃，至少持续 10 天
			堆温≥60℃，至少持续 5 天
		机械	堆温≥50℃，至少持续 2 天
2	蛔虫卵死亡率		≥95%
3	粪大肠菌值		$\geqslant 10^{-2}$
4	沙门氏菌		不得检出

附表 4-2　高温堆肥重金属含量标准限值

编号	项目	标准限值
1	总镉（以 Cd 计）/（mg/kg），≤	3
2	总汞（以 Hg 计）/（mg/kg），≤	5
3	总铅（以 Pb 计）/（mg/kg），≤	100
4	总铬（以 Cr 计）/（mg/kg），≤	300
5	总砷（以 As 计）/（mg/kg），≤	30

附录 A　高温堆肥温度测定方法（GB 7959—2012）

A.1　适用范围

适用于高温堆肥堆体内温度的测定。

A.2　温度要求

堆体好氧发酵过程中，保持 50℃以上的温度，是评定粪便无害化效果的重要指标。

A.3　仪器

选择金属套筒温度计或热敏数显测温装置。

A.4　测定方法

A4.1　测点：堆体的上、中、下三层，各层测量堆体距表面 10cm 与中心部位两个测点。

A4.2　待温度恒定后，读数记录。

A4.3　在堆积周期内应每天测试各测试点温度。

附录 B　工艺流程图

堆肥发酵工艺流程如附图 4-1 所示。

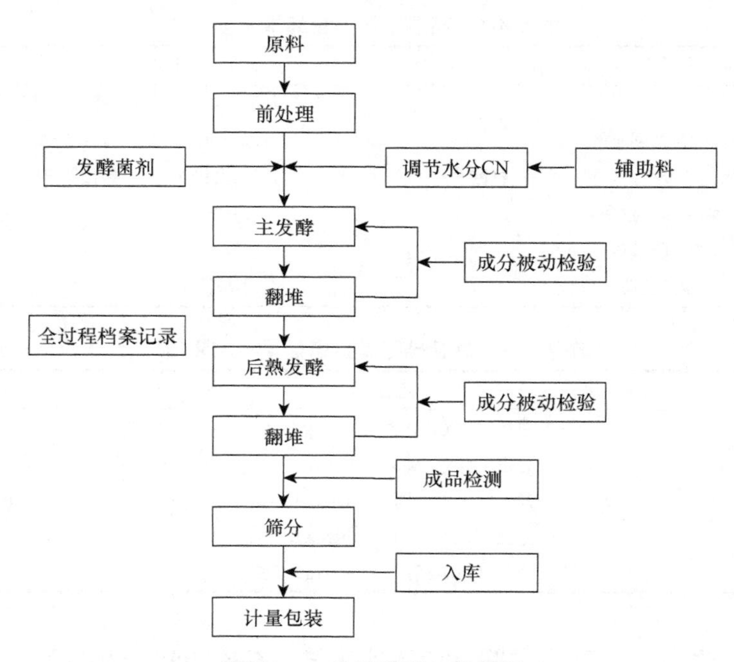

附图 4-1　堆肥发酵工艺流程

第 5 部分：绿肥改良植烟土壤技术规程

1　范围

本标准规定了生态优质烟叶生产植烟土壤绿肥种植翻压利用以及配套的烟草施肥管理技术。

本标准适用于除北方烟区之外所有烟区的植烟土壤（云贵高原烟区海拔不超过 2400m，其他烟区海拔不超过 1300m）。

本标准适用于黑麦草、大麦、光叶紫花苕、毛叶苕子、箭舌豌豆、油菜、燕麦、紫云英、苜蓿等绿肥作物。

2　规范性引用文件

下列文件对于本文件的应用是必不可少的。凡是注日期的引用文件，仅所注日期的版本适用于本文件。凡是不注日期的引用文件，其最新版本（包括所有的修改单）适用于本文件。

GB/T 3543—1995　农作物种子检验规程

GB/T 3543.4—1995　农作物种子检验规程　发芽试验

GB 6141—2008　豆科草种子质量分级

GB 6142—2008　禾本科草种子质量分级

GB 4407.2—2008　经济作物种子　第 2 部分：油料类

NY/T 393—2013　绿色食品　农药使用准则

3　术语和定义

下列术语和定义适用于本标准。

3.1　绿肥及绿肥作物

一些作物，可以利用其生长过程中所产生的全部或部分鲜体，直接或间接翻压到土壤中作肥料；或者是通过它们与主作物的间套轮作，起到促进主作物生长、改善土壤性状等作用。这些作物称为绿肥作物，其鲜体称为绿肥。

3.2　间作套种

在一块地上按照一定的行距、株距以及占地宽窄比例种植几种作物，称为间作套种。

一般把几种作物同时期播种的称为间作，不同时期播种的称为套种。

在前季作物生长后期的株行间播种或移栽后季作物的种植方式，对比单作不仅能阶段性地充分利用空间，更重要的是还能延长后季作物的生长季节的利用，提高复种指数，提高年总产量，是一种集约利用时间的种植方式。

4 烤烟—绿肥生产与利用方式

是在烤烟生长后期于垄间或垄体上套播或烟叶收获后播种绿肥作物，翌年烤烟种植前翻压用作绿肥的生产利用方式。

烤烟—绿肥生产方式可以充分利用烤烟收获后的时空资源，合理利用耕地资源、提高复种指数，也能提高烟叶产量和品质，同时培肥地力，改善环境，减少水土流失，保证耕地的可持续利用和烟叶原料供应的安全。

5 绿肥种子质量和种子处理

5.1 种子质量要求

5.1.1 一般要求

购买种子时应在正规种子供应商处选购。如果种子发芽率不明确，要求做发芽试验，以便准确掌握种子发芽率从而确定合理播种量。

禾本科绿肥种子质量参考 GB 6142—2008 中规定的三级良种要求，豆科绿肥种子质量参考 GB 6141—2008 中规定的三级良种要求，油菜种子质量参考 GB 4407.2—2008 中规定的三级良种要求。

种子经营单位提供的绿肥种子，应按照 GB/T 3543—1995 进行检验，并附有合格证。

种子采购后，由县级烟草公司或农户按照 GB/T 3543.4—1995 规定的方法检验发芽率，或者按 5.1.2 中的简易方法检验发芽率。

5.1.2 简易发芽率检验方法

简易方法测定发芽率：先把种子放在清水中浸泡 24h，取 2 份，每份 100 粒。准备 2 条毛巾，用开水打湿后放凉，毛巾湿度以轻拧不滴水为宜。将 2 份种子分别摆放在毛巾上，边摆放边将毛巾卷起，把种子卷在毛巾里，放入干净塑料袋，系上袋口，放在室内较温暖处。放入后在第 5 天和第 7 天分 2 次数种子发芽数量，计算种子发芽率。一般绿肥种子发芽率达到 80%左右时，可以认为种子质量符合要求。

5.1.3 种子质量等级评定办法

根据 5.1.1 规定的绿肥作物种子质量的要求，凡是有一项指标在规定指标以下，均属于等级外种子。

5.2　种子处理

5.2.1　晒种

播种前晒种半天到一天，可以提高种子活力。

5.2.2　浸种

播种前，用 50～60℃温水浸泡，自然冷却并继续浸泡 12～24h，然后捞起晾干，可促进发芽。

5.2.3　接种根瘤菌和磷肥拌种

豆科绿肥种子采用本措施进行处理。根瘤菌接种和磷肥拌种可以明显提高绿肥产草量。

方法如下：在室内或遮阴处，将根瘤菌剂按说明规定的用量倒入塑料盆等容器中，加入少量清水调成糊状后，分次倒入待处理种子中，轻轻搅拌，使所有种子都沾上菌剂。接种根瘤菌后的种子放在阴凉处摊开，待稍干后，每亩种子用钙镁磷肥 3～5kg 拌种。种子运往田间播种时应避免阳光直射，防治根瘤菌受伤害。

6　种植技术

6.1　种植方式

在烟叶收获整地后播种绿肥作物，或在烟叶采摘后期在烟田垄体上或垄沟内播种绿肥作物。绿肥作物种子可撒播、条播或点播。

6.2　播种时期和播种量

绿肥适宜的播期范围很长，但最好在烟草采收中部叶后或采收结束的 8 月至 10 月中旬播种以保证绿肥生物量。低海拔烟区可适当早播，高海拔烟区可适当晚播。

重庆、山东烟区以种植黑麦草为主，播种量为 45kg/hm^2 左右，播期 9 月至 10 月中旬；河南烟区一般于 8 月下旬至 9 月中上旬播种大麦，播种量为 150～225kg/hm^2；四川烟区种植光叶紫花苕子和箭舌豌豆，凉山、泸州、宜宾、广元烟区在 8 月下旬至 9 月上旬播种，攀枝花烟区在 9 月下旬至 10 月上旬播种，光叶紫花苕子播种量为 75～90kg/hm^2，箭舌豌豆播种量为 60～75kg/hm^2；湖北恩施州以苕子和箭筈豌豆为主，掺入适量的油菜、小麦等混播，苕子和箭筈豌豆占播种量的 70%～85%，油菜或禾本科作物占播种量的 15%～30%，苕子播种量为 30～90kg/hm^2，箭舌豌豆播种量为 45～120kg/hm^2；云南烟区种植光叶紫花苕子与其他绿肥混播，在上部叶采烤时播种，播种量为 60～75kg/hm^2；贵州遵义在 8 月下旬至 9 月下旬播种，箭舌豌豆播种量为 60kg/hm^2 左右，光叶紫花苕子播种量为 45kg/hm^2 左右，均以撒播为主。

播种量的多少，应根据播种期的早晚、耕作整地质量、千粒重和发芽率等综合决定。早播田适当减少播种量，晚播田适当增加播种量，土壤肥力高的烟田适当减少播种量，土壤肥力低的烟田适当增加播种量。

撒播可适当增加播种量，条播为正常播种量，点播可适当减少播种量。

6.3 田间管理

播种时要保证整地质量和适宜的水分范围，注意抗旱防涝。掌握好播种深度，一般播种深度 3～5cm。通常绿肥作物不需要追肥。种植豆科绿肥时如果土壤缺磷，可在苗齐后施普钙 75～150kg/hm^2，以促进绿肥生长。种植禾本科绿肥时一般不追肥。

绿肥主要病虫害有白粉病、蚜虫、棉铃虫等。白粉病一般在深秋和初春易发，蚜虫一般在冬春干旱时期易发，棉铃虫一般在开花结荚期易发，要加强监测与防治。在病虫害防治过程中，所使用的农药应当符合 NY/T 393—2013 的有关规定和烟草行业推荐农药使用意见要求。

防止牲畜对绿肥作物的啃食。

7 绿肥翻压

7.1 翻压时期

通常情况下，绿肥在烟草移栽前 30～45 天翻压，翻压 15～20 天后，再进行预整地，以保证绿肥充分腐熟分解。但如果绿肥播种早、冬前生物量大，也可在冬前结合深耕进行翻压，以利于绿肥的分解、冻垡和及早整地起垄。

7.2 翻压量

按干重计，绿肥的翻压量宜控制在 4500kg/hm^2 左右。翻压时绿肥含水量一般在 80%左右，因此按鲜重计，绿肥翻压量宜控制在 22 500～30 000kg/hm^2。如果绿肥鲜草产量过大，可将过多的绿肥割掉一部分用于其他地块翻压或用于饲养牲畜。

7.3 翻压方式

翻压前先用旋耕机将绿肥打碎，再进行耕翻，有利于绿肥在土壤中分布均匀和腐烂分解；或者先将绿肥切成 10～15cm 长，均匀地撒在地面上或施在沟里，随后翻压入土 20cm 左右。

7.4　翻埋深度

绿肥翻压深度在土壤 10～20cm 深处为宜，有利于促进绿肥腐解和养分释放。凡绿肥柔嫩多汁易分解、土壤砂性较强、土温较高的，绿肥易于分解，耕翻宜深些；反之，宜浅。

7.5　施用方式

7.5.1　直接耕翻：耕翻绿肥要埋深、埋严，翻耕后随即耙地碎土，使土、草紧密结合，以利绿肥分解。翻耕时如土壤水分不足，可在耕翻前浅灌。生长繁茂的绿肥，耕翻时有缠犁现象，耕前要先用圆盘耙耙倒切断。翻压时若土壤墒情较差，翻压后要及时灌水以利于绿肥腐解。

7.5.2　堆沤：绿肥生物量较大时，要对绿肥进行刈割。为便于贮存，可先把绿肥切断，长 10～15cm，再与适量人畜粪尿、石灰等拌匀后进行堆沤发酵，能加速绿肥分解，提高肥效。腐熟后作基肥施用。

7.6　绿肥鲜草产量的估计

在绿肥翻压前，可采用多点取样的方式进行绿肥鲜草量确定：在绿肥生长均匀且能代表全田生长状况的地方，取若干个（≥3）$1m^2$ 的样点，将绿肥全部拔出去掉土壤等杂物后称重即可推算每亩的鲜草产量。

8　种植翻压绿肥条件下烟草施肥量的确定

由于绿肥的翻压会带入土壤一定的养分，尤其是氮素。为防止烟草施用氮素施用过多，应在总施氮量中扣除由绿肥带入的部分有效氮素（忽略带入的磷、钾养分）。扣除方法如下：扣除氮素量=翻压绿肥重（干）×绿肥含氮量（干）×当季绿肥氮素利用率。禾本科绿肥氮素当季利用率按照 20%～30%计算，豆科绿肥当季氮素利用率按照 40%～50%计算。

第 6 部分：生产管理规范

1 范围

本部分规定了生态优质烟叶生产管理的术语和定义、种植地选择、品种选择、育苗技术、大田管理、采收烘烤、分级扎把和收调管理。

本部分适用于生态优质烟叶生产过程控制。

2 规范性引用文件

下列文件对于本文件的应用是必不可少的。凡是注日期的引用文件，仅所注日期的版本适用于本文件。凡是不注日期的引用文件，其最新版本（包括所有的修改单）适用于本文件。

GB 2635—1992 烤烟

YC/T 310—2009 烟草漂浮育苗基质

GB/T 25241.1—2010 烟草集约化育苗技术规程 第 1 部分：漂浮育苗

生态优质烟叶生产技术规程 第 1 部分：产地环境条件

生态优质烟叶生产技术规程 第 2 部分：农药使用准则

生态优质烟叶生产技术规程 第 3 部分：肥料使用准则

生态优质烟叶生产技术规程 第 4 部分：烟用有机肥腐熟发酵技术规程

生态优质烟叶生产技术规程 第 5 部分：绿肥改良植烟土壤技术规程

3 术语和定义

GB 2635—1992、YC/T 310—2009 和前述 5 个部分界定的术语和定义适用于本文件。

4 种植地块选择

4.1 应选择符合《生态优质烟叶生产技术规程 第 1 部分：产地环境条件》的规定，空气清洁、水质纯净、土壤未受污染、具有良好生态环境的区域。

4.2 应选择前作不影响烤烟轮作和生产的地块。

4.3 应选择有一定社会经济发展、烟田基础设施较好的区域。

4.4 种植地应经具有相应资质的监测机构进行确认。

5　品种选择

应选择优质多抗品种用于烟叶生产，不使用转基因烟草品种。

6　育苗技术

6.1　育苗技术

参考 GB/T 25241.1—2010。

6.2　物资管理

6.2.1　育苗物资应无农药及重金属污染。
6.2.2　育苗棚、池、盘、剪叶工具等所有物资应集中消毒清洗。
6.2.3　育苗基质应符合 YC/T 310—2009 的规定。
6.2.4　用水应符合《生态优质烟叶生产技术规程　第 1 部分：产地环境条件》的规定。

6.3　壮苗要求

烟苗应整齐、健壮、充足，能保证适时移栽大田。

6.4　苗床病虫害防治

按“卫生保健为主，化学防治为辅”的原则进行。

7　大田管理

7.1　整地起垄

7.1.1　应对整地起垄所用的机械设备统一进行清洗处理，不使用有农药及重金属污染的农机具。
7.1.2　清洗用水应符合《生态优质烟叶生产技术规程　第 1 部分：产地环境条件》的规定。
7.1.3　烟田应实行深耕，土质偏黏重、土层偏浅的地方应至少进行两次翻犁细耙，平整土地应做到田平、土细、均匀一致。
7.1.4　起垄前应开挖边沟，较大田块应开挖腰沟，坡地还应开挖防洪沟。
7.1.5　连片烟田应统一垄体走向，坡地实行等高线起垄。

7.2　肥料使用

7.2.1　按照《生态优质烟叶生产技术规程　第 3 部分：肥料使用规程》《生态优质

烟叶生产技术规程　第 4 部分：烟用有机肥腐熟发酵技术规程》和《生态优质烟叶生产技术规程　第 5 部分：绿肥改良植烟土壤技术规程》的规定进行。

7.2.2　应对肥料的使用情况进行记录，并建立档案。

7.3　大田移栽

7.3.1　移栽期：应在最佳节令期间进行移栽。

7.3.2　移栽密度：行距 110～120cm，株距 50～55cm。

7.3.3　移栽方法：采用常规盖膜待栽或井窖式移栽方法进行移栽。

7.3.4　各种移栽器具应严格清洗，不使用有农药及重金属污染的器具。

7.3.5　清洗用水应符合《生态优质烟叶生产技术规程　第 1 部分：产地环境条件》的规定。

7.4　病虫草害防治及中耕管理

7.4.1　防治原则

a）预防为主，综合防制，控制病虫草害危害，保持农业生态系统的平衡和生物多样化。

b）应尽量采取物理及生物防治方法防治病虫草害。

c）使用农药时，应按照《生优质态烟叶生产技术规程　第 2 部分：农药使用准则》的规定进行。

d）不在烟叶成熟采烤期间使用农药。

7.4.2　病虫草害防治所用器具应进行清洗，不使用有不符合要求的农药及重金属污染的器具。

7.4.3　中耕管理

清除田间杂草和沟间积水，保持田间通风透光，促进烟株生长健壮。

7.4.4　植保管理

应对病虫草害防治及农药的使用情况进行记录，并建立档案。

8　采收烘烤

8.1　按烟叶成熟度适时采收。

8.2　采用新型节能烤房，进行清洁化烘烤。

8.3　在采收及烘烤中，应加强物资管理，避免二次污染及非烟物质混入烟叶。

9　收购调拨管理

9.1　生态烟叶应实行单收单调单储。

9.2　烟叶的包装、标志、运输、贮存应防止二次污染和非烟物质混入。

第 7 部分：烟叶质量要求

1　范围

本部分规定了生态优质烟叶的质量要求、试验方法、检验规则。

本部分适用于生态优质烟叶的检测及判定。

2　规范性引用文件

下列文件对于本文件的应用是必不可少的。凡是注日期的引用文件，仅所注日期的版本适用于本文件。凡是不注日期的引用文件，其最新版本（包括所有的修改单）适用于本文件。

GB 2635—1992　烤烟

GB/T 5009.11—2014　食品安全国家标准食品中总砷及无机砷的测定

GB/T 5009.12—2014　食品安全国家标准食品中铅的测定

GB/T 5009.15—2014　食品安全国家标准食品中镉的测定

GB/T 5009.17—2014　食品安全国家标准食品中总汞及有机汞的测定

GB/T 5009.123—2014　食品安全国家标准食品中铬的测定

GB/T 8170—2008　数值修约规则与极限数值的表示和判定

GB/T 19616—2004　烟叶成批取样的一般原则

YC/T 31—1996　烟草及烟草制品试样的制备和水分测定烘箱法

YC/T 159—2002　烟草及烟草制品水溶性糖的测定连续流动法

YC/T 160—2002　烟草及烟草制品总植物碱的测定连续流动法

YC/T 161—2002　烟草及烟草制品总氮的测定连续流动法

YC/T 162—2011　烟草及烟草制品氯的测定连续流动法

YC/T 173—2003　烟草及烟草制品钾的测定火焰光度法

YC/T 179—2004　烟草及烟草制品酰胺类除草剂农药残留量的测定气相色谱法

YC/T 218—2007　烟草及烟草制品菌核净农药残留量的测定气相色谱法

YC/T 405.1—2011　烟草及烟草制品多种农药残留量的测定　第 1 部分：高效液相色谱-串联质谱法

YC/T 405.2—2011　烟草及烟草制品多种农药残留量的测定　第 2 部分：有机氯及拟除虫菊酯农药残留量的测定气相色谱法

YC/T 405.3—2011　烟草及烟草制品多种农药残留量的测定　第 3 部分：气相色谱质谱联用及气相色谱法

YC/T 405.4—2011 烟草及烟草制品多种农药残留量的测定 第 4 部分：二硫代氨基甲酸酯农药残留量的测定气相色谱质谱联用法

YC/T 405.5—2011 烟草及烟草制品多种农药残留量的测定 第 5 部分：马来酰肼农药残留量的测定高效液相色谱法

生态优质烟叶生产技术规程 第 1 部分：产地环境条件

3 质量要求

3.1 外观质量应符合 GB 2635—1992 的规定。

3.2 主要化学成分应符合对口卷烟工业企业对烟叶品质的要求。

3.3 农药最大残留量应符合国家和烟草行业或对口卷烟工业企业的有关要求。

3.4 重金属含量应符合国家和烟草行业或对口卷烟工业企业的有关要求。

4 取样和试样制备

4.1 取样：按 GB/T 19616—2004 的规定进行。

4.2 制样：按 YC/T 31—1996 的规定进行。

5 检测方法

5.1 外观质量

按 GB 2635—1992 的规定进行。

5.2 主要化学成分

5.2.1 钾的含量测定按 YC/T 173—2003 的规定进行。

5.2.2 氯的含量测定按 YC/T 162—2011 的规定进行。

5.2.3 烟碱的含量测定按 YC/T 160 的规定进行。

5.2.4 总糖的含量测定按 YC/T 159—2002 的规定进行。

5.2.5 还原糖的含量测定按 YC/T 159—2002 的规定进行。

5.2.6 总氮的含量测定按 YC/T 161—2002 的规定进行。

5.3 农药残留及污染物限量的检测

5.3.1 有机氯和拟除虫菊酯农药：按 YC/T 405.2—2011 的规定进行。

5.3.2 二硫代氨基甲酸酯：按 YC/T 405.4—2011 的规定进行。

5.3.3 马来酰肼：按 YC/T 405.5—2011 的规定进行。

5.3.4 其他农药：按 YC/T 405.1—2011、YC/T 405.3—2011 的规定进行，如其中

未有相关规定，则按照国家或烟草行业其他有关规定执行。

5.4　重金属含量的检测

5.4.1　铅的含量测定：按 GB/T 5009.12—2014 的规定进行。
5.4.2　镉的含量测定：按 GB/T 5009.15—2014 的规定进行。
5.4.3　汞的含量测定：按 GB/T 5009.17—2014 的规定进行。
5.4.4　砷的含量测定：按 GB/T 5009.11—2014 的规定进行。
5.4.5　铬的含量测定：按 GB/T 5009.123—2014 的规定进行。

6　检验规则

6.1　检验结果数值的修约应依据 GB/T 8170—2008 的规定。
6.2　烟叶外观质量按照 GB 2635—1992 的规定进行判定。
6.3　烟叶化学成分、农药残留及污染物限量有任意一项不合格，允许加倍抽样或从备份留样中复检，以复检结果为准。